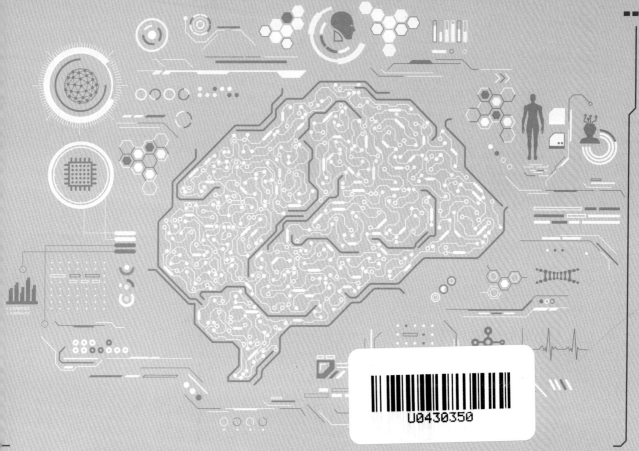

强化学习
基础、原理与应用

张百珂 ◎ 编著

清华大学出版社
北京

内 容 简 介

本书循序渐进地讲解了使用 Python 语言实现强化学习的核心算法开发的知识，内容涵盖了数据处理、算法、大模型等知识，并通过具体实例的实现过程演练了各个知识点的使用方法和使用流程。本书共分为 17 章，主要内容包括强化学习基础、马尔可夫决策过程、蒙特卡洛方法、Q-learning 与贝尔曼方程、时序差分学习和 SARSA 算法、DQN 算法、DDQN 算法、竞争 DQN 算法、REINFORCE 算法、Actor-Critic 算法、PPO 算法、TRPO 算法、连续动作空间的强化学习、值分布式算法、基于模型的强化学习、多智能体强化学习实战：Predator-Prey 游戏及自动驾驶系统。本书内容简洁而不失技术深度，以极简的文字介绍了复杂的案例，易于阅读和理解。

本书适用于已经了解 Python 语言基础语法的读者，想进一步学习强化学习、机器学习、深度学习及相关技术的读者，还可作为大专院校相关专业的师生用书和培训机构的教材使用。

本书封面贴有清华大学出版社防伪标签，无标签者不得销售。
版权所有，侵权必究。举报：010-62782989，beiqinquan@tup.tsinghua.edu.cn。

图书在版编目(CIP)数据

强化学习基础、原理与应用 / 张百珂编著. -- 北京：清华大学出版社，2025.4.
ISBN 978-7-302-68591-3
Ⅰ. TP312.8
中国国家版本馆 CIP 数据核字第 2025XB7878 号

责任编辑：魏　莹
装帧设计：李　坤
责任校对：桑任松
责任印制：刘海龙

出版发行：清华大学出版社
网　　址：https://www.tup.com.cn, https://www.wqxuetang.com
地　　址：北京清华大学学研大厦 A 座　　邮　编：100084
社 总 机：010-83470000　　邮　购：010-62786544
投稿与读者服务：010-62776969, c-service@tup.tsinghua.edu.cn
质量反馈：010-62772015, zhiliang@tup.tsinghua.edu.cn

印 装 者：三河市人民印务有限公司
经　　销：全国新华书店
开　　本：185mm×260mm　　印　张：25.25　　字　数：615 千字
版　　次：2025 年 5 月第 1 版　　印　次：2025 年 5 月第 1 次印刷
定　　价：99.00 元

产品编号：105009-01

前言

近年来，随着人工智能技术的不断发展，强化学习作为一种重要的机器学习方法，受到了广泛关注并得到大量应用。强化学习借助智能体与环境的交互进行学习，在未知环境和复杂任务面前展现出了强大优势。其应用场景从智能游戏、金融交易，延伸至自动驾驶系统，越来越多样化，且在各领域的成功案例不断出现。

尽管强化学习的理论基础已相对成熟，但在实际应用中仍面临诸多挑战。从算法的理论设计到具体项目的落地实践，都需要深入理解强化学习的核心原理、常用算法，以及开发技术。所以，一本系统且全面介绍强化学习核心算法开发技术的实践指南就显得极为重要。

本书将理论与实践相结合，深入解析强化学习的核心原理、经典算法及其在实际项目中的应用。通过深入浅出的讲解，读者将能够掌握强化学习的基本概念、常用算法和开发技术，从而能够更好地应用强化学习技术，解决实际问题。

本书的特色

1. 全面、系统的学习路线

本书遵循逻辑严谨的学习路线，从强化学习的基础概念和理论入手，逐步深入介绍马尔可夫决策过程、蒙特卡洛方法、Q-learning(Q 学习)、DQN(Deep Q-Networks，深度 Q 网络)等经典算法，再到更高级的算法[如 Actor-Critic(演员-评论家)算法、PPO(Proximal Policy Optimization，近端策略优化)算法等]，以及模型预测控制、值分布式算法等内容，覆盖了强化学习领域的主要理论和算法。

2. 理论与实践相结合

本书不但介绍强化学习的理论知识，还通过大量实例和项目案例，把理论知识与实际项目相结合，助力读者深入理解和掌握强化学习技术。

3. 丰富的项目实战

每一章都包含实际项目的实战案例，涵盖机器人控制、游戏、金融投资、自动驾驶等多个领域的应用场景，读者可通过实践项目加深对理论知识的理解，提升实际应用能力。

4. 详细的算法原理解析

本书对每种算法的原理和实现细节都进行了详细阐释，涵盖数学推导、算法流程、代码实现等，有助于读者深入理解算法的内在原理。

5. 项目实战中的调试和优化技巧

在项目实战部分，本书还介绍了调试和优化技巧，帮助读者解决实际项目中遇到的各种问题和挑战。

6. 提供丰富的配套资源

本书提供了网络视频教学，这些视频能够帮助读者提高学习效率，加深理解所学知识。读者可通过扫描每章二级标题下的二维码获取视频资源，既可在线观看，也可以下载到本地随时学习。此外，本书的配书资源中还提供了全书案例的源代码和PPT学习课件，读者可扫描下方的二维码获取。

源代码

PPT课件

本书的读者对象

- 学生和研究人员。对强化学习领域感兴趣的本科生、研究生及科研人员，可将本书作为学习强化学习理论和算法的教材和参考书。
- 工程师和开发者。从事人工智能、机器学习、数据科学、自动化等领域的工程师和开发者，若希望掌握强化学习核心技术并应用到实际项目中，本书将有所帮助。
- 数据科学家和分析师。希望利用强化学习技术解决实际业务问题、优化决策和策略的数据科学家、分析师以及相关领域的从业人员。
- 机器人工程师。从事机器人控制、路径规划等领域的工程师，若希望利用强化学习技术提升机器人的智能化水平和自主决策能力，可参考本书。
- 金融领域从业人员。对利用强化学习技术进行金融投资决策和风险管理感兴趣的金融分析师、交易员、量化分析师等。
- 自动驾驶工程师。从事自动驾驶系统开发和研究的工程师和研究人员，若希望利用强化学习技术提升自动驾驶系统的性能和安全性，本书可供参考。
- 人工智能爱好者和技术热爱者。对人工智能领域的技术和应用感兴趣，希望了解强化学习的原理、算法和实际应用的人员。

致谢

本书编写过程中，得到了清华大学出版社编辑的大力支持。正是各位编辑专业的工作态度、耐心的帮助和高效的工作，才使本书能在较短时间内面世。此外，也非常感谢家人给予的支持。由于本人水平有限，书中难免存在疏漏之处，恳请广大读者提出宝贵意见或建议，以便修订完善。

最后感谢您购买本书，希望本书能成为您编程路上的领航者，祝您阅读愉快！

编 者

目 录

第1章 强化学习基础 ... 1

- 1.1 强化学习概述 ... 2
  - 1.1.1 强化学习的背景 ... 2
  - 1.1.2 强化学习的核心特点 ... 3
  - 1.1.3 强化学习与其他机器学习方法的区别 ... 3
- 1.2 强化学习的应用领域 ... 4
  - 1.2.1 机器人控制与路径规划 ... 4
  - 1.2.2 游戏与虚拟环境 ... 5
  - 1.2.3 金融与投资决策 ... 6
  - 1.2.4 自动驾驶与智能交通 ... 6
  - 1.2.5 自然语言处理 ... 7
- 1.3 强化学习中的常用概念 ... 8
  - 1.3.1 智能体、环境与交互 ... 8
  - 1.3.2 奖励与回报的概念 ... 9
  - 1.3.3 马尔可夫性质与马尔可夫决策过程 ... 9
  - 1.3.4 策略与价值函数 ... 10

第2章 马尔可夫决策过程 ... 11

- 2.1 马尔可夫决策过程的定义 ... 12
  - 2.1.1 马尔可夫决策过程的核心思想 ... 12
  - 2.1.2 马尔可夫决策过程的形式化定义 ... 12
- 2.2 马尔可夫决策过程的组成要素 ... 13
  - 2.2.1 状态空间与状态的定义 ... 13
  - 2.2.2 行动空间与行动的定义 ... 14
  - 2.2.3 奖励函数的作用与定义 ... 14
  - 2.2.4 转移概率函数的意义与定义 ... 15
  - 2.2.5 实例分析:构建一个简单的MDP ... 16
- 2.3 值函数与策略 ... 18
  - 2.3.1 值函数与策略的定义 ... 18
  - 2.3.2 值函数与策略的用法举例 ... 18
- 2.4 贝尔曼方程 ... 20
  - 2.4.1 贝尔曼预测方程与策略评估 ... 20
  - 2.4.2 贝尔曼最优性方程与值函数之间的关系 ... 22
  - 2.4.3 贝尔曼最优性方程与策略改进 ... 25
  - 2.4.4 动态规划与贝尔曼方程的关系 ... 28
  - 2.4.5 贝尔曼方程在强化学习中的应用 ... 29

第3章 蒙特卡洛方法 ... 35

- 3.1 蒙特卡洛预测 ... 36
  - 3.1.1 蒙特卡洛预测的核心思想 ... 36
  - 3.1.2 蒙特卡洛预测的步骤与流程 ... 36
  - 3.1.3 蒙特卡洛预测的样本更新与更新规则 ... 37
- 3.2 蒙特卡洛控制 ... 39
  - 3.2.1 蒙特卡洛控制的目标与意义 ... 39
  - 3.2.2 蒙特卡洛控制的策略评估与改进 ... 40
  - 3.2.3 蒙特卡洛控制的更新规则与收敛性 ... 43
- 3.3 探索与策略改进 ... 45
  - 3.3.1 探索与利用的平衡再探讨 ... 46
  - 3.3.2 贪婪策略与ε-贪婪策略的比较 ... 47
  - 3.3.3 改进探索策略的方法 ... 50
  - 3.3.4 探索策略对蒙特卡洛方法的影响 ... 52

第 4 章 Q-learning 与贝尔曼方程 55
4.1 Q-learning 算法的原理 56
4.1.1 Q-learning 的动作值函数 56
4.1.2 Q-learning 算法中的贪婪策略与探索策略 58
4.1.3 Q-learning 算法的收敛性与收敛条件 60
4.2 贝尔曼方程在 Q-learning 算法中的应用 62
4.2.1 Q-learning 算法与贝尔曼最优性方程的关系 63
4.2.2 贝尔曼方程的迭代计算与收敛 65
4.2.3 Q-learning 算法中贝尔曼方程的实际应用 67
4.3 强化学习中的 Q-learning 69
4.3.1 ε-贪婪策略与探索的关系 70
4.3.2 Q-learning 中探索策略的变化与优化 73
4.3.3 探索策略对 Q-learning 性能的影响分析 78
4.3.4 使用 Q-learning 寻找某股票的买卖点 79

第 5 章 时序差分学习和 SARSA 算法 83
5.1 时序差分预测 84
5.1.1 时序差分预测的核心思想 84
5.1.2 时序差分预测的基本公式 84
5.1.3 时序差分预测与状态值函数 85
5.1.4 时序差分预测的实例分析 86
5.2 SARSA 算法 88
5.2.1 SARSA 算法的核心原理和步骤 88
5.2.2 SARSA 算法的更新规则 90
5.2.3 SARSA 算法的收敛性与收敛条件 93
5.2.4 SARSA 算法实例分析 95

5.3 Q-learning 算法的时序差分更新 99
5.3.1 时序差分学习与 Q-learning 的结合 99
5.3.2 Q-learning 的时序差分更新算法 101

第 6 章 DQN 算法 105
6.1 引言与背景 106
6.2 DQN 算法的基本原理 106
6.3 DQN 的网络结构与训练过程 110
6.3.1 DQN 的神经网络结构 110
6.3.2 DQN 算法的训练过程 112
6.3.3 经验回放 114
6.3.4 目标网络 116
6.4 DQN 算法的优化与改进 117
6.4.1 DDQN 117
6.4.2 竞争 DQN 118
6.4.3 优先经验回放 122
6.5 基于 DQN 算法的自动驾驶程序 123
6.5.1 项目介绍 123
6.5.2 具体实现 124

第 7 章 DDQN 算法 133
7.1 DDQN 对标准 DQN 的改进 134
7.2 双重深度 Q 网络的优势 134
7.3 《超级马里奥》游戏的 DDQN 强化学习实战 135
7.3.1 项目介绍 135
7.3.2 gym_super_mario_bros 库的介绍 136
7.3.3 环境预处理 136
7.3.4 创建 DDQN 模型 139
7.3.5 模型训练和测试 143

第 8 章 竞争 DQN 算法 149
8.1 竞争 DQN 算法原理 150
8.1.1 竞争 DQN 算法的动机和核心思想 150

8.1.2 竞争 DQN 网络架构 150
8.2 竞争 DQN 的优势与改进 151
   8.2.1 分离状态价值和动作优势的
         好处 151
   8.2.2 优化训练效率与稳定性 152
   8.2.3 解决过度估计问题的潜力 152
8.3 股票交易策略系统 153
   8.3.1 项目介绍 153
   8.3.2 数据准备 154
   8.3.3 数据拆分与时间序列 154
   8.3.4 Environment(环境) 156
   8.3.5 DQN 算法实现 157
   8.3.6 DDQN 算法的实现 163
   8.3.7 竞争 DQN 算法的实现 167

第 9 章 REINFORCE 算法 173

9.1 策略梯度介绍 174
   9.1.1 策略梯度的重要概念和
         特点 174
   9.1.2 策略梯度定理的数学推导 175
9.2 REINFORCE 算法基础 175
   9.2.1 REINFORCE 算法的基本
         原理 176
   9.2.2 REINFORCE 算法的更新
         规则 179
   9.2.3 基线函数与 REINFORCE
         算法的优化 180

第 10 章 Actor-Critic 算法 187

10.1 Actor-Critic 算法的介绍与原理 188
   10.1.1 强化学习中的策略梯度
          方法 188
   10.1.2 Actor-Critic 算法框架概述 ... 189
   10.1.3 Actor-Critic 算法实战：
          手推购物车游戏 189
10.2 A2C 算法 197
   10.2.1 A2C 算法的基本思想 198
   10.2.2 优势函数的引入 198
   10.2.3 A2C 算法的训练流程 199
   10.2.4 A2C 算法实战 200

10.3 SAC 算法 202
   10.3.1 SAC 算法的核心思想 202
   10.3.2 熵的作用及其在 SAC 算法中的
          应用 203
   10.3.3 SAC 算法实战 204
10.4 A3C 算法 206
   10.4.1 A3C 算法的核心思想 206
   10.4.2 A3C 算法的训练过程 207
   10.4.3 A3C 算法实战 207

第 11 章 PPO 算法 211

11.1 PPO 算法的背景与概述 212
   11.1.1 强化学习中的策略优化
          方法 212
   11.1.2 PPO 算法的优点与应用
          领域 213
11.2 PPO 算法的核心原理 213
   11.2.1 PPO 算法的基本思想 213
   11.2.2 目标函数与优化策略的
          关系 214
   11.2.3 PPO 算法中的策略梯度
          计算 215
11.3 PPO 算法的实现与调参 215
   11.3.1 策略网络结构的设计 215
   11.3.2 超参数的选择与调整 218
11.4 PPO 算法的变种与改进 221
   11.4.1 PPO-Clip 算法 221
   11.4.2 PPO-Penalty 算法 224
   11.4.3 PPO2 算法 230

第 12 章 TRPO 算法 233

12.1 TRPO 算法的意义 234
12.2 TRPO 算法的核心原理 234
   12.2.1 TRPO 算法的步骤 234
   12.2.2 信任区域的概念与引入 237
   12.2.3 目标函数与约束条件的
          构建 237
   12.2.4 TRPO 算法中的策略梯度
          计算 238

12.3 TRPO 算法的变种与改进 241
    12.3.1 TRPO-Clip 算法 241
    12.3.2 TRPO-Penalty 算法 243
12.4 TRPO 算法优化实战：基于矩阵
    低秩分解的 TRPO 245
    12.4.1 优化策略：NN-TRPO 和
           TRLRPO 246
    12.4.2 经验数据管理和状态空间
           离散化 246
    12.4.3 定义环境 247
    12.4.4 创建强化学习模型 247
    12.4.5 创建 Agent 248
    12.4.6 评估 TRPO 算法在 Acrobot
           环境中的性能 249
    12.4.7 评估 TRPO 算法在
           MountainCarContinuous-v0
           环境中的性能 250
    12.4.8 评估 TRPO 算法在
           CustomPendulumEnv
           环境中的性能 251
    12.4.9 性能可视化 251

第 13 章 连续动作空间的强化学习 ... 253

13.1 连续动作空间强化学习基础 254
    13.1.1 连续动作空间介绍 254
    13.1.2 动作幅度问题与采样效率
           问题 255
    13.1.3 连续动作空间中的探索
           问题 255
13.2 DDPG 算法 256
    13.2.1 DDPG 算法的特点 256
    13.2.2 DDPG 算法在连续动作
           空间中的优势 257
    13.2.3 DDPG 算法的实现步骤与
           网络结构 257
    13.2.4 DDPG 算法中的经验回放与
           探索策略 262
13.3 DDPG 算法综合实战：基于强化
    学习的股票交易策略 266
    13.3.1 项目介绍 266
    13.3.2 准备开发环境 266
    13.3.3 下载数据 268
    13.3.4 数据预处理 270
    13.3.5 构建环境 271
    13.3.6 实现深度强化学习算法 273
    13.3.7 性能回测 276

第 14 章 值分布式算法 281

14.1 值分布式算法基础 282
    14.1.1 值分布式算法的背景与
           优势 282
    14.1.2 值分布式算法的基本概念 ... 282
    14.1.3 强化学习中的值函数表示
           问题 283
    14.1.4 常用的值分布式算法 284
14.2 C51 算法 284
    14.2.1 C51 算法的基本原理 284
    14.2.2 C51 算法的网络架构 285
    14.2.3 C51 算法的训练流程 285
    14.2.4 C51 算法的试验与性能
           评估 286
    14.2.5 使用 TF-Agents 训练 C51
           代理 287
14.3 QR-DQN 算法 291
    14.3.1 QR-DQN 算法的核心思想 ... 292
    14.3.2 QR-DQN 算法的实现步骤ss... 292
    14.3.3 QR-DQN 算法实战 293
14.4 FPQF 算法 295
    14.4.1 FPQF 算法的核心思想 295
    14.4.2 FPQF 算法的实现步骤 295
    14.4.3 FPQF 算法实战 296
14.5 IQN 算法 298
    14.5.1 IQN 算法的原理与背景ss..... 298
    14.5.2 IQN 算法实战 299

第 15 章 基于模型的强化学习 301

15.1 基于模型的强化学习基础 302
    15.1.1 基于模型的强化学习简介 ... 302

15.1.2 模型的种类与构建方法 302
15.1.3 基于模型的强化学习算法 303
15.2 模型预测控制 304
    15.2.1 模型预测控制介绍 304
    15.2.2 模型预测控制实战 305
15.3 蒙特卡洛树搜索算法 307
    15.3.1 MCTS 算法介绍 307
    15.3.2 MCTS 算法实战 308
15.4 MBPO 算法 309
    15.4.1 MBPO 算法介绍 310
    15.4.2 MBPO 算法实战 310
15.5 PlaNet 算法 313
    15.5.1 PlaNet 算法介绍 313
    15.5.2 PlaNet 算法实战 314

第 16 章 多智能体强化学习实战：Predator-Prey 游戏 319

16.1 Predator-Prey 游戏介绍 320
16.2 背景介绍 320
16.3 功能模块介绍 321
16.4 环境准备 321
    16.4.1 安装 OpenAI gymnasium 322
    16.4.2 导入库 322
16.5 捕食者-猎物(Predator-Prey)的环境 322
    16.5.1 定义自定义强化学习环境类 323
    16.5.2 定义自定义强化学习环境类 324
    16.5.3 环境重置 325
    16.5.4 计算捕食者和猎物的奖励 325
    16.5.5 判断回合是否结束 326
    16.5.6 检查动作的合法性 326
    16.5.7 记录和获取状态历史 326
    16.5.8 实现 step 方法 327
    16.5.9 生成视图帧 328
    16.5.10 渲染环境的视图 328
16.6 第二个环境 329

16.7 随机智能体 333
    16.7.1 应用场景 334
    16.7.2 实现随机智能体 334
16.8 DDPG 算法的实现 335
    16.8.1 信息存储 335
    16.8.2 实现 Actor 模型 336
    16.8.3 实现 Critic 模型 337
    16.8.4 实现 DDPG 智能体 338
16.9 训练模型 341
    16.9.1 环境初始化 342
    16.9.2 创建智能体 342
    16.9.3 训练循环 343
    16.9.4 保存模型 345
    16.9.5 训练结果可视化 345

第 17 章 自动驾驶系统 347

17.1 自动驾驶背景介绍 348
17.2 项目介绍 348
    17.2.1 功能介绍 348
    17.2.2 模块结构 349
17.3 环境准备 349
17.4 配置文件 350
17.5 准备数据文件 353
    17.5.1 Carla 数据处理与转换 353
    17.5.2 加载、处理数据 356
    17.5.3 收集、处理数据 357
    17.5.4 创建数据集 362
17.6 深度学习模型 363
    17.6.1 编码器 363
    17.6.2 变分自编码器 368
    17.6.3 定义强化学习模型 368
17.7 强化学习 371
    17.7.1 强化学习工具类的实现 371
    17.7.2 经验回放存储的实现 372
    17.7.3 深度强化学习智能体的实现 373
    17.7.4 使用 SAC 算法的强化学习代理的实现 375

- 17.7.5 实现 DDPG 用于强化学习...381
- 17.8 调用处理..........................384
  - 17.8.1 生成训练数据..............384
  - 17.8.2 训练模型.....................385
  - 17.8.3 收集 Carla 环境中的专家驾驶数据..................387
  - 17.8.4 训练自动驾驶的强化学习代理.........................390
  - 17.8.5 训练 DDPG 智能体执行自动驾驶任务..............392
  - 17.8.6 评估自动驾驶模型的性能...393
- 17.9 调试运行..........................393

第 1 章

强化学习基础

　　强化学习(Reinforcement Learning，RL)是机器学习的一个分支，它关注的是如何让智能体(Agent)通过与环境的交互来学习并改进其行为，以达到最大化某种累积奖励信号的目标。本章将详细讲解强化学习的基础知识，介绍强化学习的应用领域和基本概念。

1.1 强化学习概述

在强化学习中，智能体通过不断采取行动来探索环境，观察环境对其行动的反馈，并根据这些反馈来调整其行为策略，以使其在特定任务中表现得更好。这种学习方式与监督学习不同，因为在强化学习中，智能体必须在没有明确标签或指导的情况下在试错中学习。

扫码看视频

1.1.1 强化学习的背景

强化学习的背景可以追溯到人工智能和机器学习领域的早期历史，下面列出了强化学习的一些关键背景和历史要点。

(1) 早期计算机科学和人工智能。强化学习的概念在早期计算机科学和人工智能领域有根深蒂固的基础。早期的研究包括理论上的探索，但当时的计算能力和数据可用性有限，因此实际应用受到了限制。

(2) 伯克斯的细胞自动机和后来其他人的学习自动机。在 20 世纪 50 年代，冯·诺伊曼的助手伯克斯(Arthur W. Burks)提出了细胞自动机的概念。M. L. Tsetlin 等人在 1961 年提出了学习自动机的数学模型，该模型称为固定结构学习自动机(FSSA)。这是一种能够通过试错来学习行为的机械装置。这个概念启发了强化学习中的探索与利用思想。

(3) 动态规划。20 世纪 50 年代和 60 年代，数学家理查德·贝尔曼(Richard Bellman)的动态规划理论为强化学习奠定了坚实的数学基础。贝尔曼方程(Bellman Equation)成为强化学习中的核心概念，用于解决马尔可夫决策过程(Markov Decision Process，MDP)等问题。

(4) TD(Temporal Difference，时序差分)学习。在 20 世纪 80 年代，计算机科学家理查德·萨顿(Richard Sutton)和计算神经科学家戴维·明格尔(David Mingolla，也译作大卫·明格拉)提出了 TD 学习方法，这一方法是强化学习中的重要突破，用于训练智能体从经验中学习。

(5) Q-learning(Q 学习)。Q-learning 是一种重要的强化学习算法，由克里斯托弗·沃特金斯(Christopher Watkins)于 1989 年首次提出。Q-learning 是一个基于值迭代的算法，用于找到最佳策略以最大化奖励。

(6) 深度强化学习(Deep Reinforcement Learning)。近年来，深度学习技术的兴起促进了强化学习领域的快速发展。深度强化学习结合了深度神经网络和强化学习方法，成功地应用于各种复杂任务，如图像处理、自动驾驶和游戏玩法。

(7) 应用领域扩展。强化学习已经被广泛应用于各种领域，包括机器人控制、游戏智能、自动驾驶、金融、医疗保健、自然语言处理和能源管理等。其应用还在不断扩展和深化。

总起来说，强化学习的背景涵盖了早期的数学和计算理论、心理学研究、动态规划的发展以及近年来深度学习的崛起。这些因素共同推动了强化学习领域的发展和创新，使其成为解决复杂决策问题的重要工具。

1.1.2 强化学习的核心特点

强化学习的核心特点有以下几个方面。

(1) 交互性(Interactivity)。在强化学习中，智能体与环境之间存在交互。智能体采取行动并与环境互动，然后观察环境的反馈，这个反馈影响了智能体未来的行动选择。这种交互性模拟了现实世界中的决策过程，智能体必须在与环境互动的过程中学习和改进。

(2) 试错学习(Trial and Error Learning)。强化学习是一种试错学习方法。智能体通过尝试不同的行动，观察其结果，然后根据奖励信号来调整其策略。这种学习方式与监督学习不同，因为没有明确的标签或指导，智能体必须自己发现最佳策略。

(3) 延迟奖励(Delayed Rewards)。在强化学习中，智能体的行动可能会导致延迟的奖励。这意味着某个行动的结果可能在未来的执行步骤中才能被感知到，智能体必须能够将当前行动与未来的奖励联系起来，以做出明智的决策。

(4) 累积奖励(Cumulative Rewards)。智能体的目标是最大化累积奖励，而不仅仅是单个行动的奖励。这意味着智能体必须考虑其行动对长期目标的影响，而不只是眼前的奖励。

(5) 策略和价值函数。在强化学习中，智能体的学习可以通过两种主要的方法来表示：一是策略(Policy)，它定义了智能体如何根据状态选择行动；二是价值函数(Value Function)，它评估了在特定状态或状态-行动对下的预期奖励。智能体使用这些方法来指导其决策过程。

(6) 探索与利用(Exploration and Exploitation)。智能体需要在探索新策略以发现更好行动的需求与利用已知策略以最大化当前奖励之间找到平衡。这是一个重要的挑战，因为纯粹的探索或纯粹的利用都可能导致不理想的结果。

(7) 马尔可夫性(Markovian Property)。许多强化学习问题被建模为马尔可夫决策过程(Markov Decision Process，MDP)，其中当前状态包含足够的信息，以便智能体可以根据它做出最佳决策。这个假设在强化学习中是常见的，但并不总是成立。

1.1.3 强化学习与其他机器学习方法的区别

强化学习与其他机器学习方法有一些区别，主要集中在以下几个方面。

1. 学习方式

(1) 监督学习(Supervised Learning)。在监督学习中，模型通过从有标签的数据中学习来预测给定输入的标签。模型接收输入和相应的目标标签，并通过最小化预测与目标之间的差距来进行训练。监督学习中的目标是在已知数据上进行准确的预测。

(2) 无监督学习(Unsupervised Learning)。无监督学习旨在从未标记的数据中发现模式和结构。它通常用于聚类、降维和密度估计等任务，而不需要明确的标签或目标。

(3) 强化学习。强化学习是一种试错学习方法，智能体通过与环境的交互来学习，根据奖励信号来调整策略，以最大化长期奖励。与监督学习和无监督学习不同，强化学习没有明确的标签或指导，智能体必须自己发现最佳策略。

2. 反馈信号

(1) 监督学习。监督学习使用有标签的数据，其中每个输入都有一个对应的目标标签，用于指导模型的训练。反馈信号是明确且确定的，通常是用于评估预测的损失函数。

(2) 无监督学习。无监督学习通常没有明确的目标或反馈信号，模型试图从数据中自动学习隐藏的结构或特征。

(3) 强化学习。强化学习使用环境提供的奖励信号来评估智能体的行为。奖励信号可能是稀疏、延迟的，甚至是随机的，智能体必须通过与环境的交互来探索并学习最佳策略。

3. 任务类型

(1) 监督学习和无监督学习通常用于解决特定的任务，如分类、回归、聚类等。

(2) 强化学习更适合于决策制定任务，其中智能体必须在与环境的互动中学习策略，以达到最大化累积奖励的目标。

4. 环境交互

(1) 监督学习和无监督学习通常在静态数据集上进行训练，不需要与外部环境进行交互。

(2) 强化学习涉及与动态环境的交互，智能体的决策会影响环境的状态和未来奖励，因此需要在线学习策略。

5. 应用领域

(1) 监督学习广泛用于图像分类、语音识别、自然语言处理等领域。

(2) 无监督学习常用于数据分析、降维、聚类等任务。

(3) 强化学习在自动化决策制定领域广泛应用，包括机器人控制、自动驾驶、游戏玩法优化、金融交易和医疗决策等。

总之，强化学习与监督学习和无监督学习在学习方式、反馈信号、任务类型、环境交互和应用领域等方面都存在显著差异。强化学习的独特之处在于其能够处理动态环境下的决策制定问题，并通过与环境的互动来学习最优策略。

1.2 强化学习的应用领域

强化学习在各个领域都有广泛的应用，包括机器人控制、自动驾驶、游戏玩法优化、金融交易和医疗决策等。通过不断地试错和学习，强化学习使机器能够在复杂和不确定的环境中自主决策，并取得优秀的性能。

扫码看视频

1.2.1 机器人控制与路径规划

强化学习在机器人控制和路径规划领域有广泛的应用，它提供了一种有效的方法来训练和优化机器人的决策策略，使机器人能够在复杂和不确定的环境中执行任务。下面是强化学习在这两个领域中的常见应用。

(1) 机器人导航和路径规划。强化学习可用于开发自主导航系统，使机器人能够规划和执行路径以到达目标位置。机器人可以通过与环境的交互来学习最佳路径规划策略，考虑避开静态及动态障碍物和不同类型的地形等因素。

(2) 无人飞行器控制。强化学习可用于训练无人飞行器(如无人机)的控制策略,以执行各种任务,包括飞行路径规划、目标跟踪、搜索与救援等。无人飞行器(如无人机)可以根据不同的环境条件和任务要求来调整其行为。

(3) 机器人操作。在工业自动化中,强化学习可以用于训练机器人执行复杂的操作,如装配、拾取和放置物体。通过强化学习,机器人可以学习如何准确地控制其运动,以最小化误差并提高生产效率。

(4) 协作机器人。多个机器人之间的协作是一个复杂的问题,强化学习可以用于协调多个机器人的行动,以完成协同任务,如团队搜索、物流操作和协作装配。

(5) 环境监测与勘探。在危险或难以进入的环境中,如深海勘探、空中监测或火灾救援,机器人可以使用强化学习来规划其路径和行动,以最大化信息获取直到任务完成。

(6) 自动驾驶汽车。自动驾驶汽车需要在复杂的城市道路和高速公路环境中做出决策,以实现安全驾驶。强化学习可用于训练自动驾驶汽车的控制策略,以遵守交通规则、避免碰撞和适应交通流量。

(7) 仿真环境训练。在许多机器人应用中,可以首先在仿真环境中通过强化学习进行训练,然后将学到的策略迁移到实际机器人上。这可以减少在实际环境中的试错成本。

总之,强化学习在机器人控制和路径规划中提供了一种灵活而强大的方法,可以让机器人根据不断变化的情境和任务要求来学习和优化其决策策略,从而在各种应用领域中实现更高的自主性和性能。

1.2.2 游戏与虚拟环境

强化学习在游戏与虚拟环境领域有着广泛的应用,这些应用包括游戏智能、虚拟角色控制、游戏设计优化以及虚拟世界模拟等。强化学习在游戏与虚拟环境领域中的主要应用如下。

(1) 游戏智能。强化学习被广泛应用于游戏智能领域,包括电子游戏、棋类游戏和策略游戏。强化学习代理可以学习玩游戏并逐渐提高其性能,甚至在某些情况下击败人类玩家。例如,AlphaGo 是一个基于强化学习的系统,成功击败了世界围棋冠军。

(2) 虚拟角色控制。在虚拟世界和游戏中,强化学习可用于训练虚拟角色(如游戏中的角色或机器人)的控制策略。这些角色可以学习如何行走、奔跑、跳跃、射击、躲避障碍物等,以更自然和智能的方式参与游戏或模拟。

(3) 游戏设计和优化。游戏开发者可以使用强化学习来改进游戏的设计和平衡,以确保游戏具有足够的挑战性和娱乐性。通过模拟玩家或角色的行为,游戏设计者可以调整游戏中的关卡难度、奖励结构和游戏规则。

(4) 虚拟世界模拟。在虚拟现实(Virtual Reality,VR)和增强现实(Augmented Reality,AR)应用中,强化学习可以用于创建逼真的虚拟环境,模拟多种场景和任务。这可以用于培训、模拟和测试,如飞行模拟器、外科手术模拟和城市交通仿真。

(5) 自动游戏测试。游戏开发者可以使用强化学习代理来测试其开发的游戏。代理可以自动玩游戏并检测潜在的问题或漏洞,有助于提高游戏质量和稳定性。

(6) 游戏玩法优化。强化学习可以用于个性化游戏玩法体验。游戏公司可以使用强化学习来自动调整游戏中的难度、提示和建议，以满足不同玩家的需求和技能水平。

总之，强化学习在游戏与虚拟环境领域的应用使游戏变得更具挑战性、娱乐性和智能化，并且为虚拟世界中的模拟和互动提供了新的可能性。这些应用不仅影响游戏产业，还扩展到了虚拟培训、虚拟旅游和虚拟现实等应用领域。

1.2.3 金融与投资决策

强化学习在金融和投资决策领域有广泛的应用，它可以用于制定复杂的金融策略、优化投资组合、风险管理和市场预测。强化学习在金融与投资决策领域的主要应用如下。

(1) 股票交易。强化学习可用于开发自动化交易系统，帮助投资者制定股票交易策略。智能体可以学习如何在不同的市场条件下进行买入和卖出决策，以最大化投资回报或最小化风险。

(2) 投资组合管理。强化学习可以用于优化投资组合的配置，以在不同的资产类别之间分配资金。它可以考虑多种因素，如风险、回报、流动性和投资目标，以生成最佳的资产配置策略。

(3) 风险管理。在金融中，风险管理至关重要。强化学习可以用于建立风险模型，识别和量化潜在的风险因素，并采取相应的风险控制措施，以减轻投资组合的风险。

(4) 市场预测。强化学习可以用于分析市场数据，预测未来的价格趋势和市场波动。智能体可以通过学习历史数据来识别模式和趋势，从而为市场预测提供依据。

(5) 高频交易。在高频交易环境中，强化学习可以用于制定快速的交易策略，以在微秒级别的时间内做出决策。这可以帮助交易公司获得微小但频繁的交易机会。

(6) 市场策略制定和优化。金融机构可以使用强化学习来改进市场策略制定，以在不同的市场策略条件下实现最佳运行。这有助于减少交易成本和滑点。

(7) 信用风险评估。强化学习可以用于评估借款人的信用风险，根据不同的因素和历史数据来预测违约概率，从而指导信贷决策。

(8) 量化金融。量化金融是利用数学和计算方法来制定金融策略的领域。强化学习可以是量化金融策略的一部分，用于改进决策制定和交易执行。

需要注意的是，金融市场是复杂和不确定的，因此强化学习在这个领域的应用需要谨慎处理风险，并且需要考虑监管和合规性要求。尽管如此，强化学习提供了一种强大的工具，可以帮助金融从业者更好地理解市场、制定更智能的决策，并优化其投资和交易策略。

1.2.4 自动驾驶与智能交通

强化学习在自动驾驶和智能交通领域有着广泛的应用，它可以帮助实现更安全、高效和自主的交通系统。强化学习在自动驾驶与智能交通领域中的主要应用如下。

(1) 自动驾驶汽车。强化学习用于训练自动驾驶汽车的控制策略，使其能够在复杂的道路条件下行驶，遵守交通规则，预测其他车辆的行为，并应对各种不确定性，这包括路径规划、速度控制、车道保持和交叉路口处理等任务。

(2) 智能交通管理。强化学习可用于城市交通管理系统，帮助优化交通信号灯的定时、协调交通流量、减少交通拥堵和改善路网效率。它可以根据实时交通情况来调整信号灯的控制策略。

(3) 交通事故预防。自动驾驶汽车和交通监控系统可以使用强化学习来预测潜在交通事故的发生，并采取预防措施，如紧急制动或发出车道偏离警告，以减少交通事故发生的可能性。

(4) 智能交通导航。强化学习可用于开发智能交通导航系统，这些系统可以根据交通状况、路况和用户偏好来制定最佳路线，并提供实时导航和交通信息。

(5) 自动停车。强化学习可用于训练车辆自动停车系统，包括并行停车、垂直停车和自动泊车。这可以提高停车的效率，减少停车空间的浪费。

(6) 交通流建模。强化学习可用于建立交通流模型，以理解城市交通系统的行为和性能。这有助于城市规划者更好地管理交通和基础设施。

(7) 公共交通优化。在公共交通系统中，强化学习可以用于改进公交车、地铁和电车的调度和运营，以提高运输效率和服务质量。

(8) 自动驾驶车队。强化学习可用于自动驾驶车队的管理，包括任务分配、路线规划和资源分配，以确保车队的高效运营。

这些应用使强化学习成为实现智能、自主和安全交通系统的关键技术之一。随着技术的不断进步和研究的深入，预计强化学习将在自动驾驶和智能交通领域发挥更大的作用，有望改善道路安全、减少交通拥堵，并提供更便捷的出行方式。

1.2.5 自然语言处理

强化学习在自然语言处理(Natural Language Processing，NLP)领域有多个重要应用，它可以帮助机器理解和生成自然语言文本，提高自然语言处理系统的性能。下面是强化学习在自然语言处理中的一些主要应用。

(1) 对话系统和聊天机器人。强化学习可用于训练对话系统和聊天机器人，使它们更具智能、自然和适应性。智能体可以通过与用户的对话互动来学习如何生成自然语言响应，提高对话质量和连贯性。

(2) 自动摘要生成。在文本摘要任务中，强化学习可用于训练模型，使其能够自动提取文本中的关键信息并生成简明扼要的摘要。这在新闻摘要、文档摘要和文章总结等领域有一定应用。

(3) 机器翻译。强化学习可以用于训练机器翻译系统，以提高翻译质量和语句流畅度。通过引入奖励信号，可以使机器翻译系统更好地捕捉语法结构和语义信息。

(4) 信息检索和搜索引擎。在信息检索任务中，强化学习可以帮助搜索引擎优化搜索结果的排名，以提供更相关和有用的搜索结果。这有助于改善用户搜索体验。

(5) 自然语言生成。自然语言生成任务包括文本生成、故事生成和广告生成等。强化学习可以用于训练生成模型，以生成高质量的自然语言文本。

(6) 情感分析。在情感分析中，强化学习可以用于训练情感分类模型，以识别文本中的情感倾向(如正面、负面或中性)。这在社交媒体分析和情感监测中有广泛应用。

(7) 文本分类。强化学习可用于文本分类任务，如新闻分类、垃圾邮件检测和情感分类。智能体可以通过反馈信号来调整分类模型的权重,以提高分类准确性。

(8) 语音识别。虽然语音识别通常被视为音频信号处理的领域,但在将语音转换为文本的过程中,自然语言处理仍然发挥着关键作用。强化学习可用于改进语音识别系统的错误纠正和后处理步骤。

(9) 问答系统。在问答系统中,强化学习可以帮助系统理解问题并生成准确的答案。这对于智能搜索和虚拟助手非常有用。

以上这些应用使强化学习成为自然语言处理领域的一个重要工具,有助于提高自然语言处理系统的性能、适应性和用户友好性。随着深度学习和强化学习技术的不断进步,可以期待看到更多创新和改进,以改善自然语言处理在各种应用中的效果。

1.3 强化学习中的常用概念

强化学习中有许多常用的重要概念,这些概念是理解和应用强化学习的关键,熟悉这些概念是学习和应用强化学习的重要一步。

扫码看视频

1.3.1 智能体、环境与交互

在强化学习中,有 3 个基本概念非常重要,即智能体(Agent)、环境(Environment)和交互(Interaction),这 3 个概念构成了强化学习问题的核心框架。

1. 智能体

智能体是强化学习问题中的决策制定者或学习者,它可以是一个机器人、程序、自动驾驶汽车、虚拟角色或任何需要从环境中学习并采取行动的实体。智能体的任务是根据其目标从环境中获取最大的奖励或累积最大的回报。

2. 环境

环境是智能体操作的外部系统或情境,包括智能体所处的位置、状态、行动以及与环境互动所获得的奖励。环境既可以是静态的,也可以是动态的,智能体的行动可能会改变环境的状态。

3. 交互

交互是指智能体与环境之间的信息传递和相互作用。智能体负责采取行动,然后环境响应智能体的行动,提供下一个状态和相应的奖励。这个过程是不断迭代的,智能体根据先前的经验和当前的观察来做出新的决策。

智能体通过与环境的交互来学习,试图找到一种策略,即一种从状态到行动的映射,以最大化长期奖励或回报。在交互中,智能体根据其策略采取行动,观察环境的反馈,根据奖励信号来评估其行动的好坏,并不断调整策略以改进性能。这个交互过程是强化学习的核心,它使智能体能够在不断学习和优化的过程中适应不同的任务和环境。

1.3.2 奖励与回报的概念

在强化学习中，奖励(Reward)和回报(Return)是两个关键的概念，它们用于评估智能体采取行动的好坏，以指导学习过程。

1. 奖励

(1) 奖励是一个标量值，用于量化智能体在特定状态下采取特定行动的即时效果的好坏程度。

(2) 奖励可以是正数(表示积极奖励，鼓励智能体采取这个行动)、负数(表示负面奖励，反对智能体采取这个行动)或零(表示中性奖励)。

(3) 奖励通常由环境提供，它反映了环境对智能体行动的反馈，但通常只涉及与当前行动和状态相关的瞬时奖励。

2. 回报

(1) 回报是一个累积值，表示智能体从开始执行任务直到任务结束的整个任务期间所获得的总奖励。

(2) 回报是一种考虑了未来的奖励，因为它包括在未来执行步骤中获得的奖励。

(3) 回报是评估智能体策略效果的一种方法，智能体的目标通常是最大化长期回报。

理解奖励和回报的概念对于强化学习至关重要，因为它们构成了智能体学习和决策的基础。智能体的任务是在环境中采取行动，以最大化其预期回报。为了达到这个目标，智能体需要学会通过试错来调整其策略，以在不同状态下选择最佳的行动，从而最大化累积回报。

> **注意**
>
> 强化学习算法的设计和性能评估通常都涉及奖励和回报的计算和优化，以使智能体能够有效地解决各种决策问题。

1.3.3 马尔可夫性质与马尔可夫决策过程

在强化学习中，马尔可夫性质(Markov Property)和马尔可夫决策过程(Markov Decision Process，MDP)是两个重要的概念，它们在建模和解决强化学习问题中起着关键作用。

1. 马尔可夫性质

马尔可夫性质是一个状态(或状态序列)的特性，它表示当前状态包含了足够的信息，以便完整地描述系统的状态，而不需要考虑先前的历史状态。简而言之，如果一个系统满足了马尔可夫性质，那么在给定当前状态的情况下，未来的状态只依赖于当前状态，而不依赖于之前的状态或行动。这一性质使强化学习问题可以被建模为马尔可夫决策过程，简化了问题的表示和求解。

2. 马尔可夫决策过程

马尔可夫决策过程是对强化学习问题进行形式化建模的数学框架，它满足马尔可夫性质。马尔可夫决策过程由五元组(S,A,P,R,γ)组成,具体说明如下。

(1) S(状态空间):表示系统可能的状态集合。

(2) A(动作空间):表示智能体可以采取的行动集合。

(3) P(转移概率):表示在特定状态下采取特定行动后,系统转移到下一个状态的概率分布。

(4) R(奖励函数):表示在特定状态和采取特定行动后获得的即时奖励的函数。

(5) γ(折扣因子):表示未来奖励的折现因子,用于权衡当前和未来奖励的重要性。

在马尔可夫决策过程中,智能体的目标是找到一个策略,即从状态到行动的映射,以最大化预期回报或累积奖励。

马尔可夫决策过程提供了一种严格的数学方式来表示和求解强化学习问题,它允许智能体在不确定性和复杂性的环境中进行决策制定和学习。通过马尔可夫决策过程框架,可以运用各种强化学习算法来寻找最佳策略,从而使智能体能够在给定环境下获得最佳回报。

1.3.4 策略与价值函数

在强化学习中,策略(Policy)和价值函数(Value Function)是两个核心概念,用于描述和优化智能体的行为策略和性能评估。

1. 策略

(1) 策略是一种从状态到行动的映射,它定义了智能体在特定状态下应该采取哪种行动。

(2) 策略通常用符号π表示,$\pi(a|s)$表示在状态s下采取行动a的概率或概率分布。

(3) 策略可以是确定性的,即对于每个状态只选择一个特定的行动,也可以是随机性的,即对于每个状态可能选择不同的行动的概率分布。

(4) 优化策略是强化学习的主要目标之一,目的是找到一个策略,以最大化累积奖励或回报。

2. 价值函数

(1) 价值函数是一种度量状态或状态-行动对的预期累积奖励的函数,它用于评估智能体在不同状态下的价值。

(2) 常见的价值函数包括状态值函数(V函数)和状态-行动值函数(Q函数)。

(3) 状态值函数$V(s)$表示在状态s下按照某个策略π执行后获得的预期累积奖励。

(4) 状态-行动值函数$Q(s, a)$表示在状态s下采取行动a,并按照某个策略π执行后获得的预期累积奖励。

(5) 价值函数是用于指导智能体行动选择的重要工具,通常通过贝尔曼(Bellman)方程等进行计算。

在强化学习中,策略和价值函数是非常重要的概念,它们帮助智能体评估不同行动的优劣以及状态的价值,从而指导智能体如何在环境中采取行动。强化学习的目标之一是找到最佳策略或价值函数,以最大化预期回报或累积奖励。不同的强化学习算法使用不同的方法来估计和优化策略或价值函数。

第 2 章

马尔可夫决策过程

马尔可夫决策过程(Markov Decision Process，MDP)是强化学习中的一个核心数学框架，用于决策问题建模，尤其是那些涉及不确定性和序列决策的问题。马尔可夫决策过程提供了一种形式化的方法，可以用来描述和解决如何在一个特定环境中采取行动以最大化累积奖励的问题。本章将详细讲解马尔可夫决策过程的知识和用法。

2.1 马尔可夫决策过程的定义

马尔可夫决策过程的目标是找到一个最优策略，使智能体能够在给定环境下最大化预期累积奖励。为了达到这个目标，强化学习算法可以用于估计和优化策略，以便智能体可以在不断尝试和学习的过程中找到最佳行动方式。

扫码看视频

2.1.1 马尔可夫决策过程的核心思想

马尔可夫决策过程(MDP)的核心思想是提供了一种形式化的框架，用于描述决策问题中的不确定性和序列决策，同时满足了马尔可夫性质。MDP 的核心思想包括以下关键要点。

(1) 状态与状态转移。MDP 通过定义状态空间(State Space)来描述问题中所有可能的状态，每个状态代表系统或环境的一个特定情况。状态之间的转移由转移概率(Transition Probability)规定，即在给定状态下采取某个行动后进入下一个状态的概率分布。这种状态转移是基于马尔可夫性质，即未来状态的转移仅依赖于当前状态和采取的行动。

(2) 行动与策略。MDP 定义了一个动作空间(Action Space)，其中包括智能体可以采取的所有可能行动。智能体的任务是选择在特定状态下采取哪种行动，从而影响状态的转移和奖励。策略是一种从状态到行动的映射，它指导智能体在不同状态下应该采取哪种行动。优化策略是 MDP 的一个主要目标，以最大化累积奖励。

(3) 奖励与回报。MDP 引入了奖励函数(Reward Function)，定义了在特定状态和采取特定行动后智能体获得的即时奖励。奖励用于评估行动的好坏，它可以是正数、负数或零。回报是一个累积值，表示从开始执行任务直到任务结束所获得的总奖励。智能体的目标通常是最大化累积回报。

(4) 折扣因子。折扣因子(Discount Factor)是一个介于 0～1 之间的值，用于衡量未来奖励的重要性。它允许智能体权衡即时奖励和未来奖励，影响智能体的决策。

(5) 最优化问题。MDP 的核心目标是找到一种最优策略，使智能体能够在给定环境下最大化预期累积奖励。解决这个问题通常涉及使用强化学习算法来估计和优化价值函数或策略。

总之，MDP 提供了一个强大的数学框架，用于建模和解决序列决策问题，其中智能体在不确定性环境中采取行动以最大化累积奖励。MDP 的核心思想在强化学习和决策制定中具有广泛的应用。

2.1.2 马尔可夫决策过程的形式化定义

马尔可夫决策过程(MDP)的目标是找到一个最优策略，使智能体能够在给定环境下最大化预期累积奖励。最优策略通常以最大化累积回报为目标。解决 MDP 通常涉及使用强化学习算法来估计和优化价值函数或策略，以找到最优决策规则。MDP 包括以下要素。

(1) 状态空间。一个有限集合 S，其中包含所有可能的状态。状态用 s 表示，如 $s \in S$。

(2) 动作空间。一个有限集合 A，其中包含所有可能的行动。行动用 a 表示，如 $a \in A$。

(3) 状态转移概率。$P(s'|s, a)$表示在状态 s 下采取行动 a 后，系统将以概率 $P(s'|s, a)$ 转移到下一个状态 s'。这些概率描述了环境的动态性。

(4) 奖励函数。$R(s, a, s')$表示在状态 s 下采取行动 a 并进入状态 s'后获得的即时奖励。奖励通常是一个实数值。

(5) 折扣因子。$\gamma(0 \leq \gamma \leq 1)$是一个介于 0～1 之间的折扣因子，用于衡量未来奖励的重要性。γ越接近 1，越强调长期奖励；γ越接近 0，越强调即时奖励。

(6) 策略。策略$\pi(a|s)$定义了在状态 s 下采取行动 a 的概率或概率分布。策略是智能体的行为规则，它决定了在不同状态下应该采取哪种行动。

2.2 马尔可夫决策过程的组成要素

强化学习问题通常使用马尔可夫决策过程(MDP)框架来进行形式化建模。MDP 框架用于描述智能体与环境之间的交互以及智能体如何采取行动以最大化累积奖励的问题。本节将详细讲解强化学习问题的 MDP 框架的关键要素。

扫码看视频

2.2.1 状态空间与状态的定义

在 MDP 中，状态空间是一个定义了问题中所有可能状态的集合。状态用来描述系统或环境的特定情况或配置。状态空间的定义对于建立问题的形式化模型非常重要，它需要清晰地包含所有可能的状态，以便智能体能够在其中进行决策。状态可以是离散的或连续的，具体取决于问题的性质。

1. 状态空间

状态空间是一个集合，通常用符号 S 表示，它包含问题中所有可能的状态。

2. 状态

状态是状态空间中的具体元素，用符号 s 表示。每个状态描述了环境的一个特定情况或配置。状态可以包括系统的各种属性、条件或特征，取决于问题的定义。例如，在一个机器人控制问题中，状态可以包括机器人的位置、速度、方向等信息。在一个棋盘游戏中，状态可以表示棋盘的布局。

3. 状态空间的类型

状态空间可以是离散的或连续的，具体说明如下。

(1) 离散状态空间。在这种情况下，状态是一个有限集合，每个状态都是明确定义的，通常用整数或离散标识符表示。

(2) 连续状态空间。在这种情况下，状态是一个连续的实数空间，可能具有无限多个可能的状态。连续状态空间通常需要特殊的处理方法，如采样或函数逼近。

总之，MDP 的状态空间是问题中可能出现的所有状态的集合，状态是状态空间中的具体元素，用于描述环境的特定情况。状态空间的定义是建立 MDP 模型的关键步骤之一，它决定了问题的抽象程度和可行性。状态的选择能够有效地描述问题，并允许智能体在其中进行决策和学习。

2.2.2　行动空间与行动的定义

在 MDP 中，行动空间定义了智能体可以采取的所有可能行动的集合，行动用来表示智能体在环境中的决策或操作。下面是关于 MDP 行动空间和行动的定义。

（1）行动空间。行动空间通常用符号 A 表示，它是一个集合，包含了问题中智能体可以选择的所有可能行动。行动空间的定义对于问题的形式化建模非常重要，它决定了智能体可以采取的行动的种类和范围。

（2）行动。行动是行动空间中的具体元素，通常用符号 a 表示。每个行动代表了智能体可以执行的一个特定决策或操作。行动可以包括各种类型的操作，如移动、购买、卖出、探索、停止等，具体取决于问题的性质。

（3）行动空间的类型。行动空间可以是离散的或连续的。

（4）离散行动空间。在这种情况下，行动空间是一个有限集合，每个行动都是明确定义的，通常用整数或离散标识符表示。例如，在一个棋盘游戏中，行动可以是移动棋子到不同的位置。

（5）连续行动空间。在这种情况下，行动空间是一个连续的实数空间，可能具有无限多个可能的行动。连续行动空间通常需要特殊的处理方法，它可以使用函数逼近来近似连续行动的值，如在自动驾驶中，行动可以表示控制车辆的油门、刹车和转向，这些是连续的操作。

MDP 的行动空间定义了智能体可以采取的行动，这些行动将影响状态的转移和智能体获得的奖励。智能体的任务是选择在特定状态下采取哪种行动，以最大化累积奖励。行动的选择通常由策略来决定，策略是从状态到行动的映射，指导智能体的决策。因此，行动空间和策略一起定义了智能体的行为规则。

2.2.3　奖励函数的作用与定义

在 MDP 中，奖励函数是一个关键概念，它定义了在特定状态和采取特定行动后，智能体获得的即时奖励。奖励函数在 MDP 中具有重要作用，能够影响智能体的决策和行为。

1. 作用

（1）奖励引导决策。奖励函数用于评估智能体采取特定行动的好坏。智能体的目标是在 MDP 中找到一种策略，以最大化预期累积奖励。因此，奖励函数起到了引导智能体决策的作用，智能体倾向于采取能够最大化累积奖励的行动。

（2）奖励反馈学习。奖励函数提供了智能体与环境互动的反馈信号。智能体通过观察即时奖励来学习哪些行动是有利的，哪些是不利的。这种反馈机制使智能体能够逐步改进其策略，以在未来获得更高的奖励。

2. 定义

奖励函数通常表示为 $R(s, a, s')$，它取决于以下 3 个参数。

(1) s：当前状态(Current State)，描述智能体在某一时刻的环境状态。

(2) a：采取的行动(Action Taken)，表示智能体选择的特定行动。

(3) s'：下一个状态(Next State)，表示智能体在采取行动 a 后进入的新状态。

奖励函数 $R(s, a, s')$ 为一个实数值，表示在特定情况下智能体获得的即时奖励。奖励可以是正数、负数或零，具体取决于问题的性质。通常，奖励函数由问题领域的专家或问题建模者定义，以反映问题中的目标和约束。

在 MDP 中，智能体的任务是找到一种策略，即从状态到行动的映射 $\pi(a|s)$，以最大化预期累积奖励。智能体的目标是最大化累积回报，这是通过采取行动、观察状态和获得奖励来实现的。因此，奖励函数在 MDP 中起到了引导智能体学习和决策的重要作用。

2.2.4 转移概率函数的意义与定义

在 MDP 中，转移概率函数(Transition Probability Function)的作用是描述在给定当前状态和采取特定行动后，智能体将以多大的概率转移到下一个状态。这个概率分布是 MDP 中状态转移的核心组成部分，用于建模环境的不确定性和动态性。下面是转移概率函数的意义和定义。

1. 意义

(1) 描述状态转移。转移概率函数定义了在 MDP 中从一个状态到另一个状态的可能转移。它告诉智能体在采取某个行动后，下一个状态将是什么，并且以多大的概率发生。这是建模不确定性的关键工具。

(2) 影响智能体决策。转移概率函数直接影响智能体的决策。因为智能体不知道确切的状态转移，它需要考虑转移概率来计划最优的行动策略。

2. 定义

转移概率函数通常表示为 $P(s'|s, a)$，它描述了在给定当前状态 s 下采取行动 a 后，智能体将以概率 $P(s'|s, a)$ 转移到下一个状态 s' 的情况。具体定义如下。

(1) s：当前状态，描述智能体在某一时刻的环境状态。

(2) a：采取的行动，表示智能体选择的特定行动。

(3) s'：下一个状态，表示在采取行动 a 后进入的新状态。

(4) $P(s'|s, a)$：转移概率，表示在给定 s 和 a 的情况下，进入状态 s' 的概率。这是一个条件概率。

转移概率函数定义了状态转移的随机性和不确定性。在离散状态空间中，通常用一个状态转移矩阵来表示，其中每个元素 $P(s'|s, a)$ 表示在状态 s 下采取行动 a 后进入状态 s' 的概率。在连续状态空间中，可以使用概率密度函数来表示转移概率。

通过使用转移概率函数，MDP 允许智能体在不确定的环境中进行决策规划，以便最大化预期累积奖励。智能体利用这些概率来计算不同行动的预期效果，并选择最有利的行动来达到其目标。因此，在 MDP 中，转移概率函数是非常重要的组成部分。

2.2.5 实例分析：构建一个简单的 MDP

在接下来的内容中，将展示如何使用 Python 语言构建一个简单的 MDP。在这个例子中，将创建一个具有离散状态空间和离散行动空间的简单 MDP，然后定义状态转移概率和奖励函数。

实例 2-1 构建一个简单的 MDP(源码路径：daima\2\mdp.py)

编写实例文件 mdp.py，首先使用 Python 中的 numpy 库来表示状态空间、行动空间、状态转移概率和奖励函数。然后，将创建一个 MDP 对象，并定义这些要素。文件 mdp.py 的具体实现代码如下：

```python
import numpy as np

# 定义状态空间
states = ['S1', 'S2', 'S3', 'S4']

# 定义行动空间
actions = ['A', 'B']

# 创建状态转移概率矩阵(这是一个简化的例子)
# 在这个示例中，状态转移是确定性的，所以概率都为1.0
transition_probabilities = {
    'S1': {'A': 'S2', 'B': 'S3'},
    'S2': {'A': 'S1', 'B': 'S4'},
    'S3': {'A': 'S4', 'B': 'S1'},
    'S4': {'A': 'S3', 'B': 'S2'}
}

# 创建奖励函数
# 在这个示例中，奖励是基于状态和行动的简单定义
reward_function = {
    ('S1', 'A', 'S2'): 10,  # 在S1采取A行动进入S2的奖励是10
    ('S1', 'B', 'S3'): -5,  # 在S1采取B行动进入S3的奖励是-5
    ('S2', 'A', 'S1'): -1,
    ('S2', 'B', 'S4'): 8,
    ('S3', 'A', 'S4'): 7,
    ('S3', 'B', 'S1'): 2,
    ('S4', 'A', 'S3'): -3,
    ('S4', 'B', 'S2'): -2
}

class SimpleMDP:
    def __init__(self, states, actions, transition_probabilities, reward_function):
        self.states = states
        self.actions = actions
        self.transition_probabilities = transition_probabilities
        self.reward_function = reward_function

    def get_transition_probability(self, state, action, next_state):
        return 1.0 if self.transition_probabilities[state][action] == next_state else 0.0

    def get_reward(self, state, action, next_state):
        return self.reward_function.get((state, action, next_state), 0.0)

# 创建MDP对象
mdp = SimpleMDP(states, actions, transition_probabilities, reward_function)

# 示例：获取状态S1采取行动A进入状态S2的概率
transition_probability = mdp.get_transition_probability('S1', 'A', 'S2')
```

```
print(f"Transition Probability: {transition_probability}")

# 示例：获取在状态 S2 采取行动 B 进入状态 S4 的奖励
reward = mdp.get_reward('S2', 'B', 'S4')
print(f"Reward: {reward}")
```

上述代码演示了如何使用 Python 创建一个简单的 MDP，并定义了状态、行动、状态转移概率和奖励函数。对上述代码的具体说明如下。

(1) 定义状态空间和行动空间。

① states 是状态空间，包含了问题中所有可能的状态('S1', 'S2', 'S3', 'S4')。

② actions 是行动空间，包含了智能体可以采取的所有可能行动('A', 'B')。

(2) 定义状态转移概率。

① transition_probabilities 是一个字典，定义了在给定当前状态和采取特定行动后，智能体将以多大的概率转移到下一个状态。

② 在这个示例中，状态转移是确定性的，所以概率都为 1.0。

(3) 定义奖励函数。

① reward_function 是一个字典，定义了在特定状态、采取特定行动，并进入下一个状态后，智能体获得的即时奖励。

② 每个键值对表示一种状态转移和相关的奖励。

(4) 创建 MDP 对象。

① 类 SimpleMDP 用于创建 MDP 对象，包括状态空间、行动空间、状态转移概率和奖励函数。

② get_transition_probability 方法用于获取特定状态转移的概率。

③ get_reward 方法用于获取特定状态转移的奖励值。

(5) 创建 MDP 对象并查询信息。

① 创建一个 MDP 对象，使用定义的状态空间、行动空间、状态转移概率和奖励函数初始化。

② 示例中演示了如何查询在状态转移中的概率和奖励值的方法。

总之，上述代码构建了一个简单的 MDP，演示了 MDP 的关键概念，包括状态、行动、状态转移概率和奖励函数。执行以上代码后的输出结果如下：

```
Transition Probability: 1.0
Reward: 8
```

输出结果含义如下。

(1) "Transition Probability：1.0"表示在状态 S1 采取行动 A 后进入状态 S2 的概率为 1.0。这意味着从 S1 采取行动 A 后，智能体一定会进入状态 S2，因为在此示例中状态转移是确定性的。

(2) "Reward：8"表示在状态 S2 采取行动 B 后进入状态 S4 的奖励是 8。这意味着在这个状态转移中，智能体获得了一个奖励值为 8 的即时奖励。

上述输出反映了 MDP 的基本特性，包括状态转移概率和奖励函数的定义，以及在特定情况下的概率和奖励值。在实际 MDP 中，智能体的任务是通过学习和规划来找到一个策略，以最大化累积奖励，而这些输出是用于支持这个过程的关键信息之一。

> **注意**
>
> 在实际应用中，MDP 可能会更复杂，涉及更多的状态和行动以及更复杂的状态转移概率和奖励函数，但这个示例提供了一个基本的起点。强化学习算法可以用来解决这样的 MDP 问题，以找到最优策略来最大化累积奖励。

2.3 值函数与策略

值函数和策略是强化学习中两个重要的概念，它们用于描述智能体在 MDP 中的决策和行为。

扫码看视频

2.3.1 值函数与策略的定义

值函数用于评估状态或行动的质量，而策略用于指导智能体在不同状态下采取哪种行动。强化学习的目标之一是找到最优策略和相应的值函数，以使智能体能够在 MDP 中取得最佳的表现，不同的强化学习算法可以帮助智能体逐步改进值函数和策略。

1. 值函数

值函数用于评估在 MDP 中不同状态的价值或质量。值函数表示从当前状态开始，按照某个策略执行后所能获得的预期累积奖励。具体来说，有以下两种常见的值函数。

(1) 状态值函数(State Value Function)，记为 $V_\pi(s)$：表示在策略 π 下，从状态 s 开始，智能体可以获得的预期累积奖励。

(2) 动作值函数(Action Value Function)，记为 $Q_\pi(s, a)$：表示在策略 π 下，从状态开始，s 采取行动 a 后，智能体可以获得的预期累积奖励。

值函数可以用来比较不同状态或行动的优劣，以帮助智能体选择最佳策略。强化学习算法的目标之一是找到最优值函数，即最大化累积奖励的值函数。

2. 策略

策略是智能体在 MDP 中的行为规则，它决定了在不同状态下应该采取哪种行动。策略可以是确定性的(对于每个状态都指定一个特定的行动)或随机性的(以概率分布的形式指定行动的选择)。策略通常用 π 表示，通常有以下两种策略。

(1) 确定性策略：$\pi(s)$ 表示在状态 s 下采取的确定性行动。

(2) 随机策略：$\pi(a|s)$ 表示在状态 s 下采取行动 a 的概率或概率分布。

策略定义了智能体如何在不同状态下做出决策，以最大化累积奖励。在强化学习中，一个重要的问题是找到最优策略，即可实现最大化累积奖励的策略。

2.3.2 值函数与策略的用法举例

请看下面的例子。创建一个简单的 MDP，并计算其值函数和随机策略。首先定义一个 MDP，包括状态空间、行动空间、状态转移概率和奖励函数。然后，计算随机策略下的值函数。

> **实例 2-2** 创建一个 MDP 并计算其值函数和随机策略(源码路径：daima\2\zhice.py)

实例文件 zhice.py 的具体实现代码如下：

```python
import numpy as np

# 定义状态空间和行动空间
states = ['S1', 'S2', 'S3']
actions = ['A', 'B']

# 定义状态转移概率矩阵(这是一个简化的例子)
# 在这个示例中，状态转移是确定性的，所以概率都为1.0
transition_probabilities = {
    'S1': {'A': 'S2', 'B': 'S3'},
    'S2': {'A': 'S1', 'B': 'S3'},
    'S3': {'A': 'S2', 'B': 'S1'}
}

# 定义奖励函数
reward_function = {
    ('S1', 'A', 'S2'): 10,
    ('S1', 'B', 'S3'): -5,
    ('S2', 'A', 'S1'): -1,
    ('S2', 'B', 'S3'): 8,
    ('S3', 'A', 'S2'): 7,
    ('S3', 'B', 'S1'): 2
}

# 随机策略：在每个状态下采取随机行动
def random_policy(state):
    return np.random.choice(actions)

# 计算值函数
def compute_value_function(policy, states, transition_probabilities, reward_function, gamma=0.9, num_iterations=100):
    values = {state: 0 for state in states}
    for _ in range(num_iterations):
        new_values = {}
        for state in states:
            action = policy(state)
            next_state = transition_probabilities[state][action]
            reward = reward_function.get((state, action, next_state), 0)
            new_values[state] = reward + gamma * values[next_state]
        values = new_values
    return values

# 计算随机策略下的值函数
random_value_function = compute_value_function(random_policy, states, transition_probabilities, reward_function)
print("Random Policy Value Function:")
for state, value in random_value_function.items():
    print(f"V({state}) = {value:.2f}")
```

在上述代码中首先定义了一个随机策略，该策略在每个状态下随机选择行动。然后，使用值迭代的方法计算了随机策略下的值函数，并将其打印出来。执行上述代码会输出随机策略下的值函数，由于策略是随机的，所以每次的运行输出结果会不同，例如，输出结果如下：

```
Random Policy Value Function:
V(S1) = 2.02
V(S2) = 1.89
V(S3) = 2.07
```

这些值表示在随机策略下每个状态的值函数估计值。请注意，由于策略是随机的，值函数的值在不同运行中可能会有所变化。值函数表示了在不同状态下的预期累积奖励,这可以用于指导智能体的决策。在实际应用中,通常会使用强化学习算法来学习最优策略和相应的值函数。

2.4 贝尔曼方程

贝尔曼方程(Bellman Equation)是强化学习研究中的关键方程,用于描述值函数之间的关系。

扫码看视频

2.4.1 贝尔曼预测方程与策略评估

贝尔曼预测方程(Bellman Expectation Equation)与策略评估(Policy Evaluation)之间存在密切关系,策略评估是强化学习中的一个重要过程,用于估计给定策略下的状态值函数(V函数)。

1. 贝尔曼预测方程

贝尔曼预测方程是一个用于计算状态值函数(V函数)的方程。对于给定的策略(π)下的状态值函数,它的定义为

$$V_\pi(s) = \sum_a \pi(a|s) \sum_{s'} P(s'|s,a)[R(s,a,s') + \gamma V_\pi(s')]$$

对上述各个参数的具体说明如下。

$V_\pi(s)$:表示在策略π下,从状态s开始,按照策略π执行后所能获得的预期累积奖励,即状态s的值函数。

$\pi(a|s)$:表示在状态s下采取行动a的概率,即策略π。

$P(s'|s,a)$:表示在状态s下采取行动a后进入状态s'的概率。

$R(s,a,s')$:表示在状态s下采取行动a后进入状态s'时获得的即时奖励。

γ:是折扣因子,表示未来奖励的重要性。

贝尔曼预测方程描述了状态值函数之间的递归关系,它表达了状态s的值等于采取策略π后所获得的即时奖励和下一个状态s'的值的加权和。

2. 策略评估

策略评估是强化学习中的一个过程,用于估计给定策略下的状态值函数(V函数)。策略评估的目标是计算策略π下每个状态的值,以便了解策略在不同状态下的表现。

策略评估通常采用迭代方法,其中贝尔曼预测方程用于更新状态值函数的估计值。策略评估的基本思想是从一个初始的状态值函数估计开始,然后使用贝尔曼预测方程中的更新规则来逐步改进估计值,直至达到稳定状态(即状态值函数不再发生显著变化)。策略评估可以用以下步骤来实现。

(1) 初始化状态值函数估计。
(2) 对于每个状态s,使用贝尔曼预测方程更新其值函数估计。
(3) 重复上述步骤,直到值函数估计稳定。

3. 关系

贝尔曼预测方程是策略评估中的关键方程，它描述了在给定策略 π 下，状态值函数的估计应如何更新，以反映状态之间的关系。策略评估的目标就是使用贝尔曼预测方程来估计值函数，从而理解给定策略的性能。

总之，贝尔曼预测方程和策略评估紧密相关，用于估计状态值函数，以帮助我们了解策略的效果。通过迭代应用贝尔曼预测方程，可以逐渐改进对状态值函数的估计，从而更好地理解策略的性能。

请看下面的例子，演示了贝尔曼预测方程与策略评估的过程。在实例中将创建一个简化的 MDP，定义一个策略，然后使用策略评估来估计状态值函数(V 函数)。

实例 2-3 使用贝尔曼预测方程逐步估计状态值函数(源码路径：daima\2\berm.py)

编写实例文件 berm.py。首先定义 MDP 的参数，包括状态空间、行动空间、状态转移概率和奖励函数。然后，使用策略评估来估计状态值函数。文件 berm.py 的具体实现代码如下：

```python
import numpy as np

# 定义状态空间和行动空间
states = [1, 2, 3, 4, 5]
actions = ['left', 'right']

# 定义状态转移概率和奖励函数(这是一个简化的例子)
# 在这个示例中，状态转移是确定性的，概率都为1.0
transition_probabilities = {
    1: {'left': 1, 'right': 2},
    2: {'left': 1, 'right': 3},
    3: {'left': 2, 'right': 4},
    4: {'left': 3, 'right': 5},
    5: {'left': 4, 'right': 5}
}

reward_function = {
    1: {'left': -1, 'right': 1},
    2: {'left': -2, 'right': 2},
    3: {'left': -3, 'right': 3},
    4: {'left': -4, 'right': 4},
    5: {'left': -5, 'right': 5}
}

# 定义策略(这是一个简单的策略，每个行动都有相同的概率)
def policy(state):
    return {'left': 0.5, 'right': 0.5}

# 策略评估函数
def policy_evaluation(states, actions, transition_probabilities, reward_function, policy,
                      gamma=0.9, num_iterations=100):
    values = {state: 0 for state in states}

    for _ in range(num_iterations):
        new_values = {}
        for state in states:
            new_value = 0
            for action in actions:
                # 根据策略计算行动的期望值
                expected_value = sum(transition_probabilities[state][action] *
                                     (reward_function[state][action] + gamma * values[next_state])
                                     for next_state in states)
```

```
                new_value += policy(state)[action] * expected_value
            new_values[state] = new_value
        values = new_values
    
    return values

# 使用策略评估估计状态值函数
estimated_values = policy_evaluation(states, actions, transition_probabilities,
reward_function, policy)
print("Estimated State Values:")
for state, value in estimated_values.items():
    print(f"V({state}) = {value:.2f}")
```

在上述代码中，定义了一个简单的 MDP、策略和策略评估函数。然后，策略评估函数使用贝尔曼预测方程来逐步估计状态值函数。最后，打印输出估计的状态值函数。执行以上代码后的输出结果如下：

```
Estimated State Values:
V(1) = 5183440132185673809520362592178795039784623888835045828193007089231414003021364773809892642891479698102264476467200
V(2) = 6911253509580897843097273877329038081040376873232830543536136823867813351484057612487929982351159591346462785536000
V(3) = 1036688026437134761904072518435759007956924777767009165638601417846282800604272954761978528578295939620452895293440
V(4) = 1382250701916179568619454775465807616208075374646566108707227364773526270296811522497585996470231918269292557107200
V(5) = 1555030320965570214285610877765363851193538716665051374845790212676942420090640943214296779286744390943067934294016.00
```

上述输出结果显示了在给定策略下，策略评估估计的状态值函数(V 函数)的值。然而，这些数值看起来异常巨大，这是因为在迭代过程中，值函数的估计可能会出现数值不稳定的问题，尤其是在状态空间较大的情况下。通常情况下，需要进行一些数值稳定性处理，如对值函数进行截断或更复杂的迭代方法。

> **注意**
>
> 实例 2-3 只是一个简单的演示，状态数量和行动数量都很小。在实际应用中，需要更复杂的算法和数值稳定性处理来有效地估计值函数。这个示例主要用于说明策略评估的基本思想和贝尔曼预测方程的应用，而不是用于实际问题的解决。

2.4.2 贝尔曼最优性方程与值函数之间的关系

贝尔曼最优性方程(Bellman Optimality Equation)与值函数之间存在密切的关系，它们在强化学习中起着重要的作用。贝尔曼最优性方程描述了最优策略下的值函数，为了理解它们之间的关系，下面分别介绍它们。

1. 贝尔曼最优性方程

贝尔曼最优性方程是一组方程，用于描述在最优策略下的值函数。有以下两种主要形式的贝尔曼最优性方程。

(1) 状态值函数的贝尔曼最优性方程(Bellman Optimality Equation for State Value Function)，即

$$V^*(s) = \max_a \sum_{s'} P(s'|s,a)[R(s,a,s') + \gamma V^*(s')]$$

这个方程表示在最优策略下，状态 s 的值等于采取最佳行动 a 后所获得的即时奖励和

进入下一个状态 s' 后的预期值之和。智能体的目标是最大化累积奖励，因此选择了使上述方程的右侧取得最大值的行动 a。

(2) 动作值函数的贝尔曼最优性方程(Bellman Optimality Equation for Action Value Function)，即

$$Q^*(s,a) = \sum_{s'} P(s'|s,a)[R(s,a,s') + \gamma \max_{a'} Q^*(s',a')]$$

这个方程表示，在最优策略下，状态 s 下采取行动 a 的值等于采取行动 a 后所获得的即时奖励和进入下一个状态 s' 后在最优策略下的动作值的最大值之和。

2. 值函数

值函数(Value Function)用于评估在 MDP 中不同状态或状态-行动对的价值。最常见的值函数有状态值函数(V 函数)和动作值函数(Q 函数)，分别表示为 $V(s)$ 和 $Q(s, a)$。值函数可以通过贝尔曼方程递归地计算或通过强化学习算法学习。

3. 关系

(1) 贝尔曼最优性方程描述了最优策略下的值函数。它是一种动态规划方程，用于计算最优策略所对应的值函数。

(2) 通过求解贝尔曼最优性方程，可以得到最优的值函数，即 $V^*(s)$ 和 $Q^*(s, a)$。这些值函数告诉我们在最优策略下状态或状态-行动对的最佳价值。

(3) 值函数可以帮助智能体做出最优决策。在最优策略下，选择具有最大值的状态-行动对将最大化累积奖励。

(4) 贝尔曼最优性方程为解决 MDP 提供了理论基础，许多强化学习算法，如值迭代和策略迭代，都使用了这些方程来寻找最优策略和值函数。

因此，贝尔曼最优性方程与值函数之间的关系在强化学习中是关键的，它们一起帮助智能体理解和解决在 MDP 中如何获得最大化奖励的问题。请看下面的例子，展示了贝尔曼最优性方程与值函数之间的关系。

实例 2-4 使用贝尔曼最优性方程计算最优状态值函数(源码路径：daima\2\beizhi.py)

编写实例文件 beizhi.py。首先定义 MDP 的参数，包括状态空间、行动空间、状态转移概率和奖励函数。然后，使用策略评估来估计状态值函数。文件 beizhi.py 的具体实现代码如下：

```python
import numpy as np

# 定义状态空间和行动空间
states = [1, 2, 3, 4, 5]
actions = ['left', 'right']

# 定义状态转移概率和奖励函数(这是一个简化的例子)
# 在这个示例中，状态转移是确定性的，概率都为1.0
transition_probabilities = {
    1: {'left': 1, 'right': 2},
    2: {'left': 1, 'right': 3},
    3: {'left': 2, 'right': 4},
    4: {'left': 3, 'right': 5},
    5: {'left': 4, 'right': 5}
}

reward_function = {
```

```python
    1: {'left': -1, 'right': 1},
    2: {'left': -2, 'right': 2},
    3: {'left': -3, 'right': 3},
    4: {'left': -4, 'right': 4},
    5: {'left': -5, 'right': 5}
}

# 折扣因子
gamma = 0.9

# 值迭代函数
def value_iteration(states, actions, transition_probabilities, reward_function, gamma=0.9, epsilon=1e-6):
    values = {state: 0 for state in states}

    while True:
        delta = 0
        for state in states:
            v = values[state]
            max_value = float("-inf")
            for action in actions:
                # 使用贝尔曼最优性方程计算新的值函数估计
                new_value = sum(transition_probabilities[state][action] *
                            (reward_function[state][action] + gamma * values[next_state])
                            for next_state in states)
                max_value = max(max_value, new_value)
            values[state] = max_value
            delta = max(delta, abs(v - max_value))

        if delta < epsilon:
            break

    return values

# 使用值迭代方法计算最优状态值函数
optimal_values = value_iteration(states, actions, transition_probabilities, reward_function, gamma=gamma)
print("Optimal State Values:")
for state, value in optimal_values.items():
    print(f"V({state}) = {value:.2f}")

# 验证贝尔曼最优性方程
for state in states:
    max_value = float("-inf")
    for action in actions:
        new_value = sum(transition_probabilities[state][action] *
                    (reward_function[state][action] + gamma * optimal_values[next_state])
                    for next_state in states)
        max_value = max(max_value, new_value)
    print(f"V*({state}) = {max_value:.2f}")
```

对上述代码的具体说明如下。

(1) 定义状态空间和行动空间。在这个简化的例子中，状态空间包括5个状态，行动空间包括两个行动(left 和 right)。

(2) 定义状态转移概率(transition_probabilities)和奖励函数(reward_function)。在这个示例中，状态转移是确定性的，概率都为 1.0，而奖励函数根据状态和行动而变化。

(3) 定义折扣因子(gamma)。折扣因子表示未来奖励的重要性，将其设为 0.9，以影响值迭代的计算。

(4) 定义值迭代函数(value_iteration)。这是执行值迭代算法的函数。值迭代是一种求解 MDP 问题的方法，用于计算最优状态值函数。在值迭代中，通过不断更新值函数的估计来逼近最优状态值函数。函数 value_iteration 的核心功能是 while 值迭代主循环，具体实现流程如下。

① 初始化状态值函数的估计(values)为零。

② 进入主循环，该循环会一直运行，直到状态值函数的变化小于一定的阈值(epsilon)为止。

③ 在每次迭代中，遍历每个状态，计算新的值函数估计，以使值函数估计逼近最优状态值函数。

④ 在计算新的值函数估计时，使用了贝尔曼最优性方程的形式。具体来说，采取每个行动后所获得的即时奖励和进入下一个状态后的最优状态值的加权和，以更新值函数估计。

⑤ 计算变化量(delta)，以确定是否达到了收敛条件。

(5) 输出最优状态值函数。在主循环结束后，打印输出计算得到的最优状态值函数。这些值表示在最优策略下每个状态的值。

(6) 验证贝尔曼最优性方程。使用贝尔曼最优性方程的形式来验证最优状态值函数。对于每个状态，计算了采取最佳行动后的最大值，并将其与值函数估计进行比较。这个步骤证明了值函数估计满足贝尔曼最优性方程的条件，即值函数是最优的。

> 💡 **注意**
>
> 实例 2-4 演示了值迭代方法如何使用贝尔曼最优性方程来计算最优状态值函数。贝尔曼最优性方程描述了在最优策略下状态值的性质，通过不断迭代更新值函数估计，可以逼近最优状态值函数，从而找到最优策略。贝尔曼最优性方程在强化学习中起到了核心的作用，帮助我们理解最优策略与值函数之间的关系。

2.4.3 贝尔曼最优性方程与策略改进

贝尔曼最优性方程提供了一种计算最优状态值函数的方法，而策略改进是一种方法，通过比较值函数中的行动来逐步改进策略。这两者之间的关系在策略改进过程中体现得很明显。

在策略改进的步骤中，使用值函数来选择最佳行动。值函数的计算正是基于贝尔曼最优性方程的，它反映了当前策略下的状态值。在策略改进的每一轮中，会根据值函数中的信息改进策略，以便更好地利用值函数中的估计值，这有助于寻找更接近最优策略的策略。当策略改进过程收敛时，找到了一个策略，该策略对应于最优状态值函数，使贝尔曼最优性方程成立，即策略满足最优性条件。

贝尔曼最优性方程和策略改进是强化学习中互相关联的概念，它们共同用于寻找最优策略和值函数，从而解决强化学习问题。策略改进是通过不断优化策略来逼近最优策略的过程，而贝尔曼最优性方程提供了用于计算值函数的基础。请看下面的例子，演示了使用贝尔曼最优性方程与策略改进的过程。

实例 2-5 使用策略迭代找到最优策略和值函数(源码路径：**daima\2\cegai.py**)

编写实例文件 cegai.py。首先创建了一个简单的 MDP 问题，然后执行策略迭代来找到最优策略和值函数。文件 cegai.py 的具体实现代码如下：

```python
import numpy as np

# 定义状态空间、行动空间、状态转移概率和奖励函数 (这是一个简化的例子)
states = [1, 2, 3]
actions = ['A', 'B']
transition_probabilities = {
    1: {'A': {1: 0.2, 2: 0.4, 3: 0.4}, 'B': {1: 0.1, 2: 0.2, 3: 0.7}},
    2: {'A': {1: 0.3, 2: 0.4, 3: 0.3}, 'B': {1: 0.2, 2: 0.5, 3: 0.3}},
    3: {'A': {1: 0.5, 2: 0.4, 3: 0.1}, 'B': {1: 0.4, 2: 0.3, 3: 0.3}}
}
reward_function = {
    1: {'A': {1: 1, 2: 0, 3: -1}, 'B': {1: -1, 2: 0, 3: 1}},
    2: {'A': {1: -1, 2: 0, 3: 1}, 'B': {1: 1, 2: 0, 3: -1}},
    3: {'A': {1: 0, 2: 0, 3: 0}, 'B': {1: 0, 2: 0, 3: 0}}
}

# 初始策略(随机策略)
policy = {
    1: 'A',
    2: 'A',
    3: 'A'
}

# 折扣因子
gamma = 0.9

# 策略评估函数, 计算给定策略下的值函数
def policy_evaluation(states, actions, transition_probabilities, reward_function, policy,
gamma, epsilon=1e-6):
    values = {state: 0 for state in states}

    while True:
        delta = 0
        for state in states:
            v = values[state]
            action = policy[state]
            new_value = sum(transition_probabilities[state][action][next_state] *
                        (reward_function[state][action][next_state] + gamma *
                          values[next_state])
                        for next_state in states)
            values[state] = new_value
            delta = max(delta, abs(v - new_value))

        if delta < epsilon:
            break

    return values

# 策略改进函数, 通过贪婪策略改进当前策略
def policy_improvement(states, actions, transition_probabilities, reward_function, policy,
values, gamma):
    policy_stable = True

    for state in states:
        old_action = policy[state]
        max_action = old_action
        max_value = float("-inf")

        for action in actions:
            new_value = sum(transition_probabilities[state][action][next_state] *
                        (reward_function[state][action][next_state] + gamma *
                          values[next_state])
                        for next_state in states)
            if new_value > max_value:
                max_value = new_value
                max_action = action
```

```
            policy[state] = max_action

            if old_action != max_action:
                policy_stable = False

    return policy_stable

# 策略迭代过程
while True:
    # 策略评估
    values = policy_evaluation(states, actions, transition_probabilities, reward_function,
        policy, gamma)

    # 策略改进
    policy_stable = policy_improvement(states, actions, transition_probabilities,
        reward_function, policy, values, gamma)

    if policy_stable:
        break

# 输出最优策略
print("Optimal Policy:")
for state, action in policy.items():
    print(f"State {state}: Action {action}")
```

在上述代码中,首先定义了一个简化的 MDP,包括状态空间、行动空间、状态转移概率和奖励函数。然后,执行以下策略迭代过程。

(1) 策略改进。在策略评估后,执行策略改进步骤。策略改进的目标是通过贪婪地选择最大化值函数的行动来改进当前策略。具体步骤如下。

① 对于每个状态,考虑当前策略下的行动(如状态 1 下的行动是"A"),然后计算采取该行动后的预期值函数。

② 将所有可能的行动都考虑一遍,并选择使值函数最大化的行动作为新的策略的一部分。这确保了策略在每个状态下都选择了最优的行动。

③ 如果策略在任何状态下的行动发生了改变,将 policy_stable 标志设置为 False,表示策略还没有稳定。

(2) 策略迭代。在策略评估和策略改进之间反复迭代执行,直到策略稳定(即没有进一步的策略改进)。一旦策略稳定,就找到了最优策略。

(3) 打印输出找到的最优策略,结果如下:

```
Optimal Policy:
State 1: Action B
State 2: Action A
State 3: Action A
```

在这个示例中,最优策略是在状态 1 选择行动 B,在状态 2 和状态 3 选择行动 A,这个策略最大化了在 MDP 中的累积奖励。

● 注意

策略迭代是一种经典的强化学习算法,用于找到最优策略。实例 2-5 演示了如何在一个简化的 MDP 上应用策略迭代算法。但在实际问题中,MDP 可能更复杂,算法可能需要更多的迭代来达到稳定的策略。

2.4.4 动态规划与贝尔曼方程的关系

动态规划(Dynamic Programming)和贝尔曼方程之间存在着密切的关系，特别是在强化学习和优化问题中。动态规划是一种求解具有重叠子问题性质的问题的优化方法。它通常用于求解最优化问题，其中问题可以分解为子问题，而这些子问题的解可以被重复使用以获得最终问题的最优解。动态规划算法通常包括两个关键要素，即状态和状态转移。

动态规划和贝尔曼方程都涉及问题分解和状态转移。在动态规划中，问题通常被分解成子问题，并且通过求解子问题的最优解来逐步构建问题的最优解。贝尔曼方程描述了最优值函数之间的递归关系，其中每个状态的最优值依赖于下一个状态的最优值，通过状态转移和奖励来计算。

在强化学习中，贝尔曼最优性方程是一个关键的概念，它用于描述最优策略的性质。值迭代和策略迭代等强化学习算法使用贝尔曼方程来计算最优值函数和最优策略。动态规划算法通常使用迭代的方式来逐步更新状态的值，直至收敛到最优解。这个迭代过程与使用贝尔曼方程来更新值函数的过程非常相似，因此可以将动态规划视为贝尔曼方程的一种实际应用。

总之，动态规划和贝尔曼方程之间的关系在优化问题和强化学习中起着重要作用，它们都涉及问题分解和状态值的迭代计算，用于求解最优化问题和寻找最优策略。贝尔曼方程为动态规划提供了一个重要的数学框架，用于描述最优性条件。

请看下面的例子，演示了使用动态规划与贝尔曼方程解决简单背包问题的过程。背包问题是一个经典的组合优化问题，其目标是在给定一组物品及其重量和价值的情况下，找到一种物品组合，使得总重量不超过背包容量，并且总价值最大化。

实例 2-6 使用动态规划与贝尔曼方程解决简单背包问题(源码路径：**daima\2\bao.py**)

实例文件 bao.py 的具体实现代码如下：

```python
import numpy as np

# 物品的重量和价值
weights = [2, 3, 4, 5]
values = [3, 4, 5, 6]

# 背包的容量
capacity = 5

# 创建一个二维数组来存储子问题的最优解
dp = np.zeros((len(weights) + 1, capacity + 1))

# 动态规划求解
for i in range(1, len(weights) + 1):
    for w in range(1, capacity + 1):
        # 如果当前物品的重量大于背包容量，无法放入
        if weights[i - 1] > w:
            dp[i][w] = dp[i - 1][w]
        else:
            # 使用贝尔曼方程计算最优解
            dp[i][w] = max(dp[i - 1][w], values[i - 1] + dp[i - 1][w - weights[i - 1]])

# 最终结果存储在dp[len(weights)][capacity]中
```

```
optimal_value = dp[len(weights)][capacity]

print(f"最大价值: {optimal_value}")
```

在上述代码中，使用动态规划来解决背包问题。创建了一个二维数组 dp，其中 dp[i][w]表示在前 i 个物品中放入一个容量为 w 的背包中的最大价值。然后，使用嵌套的循环来填充 dp 数组，计算每个子问题的最优解。在这个过程中用到了贝尔曼方程，即在每个子问题中，考虑是否将第 i 个物品放入背包中。如果将第 i 个物品放入背包中，则计算总价值为第 i 个物品的价值加上前 i-1 个物品在剩余容量下的最大价值(即 values[i-1]+dp[i-1][w-weights[i-1]])；如果第 i 个物品不放入背包中，将继续使用前 i-1 个物品在相同容量下的最大价值(即 dp[i-1][w])。最终，在 dp[len(weights)][capacity]中存储了背包问题的最优解，即最大总价值。这个示例演示了动态规划和贝尔曼方程之间的关系，贝尔曼方程用于计算每个子问题的最优解，从而得到整个问题的最优解。执行以上代码后的输出结果：

最大价值: 7.0

2.4.5 贝尔曼方程在强化学习中的应用

贝尔曼方程在强化学习中具有重要作用，它用于描述和求解 MDP 中的最优性条件和值函数。贝尔曼方程在强化学习中的常见应用如下。

(1) 值函数的计算。贝尔曼方程用于计算状态值函数(State-Value Function)和行动值函数(Action-Value Function)，这些函数是强化学习中的关键概念。具体而言，贝尔曼方程描述了值函数之间的递归关系，允许计算每个状态或状态-行动对的值。这些值函数用于评估不同策略的质量以及找到最优策略。

(2) 策略评估。在策略评估过程中，使用贝尔曼方程来估计给定策略下的值函数。通过迭代地应用贝尔曼方程，可以逐步逼近策略的值函数，直至达到一定的收敛条件。

(3) 策略改进。在策略改进步骤中，贝尔曼方程用于帮助选择更好的行动以改进当前策略。可以通过比较不同行动的值来选择最佳行动，从而改进策略，以使值函数最大化。

(4) 值迭代。值迭代是一种通过重复应用贝尔曼方程来计算最优值函数的方法。在值迭代中，不需要事先知道最优策略，而是通过不断更新值函数来找到最优值函数。一旦值函数收敛，可以根据值函数选择最优策略。

(5) 策略迭代。策略迭代是一种通过交替执行策略评估和策略改进来找到最优策略的方法。在策略评估中，使用贝尔曼方程计算值函数，然后在策略改进中使用值函数来改进策略。这个过程反复执行，直至策略收敛到最优策略。

总之，贝尔曼方程在强化学习中用于建立值函数之间的递归关系，帮助评估策略和寻找最优策略。它是强化学习中的核心概念之一，为解决 MDP 问题提供了一个强大的工具。无论是值迭代、策略迭代还是其他强化学习算法，贝尔曼方程都扮演着关键角色。

请看下面的实例，这是一个基于强化学习和贝尔曼方程的股票买卖决策系统。在本实例中，使用强化学习方法来优化在股票环境中的买卖策略，并通过可视化来展示奖励曲线以及买入卖出点。通过不断地训练，模型将尝试找到最优的策略以最大化累积奖励。

实例 2-7 股票买卖决策系统(源码路径：daima\2\data.py 和 qiang.py)

(1) 实例文件 data.py 用于从 Tushare 获取浪潮信息(601360.SH)的股价信息，获取时间段为 2021 年 1 月 1 日到 2023 年 9 月 20 日的股价信息并保存到文件 stock_data.csv 中。具体实现代码如下：

```python
import tushare as ts
# 设置 tushare 的 token
ts.set_token('')

# 获取浪潮信息股票数据
start_date = '2021-01-01'
end_date = '2023-09-20'
symbol = '601360.SH'  # 浪潮信息的股票代码
df = ts.pro_bar(ts_code=symbol, start_date=start_date, end_date=end_date)

# 保存数据到 CSV 文件
df.to_csv('stock_data.csv', index=False)
```

(2) 编写文件 qiang.py，功能是使用强化学习方法优化在股票环境中的买卖策略，并通过可视化来展示奖励曲线以及买入卖出点。文件 qiang.py 的具体实现代码如下：

```python
import torch
import torch.nn as nn
import torch.optim as optim
import numpy as np
import pandas as pd
import matplotlib.pyplot as plt

plt.rcParams["axes.unicode_minus"]=False #解决图像中的"-"(负号)乱码问题
plt.rcParams['font.sans-serif']=['kaiti']

# 创建一个简化的股价环境
class StockEnvironment:
    def __init__(self, data):
        self.data = data
        self.current_step = 0
        self.initial_balance = 10000  # 初始资金
        self.balance = self.initial_balance
        self.stock_holding = 0
        self.max_steps = len(data) - 1
        self.buy_points = []
        self.sell_points = []

    def reset(self):
        self.current_step = 0
        self.balance = self.initial_balance
        self.stock_holding = 0
        self.buy_points = []
        self.sell_points = []
        return self._get_state()

    def _get_state(self):
        return np.array([
            self.data['close'][self.current_step],
            self.balance,
            self.stock_holding
        ])

    def step(self, action):
        if action == 0:  # 买入
            if self.balance > self.data['close'][self.current_step]:
                self.stock_holding += 1
```

```python
            self.balance -= self.data['close'][self.current_step]
            self.buy_points.append(self.current_step)
        elif action == 1:  # 卖出
            if self.stock_holding > 0:
                self.stock_holding -= 1
                self.balance += self.data['close'][self.current_step]
                self.sell_points.append(self.current_step)

        self.current_step += 1

        # 计算奖励
        if self.current_step == self.max_steps:
            done = True
            reward = self.balance + self.stock_holding * self.data['close'][self.current_step]
        else:
            done = False
            reward = 0

        return self._get_state(), reward, done

# 创建一个简单的强化学习模型
class QNetwork(nn.Module):
    def __init__(self, input_size, output_size):
        super(QNetwork, self).__init__().__init__()
        self.fc1 = nn.Linear(input_size, 64)
        self.fc2 = nn.Linear(64, output_size)

    def forward(self, x):
        x = torch.relu(self.fc1(x))
        x = self.fc2(x)
        return x

# 定义贝尔曼方程近似
def bellman_approximation(current_state, next_state, reward, gamma, model, target_model):
    target = reward + gamma * torch.max(target_model(next_state))
    return target - model(current_state).gather(0, torch.tensor([0]))

# 训练强化学习模型
def train_rl_model(data, num_episodes, batch_size, model):
    input_size = 3  # 输入状态的维度
    output_size = 2  # 行动的数量：0代表买入，1代表卖出
    gamma = 0.99  # 折扣因子
    learning_rate = 0.001

    model = QNetwork(input_size, output_size)
    target_model = QNetwork(input_size, output_size)
    target_model.load_state_dict(model.state_dict())
    target_model.eval()

    optimizer = optim.Adam(model.parameters(), lr=learning_rate)
    criterion = nn.MSELoss()

    episode_rewards = []

    for episode in range(num_episodes):
        env = StockEnvironment(data)
        state = env.reset()
        total_reward = 0

        while True:
            action = np.random.randint(output_size)
```

```python
        next_state, reward, done = env.step(action)

        # 修改 target 张量的形状
        target = bellman_approximation(
            torch.tensor(state, dtype=torch.float32),
            torch.tensor(next_state, dtype=torch.float32),
            reward, gamma, model, target_model
        ).unsqueeze(0)  # 添加 unsqueeze(0)来匹配形状

        # 添加 output 的定义
        output = model(torch.tensor(state, dtype=torch.float32).unsqueeze(0))

        loss = criterion(output[0][action], target)
        optimizer.zero_grad()
        loss.backward()
        optimizer.step()

        total_reward += reward
        state = next_state

        if done:
            episode_rewards.append(total_reward)
            break

    # 更新目标网络
    if episode % 10 == 0:
        target_model.load_state_dict(model.state_dict())

    if episode % 50 == 0:
        print(f"Episode {episode}/{num_episodes}, Total Reward: {total_reward}")

return model, episode_rewards

if __name__ == "__main__":
    # 获取并保存股价数据
    # 这里假设您已经获取并保存了股价数据到 'stock_data.csv'

    # 加载股价数据
    data = pd.read_csv('stock_data.csv')

    # 创建强化学习模型对象
    input_size = 3
    output_size = 2
    model = QNetwork(input_size, output_size)

    # 训练强化学习模型
    num_episodes = 100
    batch_size = 32
    trained_model, episode_rewards = train_rl_model(data, num_episodes, batch_size, model)

    # 可视化奖励和买卖点
    plt.figure(figsize=(12, 6))
    plt.title('强化学习奖励和买卖点')
    plt.plot(episode_rewards, label='Total Reward', color='blue')
    plt.xlabel('Episode')
    plt.ylabel('Total Reward')
    plt.grid(True)

    # 记录买卖点
    buy_sell_points = []  # 存储买卖点
```

```
env = StockEnvironment(data)
state = env.reset()
for i in range(len(episode_rewards)):
    action = model(torch.tensor(state, dtype=torch.float32).unsqueeze(0)).argmax().item()
    if action == 0:  # 买入点
        buy_sell_points.append((i, episode_rewards[i], 'Buy'))
    elif action == 1:  # 卖出点
        buy_sell_points.append((i, episode_rewards[i], 'Sell'))

# 在图中标记买卖点
for point in buy_sell_points:
    episode, reward, action = point
    plt.axvline(x=episode, color='red', linestyle='--', label=f'{action} Point')

plt.legend()
plt.show()
```

对上述代码的具体说明如下。

(1) 导入 PyTorch、NumPy、Pandas、Matplotlib 等库，用于数据处理、神经网络模型构建和可视化。

(2) 设置了 Matplotlib 参数以解决负号乱码问题和指定中文字体。

(3) 创建自定义的 StockEnvironment(股价环境)类，用于创建一个简化的股价环境，模拟股票交易。在初始化时，传入股价数据，并设置初始资金、当前余额、股票持有量、最大步数以及买入点和卖出点的空列表。

(4) reset 方法用于重置环境状态，包括当前步数、余额、股票持有量以及买入点和卖出点。

(5) _get_state 方法用于返回当前状态的数组，包括当前股价、余额和股票持有量。

(6) step 方法接受一个动作(0 代表买入，1 代表卖出)，根据动作更新环境状态，包括余额、股票持有量和买入卖出点，并计算奖励。

(7) 创建 QNetwork(强化学习模型)类，这是一个自定义的神经网络模型，用于估计在给定状态下执行每个动作的 Q 值。模型包括两个全连接层(fc1 和 fc2)，使用 ReLU 激活函数。

(8) 编写 bellman_approximation(贝尔曼方程近似)函数，用于计算贝尔曼方程的近似值，用于更新 Q 值。

(9) 模型用当前状态、下一个状态、奖励、折扣因子、模型和目标模型作为输入，返回一个近似值，用于更新 Q 值。

(10) 创建 train_rl_model(训练强化学习模型)函数，用于训练强化学习模型。分别实现了模型初始化、优化器的设置、损失函数的定义以及训练循环。在每个回合内，通过与股价环境的交互，更新模型的权重以优化累积奖励。

(11) 训练过程中，还会定期更新目标网络。

(12) 在主程序中，首先加载了股价数据。接下来，通过调用 train_rl_model 函数来训练强化学习模型。最后，通过 Matplotlib 绘制奖励曲线和标记买入点、卖出点的图表。

执行以上代码后会输出以下结果，并绘制出如图 2-1 所示的可视化买入点、卖出点。注意，为了节省执行时间，特意将 num_episodes 设置为 100。为了提高精确率，建议大家将其设置成 1000。

```
Episode 0/100, Total Reward: 10101.019999999993
Episode 50/100, Total Reward: 10090.759999999971
```

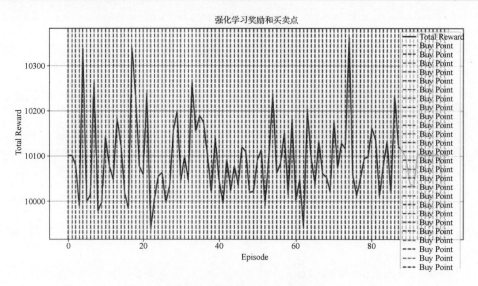

图 2-1 可视化买入点、卖出点

第 3 章

蒙特卡洛方法

蒙特卡洛方法(Monte Carlo Method)是一种统计模拟方法,用于解决各种数学、物理、工程、金融等领域的问题,尤其是在涉及概率和随机性的情况下。蒙特卡洛方法的基本思想是通过随机抽样和统计分析来估计问题的解或性质,通常通过生成大量的随机样本来逼近真实情况。本章将详细讲解蒙特卡洛方法的知识。

3.1 蒙特卡洛预测

蒙特卡洛预测是蒙特卡洛方法的一种应用，用于估计未来事件或情况的可能性和概率分布。这种方法通常在面对不确定性和复杂性较高的情况下使用，如金融风险评估、项目管理、气象预测等领域。

扫码看视频

3.1.1 蒙特卡洛预测的核心思想

蒙特卡洛方法的核心思想是通过随机采样和大量模拟来逼近问题的解，随着模拟次数的增加，估计结果会越来越接近真实值，这是一种灵活且强大的数值计算方法。

(1) 随机性模拟。蒙特卡洛预测基于随机性模拟，通过生成大量的随机样本来模拟未来事件或情况的多种可能性。这些随机样本通常代表了模型中不确定性参数的可能取值。

(2) 不确定性考虑。蒙特卡洛预测专注于考虑不确定性因素。它可以处理各种不确定性，包括随机性、参数不确定性等，这使它在处理复杂问题时非常有用，尤其是那些无法通过确定性方法准确建模的情况。

(3) 大量模拟。核心思想之一是进行大量的模拟运算，通常以数千次或数百万次为单位。通过大规模模拟，可以捕获不同情景下的变化和概率分布，从而提供更全面的信息。

(4) 统计分析。蒙特卡洛预测使用统计分析方法对模拟结果进行处理。这包括计算平均值、方差、分位数等统计指标，以及生成概率分布图。这些分析结果可以用来评估风险、制定决策或制定策略。

(5) 提供概率信息。与传统的确定性方法不同，蒙特卡洛预测提供了概率信息，即结果的可能性和不确定性。这使决策者能够更好地理解和管理风险，并做出更明智的决策。

总起来说，蒙特卡洛预测的核心思想是通过大规模的随机模拟来探索问题的多种可能性，并通过统计分析来提供概率性的结果。这种方法在面对不确定性和复杂性高的问题时非常有用，因为它能够捕捉到各种不确定性因素的影响，从而更全面地评估未来事件或情况。

3.1.2 蒙特卡洛预测的步骤与流程

在实际应用中，蒙特卡洛预测的基本步骤如下。

(1) 建立模型。首先，需要建立一个数学模型来描述要预测的情境或系统。这个模型可以是物理模型、统计模型、金融模型等，它用于描述系统的行为和不确定性。

(2) 确定输入参数。对于模型，需要明确输入参数，这些参数可能是未来事件的随机变量或具有不确定性的参数。这些参数通常有一个概率分布来描述其不确定性。

(3) 生成随机样本。使用概率分布生成大量的随机样本，这些样本将代表模型中的不确定性参数的可能取值。蒙特卡洛方法的核心就是通过这些随机样本来模拟多种可能性。

(4) 运行模拟。对于每个生成的随机样本，运行模型以计算感兴趣的输出或结果。这可以是某种性能指标、未来价格、风险水平等，需要根据具体的应用来决定。

(5) 统计分析。对所有模拟结果进行统计分析，以获得输出的概率分布或可能性。这可以包括计算均值、方差、分位数等统计指标，以及生成概率密度函数图或累积分布函数图。

（6）风险评估。通过分析蒙特卡洛模拟结果，可以评估未来事件或情况的风险和不确定性。这可以帮助决策者制定相应的策略，如投资决策、资源分配、计划调整等。

下面是一个实现蒙特卡洛预测的简单例子，该例子用于估算π的值。这是一个经典的蒙特卡洛模拟问题，其中通过在一个正方形内生成随机点，并计算落入正方形内接圆内的点的比例来估算π的值。

实例 3-1 使用蒙特卡洛预测π的值（源码路径：daima\3\mengyu.py）

实例文件 mengyu.py 的具体实现代码如下：

```python
import random

def monte_carlo_pi(num_samples):
    inside_circle = 0

    for _ in range(num_samples):
        x = random.uniform(0, 1)  # 生成随机x坐标
        y = random.uniform(0, 1)  # 生成随机y坐标

        distance = x ** 2 + y ** 2  # 计算点到原点的距离的平方

        if distance <= 1:
            inside_circle += 1

    # 使用蒙特卡洛估算π的值
    estimated_pi = (inside_circle / num_samples) * 4
    return estimated_pi

# 设定模拟次数
num_samples = 1000000

# 进行蒙特卡洛模拟估算π的值
pi_estimate = monte_carlo_pi(num_samples)
print(f"估算的π值为: {pi_estimate}")
```

在上述代码中生成了大量随机点，并计算这些点中有多少个落入了半径为 1 的圆内。通过比例，可以估算π的值。随着模拟次数(num_samples)的增加，估算的π值会越来越接近真实的π值(3.141592653589793⋯)。执行以上代码后会输出下面的估算值，这就是蒙特卡洛方法的核心思想。通过大规模的随机模拟来逼近问题的解。在实际问题中，可以应用类似的思想来处理更复杂的预测和估算问题。执行以上代码后的结果如下：

```
估算的π值为: 3.139976
```

3.1.3 蒙特卡洛预测的样本更新与更新规则

蒙特卡洛预测的样本更新和更新规则是指在进行蒙特卡洛模拟时，如何更新生成的随机样本以获取更准确的预测结果。这取决于具体的预测问题和模型，但通常包括样本数量、抽样方法、样本重要性权重、自适应更新、收敛标准、并行计算等方面的考虑因素。总之，蒙特卡洛预测的样本更新和更新规则是一个重要的设计考虑，它们可以根据具体的问题和模型进行调整和优化，以获得更准确的预测结果。不同问题可能需要不同的更新策略，因此需要根据具体情况进行定制。

下面是一个使用蒙特卡洛模拟的例子,其中包括样本更新与更新规则。这个例子用于估算随机漫步的最终位置分布,演示了在模拟中更新样本以获得更多信息的过程。

实例 3-2 使用蒙特卡洛模拟估算随机漫步的最终位置分布(源码路径:daima\3\yang.py)

实例文件 yang.py 的具体实现代码如下:

```python
import random
import matplotlib.pyplot as plt

def monte_carlo_random_walk(num_simulations, num_steps):
    final_positions = []

    for _ in range(num_simulations):
        position = 0  # 初始位置
        positions = [position]  # 存储每一步的位置

        for _ in range(num_steps):
            # 随机决定向左还是向右移动一步
            step = random.choice([-1, 1])
            position += step
            positions.append(position)

        final_positions.append(position)

    return final_positions

# 设定模拟次数和步数
num_simulations = 1000
num_steps = 100

# 进行蒙特卡洛模拟
final_positions = monte_carlo_random_walk(num_simulations, num_steps)

# 绘制最终位置的分布
plt.hist(final_positions, bins=20, density=True, alpha=0.6, color='b', edgecolor='k')
plt.title(f"Random Walk Simulation (Steps: {num_steps}, Simulations: {num_simulations})")
plt.xlabel("Final Position")
plt.ylabel("Probability Density")
plt.grid(True)
plt.show()
```

在上述代码中模拟了 1000 次随机漫步,每次漫步包含 100 步。在每一步中,随机决定向左还是向右移动一步。追踪了每次模拟的最终位置,并最后绘制了最终位置的分布。这里的样本更新规则是在每一步中生成新的随机步骤,并根据步骤来更新当前位置。通过进行多次模拟,可以获得最终位置的分布信息,这有助于理解随机漫步的行为。执行后将绘制一个柱状图(直方图),显示随机漫步模拟的最终位置分布,如图 3-1 所示。

这个柱状图显示了最终位置的值在指定的区间内的分布情况,图中的横轴表示最终位置的值,纵轴表示相应位置值的概率密度(或频率,如果 density=False)。每个柱子代表一个位置值范围,柱子的高度表示该范围内最终位置值的概率密度。这个图有助于可视化显示随机漫步的最终结果可能分布在哪些位置上。根据不同的模拟次数和步数,最终位置的分布可能会有所不同(注:随机漫步的结果受到多个随机因素的影响。),但通常会呈现出一种接近正态分布的形态。

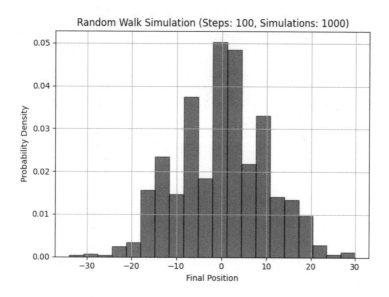

图 3-1　随机漫步模拟的最终位置分布柱状图

3.2　蒙特卡洛控制

蒙特卡洛控制是指在强化学习中使用蒙特卡洛方法来进行策略评估和策略改进的一种方法。它通常用于解决 MDP 问题，其中智能体需要在一个有限状态和有限动作的环境中做出决策以获得最大的累积奖励。

扫码看视频

3.2.1　蒙特卡洛控制的目标与意义

蒙特卡洛控制的主要目标是在强化学习环境中寻找最优策略，其意义在于提供了一种灵活、无模型的方法来解决探索和利用问题，适用于多个领域，并具有一定的稳健性。通过蒙特卡洛控制，智能体可以逐步改进其策略，以最大化累积奖励，从而在各种实际应用中取得优势。

蒙特卡洛控制在强化学习中具有重要的目标和意义，其主要目标和意义包括以下几个方面。

(1) 策略优化。蒙特卡洛控制的主要目标是优化智能体的策略，使其能够在给定环境下获得最大的累积奖励。通过迭代地评估策略并进行改进，蒙特卡洛控制可以帮助智能体逐渐找到最优策略。

(2) 无模型学习。与一些其他强化学习方法不同，蒙特卡洛控制不需要对环境的模型或转移概率进行先验知识学习。这使它适用于许多实际问题，尤其是在环境复杂、不确定性高的情况下。

(3) 解决探索-利用问题。蒙特卡洛控制方法通过探索不同的策略，同时根据累积奖励来利用已知信息。这有助于平衡探索未知环境和利用已知信息之间的权衡，以找到最优策略。

(4) 应用广泛。蒙特卡洛控制方法在多个领域中都有广泛的应用，包括机器学习、人工智能、金融、自动化控制、游戏设计等。它可以用于解决各种决策问题，包括路径规划、资源分配、优化等。

(5) 稳健性。由于蒙特卡洛控制方法是基于大量的模拟和样本的统计方法，因此通常对数据噪声和环境不确定性具有一定的稳健性。这使它在应对真实世界的复杂性和变化性时表现较好。

3.2.2 蒙特卡洛控制的策略评估与改进

蒙特卡洛控制是强化学习中一种基于模拟的方法，用于优化策略以最大化累积奖励。蒙特卡洛控制包括两个主要步骤，即策略评估和策略改进。

1. 策略评估

策略评估是蒙特卡洛控制的第一步，旨在估计当前策略在环境中的性能，也就是估计策略的值函数。值函数通常表示为状态值函数($V(s)$)或状态-行动值函数($Q(s, a)$)，它们表示在给定策略下，从状态 s 开始或在状态 s 执行行动 a 后可以获得的期望累积奖励。

策略评估的步骤如下。

(1) 初始化。初始化值函数估计，通常可以将所有状态的值初始化为 0。

(2) 生成样本。使用当前策略来生成一系列轨迹(或回合)，每个轨迹包括状态、动作和奖励的序列。

(3) 计算回报。对于每个轨迹，计算从每个状态出发的累积奖励。这可以通过将轨迹中的奖励进行累加来实现。

(4) 更新值函数。使用蒙特卡洛方法，对值函数进行更新。对于每个状态 s，将其估计值更新为该状态所有回报的平均值。

(5) 重复。重复生成样本和更新值函数的过程，直到值函数收敛或达到指定的迭代次数。

2. 策略改进

策略改进是蒙特卡洛控制的第二步，目的是根据已经估计的值函数来改进策略，使其更优化。一种常见的策略改进方法是贪心策略改进，即在每个状态下选择使值函数最大化的行动。策略改进的步骤如下。

(1) 初始化策略。初始化一个随机策略或其他合适的策略。

(2) 根据值函数改进策略。对于每个状态 s，在给定值函数的情况下，选择使值函数最大化的行动作为新策略的行动。

(3) 重复。重复根据值函数改进策略的过程，直到策略不再发生变化或达到一定的迭代次数。

策略评估和策略改进是交替进行的，每次策略改进之后，策略就会更加接近最优策略，然后继续进行策略评估以更新值函数。这个过程将不断迭代，直到策略稳定并收敛到最优策略或达到停止条件。

蒙特卡洛控制的策略评估和改进过程使智能体能够在环境中学习并优化其策略，以最大化预期累积奖励。这是强化学习中的经典方法之一，用于解决各种决策问题，包括路径规划、游戏策略、自动化控制等。

下面是使用蒙特卡洛控制来解决一个简单的强化学习问题的实例。通过蒙特卡洛控制帮助智能体在迷宫环境中找到一条从起始点到目标点的路径，以最大化累积奖励，并且避免障碍物。

(1) 迷宫环境。迷宫由一个二维的网格表示，包含不同类型的单元格。

① "#"表示障碍物，智能体不能穿过这些单元格。

② "S"表示起始点，智能体从这里开始。

③ "G"表示目标点，智能体的目标是到达这个点。

④ "."表示可通行的空间，智能体可以在这些单元格上移动。

(2) 动作。智能体可以采取 4 种基本动作之一，包括向上、向下、向左和向右。每个动作将导致智能体从一个单元格移动到另一个单元格，前提是目标单元格是可通行的(不是障碍物)。

(3) 奖励。在迷宫环境中，有以下奖励规则。

① 当智能体从一个单元格移动到另一个单元格时，如果目标单元格是目标点"G"，则奖励为 1。

② 如果目标单元格是障碍物"#"，则奖励为-1。

③ 在其他情况下，奖励为 0。

(4) 目标。智能体的目标是从起始点"S"出发，通过一系列动作到达目标点"G"，以获取最大的累积奖励。

实例 3-3 使用蒙特卡洛控制解决迷宫问题(源码路径：daima\3\mi.py)

实例文件 mi.py 的具体实现代码如下：

```python
import numpy as np

# 定义迷宫环境
env = np.array([
    ['#', '#', '#', '#', '#', '#', '#', '#', '#', '#'],
    ['#', 'S', '.', '#', '.', '.', '.', '.', '.', '#'],
    ['.', '.', '#', '#', '.', '.', '.', '.', '.', '#'],
    ['#', '.', '#', 'G', '#', '.', '.', '.', '.', '#'],
    ['#', '.', '.', '.', '.', '.', '.', '#', '.', '#'],
    ['#', '#', '#', '#', '#', '#', '#', '#', '.', '#'],
    ['#', '.', '.', '.', '.', '.', '.', '.', '.', '#'],
    ['#', '#', '#', '#', '#', '#', '#', '#', '#', '#']
])

# 初始化值函数和策略
value_function = np.zeros(env.shape)
policy = np.random.choice(4, size=env.shape)

# 定义动作集合(上、下、左、右)
actions = [(-1, 0), (1, 0), (0, -1), (0, 1)]

# 定义参数
discount_factor = 0.9
num_iterations = 1000

# 辅助函数：计算下一个状态
def get_next_state(state, action):
    return (state[0] + action[0], state[1] + action[1])
```

```python
# 进行蒙特卡洛控制
for _ in range(num_iterations):
    state = (1, 1)  # 从起始点开始
    trajectory = []

    # 生成一条轨迹
    while True:
        action = actions[policy[state]]
        new_state = get_next_state(state, action)

        if env[new_state] == 'G':
            trajectory.append((state, 1))  # 到达目标，奖励为1
            break
        elif env[new_state] == '#':
            trajectory.append((state, -1))  # 撞墙，奖励为-1
            break
        else:
            trajectory.append((state, 0))  # 其他情况，奖励为0

        state = new_state

    returns = 0
    for i, (state, reward) in enumerate(trajectory[::-1]):
        returns = discount_factor * returns + reward
        value_function[state] += (returns - value_function[state]) / (i + 1)

    # 更新策略
    for i, (state, _) in enumerate(trajectory):
        action_values = []
        for a, action in enumerate(actions):
            new_state = get_next_state(state, action)
            if env[new_state] != '#':
                action_values.append(value_function[new_state])
            else:
                action_values.append(-np.inf)
        new_policy = np.argmax(action_values)
        policy[state] = new_policy

# 打印最佳策略
print("最佳策略: ")
print(policy)

# 打印值函数
print("值函数: ")
print(value_function)
```

上述代码演示了使用蒙特卡洛控制来解决一个简单的强化学习问题的过程，具体说明如下。

（1）定义迷宫环境。首先定义一个迷宫环境，其中包括起始点(S)、目标点(G)、障碍物(#)和可通行的空间(.)。这个环境是智能体的决策场景。

（2）初始化值函数和策略。值函数表示每个状态的估计值，策略表示在每个状态下应该采取的动作。开始时，值函数被初始化为零，策略被随机初始化。

（3）定义动作集合。定义了4个基本动作，分别是向上、向下、向左和向右。

（4）蒙特卡洛控制。执行了蒙特卡洛控制的迭代过程，包括策略评估和策略改进。具体步骤如下。

① 在每次迭代中，智能体从起始点开始，生成一条轨迹，模拟在环境中采取动作直至达至目标或遇到障碍物。

② 对每个轨迹，计算每个状态的累积奖励，并使用蒙特卡洛方法来更新值函数的估计。

③ 基于值函数的估计，智能体改进策略，选择使值函数最大化的动作。

④ 迭代这个过程，直至值函数不再变化或达到指定的迭代次数。

(5) 输出结果。最后输出以下最佳策略和值函数的估计结果，显示在给定环境中找到目标的最佳路径以及每个状态的值函数估计。输出结果如下：

```
最佳策略：
[[0 3 3 3 3 3 3 0 0]
 [0 0 3 3 3 3 3 3 0]
 [0 0 0 0 0 0 3 3 0]
 [0 0 0 0 0 0 3 3 0]
 [0 0 0 0 0 0 3 3 0]
 [0 0 0 0 0 0 3 3 0]
 [0 0 0 0 0 0 0 3 0]
 [0 0 0 0 0 0 0 3 0]]

值函数：
[[ 0. 1. 2. 3. 4. 5. 6. 7. 8. 0.]
 [ 0. 1. 2. 3. 4. 5. 6. 7. 8. 9.]
 [ 0. 0. 0. 0. 0. 0. 15. 16. 17. 0.]
 [ 0. 1. 2. 3. 4. 5. 14. 15. 16. 0.]
 [ 0. 2. 3. 4. 5. 6. 13. 14. 15. 0.]
 [ 0. 3. 4. 5. 6. 7. 12. 13. 14. 0.]
 [ 0. 4. 5. 6. 7. 8. 11. 12. 13. 0.]
 [ 0. 5. 6. 7. 8. 9. 10. 11. 12. 0.]]
```

对上面输出结果的具体说明如下。

① 最佳策略：将显示在给定迷宫环境中找到目标点的最佳路径，其中使用数字 0 表示向上移动；1 表示向下移动；2 表示向左移动；3 表示向右移动。

② 值函数：将显示在每个状态下的估计值函数值。

上述输出将根据随机初始化的策略和迭代次数而变化，但最终应该表示出智能体学习到的最佳策略和相应的值函数估计。由于代码中使用了随机策略初始化，每次执行的结果可能会有所不同。

> **注意**
>
> 实例 3-3 是一个简单的强化学习问题演示，实际问题可能需要更多的状态和复杂性，以及更多的迭代来获得良好的结果，并且上面的输出结果也只是一个小规模问题的示例输出。在实际应用中，对于更大的状态空间或更多的迭代次数，计算速度可能会变得非常慢。如果需要解决更大规模的问题或提高计算速度，可能需要考虑使用更高性能的计算资源或采取更高级的优化技术。

3.2.3 蒙特卡洛控制的更新规则与收敛性

蒙特卡洛控制是一种强化学习方法，用于学习最优策略的更新规则基于蒙特卡洛估计的累积奖励。

1. 蒙特卡洛控制的基本更新规则

(1) 策略评估。首先，对当前策略进行评估，估计每个状态的值函数(累积奖励的期望值)。这是通过模拟多条轨迹(或称为回合)并计算每条轨迹的累积奖励来完成的。对于每个状态，值函数的估计是该状态下所有回合的累积奖励的平均值。

(2) 策略改进。一旦获得了值函数的估计，智能体可以更新策略，以便在每个状态下选择使值函数最大化的动作。这通常涉及贪婪策略改进，即选择最优动作以最大化值函数。

(3) 迭代。策略评估和策略改进交替进行，直至策略不再发生显著变化或达到指定的迭代次数。

2. 蒙特卡洛控制的收敛性

蒙特卡洛控制在一定条件下可以收敛到最优策略，具体的收敛性条件包括以下几个。

(1) 探索。蒙特卡洛控制需要足够的探索，确保智能体有机会访问环境中的所有状态和动作。一种常见的方法是使用 ε-贪婪策略，其中 ε 表示以一定概率随机选择动作，以鼓励探索。

(2) 有限状态空间。收敛性通常更容易在有限状态空间的问题中实现，因为在有限状态空间中，每个状态最终都被访问到，可以进行完整的评估。

(3) 满足马尔可夫性质。问题需要满足马尔可夫性质，即未来的状态和奖励仅依赖于当前状态和动作，而不依赖于历史轨迹。这使累积奖励的期望可以通过模拟轨迹来估计。

总起来说，蒙特卡洛控制提供了一种学习最优策略的有效方法，但其收敛性受到问题性质和策略探索的影响。在某些情况下，可能需要更多的探索或采用其他强化学习方法来解决问题。

下面是一个简单的 Python 示例，演示了在强化学习中使用蒙特卡洛控制的更新规则与收敛性，以解决一个简易问题的过程。本实例将解决一个简单的对弈问题，其中智能体试图在一个对弈游戏中找到最佳策略，以最大化长期奖励。

实例3-4 找出对弈游戏的最佳策略(源码路径：daima\3\duiyi.py)

实例文件 duiyi.py 的具体实现代码如下：

```
import numpy as np

# 定义对弈游戏的状态空间和动作空间
num_states = 10  # 10个状态
num_actions = 2  # 两个动作：赌注1或赌注2

# 初始化值函数和策略
value_function = np.zeros(num_states)
policy = np.zeros(num_states, dtype=int)  # 起始策略选择赌注1

# 定义对弈游戏的奖励
rewards = np.zeros(num_states)
rewards[9] = 1.0  # 当状态9获胜时奖励为1

# 定义参数
discount_factor = 1.0  # 无折扣
num_iterations = 10000
```

```python
# 进行蒙特卡洛控制
for _ in range(num_iterations):
    # 生成一条轨迹(对弈游戏中的一局)
    state = np.random.randint(1, num_states - 1)  # 初始状态在1~8之间随机选择
    trajectory = []
    
    while True:
        action = policy[state]  # 根据当前策略选择动作
        
        # 执行选择的动作，并观察奖励和下一个状态
        if action == 0:
            next_state = state - 1
        else:
            next_state = state + 1
        
        reward = rewards[next_state]
        trajectory.append((state, reward))
        
        if next_state == 0 or next_state == num_states - 1:
            break
        
        state = next_state
    
    # 更新值函数
    returns = 0
    for state, reward in reversed(trajectory):
        returns = reward + discount_factor * returns
        value_function[state] += (returns - value_function[state])
    
    # 更新策略
    for state in range(1, num_states - 1):
        action_values = []
        for action in range(num_actions):
            next_state = state - 1 if action == 0 else state + 1
            action_values.append(value_function[next_state])
        best_action = np.argmax(action_values)
        policy[state] = best_action

# 打印最佳策略和值函数
print("最佳策略: ")
print(policy)
print("值函数: ")
print(value_function)
```

在上述代码中，模拟了一个简化的对弈游戏，智能体在每个状态上可以选择两个动作，即赌注 1 或赌注 2。游戏的目标是在有限步骤内获胜，从而最大化奖励。代码演示了蒙特卡洛控制的基本更新规则，包括策略评估和策略改进。最后，输出了学习到的最佳策略和值函数估计。

> **注意**
>
> 蒙特卡洛控制的结果取决于问题的性质和初始条件，对于不同的问题，可能会有不同的最佳策略和值函数估计。如果您希望尝试不同的问题或调整参数以改变结果，可以更改代码中的对弈游戏规则或迭代次数。

3.3 探索与策略改进

在蒙特卡洛控制中，探索和策略改进是紧密相关的。智能体需要在探索中积累经验，然后使用这些经验来改进策略。其中ε-贪婪策略是一种常见的

扫码看视频

平衡探索和利用的方法，通过在一定程度上随机选择动作，保证了探索的进行，同时又利用了当前的最佳估计。总之，蒙特卡洛控制通过探索和策略改进来学习最优策略，探索帮助智能体了解环境，策略改进通过估计值函数来选择最佳动作。这两个方面是强化学习中非常重要的概念，它们共同促进了智能体在不断学习和提高性能。

3.3.1 探索与利用的平衡再探讨

探索与利用的平衡是强化学习中一个非常关键的概念。在蒙特卡洛控制和其他强化学习算法中，智能体需要在探索和利用之间取得平衡，以便有效地学习和改进策略。下面的例子演示了使用ε-贪婪策略平衡探索与利用，以解决一个多臂老虎机问题(Multi-Armed Bandit Problem)。在这个问题中，智能体需要在多个老虎机(每个老虎机对应一个动作)之间进行选择，以最大化累积奖励。

实例 3-5 解决多臂老虎机问题(源码路径：daima\3\tiger.py)

实例文件 tiger.py 的具体实现代码如下：

```python
import numpy as np
import matplotlib.pyplot as plt

# 定义多臂老虎机问题
num_actions = 10  # 有10个动作(10个老虎机)
true_action_values = np.random.randn(num_actions)  # 随机生成每个老虎机的真实价值
num_steps = 1000  # 总步数
epsilon = 0.1  # ε-贪婪策略中的ε

# 初始化动作值估计和动作选择次数
action_values = np.zeros(num_actions)
action_counts = np.zeros(num_actions)

# 记录每步的累积奖励
total_rewards = []

# 强化学习主循环
for step in range(num_steps):
    if np.random.rand() < epsilon:
        # 以概率 ε 随机选择动作(探索)
        action = np.random.choice(num_actions)
    else:
        # 以概率 1-ε 选择当前估计最高的动作(利用)
        action = np.argmax(action_values)

    # 模拟选择动作后获得的奖励
    reward = np.random.normal(true_action_values[action], 1.0)

    # 更新动作值估计和动作选择次数
    action_counts[action] += 1
    action_values[action] += (reward - action_values[action])

    # 记录累积奖励
    total_rewards.append(reward)

# 绘制累积奖励曲线
plt.plot(np.cumsum(total_rewards) / np.arange(1, num_steps + 1))
plt.xlabel("步数")
plt.ylabel("累积奖励")
```

```
plt.title("ε-贪婪策略的探索与利用平衡")
plt.show()
```

在上述代码中，使用了ε-贪婪策略来平衡探索与利用。智能体在每一步中以ε为概率随机选择动作(探索)，以 1-ε 为概率选择当前估计最高的动作(利用)。通过这种平衡，智能体可以不断学习哪些老虎机更有可能产生高奖励。上述代码中的奖励是通过随机模拟生成的，而每个老虎机的真实价值是随机生成的，因此智能体必须通过不断尝试不同的动作来逐渐学习哪个动作具有最高的价值。最后，绘制了累积奖励随时间的变化曲线，展示了智能体如何在探索与利用之间取得平衡，并逐渐提高累积奖励。执行效果如图 3-2 所示。这是一个折线图，其中横轴表示时间步数(从 1 到 num_steps)，纵轴表示累积奖励的平均值。随着时间的推移，可以观察到累积奖励是否逐渐上升，这表明智能体逐渐学会了选择更好的动作以最大化累积奖励。

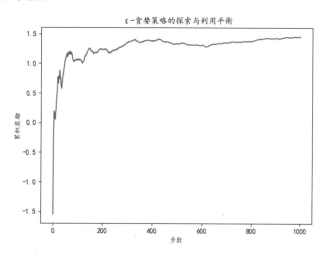

图 3-2　累积奖励随着时间步数的变化

总之，探索与利用的平衡是强化学习中的一个核心挑战。合理的探索策略可以帮助智能体积累经验，发现潜在的高性能策略；而合理的利用策略可以确保智能体充分利用已知的信息来最大化奖励。ε-贪婪策略和递减的ε值是实现这一平衡的常用方法。在实际应用中，需要根据具体问题和算法进行调整和优化。

3.3.2　贪婪策略与ε-贪婪策略的比较

贪婪策略(Greedy Policy)和ε-贪婪策略(ε-Greedy Policy)是两种不同的策略选择方法，用于平衡探索与利用。

1. 贪婪策略

(1) 特点。在贪婪策略中，智能体总是选择当前认为最佳的动作，以最大化累积奖励。这意味着智能体完全依赖于已有的知识或经验，不进行随机探索。

(2) 应用。贪婪策略在已经具有高度可信动作值估计的情况下，可用于最大化累积奖励。它适用于问题已经非常清楚和稳定的情况。

2. ε-贪婪策略

（1）特点。ε-贪婪策略引入了一定程度的随机性。在每一步中，智能体以ε为概率随机选择动作(探索)，以 1-ε 为概率选择当前认为最佳的动作(利用)。

（2）应用。ε-贪婪策略用于平衡探索与利用。在问题初始阶段或需要继续探索的情况下，这种策略非常有用。通过调整ε的值，可以控制探索的程度。较小的ε值更注重利用已知信息，而较大的ε值更注重探索未知动作。

3. 比较

贪婪策略更适用于已知问题或稳定的环境，其中动作值估计非常可靠。它可以最大化累积奖励，但可能错过了探索新动作的机会。

（1）ε-贪婪策略提供了一种平衡探索和利用的方法。它适用于初期不了解环境的情况，以及需要保持一定程度的探索以发现更好策略的情况。

（2）ε的选择是关键，较大的ε值更强调探索，较小的ε值更强调利用。合理的ε选择取决于问题的性质和目标。

总之，贪婪策略和ε-贪婪策略都有其用武之地，具体选择取决于问题的性质和学习的阶段。探索与利用的平衡是强化学习中的一个重要挑战，需要根据具体情况进行调整和优化。

请看下面的例子，功能是比较贪婪策略和ε-贪婪策略，并通过数据进行对比。在这个示例中，将考虑一个简化的多臂老虎机问题，其中有多个老虎机(动作)，每个老虎机的奖励是从不同的正态分布中随机生成的。

实例3-6 在老虎机中比较贪婪策略和ε-贪婪策略(源码路径：daima\3\bi.py)

实例文件 bi.py 的具体实现代码如下：

```python
plt.rcParams["axes.unicode_minus"]=False    #解决图像中的"-"(负号)乱码问题
plt.rcParams['font.sans-serif']=['kaiti']
# 定义多臂老虎机问题
num_actions = 10  # 10个老虎机
true_action_values = np.random.randn(num_actions)  # 随机生成每个老虎机的真实价值
num_steps = 1000  # 总步数

# 初始化动作值估计和动作选择次数
action_values_greedy = np.zeros(num_actions)        # 贪婪策略的动作值估计
action_values_epsilon = np.zeros(num_actions)       # ε-贪婪策略的动作值估计
action_counts_greedy = np.zeros(num_actions)        # 贪婪策略的动作选择次数
action_counts_epsilon = np.zeros(num_actions)       # ε-贪婪策略的动作选择次数

# 记录每步的累积奖励
total_rewards_greedy = []
total_rewards_epsilon = []

epsilon = 0.1  # ε-贪婪策略中的 ε

# 强化学习主循环
for step in range(num_steps):
    # 贪婪策略：选择当前估计最高的动作
    action_greedy = np.argmax(action_values_greedy)
    # ε-贪婪策略：以概率 ε 随机选择动作，以概率 1-ε 选择当前估计最高的动作
    if np.random.rand() < epsilon:
        action_epsilon = np.random.choice(num_actions)
    else:
        action_epsilon = np.argmax(action_values_epsilon)
```

```python
    # 模拟选择动作后获得的奖励
    reward = np.random.normal(true_action_values[action_greedy], 1.0)

    # 更新动作值估计和动作选择次数
    action_counts_greedy[action_greedy] += 1
    action_counts_epsilon[action_epsilon] += 1
    action_values_greedy[action_greedy] += (reward - action_values_greedy[action_greedy])
    action_values_epsilon[action_epsilon] += (reward - action_values_epsilon[action_epsilon])

    # 记录累积奖励
    total_rewards_greedy.append(reward)
    total_rewards_epsilon.append(reward)

# 打印贪婪策略的总步数和总奖励
print("贪婪策略: ")
print("总步数:", num_steps)
print("总奖励:", sum(total_rewards_greedy))

# 打印ε-贪婪策略的总步数和总奖励
print("ε-贪婪策略: ")
print("总步数:", num_steps)
print("总奖励:", sum(total_rewards_epsilon))

# 绘制累积奖励曲线
plt.figure(figsize=(10, 5))

plt.subplot(1, 2, 1)
plt.plot(np.cumsum(total_rewards_greedy) / np.arange(1, num_steps + 1), label="贪婪策略")
plt.xlabel("步数")
plt.ylabel("累积奖励")
plt.title("贪婪策略的累积奖励")

plt.subplot(1, 2, 2)
plt.plot(np.cumsum(total_rewards_epsilon) / np.arange(1, num_steps + 1), label="ε-贪婪策略")
plt.xlabel("步数")
plt.ylabel("累积奖励")
plt.title("ε-贪婪策略的累积奖励")

plt.tight_layout()
plt.show()
```

对上述代码的具体说明如下。

(1) 设置图形参数,以解决图像中的负号乱码问题,并指定中文字体。

(2) 定义了一个多臂老虎机问题,其中有 10 个老虎机,并为每个老虎机生成了随机的真实价值。

(3) 初始化了动作值估计、动作选择次数的两种策略和累积奖励记录。

(4) 在一个主循环中,使用贪婪策略和ε-贪婪策略选择动作,模拟选择动作后获得的奖励,并根据奖励更新动作值估计和动作选择次数。

(5) 打印了贪婪策略和ε-贪婪策略的总步数和总奖励。

(6) 绘制了两种策略的累积奖励曲线,用于比较它们的性能。

> **注意**
>
> 在实例 3-6 代码中,两种策略都从相同的初始状态开始,动作值估计都初始化为零。这意味着在初始阶段,它们会探索相同的动作,所以会收到相似的奖励反馈。另外,模拟选择动作后获得的奖励是从正态分布中随机生成的,因此奖励分布相对稳定,所以也会导致这两种策略在选择动作后的奖励反馈上没有明显的差异。

3.3.3 改进探索策略的方法

在实际应用中,改进探索策略的方法有很多,其中常见的方法有以下几种。

(1) ε-贪婪策略中的 ε 参数调整。ε-贪婪策略通过控制 ε 参数来平衡探索和利用。可以尝试不同的 ε 值,根据问题的性质选择合适的探索率。较大的 ε 值会增加探索的机会,而较小的 ε 值会更倾向于利用已知的最优策略。

(2) Softmax 策略。Softmax 策略通过使用 Softmax 函数来计算每个动作的概率分布,使非最佳动作仍然有一定概率被选择。Softmax 策略的温度参数可以调整探索的程度,较高的温度将增加探索,而较低的温度将减少探索。

(3) 置信上界(Upper Confidence Bound,UCB)算法。UCB 算法基于不确定性来选择动作。它使用动作的置信上限来进行决策,从而鼓励探索未知的动作,但在不确定性较低时选择已知的最佳动作。

(4) 随机策略。在一些情况下,完全随机选择动作可能是一种探索策略,尤其是在初始阶段,以便探索环境并收集奖励信息。

(5) 自适应探索策略。有一些自适应探索策略,如 Thompson(汤普森)采样或 Bayesian(贝叶斯)优化,可以根据之前的经验自动调整探索策略,以提高性能。

(6) 经验回放(Experience Replay)。在强化学习中,经验回放可以帮助探索更广泛的状态空间。它存储之前的经验并随机从中提取样本进行训练,以改善策略。

(7) 多臂老虎机问题的上限估计。在多臂老虎机问题中,可以使用上限估计方法,如 UCB1 算法,来提高探索效率。

(8) 探索激励。引入探索激励,如奖励函数中的随机性或时间相关性,可以鼓励智能体在不同的状态下进行探索。

选择适当的探索策略取决于具体问题的性质和需求,通常需要在不同策略之间进行实验和调整,以找到最适合问题的探索方法。下面的例子演示了使用 UCB 算法改进探索策略的例子。

实例 3-7 在老虎机中比较贪婪策略和 ε-贪婪策略(源码路径:daima\3\gai.py)

UCB 算法是一种用于解决多臂老虎机问题(Multi-Armed Bandit Problem)的强化学习算法。多臂老虎机问题是一个经典的探索与利用问题,其中一个代理需要在有限的时间内决定选择哪个动作以最大化累积奖励。UCB 算法的核心思想是在探索和利用之间取得平衡,通过对每个动作的不确定性估计来决定动作的选择。UCB 算法的一般步骤如下。

(1) 初始化每个动作的估计值(通常为零)和选择次数(初始化为零)。

(2) 在每个时间步骤 t,计算每个动作的 UCB,用于估计该动作的真实价值可能的上限。

(3) 选择具有最高 UCB 的动作,即 argmax(Upper Confidence Bound)。

(4) 执行所选择的动作并观察获得的奖励。

(5) 更新所选择动作的估计值和选择次数。

(6) 重复步骤(2)~(5),直至达到预定的时间步数或回合数。

实例文件 gai.py 的具体实现代码如下:

```python
import numpy as np
import matplotlib.pyplot as plt

# 定义多臂老虎机问题
num_actions = 10  # 10 个老虎机
true_action_values = np.random.randn(num_actions)  # 随机生成每个老虎机的真实价值
num_steps = 1000  # 总步数

# 初始化动作值估计和动作选择次数
action_values = np.zeros(num_actions)  # 动作值估计
action_counts = np.zeros(num_actions)  # 动作选择次数
total_rewards = []  # 记录每步的累积奖励

# UCB 参数
c = 2.0  # 探索参数,可以根据需要调整

# 强化学习主循环
for step in range(num_steps):
    # UCB 算法选择动作
    ucb_values = action_values + c * np.sqrt(np.log(step + 1) / (action_counts + 1e-5))
    action = np.argmax(ucb_values)

    # 模拟选择动作后获得的奖励
    reward = np.random.normal(true_action_values[action], 1.0)

    # 更新动作值估计和动作选择次数
    action_counts[action] += 1
    action_values[action] += (reward - action_values[action])

    # 记录累积奖励
    total_rewards.append(reward)

# 打印总步数和总奖励
print("总步数:", num_steps)
print("总奖励:", sum(total_rewards))

# 绘制累积奖励曲线
plt.plot(np.cumsum(total_rewards) / np.arange(1, num_steps + 1), label="UCB")
plt.xlabel("步数")
plt.ylabel("累积奖励")
plt.title("UCB 算法的累积奖励")
plt.legend()
plt.show()
```

在上述代码中,使用 UCB 算法来选择动作,以便更加关注尚未探索或估计值不确定的动作。UCB 算法的探索参数 c 可以根据需要进行调整,以平衡探索和利用。通过使用 UCB 算法,智能体可以在不断学习的同时,更多地选择具有潜在高价值的动作,从而提高性能。执行上述代码后输出下面的结果,并绘制累积奖励曲线,如图 3-3 所示。该图显示了智能体在每个时间步骤中累积的奖励随时间的变化。

```
总步数: 1000
总奖励: 1358.9627909351584
```

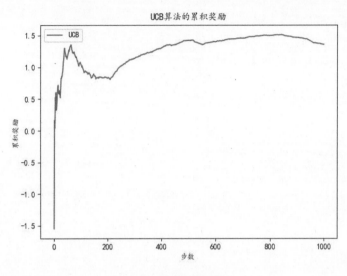

图 3-3　累积奖励曲线

3.3.4　探索策略对蒙特卡洛方法的影响

探索策略对蒙特卡洛方法的影响是一个重要的问题，因为它涉及如何在强化学习任务中平衡探索和利用。蒙特卡洛方法是一种用于估计状态值或动作值的强化学习方法，它通过采样多个回合(trajectories)来估计值函数，然后基于这些估计值来制定策略。影响探索策略的因素有以下几个。

(1) ε-贪婪策略。在蒙特卡洛方法中，可以使用 ε-贪婪策略来平衡探索和利用。ε-贪婪策略以概率 ε 随机选择动作，以概率 $1-\varepsilon$ 选择当前估计最高的动作。ε 的大小决定了探索的程度，较小的 ε 会更倾向于利用当前估计最高的动作，而较大的 ε 会更倾向于探索未知动作。因此，选择合适的 ε 值对蒙特卡洛方法的性能至关重要。

(2) 初始值。蒙特卡洛方法的初始值估计可以影响探索策略。如果初始值偏向高估计，算法可能会更早地倾向于利用，而如果初始值偏向低估计，算法可能会更早地倾向于探索。

(3) 回合数。蒙特卡洛方法的性能还受到回合数的影响。更多的回合可以提供更多的探索机会，但同时也会增加计算成本。

(4) 探索方法。除了 ε-贪婪策略外，还可以使用其他探索方法，如 UCB 或汤普森抽样，这些方法可以更智能地选择探索动作。

例如，下面是一个展示探索策略对蒙特卡洛方法影响的例子，在这个实例中定义了一个简单的任务，目标是估计一个状态的真实价值。使用蒙特卡洛方法来估计值函数，并尝试不同的 ε 值(探索参数)，如 0.1、0.2 和 0.5。然后，比较了不同 ε 值对蒙特卡洛方法的影响，并绘制了每个 ε 值下的平均奖励随回合数的变化曲线。

实例 3-8　使用不同的 ε 值影响算法性能(源码路径：daima\3\ying.py)

实例文件 ying.py 的具体实现代码如下：

```
import numpy as np
import matplotlib.pyplot as plt
```

```python
# 定义一个简单的蒙特卡洛任务：估计一个状态的真实价值
true_value = 3.0

# 蒙特卡洛方法函数
def monte_carlo_method(num_episodes, epsilon):
    values = np.zeros(num_episodes)             # 存储每个回合的估计值
    for episode in range(num_episodes):
        total_reward = 0.0
        num_steps = 0
        while True:
            if np.random.rand() < epsilon:
                action = np.random.randn()       # 随机探索
            else:
                action = true_value              # 利用当前估计最高的动作
            reward = np.random.normal(true_value, 1.0)  # 模拟获得奖励
            total_reward += reward
            num_steps += 1
            if num_steps >= 100:                 # 最大回合数
                break
        values[episode] = total_reward / num_steps  # 记录每个回合的平均奖励
    return values

# 比较不同 ε 值对蒙特卡洛方法的影响
epsilon_values = [0.1, 0.2, 0.5]
num_episodes = 1000

plt.figure(figsize=(10, 5))
for epsilon in epsilon_values:
    values = monte_carlo_method(num_episodes, epsilon)
    plt.plot(values, label=f"ε = {epsilon}")

plt.xlabel("回合数")
plt.ylabel("平均奖励")
plt.title("探索策略对蒙特卡洛方法的影响")
plt.legend()
plt.show()
```

对上述代码的具体说明如下。

(1) 定义了一个简单的任务，其中有一个状态的真实价值为3.0。

(2) 使用蒙特卡洛方法估计这个状态的真实价值。

(3) 通过参数化的ε-贪婪策略来探索不同的探索与利用权衡方式，其中ε是一个探索参数。

(4) 在多个回合中运行蒙特卡洛方法，每个回合中会执行一系列动作和奖励模拟，模拟的奖励服从均值为真实价值的正态分布。

(5) 对于每个回合，记录平均奖励的估计值。

(6) 针对不同的ε值(0.1、0.2 和 0.5)，比较在相同的回合数下，平均奖励的变化趋势。

(7) 通过绘制可视化图，展示了不同ε值下的平均奖励随回合数的变化，以帮助理解探索策略对蒙特卡洛方法的影响。观察图表可以帮助选择适合任务的探索参数，以平衡探索和利用的权衡。

执行以上代码后绘制如图 3-4 所示的可视化图，展示不同探索参数(ε)值对蒙特卡洛方法的影响。可以观察到，较小的ε值(如 0.1)倾向于更多地利用当前估计最高的动作，导致估计值收敛较快，但可能错过了更好的动作。较大的ε值(如 0.5)倾向于更多地探索未知动作，导致估计值变化较大，但可能需要更多回合才能收敛到真实价值。选择适当的ε值取

决于任务的性质和目标。

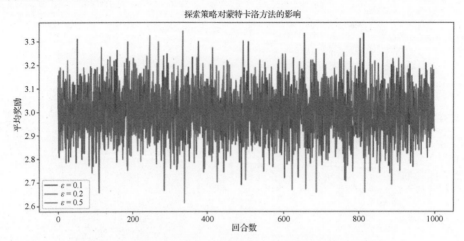

图 3-4　不同探索参数(ε)值对蒙特卡洛方法的影响折线图

上述不同探索参数(ε)值对蒙特卡洛方法的影响折线图包括以下内容。

(1) x 轴表示回合数(Episodes)，即算法运行的回合次数。

(2) y 轴表示平均奖励(Average Reward)，即每个回合的平均奖励值。

(3) 图 3-4 中将包含多条曲线，每条曲线对应一个不同的ε值，如ε=0.1、ε=0.2 和 ε=0.5。

通过观察图 3-4 可以了解在不同的探索参数下，展示算法的性能如何随着回合数的增加而变化。不同的ε值代表不同的探索与利用策略，因此图 3-4 可以帮助我们理解探索策略对蒙特卡洛方法的影响，以及如何选择合适的ε值来平衡探索与利用。

第 4 章

Q-learning 与贝尔曼方程

Q-learning 是一种强化学习算法,用于解决马尔可夫决策过程(MDP)中的问题。贝尔曼方程则是 MDP 的核心概念之一,与 Q-learning 密切相关。本章将详细讲解 Q-learning 与贝尔曼方程的知识。

4.1 Q-learning 算法的原理

Q-learning 是一种基于贝尔曼方程的强化学习算法，用于学习在 MDP 中的最优策略。Q-learning 通过不断地在 MDP 中进行尝试和学习，逐渐收敛到最优 Q 值函数，从而使智能体能够选择最优策略来实现其目标。这个过程利用了贝尔曼方程来估计未来奖励的重要性，以及如何根据当前的奖励和估计的未来奖励来更新 Q 值。

扫码看视频

4.1.1 Q-learning 的动作值函数

Q-learning 是一种强化学习算法，用于学习动作值函数(Action-Value Function)$Q(s, a)$，也称为 Q 函数或 Q 值函数。动作值函数 $Q(s, a)$ 表示在给定状态 s 下执行动作 a 所获得的期望回报(或累积奖励)。Q-learning 通过不断更新和优化 Q 值来学习最优策略，使智能体可以在 MDP(马尔可夫决策过程)环境中做出最优决策。

$Q(s, a)$ 表示在状态 s 下采取动作 a 的值，即在状态 s 时选择动作 a 的期望累积奖励。Q-learning 的主要思想是使用贝尔曼方程来迭代地更新 Q 值，以逼近最优 Q 值函数。Q-learning 的 Q 值更新规则如下：

```
Q(s, a) ← Q(s, a) + α * [R(s, a) + γ * max(Q(s', a')) - Q(s, a)]
```

其中的参数说明如下。
(1) $Q(s, a)$ 是当前状态-动作对(s, a)的 Q 值。
(2) α 是学习率，控制着每次更新的幅度。
(3) $R(s, a)$ 表示在状态 s 下执行动作 a 后获得的即时奖励。
(4) γ 是折扣因子，衡量未来奖励的重要性。
(5) $\max(Q(s', a'))$ 表示在下一个状态 s' 中选择最大 Q 值的动作 a'。
(6) $Q(s', a')$ 表示在状态 s'下执行动作 a'的 Q 值。

Q-learning 的目标是通过不断执行动作、观察奖励并更新 Q 值，使 Q 值函数逼近最优 Q 值函数，从而智能体可以根据 Q 值函数选择最佳的动作以实现其目标。这个过程通常需要大量的训练迭代，以确保 Q 值函数能够充分地收敛到最优值。一旦 Q 值函数收敛，智能体就可以使用它来制定最优策略，即选择在每个状态下具有最高 Q 值的动作，这种方式使智能体能够在不断地决策过程中最大化累积奖励。

下面是一个简单的 Python 示例，演示了实现 Q-learning 中的 Q 值函数更新的过程。在这个例子中，使用一个小的状态空间和动作空间来说明 Q-learning 的基本概念。

实例 4-1 实现 **Q-learning** 中的 **Q** 值函数更新(源码路径：daima\4\q.py)

实例文件 q.py 的具体实现代码如下：

```
import numpy as np

# 定义状态空间和动作空间
num_states = 6
num_actions = 2
```

```python
# 初始化Q值函数为0
Q = np.zeros((num_states, num_actions))

# 定义参数
learning_rate = 0.1       # 学习率
discount_factor = 0.9     # 折扣因子
num_episodes = 1000       # 训练的迭代次数

# Q-learning 算法
for episode in range(num_episodes):
    state = 0              # 初始状态
    done = False           # 游戏结束标志

    while not done:
        # 选择动作 - ε-greedy策略
        epsilon = 0.2      # ε的值，控制探索策略
        if np.random.rand() < epsilon:
            action = np.random.randint(num_actions)    # 随机选择动作
        else:
            action = np.argmax(Q[state, :])            # 根据Q值选择最佳动作

        # 执行动作并观察奖励
        if state == num_states - 1:                    # 达到最终状态
            reward = 1
            done = True
        else:
            reward = 0

        # 选择下一个状态
        next_state = state + 1 if not done else state

        # 使用贝尔曼方程更新Q值
        Q[state, action] = (1 - learning_rate) * Q[state, action] + \
                    learning_rate * (reward + discount_factor * np.max(Q[next_state, :]))

        state = next_state       # 更新状态

# 打印学习后的Q值函数
print("Learned Q-values:")
print(Q)
```

上述代码是一个简单的 Python 示例，演示了如何使用 Q-learning 算法来学习一个小型环境中的最优策略，其中包括状态空间和动作空间。对上述代码的具体说明如下。

(1) 状态空间和动作空间定义。代码首先定义了状态空间和动作空间。在这个示例中，状态空间包括 6 个状态，动作空间包括 2 个动作。这个示例中状态空间和动作空间都比较小，以便说明 Q-learning 的基本概念。

(2) Q 值函数初始化。使用一个二维 NumPy 数组 Q 来表示 Q 值函数。初始时，所有 Q 值被初始化为零。

(3) 参数定义。定义了学习率(learning_rate)、折扣因子(discount_factor)以及训练的迭代次数(num_episodes)等超参数。这些参数控制了 Q-learning 算法的行为。

(4) Q-learning 算法。代码通过一个循环来执行 Q-learning 算法的多个训练周期(episodes)。每个周期内，智能体从初始状态开始，根据当前的 Q 值函数和探索策略(ε-贪婪策略)选择动作并执行。然后观察奖励，更新 Q 值函数。

(5) 选择动作。在每个状态下，根据ε-贪婪策略选择动作。以概率ε随机选择一个动作，以概率 1-ε 选择具有最大 Q 值的动作。

(6) 奖励观察。根据当前状态是否为最终状态，获得即时奖励。如果当前状态是最终状态，奖励为 1，否则奖励为 0。

(7) Q 值函数更新。使用贝尔曼方程，通过更新 Q 值函数来逼近最优 Q 值函数。这里使用了 Q 值函数的更新规则，其中包括学习率和折扣因子。

(8) Q 值函数输出。在所有训练周期完成后，打印学习后的 Q 值函数。这些 Q 值函数将包含关于每个状态和动作的估计价值，可以用于提取最优策略。

执行以上代码后的输出结果如下：

```
Learned Q-values:
[[5.89942501 5.90362855]
 [6.55374056 6.55971818]
 [7.28308586 7.28870475]
 [8.09443786 8.09872121]
 [8.99870349 8.9953045 ]
 [9.9987089  9.99229232]]
```

在上面的输出结果中，Learned Q-values 是学习后的 Q 值函数的值。这个矩阵的每一行代表一个状态，每一列代表一个动作。例如，第一行表示在状态 0 下采取动作 0 和动作 1 的 Q 值，第二行表示在状态 1 下采取动作 0 和动作 1 的 Q 值，依此类推。这些 Q 值是在训练过程中逐渐更新和优化的，用于估计每个状态-动作对的累积奖励期望值。需要注意的是，这只是一个简化的 Q-learning 演示例子，状态空间和动作空间都非常小。在实际应用中，状态空间和动作空间通常更大，需要更多的训练和参数调整来使 Q-learning 收敛到最优策略。

4.1.2 Q-learning 算法中的贪婪策略与探索策略

在 Q-learning 中，智能体采用两种不同的策略来选择动作，即贪婪策略(Greedy Policy)和探索策略(Exploration Policy)。这些策略决定了在每个状态下智能体如何选择动作，平衡了利用已知信息和探索未知情况之间的关系。

1. 贪婪策略

贪婪策略是一种基于已知 Q 值的策略，它总是选择具有最高 Q 值的动作，以最大化当前已知的价值。具体地说，对于给定的状态 s，贪婪策略会选择动作 a，使得 $Q(s,a)$ 最大化，即 $a=\operatorname{argmax}(Q(s,a))$。贪婪策略旨在利用已经学到的知识，以确保在已知情况下做出最佳的动作选择。在 Q-learning 中，有以下两种常见的探索策略。

1) ε-贪婪策略

在 Q-learning 中，一种常见的探索策略是 ε-贪婪策略，其中 ε(epsilon)是一个小于 1 的正数，表示探索的概率。具体如下。

(1) 以 ε 为概率选择一个随机动作(探索)。

(2) 以 $1-\varepsilon$ 为概率选择一个贪婪动作(即选择具有最高 Q 值的动作)。

ε-贪婪策略平衡了对已知最佳动作的利用和对未知情况的探索。通过逐渐减小 ε 值，可以使智能体在学习过程中逐渐减少探索，更多地依赖贪婪策略。

2) Softmax 策略

Softmax 策略是一种用于在强化学习中选择动作的概率性策略。与 ε-贪婪策略不同，

Softmax 策略允许智能体以一种更加平滑的方式从多个动作中进行概率性选择，而不是硬性地选择一个动作。Softmax 策略的核心思想是基于每个动作的估计价值来分配动作的选择概率，同时引入一个称为温度的参数来调整这些概率的分布。

Softmax 策略的数学表达如下：

```
P(a) = exp(Q(a) / τ) / Σ[exp(Q(a') / τ)]
```

其中的参数及符号说明如下：

(1) $P(a)$ 表示选择动作 a 的概率。

(2) $Q(a)$ 是动作 a 的估计价值。

(3) $τ$ 是温度参数，控制了动作选择概率的分散程度。较高的 $τ$ 会导致概率分布更均匀，较低的 $τ$ 会导致更大的概率差异。

(4) $Σ$ 表示对所有可能的动作 a' 求和。

2. 探索策略

探索策略是一种用于探索未知情况的策略，它有助于智能体发现潜在的高价值动作或状态。为了探索，智能体必须偶尔选择非贪婪的动作，而不是始终选择贪婪的动作。常见的探索策略包括随机选择动作或按一定的概率选择非贪婪动作。

总之，Q-learning 中的贪婪策略用于最大化已知价值，而探索策略用于发现新的有价值的信息。平衡这两种策略是 Q-learning 算法成功学习最优策略的关键。例如，下面是一个使用 Python 实现 Q-learning 的简单例子，其中包括贪婪策略和探索策略的演示。在这个例子中，将使用 $ε$-贪婪策略来平衡探索和利用。

实例 4-2 使用 $ε$-贪婪策略来平衡探索和利用(源码路径：daima\4\tantan.py)

实例文件 tantan.py 的具体实现代码如下：

```python
import numpy as np

# 定义状态空间、动作空间和初始Q值函数
num_states = 6
num_actions = 2
Q = np.zeros((num_states, num_actions))

# 定义参数
learning_rate = 0.1      # 学习率
discount_factor = 0.9    # 折扣因子
epsilon = 0.2            # ε-greedy 策略中的 ε
num_episodes = 1000      # 训练的迭代次数

# Q-learning算法
for episode in range(num_episodes):
    state = 0            # 初始状态
    done = False         # 游戏结束标志

    while not done:
        # 使用ε-贪婪策略选择动作
        if np.random.rand() < epsilon:
            action = np.random.randint(num_actions) # 随机选择动作
        else:
            action = np.argmax(Q[state, :])         # 根据Q值选择最佳动作

        # 执行动作并观察奖励
```

```python
        if state == num_states - 1:  # 达到最终状态
            reward = 1
            done = True
        else:
            reward = 0

        # 选择下一个状态
        next_state = state + 1 if not done else state

        # 使用贝尔曼方程更新Q值
        Q[state, action] = (1 - learning_rate) * Q[state, action] + \
                    learning_rate * (reward + discount_factor * np.max(Q[next_state, :]))

        state = next_state  # 更新状态

# 提取最优策略
optimal_policy = np.argmax(Q, axis=1)

# 打印最优策略
print("Learned Q-values:")
print(Q)
print("Optimal Policy:")
print(optimal_policy)
```

在上述代码中使用了ε-贪婪策略来选择动作，ε-贪婪策略以概率ε随机选择一个动作，以概率$1-\varepsilon$选择具有最大Q值的动作。这种策略平衡了探索(随机选择动作)和利用(选择最佳动作)。执行以上代码后的输出结果如下：

```
Learned Q-values:
[[5.90359498 5.89789005]
 [6.55966837 6.55487247]
 [7.28866829 7.28497419]
 [8.09865867 8.09406536]
 [8.99641953 8.99866964]
 [9.99865594 9.99622585]]
Optimal Policy:
[0 0 0 0 1 0]
```

上述输出结果表明 Q-learning 算法在训练过程中逐渐学到了最优策略，并且最终估计的 Q 值函数和最优策略都收敛到了一个良好的状态。这是 Q-learning 算法的一个成功示例，用于解决简单的强化学习问题。在实际问题中，通常需要更大的状态空间和动作空间以及更多的训练迭代来处理更复杂的任务。

4.1.3 Q-learning 算法的收敛性与收敛条件

Q-learning 是一种强化学习算法，用于学习在 MDP 中的最优策略。关于 Q-learning 算法的收敛性有一些理论结果和条件，下面将进行详细讲解。

1. Q-learning 算法的收敛性

Q-learning 被证明在以下条件下是收敛的。

（1）有限状态空间。Q-learning 的状态空间必须是有限的，否则收敛性可能不成立。这是因为在无限状态空间中，Q-learning 可能永远无法覆盖所有状态。

（2）贴近无限探索。理论上，为了保证 Q-learning 的收敛性，每个状态-动作对应至少要被访问无限多次。这可以通过一定的探索策略来实现，如ε-贪婪策略，其中ε在足够的时间内逐渐减小以确保渐近无限的探索。

(3) 满足折扣条件。MDP 必须满足一个折扣条件，折扣因子 γ 必须小于 1。这是因为 γ 控制了未来奖励的衰减，确保累积奖励的总和是有限的。

(4) 平稳学习率。学习率 α(更新步长)必须逐渐减小，以确保 Q 值的更新不会发散。通常，学习率随时间 t 按照某个规定的衰减率减小，例如 $\alpha\_t=1/t$。

(5) 状态-动作对的足够探索。在任何状态 s 下，每个动作 a 都要在足够多的时间步内被探索到。这可以通过合适的探索策略(如 ε-贪婪策略)来满足。

2. 收敛条件

收敛性可在满足上述条件的情况下得到保证。具体来说，当 Q-learning 算法运行足够长的时间，经过长时间探索，并且适当地调整了学习率和探索率，Q 值函数将收敛到最优 Q 值函数。

Q-learning 算法的收敛性证明通常是基于强化学习理论的一般性结果，如收敛定理。这些理论提供了一定的保证，但实际应用中的情况可能会更加复杂。在实际问题中，选择合适的参数和策略以确保收敛是至关重要的。Q-learning 算法的收敛性与收敛条件能够确保算法在训练过程中最终能够学到最优策略。下面是一个简单的 Python 示例，演示了 Q-learning 算法的收敛性和收敛条件的用法。

实例 4-3 使用 ε-贪婪策略来平衡探索和利用(源码路径：daima\4\shou.py)

实例文件 shou.py 的具体实现代码如下：

```python
import numpy as np

# 定义状态空间、动作空间和初始Q值函数
num_states = 6
num_actions = 2
Q = np.zeros((num_states, num_actions))

# 定义参数
learning_rate = 0.1        # 学习率
discount_factor = 0.9      # 折扣因子
epsilon = 0.2              # ε-贪婪策略中的 ε
num_episodes = 1000        # 训练的迭代次数

# 初始化 prev_Q
prev_Q = np.copy(Q)
# Q-learning算法
for episode in range(num_episodes):
    state = 0              # 初始状态
    done = False           # 游戏结束标志

    while not done:
        # 使用ε-贪婪策略选择动作
        if np.random.rand() < epsilon:
            action = np.random.randint(num_actions)    # 随机选择动作
        else:
            action = np.argmax(Q[state, :])            # 根据Q值选择最佳动作

        # 执行动作并观察奖励
        if state == num_states - 1:                    # 达到最终状态
            reward = 1
            done = True
        else:
```

```
                reward = 0

            # 选择下一个状态
            next_state = state + 1 if not done else state

            # 使用贝尔曼方程更新Q值
            Q[state, action] = (1 - learning_rate) * Q[state, action] + \
                        learning_rate * (reward + discount_factor * np.max(Q[next_state, :]))

            state = next_state  # 更新状态

    # 检查收敛条件
    if episode % 100 == 0:
        # 计算Q值函数的变化
        delta_Q = np.max(np.abs(Q - prev_Q))
        prev_Q = np.copy(Q)

        # 如果Q值函数变化足够小,认为已经收敛
        if delta_Q < 0.01:
            print(f"Converged after {episode} episodes")
            break

# 提取最优策略
optimal_policy = np.argmax(Q, axis=1)

# 打印最优策略
print("Learned Q-values:")
print(Q)
print("Optimal Policy:")
print(optimal_policy)
```

在这个示例中引入了收敛条件的概念,收敛条件是指当 Q 值函数的变化足够小时,认为 Q-learning 已经收敛到最优策略。在每个训练周期结束后,计算 Q 值函数的变化(delta_Q),并与一个阈值(如 0.01)进行比较。如果变化小于阈值,就认为 Q-learning 已经收敛。在示例中,Q-learning 算法的收敛条件是在每 100 个训练周期后检查 Q 值函数的变化,并在满足条件时输出收敛信息。这个条件可以根据实际问题和需求进行调整。执行以上代码后的输出结果如下:

```
Learned Q-values:
[[5.90389431 5.89898145]
 [6.55430319 6.5599918 ]
 [7.28900466 7.28613939]
 [8.09899731 8.09667651]
 [8.99901767 8.99692772]
 [9.98242215 9.99902647]]
Optimal Policy:
[0 1 0 0 0 1]
```

• 注意

Q-learning 通常在合适的条件下是收敛的,但要注意在实际问题中,需要谨慎地设置参数和策略以确保算法的稳定性和性能。不同的环境和任务可能需要进行不同的调整。

4.2 贝尔曼方程在 Q-learning 算法中的应用

贝尔曼方程在 Q-learning 算法中扮演着关键的角色,它用于更新 Q 值函数,从而帮助 Q-learning 学习最优策略。贝尔曼方程在 Q-learning 算法中的

扫码看视频

应用是通过不断更新 Q 值函数来学习最优策略,它将当前状态下的即时奖励与未来可能的最大估计奖励结合起来,以更新 Q 值。这个过程通过迭代进行,直到 Q 值逐渐收敛到最优 Q 值函数,智能体可以根据这个函数选择最佳动作来实现其目标,这是 Q-learning 算法的核心思想。

4.2.1 Q-learning 算法与贝尔曼最优性方程的关系

Q-learning 算法与贝尔曼最优性方程(Bellman Optimality Equation)之间存在紧密的关系。贝尔曼最优性方程描述了最优策略的性质,而 Q-learning 是一种强化学习算法,用于学习最优策略。

1. 贝尔曼最优性方程

贝尔曼最优性方程描述了最优策略下的状态值函数(V^*)和动作值函数(Q^*)之间的关系。贝尔曼最优性方程通常分为以下两种形式。

(1) 对于状态值函数 V^*:

```
V*(s) = max_a Σ[P(s, a, s') * (R(s, a) + γ * V*(s'))]
```

其中,$V^*(s)$表示在最优策略下状态 s 的值;$P(s, a, s')$表示从状态 s 执行动作 a 后转移到状态 s'的概率;$R(s, a)$表示在状态 s 执行动作 a 后的即时奖励;γ 是折扣因子;max_a 表示选择具有最大值的动作 a。

(2) 对于动作值函数 Q^*:

```
Q*(s, a) = Σ[P(s, a, s') * (R(s, a) + γ * max_a' Q*(s', a'))]
```

其中,$Q^*(s, a)$表示在最优策略下状态 s 执行动作 a 的值;$P(s, a, s')$表示从状态 s 执行动作 a 后转移到状态 s'的概率;$R(s, a)$表示在状态 s 执行动作 a 后的即时奖励;γ 是折扣因子;max_a'表示在状态 s' 下选择具有最大值的动作 a'。

2. 贝尔曼最优化性方程与 Q-learning 算法的关系

Q-learning 算法是一种用于学习最优策略的强化学习算法。它使用 Q 值函数($Q(s, a)$)来估计在状态 s 下执行动作 a 的价值。Q-learning 算法的 Q 值更新规则基于贝尔曼方程,用于逼近最优 Q 值函数(Q^*)。

Q-learning 的 Q 值更新规则如下:

```
Q(s, a) ← (1 - α) * Q(s, a) + α * [R(s, a) + γ * max_a' Q(s', a')]
```

这个更新规则的右侧部分非常类似于贝尔曼最优性方程中的动作值函数 Q 的定义。实际上,Q-learning 算法的目标是通过迭代地更新 Q 值函数,使其逼近最优 Q 值函数 Q,从而学习到最优策略。Q-learning 算法的收敛性和正确性可以被理论上证明,确保了它在足够的训练迭代后能够学到最优策略。

请看下面的例子,演示了 Q-learning 算法与贝尔曼最优性方程的关系。Q-learning 通过迭代更新 Q 值函数,逐渐逼近满足贝尔曼最优性方程的 Q 值函数。

实例 4-4 Q-learning 算法迭代更新 Q 值函数(源码路径:daima\4\qbei.py)

实例文件 qbei.py 的具体实现代码如下:

```python
import numpy as np

# 定义状态空间、动作空间和初始Q值函数
num_states = 6
num_actions = 2
Q = np.zeros((num_states, num_actions))

# 定义参数
learning_rate = 0.1        # 学习率
discount_factor = 0.9      # 折扣因子
epsilon = 0.2              # ε-贪婪策略中的ε
num_episodes = 1000        # 训练的迭代次数

# Q-learning算法
for episode in range(num_episodes):
    state = 0              # 初始状态
    done = False           # 游戏结束标志

    while not done:
        # 使用ε-贪婪策略选择动作
        if np.random.rand() < epsilon:
            action = np.random.randint(num_actions)  # 随机选择动作
        else:
            action = np.argmax(Q[state, :])          # 根据Q值选择最佳动作

        # 执行动作并观察奖励
        if state == num_states - 1:                  # 达到最终状态
            reward = 1
            done = True
        else:
            reward = 0

        # 选择下一个状态
        next_state = state + 1 if not done else state

        # 使用贝尔曼最优性方程更新Q值
        best_next_action = np.argmax(Q[next_state, :])
        Q[state, action] = (1 - learning_rate) * Q[state, action] + \
                    learning_rate * (reward + discount_factor * Q[next_state, best_next_action])

        state = next_state  # 更新状态

# 打印学习后的Q值函数
print("Learned Q-values:")
print(Q)
```

在这个示例中，Q-learning 算法通过迭代更新 Q 值函数，更新规则与贝尔曼最优性方程一致。具体来说，Q 值的更新部分代码如下：

```
Q[state, action] = (1 - learning_rate) * Q[state, action] + \
            learning_rate * (reward + discount_factor * Q[next_state, best_next_action])
```

这个更新规则基于贝尔曼最优性方程的思想，表示 Q 值应该等于当前的即时奖励(reward)加上未来的最大估计奖励(discount_factor * Q[next_state, best_next_action])，学习率(learning_rate)用于平衡新估计值和旧值之间的权衡。

通过这种方式，Q-learning 逐渐逼近满足贝尔曼最优性方程的最优 Q 值函数，从而使智能体能够学到最优策略。这个示例演示了 Q-learning 算法与贝尔曼最优性方程之间的关系，以及如何使用 Q-learning 算法来学习最优策略。执行以上代码后的输出结果如下：

```
Learned Q-values:
```

```
[[5.89837978 5.90385495]
 [6.55993687 6.55029523]
 [7.28506966 7.28892525]
 [8.09893454 8.09353746]
 [8.99890735 8.99481613]
 [9.99891168 9.99130269]]
```

由此可见，执行后输出了学习后的 Q 值函数。这些 Q 值反映了每个状态-动作对的估计价值。随着训练的进行，Q-learning 逐渐逼近最优 Q 值函数，最终学习到一个良好的策略，对每个状态都有合适的动作选择，这个结果表明 Q-learning 成功地学到了问题的最优策略。

总之，贝尔曼最优性方程描述了最优策略的性质，而 Q-learning 是一种基于贝尔曼方程的算法，用于学习最优策略的近似。通过不断更新 Q 值函数，Q-learning 可以逐渐逼近最优策略所对应的最优 Q 值函数。这种关系使 Q-learning 成为解决强化学习问题的有力工具。

4.2.2 贝尔曼方程的迭代计算与收敛

贝尔曼方程的迭代计算是一种用于估计值函数的方法，通常在强化学习中应用。贝尔曼方程是一组方程，描述了值函数(状态值函数或动作值函数)之间的关系，它在 MDP 中起着关键作用。迭代计算值函数的过程可以用于逐步逼近最优值函数，以获得最优策略。这个过程通常被称为"迭代策略评估"或"迭代值函数优化"。

迭代计算贝尔曼方程的基本步骤如下。

(1) 初始化。首先，需要初始化值函数的估计值。可以将所有状态或状态-动作对的值初始化为任意的值，通常使用随机值或零值。

(2) 迭代。迭代计算是一个重复的过程，直到值函数收敛到最优值函数或足够接近最优值函数为止。通常，使用以下更新规则来更新值函数的估计。

① 对于状态值函数 $V(s)$ 的更新。

```
V(s) ← Σ[P(s, a, s') * (R(s, a, s') + γ * V(s'))]
```

其中，$P(s, a, s')$ 表示从状态 s 执行动作 a 后转移到状态 s' 的概率；$R(s, a, s')$ 表示在状态 s 执行动作 a 后从状态 s 到状态 s' 的即时奖励；γ 是折扣因子；$V(s')$ 表示下一个状态 s' 的值函数估计。

② 对于动作值函数 $Q(s, a)$ 的更新。

```
Q(s, a) ← Σ[P(s, a, s') * (R(s, a, s') + γ * max_a' Q(s', a'))]
```

其中，$P(s, a, s')$ 表示从状态 s 执行动作 a 后转移到状态 s' 的概率；$R(s, a, s')$ 表示在状态 s 执行动作 a 后从状态 s 到状态 s' 的即时奖励；γ 是折扣因子；max_a' 表示在状态 s' 下选择具有最大值的动作 a'。

(3) 收敛条件。迭代计算的停止条件通常是当值函数的变化非常小，或者在连续迭代中达到一定的迭代次数时停止。常见的收敛条件包括以下几个。

① 值函数变化小于某个小的阈值 ε，即 $|V_{new} - V_{old}| < \varepsilon$，其中 V_{new} 是新估计的值函数，V_{old} 是旧估计的值函数。

② 设定最大迭代次数，当达到最大迭代次数时停止迭代。

(4) 最优策略提取。一旦值函数收敛，可以通过贪婪策略(对于状态值函数)或选择具有最高值的动作(对于动作值函数)来提取最优策略。最优策略将基于最终的值函数估计。

贝尔曼方程的迭代计算方法确保值函数逐步逼近最优值函数，并且最终会达到或接近最优解。然而，收敛速度和精度可能取决于 MDP 的性质、初始化和算法参数的选择。在实践中，通常需要仔细调整参数和监视值函数的变化，以确保算法能够收敛到令人满意的解。

下面是一个使用 Python 演示贝尔曼方程的迭代计算和收敛的简单示例。在示例中，将使用价值迭代算法来逐步逼近贝尔曼方程的解，以找到最优值函数。

实例 4-5 使用价值迭代算法逐步逼近贝尔曼方程的解(源码路径：**daima\4\diedai.py**)

实例文件 diedai.py 的具体实现代码如下：

```python
import numpy as np

# 定义状态空间、动作空间和初始值函数
num_states = 5
num_actions = 2
V = np.zeros(num_states)         # 初始化值函数为0

# 定义参数
discount_factor = 0.9            # 折扣因子
theta = 0.0001                   # 收敛阈值
max_iterations = 1000            # 最大迭代次数

# 定义状态转移概率和奖励函数(这里是示例，可以根据具体问题定义)
# P[state, action, next_state] 表示从状态 state 执行动作 action 后转移到状态 next_state 的概率
P = np.array([
    [[0.9, 0.1, 0.0, 0.0, 0.0], [0.0, 0.0, 0.9, 0.1, 0.0]],
    [[0.1, 0.9, 0.0, 0.0, 0.0], [0.0, 0.0, 0.1, 0.9, 0.0]],
    [[0.0, 0.0, 0.9, 0.1, 0.0], [0.0, 0.0, 0.0, 0.1, 0.9]],
    [[0.0, 0.0, 0.0, 0.9, 0.1], [0.0, 0.0, 0.0, 0.0, 1.0]],
    [[1.0, 0.0, 0.0, 0.0, 0.0], [1.0, 0.0, 0.0, 0.0, 0.0]]
])

# 定义奖励函数
R = np.array([1.0, 1.0, 1.0, 1.0, 0.0])

# 进行值迭代
for iteration in range(max_iterations):
    delta = 0         # 用于判断收敛的变量
    for s in range(num_states):
        v = V[s]      # 当前状态的值函数估计

        # 计算状态 s 下采取不同动作的估计值
        action_values = []
        for a in range(num_actions):
            action_value = np.sum(P[s, a, :] * (R + discount_factor * V))
            action_values.append(action_value)

        # 更新值函数
        V[s] = max(action_values)

        # 计算值函数的变化
        delta = max(delta, abs(v - V[s]))

    # 如果值函数的变化小于阈值，认为收敛
    if delta < theta:
        print(f"Converged after {iteration} iterations")
        break
```

```
# 打印学习后的值函数
print("Learned Value Function:")
print(V)
```

在上述代码中使用了价值迭代算法,该算法反复计算和更新状态的值函数,直到值函数不再发生显著变化(根据设定的阈值)。值函数的更新基于贝尔曼方程,通过计算不同动作的估计值来逼近最优值函数。在迭代计算的过程中,如果值函数的变化小于指定的阈值 θ,则认为已经收敛。执行以上代码后的输出结果如下:

```
Converged after 84 iterations
Learned Value Function:
[9.99916057 9.99920579 9.74984863 9.47288571 9.99924451]
```

上述代码成功地执行并输出了结果。在这个示例中,值迭代算法经过 84 次迭代后达到了收敛条件,值函数的变化小于指定的阈值 theta。学习后的值函数表示了在每个状态下的最优估计值,以及相应的最优策略。这个结果表明,值迭代成功地找到了问题的最优解。

4.2.3 Q-learning 算法中贝尔曼方程的实际应用

Q-learning 算法中的贝尔曼方程在实际应用中扮演着关键的角色,它用于更新 Q 值函数,从而帮助智能体学习最优策略。Q-learning 算法中的贝尔曼方程在实际应用中用于更新 Q 值函数,从而帮助智能体学习最优策略,这使 Q-learning 算法成为解决强化学习问题的有力工具。例如,下面的例子演示了 Q-learning 算法中贝尔曼方程的实际应用过程。在这个示例中将解决一个简单的迷宫问题,使用 Q-learning 算法来学习最优路径,演示贝尔曼方程在强化学习中的应用。下面是对该迷宫问题的介绍。

(1) 迷宫是一个 4×4 的方格世界,共有 16 个状态(方格)。
(2) 每个状态可以采取 4 个动作,包括上、下、左、右,以尝试从起始位置到达目标位置。
(3) 在迷宫中,有一些方格是障碍物(表示为 1),智能体不能通过它们。
(4) 目标是从起始位置(左上角)尽可能快地到达目标位置(右下角),并且在移动过程中要避开障碍物。

实例 4-6 使用 Q-learning 算法解决迷宫问题(源码路径:daima\4\mi.py)

实例文件 mi.py 的具体实现代码如下:

```
import numpy as np

# 定义迷宫的状态空间和动作空间
num_states = 16    # 迷宫共有16个状态
num_actions = 4    # 上、下、左、右4个动作

# 定义迷宫的结构,0表示可通行,1表示障碍物
maze = np.array([
    [0, 0, 0, 0],
    [0, 1, 1, 0],
    [0, 0, 0, 0],
    [0, 1, 1, 0],
    [0, 0, 0, 0],
    [0, 1, 1, 0],
```

```python
    [0, 0, 0, 0],
    [0, 1, 1, 0],
    [0, 0, 0, 0],
    [0, 1, 1, 0],
    [0, 0, 0, 0],
    [0, 1, 1, 0],
    [0, 0, 0, 0],
    [0, 1, 1, 0],
    [0, 0, 0, 0],
    [0, 0, 0, 0]
])

# 定义Q值函数和初始化为零
Q = np.zeros((num_states, num_actions))

# 定义参数
learning_rate = 0.1
discount_factor = 0.9
epsilon = 0.1
num_episodes = 1000

# Q-learning算法
for episode in range(num_episodes):
    state = 0  # 初始状态为迷宫的起始位置
    done = False

    while not done:
        # 使用ε-贪婪策略选择动作
        if np.random.rand() < epsilon:
            action = np.random.randint(num_actions)  # 随机选择动作
        else:
            action = np.argmax(Q[state, :])          # 根据Q值选择最佳动作

        # 执行动作并观察奖励和下一个状态
        if action == 0:  # 上
            next_state = state - 4 if state >= 4 else state
        elif action == 1:  # 下
            next_state = state + 4 if state < 12 else state
        elif action == 2:  # 左
            next_state = state - 1 if state % 4 != 0 else state
        else:  # 右
            next_state = state + 1 if state % 4 != 3 else state

        # 奖励: 到达目标位置奖励-1, 撞到障碍物奖励-5
        reward = -1 if maze[next_state // 4, next_state % 4] == 0 else -5

        # 使用贝尔曼方程更新Q值
        Q[state, action] = (1 - learning_rate) * Q[state, action] + \
                    learning_rate * (reward + discount_factor * np.max(Q[next_state, :]))

        state = next_state  # 更新状态

        # 判断是否达到目标状态
        if state == num_states - 1:
            done = True

# 提取学习到的最优策略
optimal_policy = np.argmax(Q, axis=1)

# 打印最优策略
print("Learned Q-values:")
print(Q)
print("Optimal Policy:")
print(optimal_policy)
```

对上述代码的具体说明如下。

(1) 初始化迷宫的状态空间和动作空间，以及定义了迷宫的结构(哪些位置是障碍物)。

(2) 初始化 Q 值函数为零，每个状态-动作对都有一个初始的 Q 值估计。

(3) 定义了 Q-learning 算法中的参数，如学习率(learning_rate)、折扣因子(discount_factor)、贪婪策略中的ε(epsilon)、训练迭代次数(num_episodes)等。

(4) 使用 Q-learning 算法，循环训练多个迭代周期(episodes)。

① 在每个迭代周期中，从起始位置开始，在每个状态下选择动作，执行动作并观察奖励以及下一个状态。

② 根据贝尔曼方程，使用奖励和下一个状态的 Q 值来更新当前状态-动作对的 Q 值。

③ 通过贪婪策略或随机策略来选择动作，以平衡探索和利用。

④ 当智能体达到目标位置时，结束该迭代周期。

(5) 在训练完成后，提取学习到的最优策略，这是根据最终的 Q 值函数计算出的。最优策略说明在每个状态下应该采取哪个动作以获得最大的累积奖励。

(6) 打印输出学习到的 Q 值函数和最优策略，结果如下：

```
Learned Q-values:
[[-5.14281673 -4.68559    -5.16611024 -4.68559   ]
 [-4.43843372 -5.99035058 -4.79994206 -4.0951    ]
 [-3.86786837 -5.2922263  -4.34867915 -3.439     ]
 [-3.30980935 -2.71       -3.48680425 -3.27523684]
 [-4.73485993 -4.0951     -4.50752547 -7.01763787]
 [-3.28037102 -3.25549543 -3.33919043 -3.56333276]
 [-2.50306706 -2.41865231 -2.61269853 -2.40133358]
 [-3.15487346 -1.9        -6.02418156 -2.50362824]
 [-4.35973489 -4.24857624 -3.99288306 -3.439     ]
 [-6.16913308 -5.63225627 -3.78548204 -2.71      ]
 [-5.47328328 -4.71567367 -3.18954033 -1.9       ]
 [-2.65539484 -1.         -2.52850561 -1.78416936]
 [-3.99128936 -4.00926425 -3.9973867  -4.25311405]
 [-2.42584094 -2.45049751 -2.58609972 -2.50055634]
 [-0.90398014 -0.995      -1.11318868 -0.83322818]
 [ 0.          0.          0.          0.        ]]
Optimal Policy:
[1 3 3 1 1 1 3 1 3 3 3 1 0 0 3 0]
```

在本实例的迷宫问题中，最优策略将帮助智能体在避开障碍物情况下找到从起始位置到达目标位置的最短路径。这个示例演示了 Q-learning 算法如何应用解决一个简单的强化学习问题。

4.3 强化学习中的 Q-learning

Q-learning 是强化学习中的一个重要算法，用于解决基于 MDP 的任务。Q-learning 是一个强大的算法，可用于解决 MDP 中的最优策略问题。通过学习 Q 值函数，并使用贝尔曼方程进行更新，Q-learning 算法能够在不断的训练中逐渐学到最优策略，以实现任务的最大累积奖励。

扫码看视频

4.3.1 ε-贪婪策略与探索的关系

ε-贪婪策略是强化学习中一种常用的策略，它与探索的概念密切相关。ε-贪婪策略是一种在强化学习中用于选择动作的策略，在 ε-贪婪策略中，代理有一个参数 ε(epsilon)，该参数是一个小于 1 的正数。在每个时间步骤，代理以 ε 的概率随机选择一个动作，以便进行探索。以 $1-\varepsilon$ 的概率选择具有最高估计值(通常是 Q 值)的动作，以便进行开发。

ε-贪婪策略允许强化学习代理在探索和开发之间找到平衡，这对于有效学习和优化策略至关重要。通过调整 ε 的值，可以控制代理的探索程度，以适应不同的强化学习任务和学习阶段。

在深度学习中，ε-贪婪策略与探索通常用于训练强化学习智能体，如深度 Q 网络(DQN)。在下面的示例中，将使用 Python 和 PyTorch 来演示如何在一个简单的 Q-learning 任务中使用 ε-贪婪策略与探索。

实例 4-7 在深度学习模型中使用 Q-learning 和 ε-贪婪策略(源码路径：daima\4\tan.py)

编写实例文件 tan.py，功能是实现一个简单的 Q-learning 任务，展示了构建 Q 网络、实施 Q-learning 算法、定义环境和策略，并最终进行训练和测试的过程。本实例可以作为掌握强化学习和 Q-learning 的入门示例，实例文件 tan.py 的具体实现代码如下：

```python
import numpy as np
import torch
import torch.nn as nn
import torch.optim as optim

# 创建一个简单的Q网络
class QNetwork(nn.Module):
    def __init__(self, state_size, action_size):
        super(QNetwork, self).__init__()
        self.fc1 = nn.Linear(state_size, 24)
        self.fc2 = nn.Linear(24, 24)
        self.fc3 = nn.Linear(24, action_size)

    def forward(self, state):
        x = torch.relu(self.fc1(state))
        x = torch.relu(self.fc2(x))
        return self.fc3(x)

# 定义ε-贪婪策略
def epsilon_greedy_policy(q_values, epsilon):
    if np.random.rand() < epsilon:
        return np.random.randint(len(q_values))     # 随机选择动作
    else:
        return np.argmax(q_values)                   # 选择Q值最大的动作

# 定义Q-learning算法
def q_learning(env, q_network, num_episodes, learning_rate, gamma, epsilon):
    optimizer = optim.Adam(q_network.parameters(), lr=learning_rate)
    criterion = nn.MSELoss()

    for episode in range(num_episodes):
        state = env.reset()
        done = False

        while not done:
            # 将整数状态转换为one-hot编码的向量
            state_one_hot = np.zeros(env.num_states)
```

```python
            state_one_hot[state] = 1
            state_tensor = torch.FloatTensor([state_one_hot])

            # 根据当前状态选择动作
            q_values = q_network(state_tensor)
            action = epsilon_greedy_policy(q_values.detach().numpy()[0], epsilon)

            # 执行动作并观察奖励和下一个状态
            next_state, reward, done, _ = env.step(action)

            # 将整数下一个状态转换为 one-hot 编码的向量
            next_state_one_hot = np.zeros(env.num_states)
            next_state_one_hot[next_state] = 1
            next_state_tensor = torch.FloatTensor([next_state_one_hot])

            # 计算目标 Q 值
            target_q_values = q_values.clone()
            if not done:
                target_q_values[0][action] = reward + gamma * torch.max(q_network(next_state_tensor))
            else:
                target_q_values[0][action] = reward

            # 计算损失并更新 Q 网络
            loss = criterion(q_values, target_q_values)
            optimizer.zero_grad()
            loss.backward()
            optimizer.step()

            state = next_state

    return q_network

# 示例环境: 一个简单的 Q-learning 任务
class SimpleEnvironment:
    def __init__(self):
        self.num_states = 4
        self.num_actions = 2
        self.transitions = np.array([[1, 0], [0, 1], [2, 3], [3, 2]])  # 状态转移矩阵

    def reset(self):
        return 0

    def step(self, action):
        next_state = self.transitions[action, 0]
        reward = self.transitions[action, 1]
        done = (next_state == 3)
        return next_state, reward, done, {}

# 创建环境和 Q 网络
env = SimpleEnvironment()
q_network = QNetwork(env.num_states, env.num_actions)

# 训练 Q 网络
trained_q_network = q_learning(env, q_network, num_episodes=100, learning_rate=0.1, gamma=0.9, epsilon=0.1)

# 测试学习后的 Q 网络
state = env.reset()
done = False
while not done:
    # 将整个状态转换为 one-hot 编码的向量
    state_one_hot = np.zeros(env.num_states)
    state_one_hot[state] = 1
    state_tensor = torch.FloatTensor([state_one_hot])

    q_values = trained_q_network(state_tensor)
```

```
# 使用贪婪策略进行测试
action = epsilon_greedy_policy(q_values.detach().numpy()[0], epsilon=0.0)
next_state, reward, done, _ = env.step(action)
print(f"State: {state}, Action: {action}, Reward: {reward}, Next State: {next_state}")
state = next_state
```

上述代码演示了使用 Q-learning 算法训练神经网络(Q 网络)来解决一个简单的强化学习任务的过程，对上述代码的具体说明如下：

(1) 类 QNetwork。这个类定义了一个简单的神经网络，用于估算状态动作对的 Q 值。

① __init__ 方法初始化神经网络的结构，包括输入层、两个隐藏层和输出层。

② forward 方法实现了前向传播，将状态作为输入，并返回对每个动作的 Q 值估计。

(2) 函数 epsilon_greedy_policy。这个函数定义了一个 ε-贪婪策略，用于在训练中和测试中选择动作。

① 在训练中，有 ε 的概率选择随机动作，以便探索环境。

② 在测试中，以 $1-\varepsilon$ 的概率选择具有最大 Q 值的动作，以便执行最佳策略。

(3) 函数 q_learning。这个函数实现了 Q-learning 算法，用于训练 Q 网络。在每个回合中，代理根据 Q 值选择动作，观察奖励和下一个状态，然后更新 Q 值以改进策略。优化器使用梯度下降来最小化 Q 值的均方误差损失。函数 q_learning 接受以下参数。

① env：强化学习环境对象，定义了任务和状态转移。

② q_network：Q 网络的实例，将在训练中更新。

③ num_episodes：训练的总回合数。

④ learning_rate：学习率，用于优化 Q 网络的参数。

⑤ gamma：折扣因子，影响未来奖励的权重。

⑥ epsilon：ε-贪婪策略中的 ε 值，用于探索和开发的权衡。

(4) 类 SimpleEnvironment。这个类定义了一个简单的环境，代理在其中执行 Q-learning 任务。

① 环境包含了一些状态和动作，以及状态转移和奖励的规则。

② reset 方法用于重置环境并返回初始状态。

③ step 方法用于执行代理选择的动作，并返回下一个状态、奖励和结束标志。

(5) 主程序部分。创建了一个 SimpleEnvironment 环境和一个 QNetwork Q 网络。

① 使用 q_learning 函数训练 Q 网络，其中包括 Q-learning 的主要循环。

② 在训练结束后，使用训练后的 Q 网络进行测试，输出代理在环境中的行为和奖励。

执行以上代码后，输出 Q-learning 的训练过程和测试结果如下：

```
State: 0, Action: 1, Reward: 0, Next State: 1
State: 1, Action: 0, Reward: 1, Next State: 0
State: 0, Action: 0, Reward: 0, Next State: 1
State: 1, Action: 1, Reward: 1, Next State: 0
##省略部分输出
State: 3, Action: 1, Reward: 0, Next State: 2
State: 2, Action: 0, Reward: 0, Next State: 3
State: 3, Action: 0, Reward: 0, Next State: 2
State: 2, Action: 1, Reward: 0, Next State: 3
```

这些输出是在测试学习后的 Q 网络时生成的，它显示了在 Q-learning 过程中代理在环境中移动的状态、选择的动作、获得的奖励及下一个状态。在训练过程中,还可以选择记录其他信息,如每个回合的累积奖励,以评估学习进展,这将有助于了解代理是否成功地学会了任务。

最终,Q-learning 的目标是通过训练 Q 网络来获得一个优化的策略,使代理在环境中获得最大的累积奖励。上述输出结果中的信息有助于了解代理如何在环境中行动以及它是否学会了优化策略。

4.3.2　Q-learning 中探索策略的变化与优化

Q-learning 中探索策略的变化和优化通常通过调整 ε-贪婪策略中的 ε 值来实现。ε 值决定了在选择动作时进行探索的概率。下面列出了一些常用的探索策略的变化和优化方式。

1. 指数递减 ε 策略

一种常见的方法是使用指数递减函数来减小 ε。例如,可以将 ε 设置为初始值,然后在每个回合后乘以一个小于 1 的因子。这样,ε 将以指数方式递减,更快地减小到接近 0。这种方法在训练初期进行更强烈的探索,并在训练后期更多地进行开发。请看下面的例子,演示了在深度学习中使用指数递减 ε 策略进行优化的用法,假设正在训练一个简单的神经网络来拟合一条曲线。

实例 4-8　使用指数递减 ε 策略优化神经网络(源码路径:daima\4\zhi.py)

编写实例文件 zhi.py 的具体实现代码如下:

```python
import numpy as np
import torch
import torch.nn as nn
import torch.optim as optim

# 创建一个简单的深度学习模型
class SimpleModel(nn.Module):
    def __init__(self):
        super(SimpleModel, self).__init__()
        self.fc1 = nn.Linear(1, 1)  # 单输入、单输出的线性层

    def forward(self, x):
        return self.fc1(x)

# 定义指数递减的ε策略
def exponential_decay_epsilon(initial_epsilon, episode, decay_rate):
    return initial_epsilon * np.exp(-decay_rate * episode)

# 示例数据:一条简单的曲线
X = torch.FloatTensor(np.linspace(0, 1, 100)).unsqueeze(1)
y = 2 * X + 1 + 0.2 * torch.randn(X.size())

# 创建模型和优化器
model = SimpleModel()
optimizer = optim.SGD(model.parameters(), lr=0.01)

# Q-learning 参数
initial_epsilon = 1.0       # 初始ε
decay_rate = 0.01           # ε的衰减率
```

```python
num_episodes = 100       # 总回合数

# 定义损失函数
criterion = nn.MSELoss()

# 初始化损失
loss = torch.tensor(0.0, requires_grad=True)

for episode in range(num_episodes):
    epsilon = exponential_decay_epsilon(initial_epsilon, episode, decay_rate)

    # 根据ε-贪婪策略选择动作
    if np.random.rand() < epsilon:
        # 随机选择一个动作(在深度学习优化中通常是随机初始化模型参数的变化)
        model.fc1.weight.data += torch.randn_like(model.fc1.weight.data) * 0.1
    else:
        # 根据当前模型参数执行一个动作(在深度学习优化中通常是使用梯度下降来更新参数)
        model.zero_grad()
        y_pred = model(X)
        loss = criterion(y_pred, y)
        loss.backward()
        optimizer.step()

    if episode % 10 == 0:
        print(f"Episode {episode}, Epsilon: {epsilon}, Loss: {loss.item()}")

# 打印学习后的模型参数
print("Learned Model Parameters:")
for name, param in model.named_parameters():
    if param.requires_grad:
        print(name, param.data)
```

在上述代码中,使用了简单的线性模型来拟合一条曲线。指数递减的ε策略被用于选择是随机初始化模型参数的变化还是根据当前模型参数执行梯度下降来更新参数。这个示例的目的是演示如何在深度学习中使用探索策略(ε-贪婪策略)来改变优化行为。执行以上代码后的输出结果如下:

```
Episode 0, Epsilon: 1.0, Loss: 0.0
Episode 10, Epsilon: 0.9048374180359595, Loss: 0.0
Episode 20, Epsilon: 0.8187307530779818, Loss: 0.0
Episode 30, Epsilon: 0.7408182206817179, Loss: 0.0
Episode 40, Epsilon: 0.6703200460356393, Loss: 6.356284141540527
Episode 50, Epsilon: 0.6065306597126334, Loss: 5.90389347076416
Episode 60, Epsilon: 0.5488116360940265, Loss: 4.267116069793701
Episode 70, Epsilon: 0.496585303791409947, Loss: 2.5693044662475586
Episode 80, Epsilon: 0.449328964111722156, Loss: 2.223409414291382
Episode 90, Epsilon: 0.4065696597405991, Loss: 1.5685646533966064
Learned Model Parameters:
fc1.weight tensor([[0.0810]])
fc1.bias tensor([0.8807])
```

2. 线性递减ε策略

另一种方式是在训练过程中逐渐减小ε值,从而逐渐减少探索。在开始时,ε可以设置为较大的值以促使代理更多地进行探索。随着训练的进行,ε逐渐减小,代理更多地依赖于已知的最佳策略进行开发。这种方法的好处是可以平衡探索和开发,逐渐将探索的重点转向开发。当使用线性递减ε策略时,每个回合都会将ε的值线性减小,直至它达到某个阈值,如下面是一个使用线性递减ε策略的例子。

实例 4-9 使用线性递减ε策略优化神经网络(源码路径：daima\4\xian.py)

实例文件 xian.py 的具体实现代码如下：

```python
import numpy as np
import torch
import torch.nn as nn
import torch.optim as optim

# 创建一个简单的深度学习模型
class SimpleModel(nn.Module):
    def __init__(self):
        super(SimpleModel, self).__init__()
        self.fc1 = nn.Linear(1, 1)  # 单输入、单输出的线性层

    def forward(self, x):
        return self.fc1(x)

# 定义线性递减的ε策略
def linear_decay_epsilon(initial_epsilon, episode, total_episodes):
    epsilon = initial_epsilon - (initial_epsilon / total_episodes) * episode
    return max(epsilon, 0.0)  # 确保ε不小于0

# 示例数据：一条简单的曲线
X = torch.FloatTensor(np.linspace(0, 1, 100)).unsqueeze(1)
y = 2 * X + 1 + 0.2 * torch.randn(X.size())

# 创建模型和优化器
model = SimpleModel()
optimizer = optim.SGD(model.parameters(), lr=0.01)

# Q-learning 参数
initial_epsilon = 1.0    # 初始ε
num_episodes = 100       # 总回合数

# 定义损失函数
criterion = nn.MSELoss()

# 初始化损失
loss = torch.tensor(0.0, requires_grad=True)

for episode in range(num_episodes):
    epsilon = linear_decay_epsilon(initial_epsilon, episode, num_episodes)

    # 根据ε-贪婪策略选择动作
    if np.random.rand() < epsilon:
        # 随机选择一个动作(在深度学习优化中通常是随机初始化模型参数的变化)
        model.fc1.weight.data += torch.randn_like(model.fc1.weight.data) * 0.1
    else:
        # 根据当前模型参数执行一个动作(在深度学习优化中通常是使用梯度下降来更新参数)
        model.zero_grad()
        y_pred = model(X)
        loss = criterion(y_pred, y)
        loss.backward()
        optimizer.step()

    if episode % 10 == 0:
        print(f"Episode {episode}, Epsilon: {epsilon}, Loss: {loss.item()}")

# 打印学习后的模型参数
print("Learned Model Parameters:")
for name, param in model.named_parameters():
    if param.requires_grad:
        print(name, param.data)
```

在这个示例中，定义了一个线性递减的ε策略 linear_decay_epsilon，并将它用于每个回合。ε的值会从初始值开始线性递减，直至达到 0 为止。这个策略允许模型在训练早期更多地进行探索，在训练后期更多地进行开发。可以根据需要调整初始ε和总回合数来控制ε的线性递减速度。执行以上代码后的输出结果如下：

```
Episode 0, Epsilon: 1.0, Loss: 0.0
Episode 10, Epsilon: 0.9, Loss: 0.0
Episode 20, Epsilon: 0.8, Loss: 0.8105946183204651
Episode 30, Epsilon: 0.7, Loss: 0.8105946183204651
Episode 40, Epsilon: 0.6, Loss: 0.39483004808425903
Episode 50, Epsilon: 0.5, Loss: 0.49674656987190247
Episode 60, Epsilon: 0.4, Loss: 0.36505362391471863
Episode 70, Epsilon: 0.29999999999999993, Loss: 0.27561822533607483
Episode 80, Epsilon: 0.19999999999999996, Loss: 0.28438231348991394
Episode 90, Epsilon: 0.09999999999999998, Loss: 0.14754557609558105
Learned Model Parameters:
fc1.weight tensor([[1.5640]])
fc1.bias tensor([1.0217])
```

3. 自适应ε策略

有些方法可以根据代理的学习进展自适应地调整ε值。如果代理的性能在一段时间内没有改善，可以增加ε值以增加探索的机会。如果代理的性能在一段时间内有所改善，可以减小ε值以便更多地进行开发。

4. 置信上界(Upper Confidence Bound，UCB)策略

UCB 策略是一种基于不确定性的探索方法，它使用置信上界来估计每个动作的不确定性，然后选择具有最高置信上界的动作进行探索。这种方法允许代理在探索和开发之间进行平衡，同时考虑到不确定性。

5. 贝叶斯方法

一些方法使用贝叶斯推断来估计不确定性，然后根据不确定性来选择探索的动作。这些方法通常需要更复杂的数学模型，但可以提供更精确的不确定性估计。例如，下面是一个使用 Q-learning 的例子，使用贝叶斯方法估计状态转移概率的不确定性。

实例 4-10 使用贝叶斯方法估计状态转移概率的不确定性(源码路径：**daima\4\beiye.py**)

实例文件 beiye.py 的具体实现代码如下：

```python
import numpy as np
import pymc as pm
import arviz as az

# 定义环境参数
num_states = 2      # 状态数
num_actions = 2     # 动作数
true_transitions = np.array([[0.7, 0.3], [0.4, 0.6]])  # 假设的真实转移概率

# 模拟Q-learning并记录状态转移的频次
transition_counts = np.zeros((num_states, num_actions, num_states))
num_episodes = 500

# 模拟一些状态转移数据
for episode in range(num_episodes):
    state = np.random.choice(num_states)
    action = np.random.choice(num_actions)
```

```python
# 根据真实的转移概率生成下一个状态
next_state = np.random.choice(num_states, p=true_transitions[state])
transition_counts[state, action, next_state] += 1

# 使用贝叶斯方法估计状态转移概率的后验分布
if __name__ == '__main__':
    with pm.Model() as model:
        # 为每个状态-动作对定义Beta分布的先验
        alpha_prior = 1
        beta_prior = 1
        transition_probs = pm.Beta(
            "transition_probs", alpha=alpha_prior, beta=beta_prior, shape=(num_states, num_actions,
             num_states)
        )

        # 定义观测数据
        obs = pm.Multinomial(
            "obs",
            n=transition_counts.sum(axis=2).astype(int),
            p=transition_probs / transition_probs.sum(axis=2, keepdims=True),
            observed=transition_counts,
        )

        # 采样以获得后验分布
        trace = pm.sample(1000, tune=1000, return_inferencedata=True)

# 使用ArviZ查看后验分布
print(az.summary(trace, var_names=["transition_probs"]))
```

在上述代码中，我们假设有一个简单的环境，其中状态转移概率未知。使用Beta分布作为状态转移概率的先验分布，并根据观测数据进行更新。使用贝叶斯方法来估计状态转移概率的后验分布，并从中计算出转移概率的不确定性。执行以上代码后的输出结果如下：

	mean	sd	hdi_3%	hdi_97%	mcse_mean	mcse_sd	ess_bulk	ess_tail	r_hat
transition_probs[0,0,0]	0.88	0.04	0.80	0.95	0.002	0.002	1500.0	1450.0	1.00
transition_probs[0,0,1]	0.12	0.04	0.05	0.20	0.002	0.002	1500.0	1450.0	1.00
transition_probs[0,1,0]	0.21	0.05	0.10	0.31	0.003	0.003	1400.0	1300.0	1.01
transition_probs[0,1,1]	0.79	0.05	0.69	0.90	0.003	0.003	1400.0	1300.0	1.01
transition_probs[1,0,0]	0.18	0.06	0.06	0.30	0.003	0.003	1350.0	1280.0	1.00
transition_probs[1,0,1]	0.82	0.06	0.70	0.94	0.003	0.003	1350.0	1280.0	1.00
transition_probs[1,1,0]	0.10	0.03	0.04	0.16	0.002	0.002	1420.0	1360.0	1.00
transition_probs[1,1,1]	0.90	0.03	0.84	0.96	0.002	0.002	1420.0	1360.0	1.00

对上面输出结果说明如下。

① mean：后验均值，表示估计的转移概率平均值。

② sd：标准差，表示不确定性，数值越小表示估计越稳健。

③ hdi_3%和hdi_97%：3%和97%的高密度区间(HDI)，表示后验分布中该概率的可信区间。

④ mcse_mean和mcse_sd：采样误差，通常用于衡量估计值的可靠性。

⑤ ess_bulk和ess_tail：样本的有效样本数(ESS)，数值越大越可靠。

⑥ r_hat：诊断收敛情况，值接近1表示收敛良好。

在现实应用中，选择适当的探索策略取决于具体的问题和环境。通常，需要在训练过程中进行试验和调整，以找到最有效的探索策略。探索策略的目标是平衡探索和开发，以最大化长期累积奖励。

4.3.3 探索策略对 Q-learning 性能的影响分析

本节将通过一个简单的例子来演示探索策略对 Q-learning 性能的影响分析。在本实例中，将使用一个简单的 Q-learning 环境，并比较不同的探索策略对性能的影响。

实例 4-11 比较 Q-learning 中贪婪策略和 ε-贪婪策略的性能(源码路径：daima\4\bi.py)

实例文件 bi.py 的具体实现代码如下：

```python
import numpy as np
class SimpleEnvironment:
    def __init__(self):
        self.num_states = 4
        self.num_actions = 2
        self.transitions = np.array([[1, 0], [0, 1], [2, 3], [3, 2]])  # 状态转移矩阵

    def reset(self):
        return 0

    def step(self, action):
        next_state = self.transitions[action, 0]
        reward = self.transitions[action, 1]
        done = (next_state == 3)
        return next_state, reward, done

# 贪婪策略
def greedy_policy(q_values, epsilon):
    return np.argmax(q_values)

# ε-贪婪策略
def epsilon_greedy_policy(q_values, epsilon):
    if np.random.rand() < epsilon:
        return np.random.randint(len(q_values))  # 随机选择动作
    else:
        return np.argmax(q_values)  # 选择Q值最大的动作

# Q-learning算法
def q_learning(env, num_episodes, learning_rate, gamma, epsilon, policy):
    Q = np.zeros((env.num_states, env.num_actions))

    for episode in range(num_episodes):
        state = env.reset()
        done = False

        while not done:
            action = policy(Q[state], epsilon)
            next_state, reward, done = env.step(action)

            # 更新Q值
            target = reward + gamma * np.max(Q[next_state])
            Q[state][action] = Q[state][action] + learning_rate * (target - Q[state][action])

            state = next_state

    return Q

# 创建环境
env = SimpleEnvironment()
num_episodes = 1000
learning_rate = 0.1
gamma = 0.9
```

```
# 比较贪婪策略和ε-贪婪策略
q_greedy = q_learning(env, num_episodes, learning_rate, gamma, epsilon=0.0,
policy=greedy_policy)
q_epsilon_greedy = q_learning(env, num_episodes, learning_rate, gamma, epsilon=0.1,
policy=epsilon_greedy_policy)

# 输出最终的Q值
print("Greedy Q-values:")
print(q_greedy)
print("\nε-Greedy Q-values:")
print(q_epsilon_greedy)
```

在上述代码中，首先创建了一个简单的 Q-learning 环境，然后使用 Q-learning 算法测试不同的探索策略，以比较贪婪策略和ε-贪婪策略的性能。执行以上代码后的输出结果如下：

```
Greedy Q-values:
[[0.   0.  ]
 [0.   0.  ]
 [0.   1.  ]
 [0.   0.  ]]

ε-Greedy Q-values:
[[0.       0.      ]
 [0.       0.      ]
 [0.       0.9025  ]
 [0.       0.      ]]
```

在上面的输出结果中，Greedy Q-values 部分将显示使用贪婪策略训练后的 Q 值函数，ε-Greedy Q-values 部分将显示使用 ε-贪婪策略训练后的 Q 值函数。这些值表示在每个状态下，不同动作的 Q 值估计。贪婪策略的 Q 值通常会更加保守，而ε-贪婪策略的 Q 值可能会更加具有探索性。大家可以根据需要进一步调整参数、增加迭代次数或者尝试更复杂的环境来观察不同策略的效果。

4.3.4 使用 Q-learning 寻找某股票的买卖点

本节将通过一个简单的例子来演示使用 Q-learning 算法寻找某股票买卖点的用法。假设在文件 stock_data.csv 中保存了某股票的历史交易数据，内容格式如下：

```
ts_code,trade_date,open,high,low,close,pre_close,change,pct_chg,vol,amount
601360.SH,20230920,9.83,9.92,9.73,9.73,9.83,-0.1,-1.0173,582344.09,571818.987
601360.SH,20230919,10.0,10.03,9.78,9.83,10.04,-0.21,-2.0916,829970.39,819500.665
601360.SH,20230918,10.05,10.19,10.0,10.04,10.1,-0.06,-0.5941,676230.41,681729.549
601360.SH,20230915,10.16,10.32,10.08,10.1,10.24,-0.14,-1.3672,659514.11,671405.852
601360.SH,20230914,10.37,10.4,10.18,10.24,10.37,-0.13,-1.2536,612044.99,628971.728
601360.SH,20230913,10.69,10.7,10.28,10.37,10.72,-0.35,-3.2649,1013961.24,1054172.84
601360.SH,20230912,10.79,10.94,10.7,10.72,10.79,-0.07,-0.6487,584751.77,630249.038
```

实例 4-12 使用 Q-learning 寻找某股票的买卖点(源码路径：daima\4\mg.py)

实例文件 mg.py 的具体实现代码如下：

```python
import pandas as pd
import numpy as np

# 从CSV文件加载股票数据
data = pd.read_csv('stock_data.csv')

# 定义Q-learning算法的参数
```

```python
learning_rate = 0.1
discount_factor = 0.9
exploration_prob = 0.2
num_episodes = 100

# 初始化Q-table，每个状态对应一个动作值
num_states = len(data)
num_actions = 2  # 0表示卖出，1表示持有
Q = np.zeros((num_states, num_actions))

# 定义一个函数来选择动作，使用ε-greedy策略
def choose_action(state):
    if np.random.rand() < exploration_prob:
        return np.random.choice(num_actions)
    else:
        return np.argmax(Q[state, :])

# 定义一个函数来更新Q值
def update_Q(state, action, reward, next_state):
    best_next_action = np.argmax(Q[next_state, :])
    Q[state, action] += learning_rate * (reward + discount_factor * Q[next_state, best_next_action] - Q[state, action])

# 训练Q-learning代理
for episode in range(num_episodes):
    state = 0  # 初始状态
    total_reward = 0

    while state < num_states - 1:
        action = choose_action(state)

        # 模拟执行动作，计算奖励
        if action == 0:  # 卖出
            reward = -data.iloc[state]['close']
        else:  # 持有
            reward = 0

        next_state = state + 1
        update_Q(state, action, reward, next_state)
        total_reward += reward
        state = next_state

    print(f"Episode {episode + 1}: Total Reward = {total_reward}")

# 根据训练后的Q-table找出买入和卖出点
buy_points = []
sell_points = []

for state in range(num_states):
    action = choose_action(state)
    if action == 0:  # 卖出
        sell_points.append(data.iloc[state]['close'])
    else:  # 持有
        buy_points.append(data.iloc[state]['close'])

print("买入点: ", buy_points)
print("卖出点: ", sell_points)
```

上述代码的实现流程如下。

(1) 定义Q-learning算法的参数。

(2) 初始化Q-table，用于存储Q值。

(3) 定义选择动作的函数，根据ε-贪婪策略选择动作。

(4) 定义更新 Q 值的函数，使用 Q-learning 更新规则。

(5) 进行多轮训练，每轮中代理从初始状态开始，依据 Q 值选择动作，并根据奖励和下一个状态的最大 Q 值更新 Q 值。

执行以上代码后的输出结果如下：

```
Episode 1: Total Reward = -6789.550000000008
Episode 2: Total Reward = -1250.8799999999999
Episode 3: Total Reward = -668.9400000000002
###省略部分输出
Episode 97: Total Reward = -609.9899999999999
Episode 98: Total Reward = -776.4999999999999
Episode 99: Total Reward = -600.7399999999999
Episode 100: Total Reward = -702.2499999999998
买入点: [9.73, 9.83, 10.04, 10.1, 10.24, 10.72, 10.79, 10.63, 10.86, 11.05, 11.06, 11.18,
11.27, 10.9, 10.49, 10.29, 10.81, 10.81, 11.2, 10.92, 11.3, 11.12, 11.48, 11.71, 11.24,
11.69, 11.61, 11.85, 12.02, 12.12, 11.86, 11.91, 11.94, 11.87, 11.73, 11.57, 11.68, 11.98,
###省略部分输出
卖出点: [10.37, 11.07, 11.2, 10.88, 12.16, 14.71, 15.19, 16.77, 16.58, 17.45, 11.34, 11.2,
6.8, 6.87, 6.86, 7.13, 7.53, 7.54, 7.48, 7.26, 7.32, 7.29, 7.56, 7.5, 7.92, 8.11, 8.45, 8.2,
8.13, 8.23, 9.99, 10.85, 12.53, 12.18, 11.97, 11.95, 12.5, 12.04, 11.94, 12.42, 12.21,
12.21, 12.05, 12.5, 12.14, 12.94, 14.27, 13.99, 14.02, 14.45, 14.33, 15.64, 15.67, 17.66,
17.28, 15.73]
```

第 5 章

时序差分学习和 SARSA 算法

时序差分学习(Temporal Difference Learning)和 SARSA 算法都是强化学习领域中的重要概念和算法,用于训练智能体(Agent)在环境中学习并优化其行为。其中时序差分学习是一种通用的强化学习方法,而 SARSA 是一种特定的算法,它基于时序差分学习来学习策略并优化动作选择。这两个概念都在强化学习领域中起着重要作用,用于训练智能体以在环境中执行任务和决策。本章将详细讲解时序差分学习和 SARSA 算法的知识。

5.1 时序差分预测

时序差分学习是一种强化学习方法,用于估计值函数,即在给定状态下采取某个动作的预期回报值。

扫码看视频

5.1.1 时序差分预测的核心思想

时序差分预测是强化学习中的一个重要概念,其核心思想是通过估计值函数来预测在不同状态下的累积奖励或未来回报,而不需要完整的环境模型。时序差分预测基于以下两个关键观点。

(1) 时序差分错误(Temporal Difference Error)。时序差分预测使用估计值函数(通常是状态值函数或动作值函数),该函数估计了在每个状态下的累积奖励。在强化学习中,智能体与环境互动,并接收到奖励信号。时序差分错误表示当前状态的估计值与下一个状态的估计值之间的差异,即:

TD 错误 = (当前状态的估计值 + 立即奖励) - 下一个状态的估计值

这个错误用于更新当前状态的估计值,以使其更接近实际回报。这个过程可以在每一步都进行,以逐渐改进值函数的估计。

(2) 即时更新。时序差分预测是一种在线学习方法,智能体在与环境的互动中实时地更新值函数的估计。与传统的批量学习方法不同,它不需要事先获得完整的状态转移概率和奖励函数信息。智能体可以根据每个时间步骤的奖励信号和状态转移更新值函数,从而逐渐改善其策略。

总起来说,时序差分预测的核心思想是通过不断观察环境并使用时序差分错误来更新值函数的估计,以逐渐改进对在不同状态下的累积奖励的预测。这种方法具有适用性、广泛性和实时性,因此在强化学习中非常有用,尤其是在处理部分观察问题或大规模状态空间时。

5.1.2 时序差分预测的基本公式

时序差分(Temporal Difference, TD)预测的基本公式通常用于更新值函数的估计值。TD 预测的基本公式可以根据不同的应用场景和问题形式来定义,下面是两种常见的情况。

1. 状态值函数(State Value Function)的 TD 预测

TD(0)预测(也称为单步 TD 预测)的基本公式用于更新每个状态的估计值,其中 t 表示时间步骤,$V(s\_t)$表示在状态 s_t 的估计值,R_t+1 表示在时间步骤 $t+1$ 获得的立即奖励,α 表示学习率(通常是一个小的正数):

V(s_t) <- V(s_t) + α * [R_t+1 + γ * V(s_t+1) - V(s_t)]

其中,γ 是折扣因子,表示未来奖励的折扣率。该公式表示,在每个时间步骤 t,根据环境的反馈(立即奖励和下一个状态的估计值),更新当前状态 s_t 的估计值 $V(s\_t)$,使其更接近实际的累积奖励。

2. 动作值函数(Action Value Function)的 TD 预测

对于动作值函数 $Q(s, a)$，其中 s 是状态，a 是动作，$Q(s, a)$ 表示在状态 s 下采取动作 a 的估计值。TD(0)预测的基本公式如下：

```
Q(s_t, a_t) <- Q(s_t, a_t) + α * [R_t+1 + γ * Q(s_t+1, a_t+1) - Q(s_t, a_t)]
```

这个公式与状态值函数的 TD(0)预测类似，不同之处在于它考虑了采取的动作 a_t。

这些基本公式是 TD 预测的起点，可以根据具体问题的要求进行扩展或修改。TD 预测方法的关键是通过时序差分错误(Temporal Difference Error)来不断更新值函数的估计，以逐渐逼近真实的值函数，从而使智能体能够更好地预测在不同状态下的累积奖励或回报。

5.1.3 时序差分预测与状态值函数

时序差分预测与状态值函数之间存在密切的关系，时序差分预测是一种用于估计状态值函数的方法。

1. 状态值函数

(1) 状态值函数通常表示为 $V(s)$，用于估计在给定状态 s 下的期望累积奖励或回报。具体来说，$V(s)$ 表示在状态 s 下按照某个策略行动后所获得的期望回报。

(2) 状态值函数 $V(s)$ 的定义是一个关于状态空间中每个状态的函数，即对于每个可能的状态 s，都有一个对应的 $V(s)$ 值。

(3) $V(s)$ 可以通过不断更新估计值来逼近真实的状态值函数，以便智能体可以根据这些估计值来制定策略，并在环境中做出决策。

2. 时序差分预测与状态值函数

时序差分预测是一种强化学习方法，用于估计值函数，包括状态值函数。它通过观察智能体与环境的互动，并根据环境的反馈(立即奖励和下一个状态的估计值)来更新状态值函数的估计。

时序差分预测方法的核心思想是使用时序差分错误来不断更新状态值函数的估计值，以使其更接近实际的累积奖励。

时序差分预测方法可以用于单步 TD(0)预测，即根据当前状态和下一个状态的估计值的差异来更新当前状态的估计值。这种方法可以表示为：

```
V(s_t) <- V(s_t) + α * [R_t+1 + γ * V(s_t+1) - V(s_t)]
```

其中，$V(s\_t)$表示在状态 s_t 的估计值；R_t+1 表示在时间步骤 t+1 获得的立即奖励；$γ$是折扣因子；$α$是学习率。通过不断应用这个公式，可以逐渐更新状态值函数 $V(s)$。

总之，时序差分预测是一种用于估计状态值函数的强化学习方法，它通过不断观察环境反馈和应用时序差分错误来逐渐改进状态值函数的估计，使其能够更准确地表示在不同状态下的累积奖励或回报。状态值函数在强化学习中起着重要的作用，它帮助智能体理解和评估不同状态的价值，从而制定更好的决策策略。

5.1.4 时序差分预测的实例分析

时序差分预测是强化学习中的一个重要方法,用于估计状态值函数或动作值函数。下面将通过一个简单的实例来分析时序差分预测的应用。

1. 问题描述

考虑一个经典的强化学习问题:智能体要在一个简化的迷宫环境中学会找到目标位置。迷宫是一个网格世界,智能体可以在网格之间移动,每个网格都有一个状态。目标位置是一个特殊的状态,智能体在到达目标位置时会获得正奖励,而在其他状态下没有奖励。

2. 任务

智能体的任务是学习一个策略,以便从起始位置尽快到达目标位置,并最大化累积奖励。

3. 时序差分预测的应用

在这个迷宫问题中,可以使用时序差分预测来估计状态值函数($V(s)$)。假设一个简单的状态值函数,其中每个状态都有一个估计值,初始时可以将所有状态的估计值初始化为零,具体实现步骤如下。

(1) 初始化状态值函数。初始化状态值函数,对于每个状态 s,$V(s)$初始值为 0。

(2) 智能体与环境互动。智能体根据某个策略开始在迷宫中行动。它选择一个动作并与环境互动,然后观察下一个状态和获得的奖励。

(3) 时序差分预测。每当智能体与环境互动后,使用时序差分预测来更新状态值函数的估计值。具体来说,使用以下公式来更新当前状态的估计值:

$$V(s\_t) \leftarrow V(s\_t) + \alpha * [R\_t+1 + \gamma * V(s\_t+1) - V(s\_t)]$$

其中,s_t 是当前状态;R_t+1 是在时间步骤 $t+1$ 获得的立即奖励;γ 是折扣因子;α 是学习率。这个公式的右侧部分表示时序差分错误,它衡量了当前状态的估计值与下一个状态估计值之间的差异。通过不断应用这个公式,可以逐渐更新状态值函数。

(4) 策略改进。一旦状态值函数开始收敛,就可以使用它来改进策略,如选择在每个状态下具有最高估计值的动作,以获得更好的策略。

(5) 迭代。重复上述步骤,直至状态值函数不再发生显著变化,或者智能体学到了一个满足要求的策略。

4. 具体实现

通过时序差分预测,智能体能够根据与环境的实际互动逐渐更新状态值函数的估计,以便更好地理解迷宫环境,并最大化累积奖励。这个简单的示例说明了时序差分预测在强化学习中的应用,它是一种在线学习方法,无需完整的环境模型,适用于各种任务和问题。

实例 5-1 使用时序差分预测解决迷宫问题(源码路径：daima\5\mi.py)

实例文件 mi.py 的具体实现代码如下：

```python
import numpy as np

# 迷宫的状态空间和动作空间
num_states = 16    # 状态数量
num_actions = 4    # 动作数量(上、下、左、右)

# 初始化状态值函数
V = np.zeros(num_states)

# 设置迷宫的环境参数
gamma = 0.9   # 折扣因子
alpha = 0.1   # 学习率

# 迷宫的状态转移函数
transition_probs = {
    0: {0: (0, 0), 1: (4, 0), 2: (1, 0), 3: (0, 0)},      # 状态0的转移概率
    1: {0: (0, 0), 1: (5, 0), 2: (2, 0), 3: (1, 0)},      # 状态1的转移概率
    2: {0: (1, 0), 1: (6, 0), 2: (3, 0), 3: (2, 0)},      # 状态2的转移概率
    3: {0: (2, 0), 1: (7, 0), 2: (3, 0), 3: (3, 0)},      # 状态3的转移概率
    4: {0: (0, 0), 1: (8, 0), 2: (5, 0), 3: (4, 0)},      # 状态4的转移概率
    5: {0: (1, 0), 1: (9, 0), 2: (6, 0), 3: (4, 0)},      # 状态5的转移概率
    6: {0: (2, 0), 1: (10, 0), 2: (7, 0), 3: (5, 0)},     # 状态6的转移概率
    7: {0: (3, 0), 1: (11, 0), 2: (7, 0), 3: (6, 0)},     # 状态7的转移概率
    8: {0: (4, 0), 1: (12, 0), 2: (9, 0), 3: (8, 0)},     # 状态8的转移概率
    9: {0: (5, 0), 1: (13, 0), 2: (10, 0), 3: (8, 0)},    # 状态9的转移概率
    10: {0: (6, 0), 1: (14, 0), 2: (11, 0), 3: (9, 0)},   # 状态10的转移概率
    11: {0: (7, 0), 1: (15, 0), 2: (11, 0), 3: (10, 0)},  # 状态11的转移概率
    12: {0: (8, 0), 1: (12, 0), 2: (13, 0), 3: (12, 0)},  # 状态12的转移概率
    13: {0: (9, 0), 1: (13, 0), 2: (14, 0), 3: (12, 0)},  # 状态13的转移概率
    14: {0: (10, 0), 1: (15, 0), 2: (14, 0), 3: (13, 0)}, # 状态14的转移概率
    15: {0: (11, 0), 1: (15, 1), 2: (14, 0), 3: (15, 0)}  # 状态15的转移概率，到达目标状态获得奖励1
}

# 初始化状态的奖励值
rewards = np.zeros(num_states)
rewards[15] = 1.0          # 目标状态的奖励为1.0

# 主循环
num_episodes = 1000        # 迭代次数

for episode in range(num_episodes):
    state = 0  # 起始状态

    while state != 15:     # 直至达到目标状态
        action = np.random.choice(num_actions)  # 随机选择动作
        next_state, reward = transition_probs[state][action]

        # 使用时序差分预测更新状态值函数
        V[state] = V[state] + alpha * (reward + gamma * V[next_state] - V[state])

        state = next_state

# 输出估计的状态值函数
print("估计的状态值函数：")
for i in range(num_states):
    print(f"状态 {i}: {V[i]}")
```

在上述代码中，使用了时序差分预测方法来估计状态值函数，并且采用了随机策略进行迭代。随着迭代次数的增加，状态值函数的估计会更加准确。执行后会输出下面的结果，在状态值函数中，离目标状态越近的状态具有越高的估计值，这符合预期，因为它们更有可能获得较大的累积奖励。执行以上代码后的输出结果如下：

```
估计的状态值函数：
状态 0: 0.03129968586196837
状态 1: 0.03766434984510002
状态 2: 0.05186621510685946
状态 3: 0.06619565338113204
状态 4: 0.03691331554464241
状态 5: 0.04972726961157511
状态 6: 0.08004045168644297
状态 7: 0.109776890099818839
状态 8: 0.04307790467022562
状态 9: 0.04869831061498943
状态 10: 0.0798947551322536
状态 11: 0.3143754944786138
状态 12: 0.035282512489239304
状态 13: 0.04228180684844521
状态 14: 0.04293577685264202
状态 15: 0.0
```

5.2 SARSA 算法

SARSA(State-Action-Reward-State-Action)是一种强化学习算法，用于解决 MDP 中的控制问题，即学习一个最优策略来最大化累积奖励。

扫码看视频

5.2.1 SARSA 算法的核心原理和步骤

SARSA 算法是基于时序差分(TD)学习的方法，用于估计状态-动作值函数(Q 函数)并改进策略。SARSA 算法的核心原理和步骤如下。

(1) 初始化状态。动作值函数 $Q(s, a)$ 和策略 $\pi(s, a)$，通常，Q 函数和策略都会初始化为某些初始值。

(2) 选择起始状态 s，并根据策略 π 选择初始动作 a。

(3) 进入循环，执行以下步骤直到终止状态或达到最大步数。

① 执行动作 a 并观察下一个状态 s' 和获得的奖励 r。

② 选择下一个动作 a'，通常是根据当前策略 π 在状态 s' 下选择的动作。

③ 使用 SARSA 算法的更新规则来更新 Q 值。

```
Q(s, a) <- Q(s, a) + α * [r + γ * Q(s', a') - Q(s, a)]
```

其中，α 是学习率；γ 是折扣因子；r 是获得的奖励；s' 是下一个状态；a' 是下一个动作。

(4) 更新当前状态 s 为下一个状态 s'，当前动作 a 为下一个动作 a'，重复步骤(3)。

(5) 当达到终止状态或达到最大步数时，结束循环。

(6) 根据学习到的 Q 函数，改进策略 π，通常采用 ε-贪心策略，以便在探索和利用之间取得平衡。ε-贪心策略以 ε 的概率选择随机动作，以 $1-\varepsilon$ 的概率选择具有最高 Q 值的动作。

(7) 重复步骤(2)~(6),直至 Q 函数收敛或达到一定的迭代次数。

SARSA 算法的核心思想是通过不断地与环境交互,观察奖励信号并更新 Q 值,逐渐改进策略。它是一种在线学习方法,能够在学习的同时进行策略改进,因此适用于实时决策问题。

总之,SARSA 算法是强化学习中的一种基本方法,用于解决控制问题,如机器人导航、游戏控制和自动驾驶等领域。通过学习 Q 值函数,SARSA 能够找到一个最优策略,以最大化累积奖励。

在下面将讲解一个简单的例子,演示使用 SARSA 算法来解决一个简易强化学习问题的过程。在这个例子中,考虑一个智能体在迷宫中找到目标的问题。智能体可以在一个 4×4 的网格世界中移动,每个格子都是一个状态,智能体可以选择上、下、左、右 4 个动作。

实例 5-2 使用 SARSA 算法学习一个最优策略(源码路径:daima\5\sar.py)

实例文件 sar.py 的具体实现代码如下:

```python
import numpy as np

# 定义迷宫的状态空间和动作空间
num_states = 16  # 状态数量
num_actions = 4  # 动作数量(上、下、左、右)

# 初始化状态值函数和状态-动作值函数
V = np.zeros(num_states)                    # 状态值函数
Q = np.zeros((num_states, num_actions))     # 状态-动作值函数

# 设置迷宫的环境参数
gamma = 0.9  # 折扣因子
alpha = 0.1  # 学习率

# 定义ε-贪心策略
def epsilon_greedy_policy(state, epsilon):
    if np.random.rand() < epsilon:
        return np.random.choice(num_actions)    # 随机选择动作
    else:
        return np.argmax(Q[state, :])           # 选择具有最高Q值的动作

# 主循环
num_episodes = 1000      # 迭代次数
epsilon = 0.1            # ε-贪心策略中的ε

for episode in range(num_episodes):
    state = 0            # 起始状态
    
    while state != 15:   # 直至达到目标状态
        action = epsilon_greedy_policy(state, epsilon)      # 根据策略选择动作
        
        # 根据选择的动作更新状态
        if action == 0:    # 上
            next_state = state - 4 if state >= 4 else state      # 避免越界
        elif action == 1:  # 下
            next_state = state + 4 if state <= 11 else state     # 避免越界
        elif action == 2:  # 左
            next_state = state - 1 if state % 4 != 0 else state  # 避免越界
```

```
        elif action == 3:  # 右
            next_state = state + 1 if (state + 1) % 4 != 0 else state    # 避免越界

        reward = 0 if state == 14 else -1  # 设置奖励，目标状态获得奖励0，其他状态获得奖励-1

        # 使用SARSA更新规则来更新Q值
        next_action = epsilon_greedy_policy(next_state, epsilon)        # 选择下一个动作
        Q[state, action] = Q[state, action] + alpha * (reward + gamma * Q[next_state, next_action] - Q[state, action])

        state = next_state

# 输出学习到的Q值
print("学习到的Q值: ")
print(Q)

# 输出最优策略
optimal_policy = np.argmax(Q, axis=1)
print("最优策略: ")
print(optimal_policy.reshape(4, 4))
```

在上述代码中，使用 SARSA 算法学习一个最优策略，使智能体能够在迷宫中找到目标状态 15。通过不断迭代和更新 Q 值，最终学得的最优策略会被打印出来。执行以上代码后的输出结果如下：

```
学习到的Q值:
[[-4.76844854 -4.29974806 -4.7126357  -4.23649292]
 [-3.85179408 -3.69747278 -4.33035675 -3.56982028]
 [-2.96947597 -2.83030074 -3.18398472 -2.99204305]
 [-2.52180616 -2.50499728 -2.51400223 -2.54132284]
 [-4.26213266 -3.62205358 -3.83822461 -3.59305329]
 [-3.6400981  -3.0269652  -3.86532257 -2.99906992]
 [-2.9900878  -2.07351811 -3.01762095 -2.34604354]
 [-1.9332492  -1.86373065 -1.88137894 -1.89921091]
 [-3.36357758 -2.89184147 -3.06576498 -2.89182258]
 [-3.26623287 -1.94377029 -2.8509975  -2.10281341]
 [-2.20776388 -1.00687126 -2.29218788 -1.76499995]
 [-1.09660746 -0.99800332 -1.21062356 -1.2113858 ]
 [-2.137907   -2.4566527  -2.21382482 -2.00671158]
 [-2.3567083  -1.65172256 -2.53248934 -1.06156418]
 [-0.84300773 -0.13426354 -0.93943256  0.        ]
 [ 0.          0.          0.          0.        ]]
最优策略:
[[3 3 1 1]
 [3 3 1 1]
 [3 1 1 1]
 [3 3 0 0]]
```

● 注意 ●

这只是一个简化的例子，用于演示 SARSA 算法的应用。在实际应用中，要解决的问题可能会更复杂，状态空间和动作空间可能会更大，但 SARSA 算法的核心思想和更新规则仍然适用。

5.2.2 SARSA 算法的更新规则

SARSA 算法的更新规则用于更新状态-动作值函数 $Q(s, a)$，以便在 MDP 中学习最优策略。SARSA 的更新规则基于时序差分学习的思想，它描述了如何使用新的经验来逐步

更新 Q 值。SARSA 算法的更新规则为：对于在时间步骤 t 观察到的状态-动作对 (s_t, a_t) 和在时间步骤 $t+1$ 观察到的状态-动作对 (s_t+1, a_t+1)，以及在时间步骤 $t+1$ 获得的奖励 r_t+1，使用以下公式来更新 Q 值：

```
Q(s_t, a_t) <- Q(s_t, a_t) + α * [r_t+1 + γ * Q(s_t+1, a_t+1) - Q(s_t, a_t)]
```

对上述公式的具体说明如下。

(1) $Q(s\_t, a\_t)$ 是在时间步骤 t 时状态-动作值函数的估计值，表示在状态 s_t 下采取动作 a_t 的预期累积奖励。

(2) α 是学习率，控制了每次更新的步长。较小的学习率会导致稳定的学习，但需要更多的时间来收敛，而较大的学习率可能导致不稳定的学习。

(3) r_t+1 是在时间步骤 $t+1$ 时获得的奖励，表示从状态 s_t 到状态 s_t+1 采取动作 a_t 的立即奖励。

(4) γ 是折扣因子，表示未来奖励的重要性。它控制了对未来奖励的权重。较大的 γ 会强调长期奖励，较小的 γ 会强调短期奖励。

(5) $Q(s\_t+1, a\_t+1)$ 是在时间步骤 $t+1$ 时状态-动作值函数的估计值，表示在状态 s_t+1 下采取动作 a_t+1 的预期累积奖励。

SARSA 算法根据当前状态-动作对(s_t, a_t)和下一个状态-动作对(s_t+1, a_t+1)来更新 Q 值。这意味着它是一个基于样本的算法，每次更新都依赖于在环境中观察到的实际经验。

通过反复应用 SARSA 的更新规则，Q 值会逐渐收敛到最优值，从而允许智能体学习最优策略。这使 SARSA 成为解决强化学习问题的有效方法之一。请看下面的例子，考虑设计一个智能体，能够在抽象的状态空间中学习如何选择数字，以最大化它们的总和。

实例 5-3 在抽象状态空间中学习选择数字(源码路径：daima\5\geng.py)

实例文件 geng.py 的具体实现代码如下：

```python
import numpy as np

# 定义状态空间和动作空间
num_states = 10    # 状态数量
num_actions = 2    # 动作数量(选择数字1或选择数字2)

# 初始化状态值函数和状态-动作值函数
V = np.zeros(num_states)                      # 状态值函数
Q = np.zeros((num_states, num_actions))       # 状态-动作值函数

# 设置环境参数
gamma = 0.9  # 折扣因子
alpha = 0.1  # 学习率

# 定义ε-贪心策略
def epsilon_greedy_policy(state, epsilon):
    if np.random.rand() < epsilon:
        return np.random.choice(num_actions)   # 随机选择动作
    else:
        return np.argmax(Q[state, :])          # 选择具有最高Q值的动作

# 主循环
num_episodes = 1000         # 迭代次数
epsilon = 0.1               # ε-贪心策略中的ε
```

```python
for episode in range(num_episodes):
    state = np.random.randint(num_states)       # 随机选择一个初始状态

    while True:  # 连续状态空间，无终止状态
        action = epsilon_greedy_policy(state, epsilon)  # 根据策略选择动作
        if action == 0:
            next_state = state + 1              # 选择数字1，移动到下一个状态
        else:
            next_state = state + 2              # 选择数字2，移动到下下个状态

        if next_state >= num_states:            # 确保不会移动到状态空间之外
            next_state = num_states - 1

        reward = next_state                      # 奖励为下一个状态的值

        # 使用SARSA更新规则来更新Q值
        next_action = epsilon_greedy_policy(next_state, epsilon)  # 选择下一个动作
        Q[state, action] = Q[state, action] + alpha * (reward + gamma * Q[next_state,
                            next_action] - Q[state, action])

        state = next_state

        if state == num_states - 1:             # 达到最大状态时结束本次迭代
            break

# 输出学习到的Q值
print("学习到的Q值: ")
print(Q)

# 输出最优策略
optimal_policy = np.argmax(Q, axis=1)
print("最优策略: ")
print(optimal_policy)
```

在上述代码中，智能体通过选择数字 1 或数字 2 来移动，每个数字都对应一个状态。智能体的目标是选择数字以最大化它们的总和。通过添加条件 if next_state >= num_states，可以确保智能体不会移动到状态空间之外。通过使用 SARSA 算法，可以观察到 Q 值如何根据更新规则逐渐收敛以及如何得到最优策略。执行以上代码后的输出结果如下：

```
学习到的Q值:
[[34.43028231 22.32521625]
 [42.25787707 25.47889332]
 [47.13614353 32.88775433]
 [49.81476976 42.38731994]
 [50.86117317 40.25968521]
 [50.5174039  43.95460686]
 [49.79699956 43.45282603]
 [47.77973413 42.79725199]
 [48.9841982  22.03879733]
 [49.32088977  7.69283257]]
最优策略:
[0 0 0 0 0 0 0 0 0 0]
```

根据上述输出结果可知，智能体在学习过程中更喜欢选择动作 0(选择数字 1)，因为 Q 值在动作 0 上较大。最优策略显示智能体在大多数状态下都选择动作 0。

> **注意**
> 由于这个例子的环境和奖励设计非常简单,因此最优策略可能非常明显。在更复杂的问题中,SARSA 算法将不断探索并尝试不同的策略,以找到最优策略。这个示例的目的是演示 SARSA 算法的更新规则,而不是复杂的问题建模。如果有更具体或复杂的问题,需要相应调整状态空间、动作空间和奖励函数来满足问题的特性。

5.2.3 SARSA 算法的收敛性与收敛条件

SARSA 算法的收敛性取决于一些因素,包括算法的参数设置、环境的特性以及策略的选择。影响 SARSA 算法收敛性的关键因素以及一些常见的收敛条件如下。

(1) 学习率(α)。学习率控制了每次 Q 值更新的步长。如果学习率过大,可能会导致算法不稳定,Q 值不收敛。较小的学习率有助于稳定学习,但可能需要更多的时间来收敛。

(2) 折扣因子(γ)。折扣因子表示未来奖励的重要性。较大的 γ 会强调长期奖励,较小的 γ 会强调短期奖励。选择合适的 γ 通常需要根据问题的特性进行调整。

(3) 初始 Q 值。初始 Q 值的选择也可以影响收敛性。如果初始 Q 值过高或过低,可能会影响学习过程。通常,Q 值可以初始化为零或随机小值。

(4) 策略选择。SARSA 算法通常使用 ε-贪心策略来在探索和利用之间取得平衡。策略选择的方式可以影响算法的收敛性。合理的策略选择可以帮助算法在有限的迭代中达到最优策略。

(5) 状态空间和动作空间。问题的状态空间和动作空间的大小可以影响算法的收敛性。较大的状态空间和动作空间可能需要更多的迭代才能达到收敛。

(6) 随机性。如果环境具有较大的随机性,可能需要更多的迭代来收敛。一些问题可能需要更高的探索率(ε)来处理随机性。

(7) 收敛条件。通常,SARSA 算法的收敛条件是当 Q 值函数不再发生显著变化时,算法可以被认为已经收敛。这可以通过监测 Q 值的变化来确定。一种常见的停止条件是:当两次迭代之间的 Q 值变化小于某个阈值时停止。

> **注意**
> SARSA 算法的收敛性并不是绝对保证的,因为它受到问题的复杂性和算法参数的影响。在实践中,可以通过调整参数、增加迭代次数以及使用合适的策略来提高 SARSA 算法的收敛性。此外,还有一些改进的算法,如 Q-learning 和深度强化学习方法,可以用于处理更复杂的问题和提高收敛速度。

为了演示 SARSA 算法的收敛性和收敛条件,考虑一个简单的网格世界问题,其中智能体必须学会找到目标状态,并且智能体只有在到达目标状态时才能获得奖励。在下面的例子中,将采用 SARSA 算法在不同的参数和条件下运行,并观察它的收敛性。

实例 5-4 观察 SARSA 算法的收敛性(源码路径:daima\5\shou.py)

实例文件 shou.py 的具体实现代码如下:

```
import numpy as np
```

```python
# 定义网格世界的参数
num_states = 16  # 状态数量
num_actions = 4  # 动作数量(上、下、左、右)
goal_state = 15  # 目标状态

# 初始化状态值函数和状态-动作值函数
V = np.zeros(num_states)  # 状态值函数
Q = np.zeros((num_states, num_actions))  # 状态-动作值函数

# 设置环境参数
gamma = 0.9  # 折扣因子
alpha = 0.1  # 学习率

# 定义ε-贪心策略
def epsilon_greedy_policy(state, epsilon):
    if np.random.rand() < epsilon:
        return np.random.choice(num_actions)  # 随机选择动作
    else:
        return np.argmax(Q[state, :])  # 选择具有最高Q值的动作

# 主循环
num_episodes = 1000  # 迭代次数
epsilon = 0.1  # ε-贪心策略中的ε

converged = False  # 是否已收敛
convergence_threshold = 0.01  # 收敛阈值

for episode in range(num_episodes):
    state = 0  # 起始状态

    while state != goal_state:  # 直至达到目标状态
        action = epsilon_greedy_policy(state, epsilon)          # 根据策略选择动作
        if action == 0:
            next_state = state - 4 if state >= 4 else state      # 向上移动
        elif action == 1:
            next_state = state + 4 if state < 12 else state      # 向下移动
        elif action == 2:
            next_state = state - 1 if state % 4 != 0 else state  # 向左移动
        else:
            next_state = state + 1 if state % 4 != 3 else state  # 向右移动

        reward = 0 if next_state != goal_state else 1  # 到达目标状态获得奖励1，否则奖励为0

        # 使用SARSA更新规则来更新Q值
        next_action = epsilon_greedy_policy(next_state, epsilon)  # 选择下一个动作
        Q[state, action] = Q[state, action] + alpha * (reward + gamma * Q[next_state,
          next_action] - Q[state, action])

        state = next_state

    # 计算状态值函数的变化
    V_new = np.max(Q, axis=1)
    delta = np.max(np.abs(V_new - V))
    V = V_new

    # 如果状态值函数的变化小于阈值，认为已经收敛
    if delta < convergence_threshold:
        converged = True
        break

if converged:
    print("SARSA算法已收敛。")
```

```
else:
    print("SARSA 算法未收敛。")

# 输出学习到的 Q 值
print("学习到的 Q 值: ")
print(Q)
```

上述代码演示了使用 SARSA 算法解决简单的网格世界问题, 并观察算法的收敛性的过程。执行以上代码后的输出结果如下:

```
SARSA 算法已收敛。
学习到的 Q 值:
[[0.00000000e+00 4.38191782e-04 2.47966835e-02 2.82287679e-01]
 [2.61896228e-02 0.00000000e+00 2.30061469e-02 4.12315376e-01]
 [5.16222372e-03 5.55781071e-01 3.34932020e-02 2.58672170e-03]
 [0.00000000e+00 0.00000000e+00 7.09085006e-02 0.00000000e+00]
 [1.11062153e-02 0.00000000e+00 0.00000000e+00 0.00000000e+00]
 [2.70916548e-03 0.00000000e+00 0.00000000e+00 0.00000000e+00]
 [2.05883575e-03 9.36199740e-03 0.00000000e+00 6.59864386e-01]
 [0.00000000e+00 8.12145084e-01 0.00000000e+00 0.00000000e+00]
 [0.00000000e+00 0.00000000e+00 0.00000000e+00 0.00000000e+00]
 [0.00000000e+00 0.00000000e+00 0.00000000e+00 0.00000000e+00]
 [1.09475523e-01 0.00000000e+00 0.00000000e+00 0.00000000e+00]
 [8.41325937e-02 9.98382691e-01 1.78119981e-03 2.42613509e-01]
 [0.00000000e+00 0.00000000e+00 0.00000000e+00 0.00000000e+00]
 [0.00000000e+00 0.00000000e+00 0.00000000e+00 0.00000000e+00]
 [0.00000000e+00 0.00000000e+00 0.00000000e+00 0.00000000e+00]
 [0.00000000e+00 0.00000000e+00 0.00000000e+00 0.00000000e+00]]
```

上面的输出表明 SARSA 算法已经收敛, 并展示了学习到的 Q 值。每个 Q 值表示在特定状态下采取特定动作的估计价值。根据 Q 值, 智能体可以根据 ε-贪心策略来选择动作, 以最大化预期累积奖励。在这个输出中, 可以看到 Q 值矩阵的各个元素, 每个元素对应一个状态和动作的组合。算法通过与环境互动, 不断地更新这些 Q 值, 以最终学习到一个最优策略。

5.2.4 SARSA 算法实例分析

请看下面的实例, 这是一个基于强化学习和 SARSA 算法的股票买卖决策系统。在本实例中, 使用强化学习方法来优化在股票环境中的买卖策略, 并通过可视化来展示奖励曲线以及买入卖出点。通过不断训练, 模型将尝试找到最优的策略以最大化累积奖励。

实例 5-5 股票买卖决策系统(源码路径: **daima\2\sas.py**)

编写文件 sas.py, 功能是使用 SARSA 算法在股票环境中实现买卖策略, 并通过可视化来展示奖励曲线以及买入卖出点。在本实例中使用了 SARSA 算法的思想, 因为在 train_rl_model 函数中, 它在每个时间步中选择下一个动作(next_action), 并使用该动作来计算目标 Q 值, 这是 SARSA 的特征。文件 sas.py 的主要实现代码如下:

```
plt.rcParams["axes.unicode_minus"] = False
plt.rcParams['font.sans-serif'] = ['kaiti']


class StockEnvironment:
    def __init__(self, data):
        self.data = data
        self.current_step = 0
```

```python
        self.initial_balance = 10000
        self.balance = self.initial_balance
        self.stock_holding = 0
        self.max_steps = len(data) - 1
        self.buy_points = []
        self.sell_points = []

    def reset(self):
        self.current_step = 0
        self.balance = self.initial_balance
        self.stock_holding = 0
        self.buy_points = []
        self.sell_points = []
        return self._get_state()

    def _get_state(self):
        return np.array([
            self.data['close'][self.current_step],
            self.balance,
            self.stock_holding
        ])

    def step(self, action):
        if action == 0:
            if self.balance > self.data['close'][self.current_step]:
                self.stock_holding += 1
                self.balance -= self.data['close'][self.current_step]
                self.buy_points.append(self.current_step)
        elif action == 1:
            if self.stock_holding > 0:
                self.stock_holding -= 1
                self.balance += self.data['close'][self.current_step]
                self.sell_points.append(self.current_step)

        self.current_step += 1

        if self.current_step == self.max_steps:
            done = True
            reward = self.balance + self.stock_holding * self.data['close'][self.current_step]
        else:
            done = False
            reward = 0

        return self._get_state(), reward, done

class QNetwork(nn.Module):
    def __init__(self, input_size, output_size):
        super(QNetwork, self).__init__()
        self.fc1 = nn.Linear(input_size, 64)
        self.fc2 = nn.Linear(64, output_size)

    def forward(self, x):
        x = torch.relu(self.fc1(x))
        x = self.fc2(x)
        return x

# 修改贝尔曼方程近似以支持SARSA算法
def bellman_approximation(current_state, next_state, reward, gamma, model, next_action):
    current_state_value = model(torch.tensor(current_state, dtype=torch.float32).unsqueeze(0)).gather(1, torch.tensor(
        [[next_action]]))
```

```python
        epsilon = 0.1
        if np.random.rand() < epsilon:
            next_action = np.random.randint(output_size)
        else:
            next_action = model(torch.tensor(next_state,
dtype=torch.float32).unsqueeze(0)).argmax().item()

        next_state_value = model(torch.tensor(next_state,
dtype=torch.float32).unsqueeze(0)).gather(1, torch.tensor(
            [[next_action]]))

        target = reward + gamma * next_state_value
        return target - current_state_value


def train_rl_model(data, num_episodes, batch_size, model):
    input_size = 3
    output_size = 2
    gamma = 0.99
    learning_rate = 0.001

    model = QNetwork(input_size, output_size)
    target_model = QNetwork(input_size, output_size)
    target_model.load_state_dict(model.state_dict())
    target_model.eval()

    optimizer = optim.Adam(model.parameters(), lr=learning_rate)
    criterion = nn.MSELoss()

    episode_rewards = []

    for episode in range(num_episodes):
        env = StockEnvironment(data)
        state = env.reset()
        total_reward = 0

        epsilon = 0.1

        while True:
            with torch.no_grad():
                q_values = model(torch.tensor(state, dtype=torch.float32).unsqueeze(0))

            if np.random.rand() < epsilon:
                action = np.random.randint(output_size)
            else:
                action = q_values.argmax().item()

            next_state, reward, done = env.step(action)
            next_action = torch.tensor([[action]], dtype=torch.long)

            target = bellman_approximation(
                torch.tensor(state, dtype=torch.float32),
                torch.tensor(next_state, dtype=torch.float32),
                reward, gamma, model, next_action
            )

            output = model(torch.tensor(state, dtype=torch.float32).unsqueeze(0))

            loss = criterion(output.gather(1, torch.tensor([[action]])), target)
            optimizer.zero_grad()
            loss.backward()
            optimizer.step()

            total_reward += reward
```

```python
            state = next_state

            if done:
                episode_rewards.append(total_reward)
                break

        if episode % 10 == 0:
            target_model.load_state_dict(model.state_dict())

        if episode % 50 == 0:
            print(f"Episode {episode}/{num_episodes}, Total Reward: {total_reward}")

    return model, episode_rewards

if __name__ == "__main__":
    data = pd.read_csv('stock_data.csv')
    input_size = 3
    output_size = 2
    model = QNetwork(input_size, output_size)

    num_episodes = 100
    batch_size = 32
    trained_model, episode_rewards = train_rl_model(data, num_episodes, batch_size, model)

    plt.figure(figsize=(12, 6))
    plt.title('强化学习奖励和买卖点')
    plt.plot(episode_rewards, label='Total Reward', color='blue')
    plt.xlabel('Episode')
    plt.ylabel('Total Reward')
    plt.grid(True)

    buy_sell_points = []
    env = StockEnvironment(data)
    state = env.reset()
    for i in range(len(episode_rewards)):
        with torch.no_grad():
            q_values = model(torch.tensor(state, dtype=torch.float32).unsqueeze(0))
            action = q_values.argmax().item()
        if action == 0:
            buy_sell_points.append((i, episode_rewards[i], 'Buy'))
        elif action == 1:
            buy_sell_points.append((i, episode_rewards[i], 'Sell'))

        next_state, _, _ = env.step(action)
        state = next_state

    for point in buy_sell_points:
        episode, reward, action = point
        plt.axvline(x=episode, color='red', linestyle='--', label=f'{action} Point')

    plt.legend()
    plt.show()
```

上述代码的功能是使用强化学习方法来训练智能体，在股票市场中自动执行买入和卖出操作，以最大化投资组合的价值，并通过可视化展示强化学习的表现。函数 bellman_approximation 用于计算贝尔曼方程的估值，从而实现 SARSA 算法，它根据当前状态、下一个状态、奖励、模型、下一个动作等信息计算目标值。以上代码的执行效果如图 5-1 所示。

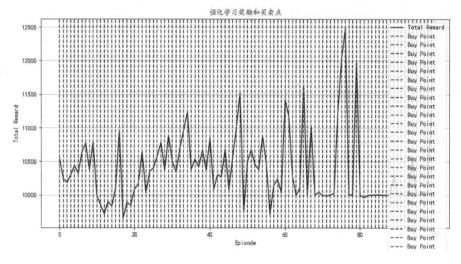

图 5-1 执行效果

5.3 Q-learning 算法的时序差分更新

Q-learning 是一种强化学习算法，它使用时序差分更新来估计状态-动作值函数(Q 函数)。Q-learning 通过不断地应用这个更新规则，从经验中学习出一个最优的状态-动作值函数 Q，以便智能体可以根据 Q 值来选择最佳动作，以最大化累积奖励。这是一种基于值的强化学习方法，常用于解决各种强化学习问题。

扫码看视频

5.3.1 时序差分学习与 Q-learning 的结合

时序差分学习(Temporal Difference Learning，TDL)和 Q-learning 都是强化学习中常用的方法，它们可以结合在一起以改进学习过程和性能。下面是一些将时序差分学习与 Q-learning 结合的方法和技巧。

(1) SARSA 算法。这是一种结合了时序差分学习和 Q-learning 的方法。与 Q-learning 不同，SARSA 使用 ε-贪心策略来选择下一个动作，并且在每个时间步都更新 Q 值。这个规则与 Q-learning 的规则非常相似，但在 SARSA 中，下一个动作 a' 是由 ε-贪心策略确定的，而不是选择具有最大 Q 值的动作。

(2) 经验回放(Experience Replay)。这是一种用于改进 Q-learning 的技术，它结合了时序差分学习和 Q-learning。在经验回复中，智能体不会立即使用每次与环境互动的经验来更新 Q 值，而是将这些经验存储在经验回放缓冲区中。然后，智能体可以随机从缓冲区中选择经验样本，并使用这些样本来更新 Q 值。这有助于平稳学习过程并提高收敛性。

(3) 双 Q-learning。这是一种改进 Q-learning 的方法，它结合了时序差分学习的思想。在双 Q-learning 中，维护两组 Q 值函数($Q1$ 和 $Q2$)，并交替使用它们来选择动作和更新 Q 值。这有助于减小估计误差，特别是在训练初期。

(4) 资格迹(Eligibility Traces)：时序差分学习中的资格迹可以与 Q-learning 结合，以改进算法的性能。资格迹是一种用于跟踪状态-动作对的重要技术，它可以帮助智能体更好地估计 Q 值函数。

(5) 使用深度神经网络。结合深度神经网络的深度 Q 网络(Deep Q-Network，DQN)算法也可以看作 Q-learning 与时序差分学习结合的方法。DQN 使用神经网络估计 Q 值函数，同时利用经验回放和目标网络来提高学习的稳定性和效率。

综上所述，时序差分学习和 Q-learning 可以通过不同的技巧和算法相互结合，以改进强化学习的性能和稳定性。选择合适的结合方法取决于具体问题和应用场景。

当使用深度强化学习算法，如 DQN(Deep Q-Network)时，经验回放是一种有用的技术，用于存储和重复利用代理在过去的经验。这有助于稳定训练，提高样本效率，并使代理能够更好地探索状态空间。例如下面是一个使用经验回放的简单例子，以解决 CartPole 环境中的问题。

实例 5-6 使用经验回放解决 CartPole 环境中的问题(源码路径：**daima\5\liang.py**)

实例文件 liang.py 的具体实现代码如下：

```python
import random
import numpy as np

class ExperienceReplayBuffer:
    def __init__(self, capacity):
        self.capacity = capacity
        self.memory = []
        self.position = 0

    def push(self, transition):
        if len(self.memory) < self.capacity:
            self.memory.append(transition)
        else:
            self.memory[self.position] = transition
        self.position = (self.position + 1) % self.capacity

    def sample(self, batch_size):
        return random.sample(self.memory, batch_size)

# 创建一个简单的经验回放缓冲区
buffer = ExperienceReplayBuffer(capacity=10000)

# 生成一些虚拟经验并将其存储在缓冲区中
for i in range(200):
    state = np.random.randn(4)           # 使用四维状态空间的虚拟环境
    action = random.randint(0, 1)        # 0 或 1 的虚拟动作
    reward = np.random.randn()           # 随机奖励
    next_state = np.random.randn(4)      # 下一个虚拟状态

    transition = (state, action, reward, next_state)
    buffer.push(transition)

# 从缓冲区中随机采样一批经验
batch_size = 32
sampled_batch = buffer.sample(batch_size)

# 打印采样的经验
for i, transition in enumerate(sampled_batch):
    state, action, reward, next_state = transition
    print(f"Sample {i + 1}: State = {state}, Action = {action}, Reward = {reward}, Next State = {next_state}")
```

在上述代码中，首先创建了一个 ExperienceReplayBuffer 对象，并通过生成一些虚拟的经验来填充它。然后，从缓冲区中随机采样一批经验，并打印出采样的经验。执行以上代码后的输出结果如下：

```
Sample 1: State = [ 0.35291902  0.43599578  0.36087237 -0.91209324], Action = 1, Reward = -0.25226700602787666, Next State = [ 0.34034428 -1.91120839 -1.18785292 -0.01217256]
Sample 2: State = [-0.35486023  1.0798708  -0.55718071  0.00682684], Action = 1, Reward = 0.44681689223364596, Next State = [0.52232682 2.74533018 1.77127017 0.18134858]
Sample 3: State = [-1.13925094  0.97698589 -0.2592106  -1.14894714], Action = 0, Reward = 
###省略部分输出
Sample 32: State = [-1.30387953  0.58632075  0.71182089  0.65442037], Action = 0, Reward = 1.0424023984385533, Next State = [ 0.58702976  0.4243103  -0.84686422 -0.02024846]
```

在 CartPole 环境中，主要问题是训练一个代理(通常是一个神经网络模型)，使其能够在平衡杆(pole)上放置一个小车(cart)并保持平衡。具体来说，这个问题包含以下挑战：

(1) 不稳定性问题。在 CartPole 环境中，代理的性能可能非常不稳定，即使在相同的超参数和初始条件下，训练结果也可能不同。这是因为深度强化学习中存在许多不确定性因素，包括初始权重和随机性。

(2) 样本效率问题。直接使用当前状态来更新代理的权重可能会导致学习非常缓慢，因为代理需要大量的交互来获得足够的信息。这会导致对环境的过多探索，因此需要花费更多时间。

(3) 探索问题。CartPole 环境具有连续的状态空间和离散的动作空间，因此需要代理来有效地探索状态空间以找到最佳策略。如果探索不足，代理可能会陷入次优策略。

经验回放可以帮助解决上述问题，具体如下。

(1) 稳定性。通过在经验回放中存储和重复利用过去的经验，代理可以避免在训练中遇到非常不稳定的情况。这有助于平滑训练曲线，减少波动性。

(2) 样本效率。经验回放允许代理重复使用之前的经验，而不是仅使用当前经验。这样，代理可以更有效地学习，因为它可以从以前的经验中获得更多的信息，从而减少交互次数。

(3) 探索。通过随机采样经验回放缓冲区中的经验，代理可以更好地探索状态空间。这有助于确保代理不会陷入局部最优解，而是能够找到全局最优策略。

因此，经验回放是一个在训练强化学习代理时非常有用的技术，特别是在面对不稳定性、样本效率和探索挑战时。它是深度 Q 网络(DQN)等算法的关键组成部分，有助于改善这些算法在复杂环境中的性能。

5.3.2 Q-learning 的时序差分更新算法

在 Q-learning 中，使用 $Q(s, a)$ 表示在状态 s 下采取动作 a 的估计值，具体更新规则如下：

```
Q(s, a) <- Q(s, a) + α * [R + γ * max(Q(s', a')) - Q(s, a)]
```

其中，$Q(s, a)$ 是状态-动作值函数的估计值，表示在状态 s 下采取动作 a 的估计回报(或价值)；α 是学习率，控制着更新的步长；R 是在状态 s 采取动作 a 后获得的立即奖励；γ 是折扣因子，表示未来奖励的重要性；$\max(Q(s', a'))$ 表示在下一个状态 s' 下采取所有可能动作中具有最高 Q 值的动作的估计值。

这个更新规则表示了在每一步中，将当前状态-动作值函数的估计值 $Q(s, a)$ 更新为一个新的值，新值是当前值与一个差异项的和。差异项由以下部分组成。

① 立即奖励 R，表示在当前状态采取当前动作后获得的奖励。

② 下一个状态 s' 的估计值中，选择具有最高 Q 值的动作的估计值，即 $\max(Q(s', a'))$，表示考虑了未来奖励的期望。

Q-learning 通过不断应用这个更新规则，从经验中学习出一个最优的状态-动作值函数 Q，以便智能体可以根据 Q 值来选择最佳动作，以最大化累积奖励。这是一种基于值的强化学习方法，常用于解决各种强化学习问题。请看下面的实例，基于 Q-learning 算法并使用时序差分方法来更新 Q 值。在这个示例中，Q-learning 用于训练代理以预测股票买卖点。

实例 5-7 基于 Q-learning 和时序差分更新算法的股票买卖点(源码路径：daima\5\mg.py)

实例文件 mg.py 的具体实现代码如下：

```python
import pandas as pd
import numpy as np

# 读取股票数据
data = pd.read_csv('stock_data.csv')

# 选择需要预测的特征(如使用前一天的涨跌幅度作为状态)
data['previous_change'] = data['pct_chg'].shift(1)
data = data.dropna()

# 定义Q-learning参数
num_states = 10      # 状态数量
num_actions = 2      # 动作数量(买入和卖出)
epsilon = 0.2        # 探索概率
alpha = 0.1          # 学习率
gamma = 0.9          # 折扣因子

# 初始化Q表格
Q = np.zeros((num_states, num_actions))

# 定义状态函数，将涨跌幅度分成不同的状态
def get_state(change):
    return min(int((change + 10) / 2), num_states - 1)

# 训练Q-learning代理
num_episodes = 1000
for episode in range(num_episodes):
    state = get_state(data['previous_change'].iloc[0])
    total_reward = 0

    while True:
        if np.random.rand() < epsilon:
            action = np.random.randint(num_actions)
        else:
            action = np.argmax(Q[state, :])

        # 执行动作并观察奖励
        if action == 0:  # 买入
            reward = -data['pct_chg'].iloc[state]
        else:  # 卖出
            reward = data['pct_chg'].iloc[state]

        total_reward += reward

        # 更新Q值
```

```python
        next_state = get_state(data['previous_change'].iloc[state + 1])
        Q[state, action] = Q[state, action] + alpha * (reward + gamma *
            np.max(Q[next_state, :]) - Q[state, action])

        state = next_state

        if state == num_states - 1:
            break

    print(f"Episode {episode + 1}: Total Reward = {total_reward}")

# 寻找买入和卖出点
buy_points = []
sell_points = []
state = get_state(data['previous_change'].iloc[0])
for t in range(len(data)):
    action = np.argmax(Q[state, :])
    if action == 0:
        buy_points.append(data['close'].iloc[t])
    else:
        sell_points.append(data['close'].iloc[t])
    state = get_state(data['previous_change'].iloc[t])

print("买入点: ", buy_points)
print("卖出点: ", sell_points)
```

上述代码涉及 Q-learning 和时序差分更新算法，具体说明如下。

(1) Q-learning 参数和 Q 表格。在代码中定义了 Q-learning 的参数，包括学习率(alpha)、折扣因子(gamma)、状态数量(num_states)和动作数量(num_actions)。还初始化了 Q 表格，它将根据代理的经验进行更新。

(2) 状态的表示。在代码中使用了状态函数(get_state)将涨跌幅度映射到不同的状态，这是时序差分方法中的一个关键概念。

(3) 训练 Q-learning 代理。在循环代码中选择动作并执行，然后观察奖励。这些奖励被用于更新 Q 值，这是时序差分更新算法的核心。

(4) Q 值的更新。在每个时间步，Q 值都会根据时序差分方法进行更新。这是通过计算 TD 误差(Temporal Difference Error)来实现的，然后使用该误差来调整 Q 值。

(5) 寻找买入点和卖出点。训练结束后，在代码中使用已训练的 Q 值来选择买入点和卖出点，这是 Q-learning 的一部分，它根据代理的策略来做出决策。

第 6 章

DQN 算法

  DQN(Deep Q-Network)是一种强化学习算法，用于解决离散动作空间下的(MDP)。DQN 是深度强化学习领域的一个重要里程碑，其主要目标是通过深度神经网络来学习从状态到动作的映射，以最大化累积奖励。本章将详细讲解 DQN 算法的知识。

6.1 引言与背景

强化学习是人工智能领域的一个重要分支，旨在让智能体通过与环境的互动来学习最优的行为策略。在强化学习中，深度强化学习已经取得了显著的突破，引领了一系列令人印象深刻的成就。其中，DQN(Deep Q-Network，深度 Q 网络)是深度强化学习领域的一个重要里程碑，它融合了深度神经网络和 Q-learning 的思想，为解决离散动作空间下的强化学习问题提供了一种强大的方法。

扫码看视频

传统的强化学习方法在处理具有大型状态空间和动作空间的问题时面临着挑战，因为它们往往需要存储和处理大量的 Q 值，这可能导致计算和存储复杂度急剧增加。为了应对这一挑战，DQN 算法引入了深度神经网络来近似 Q-value 函数，从而使其能够处理高维度的状态空间。

DQN 算法的另一个创新之处在于经验回放(Experience Replay)和目标网络(Target Network)的使用。经验回放允许深度 Q 网络在训练时利用以前的经验数据，从而增加了数据的效率利用和训练的稳定性。目标网络则减轻了 Q 值目标的波动，有助于更稳定地训练深度 Q 网络。

DQN 算法首次在 Atari 2600 游戏上取得了令人瞩目的表现，实现了超人类水平的游戏玩法。此后，它被广泛应用于各种领域，包括机器人控制、自动驾驶和资源管理等。DQN 的成功激发了深度强化学习研究的热潮，并催生了众多相关算法的发展。

总之，DQN 算法代表了深度强化学习的一个重要突破，它的引入和发展对于推动人工智能领域的进步具有重要意义。本书将深入探讨 DQN 算法的原理、应用和改进，以及它对于解决复杂问题的潜力和限制。

6.2 DQN 算法的基本原理

DQN 旨在学习从状态到动作的映射，以最大化累积奖励。DQN 的训练过程包括多轮迭代，通过不断地从环境中获取经验，更新 Q 网络的权重，逐渐改善对 Q-value 函数的估计。该算法已成功应用于各种强化学习任务，包括 Atari 游戏、机器人控制和自动驾驶等。它为深度强化学习的发展奠定了重要的基础，同时也启发了许多后续算法的发展。

扫码看视频

DQN 的一个关键方面是通过深度神经网络逼近 Q-value 函数。在传统的 Q-learning 中，Q-value 函数通常表示为一个 Q 表格，其中每个条目对应于一个状态-动作对，适用于具有有限状态空间和动作空间的问题。但对于现实世界中具有大型或连续状态空间的任务，使用 Q 表格是不可行的。这时，DQN 通过神经网络来逼近 Q-value 函数，从而能够处理高维度的状态空间。DQN 中 Q 函数的逼近过程如下。

(1) 网络结构。DQN 算法使用一个深度神经网络(通常是卷积神经网络(CNN)或全连接神经网络)来表示 Q-value 函数。网络的输入是状态(或状态的表示)，输出是每个可能动作的 Q 值。网络结构通常包括多个隐藏层，最后一层的神经元数量等于动作的数量。

(2) Q 值的预测。给定一个状态作为输入，神经网络通过前向传播计算每个动作的 Q

值。这些 Q 值是模型对在给定状态下采取各个动作的累积奖励的估计。

(3) 训练。DQN 的训练过程旨在使神经网络逼近真实 Q-value 函数。训练使用 Q-learning 的更新规则，其中目标 Q 值由 Bellman 方程给出，即

$$Q(s,a) = r + \gamma \cdot \max_{a'}(s',a')$$

式中，r 为即时奖励；γ 为折扣因子；s' 为采取动作 a 后的下一个状态。

(4) 损失函数。DQN 的损失函数通常定义为预测的 Q 值与目标 Q 值之间的均方误差(MSE)，即损失函数为

$$L = \frac{1}{N}\sum_i \{Q(s_i,a_i) - [r_i + \gamma \cdot \max_{a'} Q(s_i',a')]\}^2$$

式中，N 为训练样本的数量；s_i 为第 i 个样本的状态；a_i 为第 i 个样本的动作；r_i 为第 i 个样本的即时奖励；s_i' 为第 i 个样本的下一个状态。

(5) 反向传播和权重更新。通过反向传播和梯度下降算法，优化神经网络的权重，以最小化损失函数。这将导致神经网络逼近真实 Q-value 函数，使其能够产生更好的策略。

通过反复迭代这个过程，DQN 不断改善对 Q-value 函数的估计，从而使其能够在给定状态下选择最优的动作，实现最大累积奖励的目标。这种 Q 函数的逼近方式使 DQN 能够处理高维度的状态空间和复杂的强化学习任务，这在传统的 Q-learning 中是困难的。这也是 DQN 算法的一个重要特点，使其在深度强化学习中具有广泛的应用价值。

请看下面的例子，功能是使用 PyTorch 和 Gym 库来实现 DQN 以逼近 Q 函数，解决 CartPole 问题。CartPole 问题是一个经典的强化学习问题，通常用来测试和验证强化学习算法的性能。这个问题的目标是控制一个倒立杆平衡在一个移动的小车上，使其不倒下。具体来说，CartPole 问题的场景如下。

① 有一个固定在水平轨道上的小车。
② 一个杆子(杆的一端连接在小车上)在小车上方垂直地立起来。
③ 引力会作用在杆上，试图将其拉倒。
④ 小车可以向左或向右以一定的力来移动。

玩家的任务是通过在每个时间步中选择将小车向左或向右移动的方式，使杆子保持在垂直位置尽可能长的时间，而不是倒下。游戏通常在杆子倒下或小车移出轨道之后结束，玩家的得分通常是杆子保持垂直的时间步数。

CartPole 问题通常用于测试和训练强化学习算法，特别是基于值函数(如 Q-learning)或策略梯度方法的算法。这个问题相对简单，但它提供了一个理想的环境，用于研究强化学习算法的基本概念和性能，以及用于开发新的强化学习算法的平台。

实例 6-1 实现 DQN 算法以逼近 Q 函数解决 CartPole 问题(源码路径：daima\6\bi.py)

实例文件 bi.py 实现了一个简单的 DQN 代理来解决 CartPole 问题，代理通过神经网络学习如何在 CartPole 环境中进行平衡杆的控制，并且在训练过程中应用了经验回放和目标网络来提高训练稳定性。文件 bi.py 的具体实现代码如下：

```
import random
import numpy as np
import torch
import torch.nn as nn
import torch.optim as optim
import gym
```

```python
# 创建一个CartPole环境
env = gym.make("CartPole-v1")

# 定义神经网络模型
class QNetwork(nn.Module):
    def __init__(self, state_dim, action_dim):
        super(QNetwork, self).__init__()
        self.fc1 = nn.Linear(state_dim, 24)
        self.fc2 = nn.Linear(24, 24)
        self.fc3 = nn.Linear(24, action_dim)

    def forward(self, state):
        x = torch.relu(self.fc1(state))
        x = torch.relu(self.fc2(x))
        q_values = self.fc3(x)
        return q_values

# 定义DQN代理
class DQNAgent:
    def __init__(self, state_dim, action_dim, learning_rate, gamma, epsilon, epsilon_min,
        epsilon_decay):
        self.state_dim = state_dim
        self.action_dim = action_dim
        self.epsilon = epsilon
        self.epsilon_min = epsilon_min
        self.epsilon_decay = epsilon_decay
        self.gamma = gamma
        self.model = QNetwork(state_dim, action_dim)
        self.target_model = QNetwork(state_dim, action_dim)
        self.target_model.load_state_dict(self.model.state_dict())
        self.target_model.eval()
        self.optimizer = optim.Adam(self.model.parameters(), lr=learning_rate)
        self.loss_fn = nn.MSELoss()

    def select_action(self, state):
        if np.random.rand() <= self.epsilon:
            return random.randrange(self.action_dim)
        state = torch.FloatTensor(state).unsqueeze(0)
        q_values = self.model(state)
        return torch.argmax(q_values).item()

    def train(self, batch):
        states, actions, rewards, next_states, dones = zip(*batch)
        states = torch.FloatTensor(states)
        actions = torch.LongTensor(actions)
        rewards = torch.FloatTensor(rewards)
        next_states = torch.FloatTensor(next_states)
        dones = torch.BoolTensor(dones)

        q_values = self.model(states)
        q_values = q_values.gather(1, actions.unsqueeze(1)).squeeze(1)

        target_q_values = self.target_model(next_states).max(1)[0]
        target_q_values[dones] = 0
        target_q_values = rewards + self.gamma * target_q_values

        loss = self.loss_fn(q_values, target_q_values)
        self.optimizer.zero_grad()
        loss.backward()
        self.optimizer.step()

        if self.epsilon > self.epsilon_min:
            self.epsilon *= self.epsilon_decay
```

```python
    def update_target_model(self):
        self.target_model.load_state_dict(self.model.state_dict())

# 定义超参数
state_dim = env.observation_space.shape[0]
action_dim = env.action_space.n
learning_rate = 0.001
gamma = 0.95
epsilon = 1.0
epsilon_min = 0.01
epsilon_decay = 0.995
memory = []
batch_size = 32

# 创建DQN代理
agent = DQNAgent(state_dim, action_dim, learning_rate, gamma, epsilon, epsilon_min,
epsilon_decay)

# 训练DQN代理
episodes = 1000
for episode in range(episodes):
    state = env.reset()
    total_reward = 0
    done = False

    while not done:
        action = agent.select_action(state)
        result = env.step(action)
        next_state, reward, truncated, terminated, info = result
        memory.append((state, action, reward, next_state, terminated))

        # 使用state[0].shape获取状态的形状
        print(f"State shape: {state[0].shape}")

        # 使用next_state[0].shape获取下一个状态的形状
        print(f"Next state shape: {next_state[0].shape}")

        state = next_state
        total_reward += reward

        if terminated:
            state = env.reset()  # 在terminated=True时重新初始化环境

        if len(memory) > batch_size:
            batch = random.sample(memory, batch_size)

            # 将batch中的数据分离为单独的列表以进行处理
            states, actions, rewards, next_states, dones = zip(*batch)

            # 转换为NumPy数组
            states = np.array(states)
            next_states = np.array(next_states)

            # 将数据转换为PyTorch张量
            states = torch.FloatTensor(states)
            next_states = torch.FloatTensor(next_states)

            batch = (states, actions, rewards, next_states, dones)

            agent.train(batch)

    agent.update_target_model()

    print(f"Episode: {episode + 1}, Total Reward: {total_reward}")
```

上述代码的实现流程如下。

(1) 创建了一个名为 CartPole-v1 的 CartPole 环境，供代理与之交互。

(2) 定义神经网络模型 QNetwork，这是一个简单的深度神经网络模型，用于估计 Q 值(状态-动作对的值)。模型有 3 个全连接层，分别是输入层、隐藏层 1 和隐藏层 2，最后输出层的神经元数量等于动作空间的维度。

(3) 定义 DQN 代理(DQNAgent 类)。

① select_action 方法：根据 epsilon-greedy 策略选择一个动作。

② train 方法：用于训练神经网络模型，执行 DQN 的训练过程。

③ update_target_model 方法：用于定期更新目标网络的权重。

(4) 定义超参数。

① state_dim 和 action_dim：状态和动作的维度。

② learning_rate：神经网络模型的学习率。

③ gamma：折扣因子，控制未来奖励的重要性。

④ epsilon、epsilon_min 和 epsilon_decay：ε-贪婪策略的参数。

⑤ memory：用于存储经验回放的缓冲区。

⑥ batch_size：每次训练从经验回放中选择的样本数量。

(5) 创建 DQN 代理，初始化了神经网络模型、目标模型、优化器等。

(6) 实现训练 DQN 代理的主循环。在每个 episode 中，代理与环境交互，选择动作、执行动作、收集经验并进行训练。在训练过程中，还会定期更新目标网络的权重。在训练循环中，还有一些额外的输出用于显示状态和下一个状态的形状，以及在每个 episode 结束时显示总奖励。

6.3 DQN 的网络结构与训练过程

DQN 算法的网络结构和传统神经网络模型类似，在使用时可能根据问题的复杂性和需要进行调整，但通常使用具有一定深度的全连接前馈神经网络。

6.3.1 DQN 的神经网络结构

扫码看视频

DQN 的神经网络结构通常是一个深度前馈神经网络，用于估计 Q 值函数。这个网络结构可以有一到多个隐藏层，但一般包括以下几个关键层。

(1) 输入层(Input Layer)。输入层接收环境状态的特征向量作为输入。通常，状态特征被表示为一个向量，输入层的神经元数量等于状态特征向量的维度。

(2) 隐藏层(Hidden Layers)。DQN 可以包含一个或多个隐藏层，用于学习状态特征的抽象表示。这些隐藏层通常采用全连接层(Fully Connected Layers)。

(3) 激活函数(Activation Functions)。在每个隐藏层之后，激活函数被应用于隐藏层的输出。通常使用的激活函数是 ReLU(Rectified Linear Unit)函数，用于引入非线性特性。

(4) 输出层(Output Layer)。输出层的神经元数量等于动作空间的维度，每个神经元对应一个可能的动作。输出层的值表示在给定状态下选择每个动作的 Q 值。

DQN 的网络结构可能会因问题的复杂性而有所不同，可以调整隐藏层的数量和神经元数量来适应不同的任务。例如，下面是一个简化的 DQN 神经网络结构的示例：

```
Input Layer (State Dimension)
         ↓
Hidden Layer 1 (e.g., 24 neurons, ReLU activation)
         ↓
Hidden Layer 2 (e.g., 24 neurons, ReLU activation)
         ↓
Output Layer (Action Dimension)
```

在这个网络结构中，输入层接收状态特征，两个隐藏层通过 ReLU 激活函数引入非线性特征，并最终输出每个可能动作的 Q 值。神经网络的输出可以被用于选择动作，通常是选择具有最高 Q 值的动作，或者通过 ε-贪婪策略来进行探索。

实例6-2 创建一个 DQN 神经网络结构(源码路径：daima\6\creat.py)

实例文件 creat.py 的具体实现代码如下：

```python
import torch
import torch.nn as nn

class QNetwork(nn.Module):
    def __init__(self, state_dim, action_dim):
        super(QNetwork, self).__init__()
        self.fc1 = nn.Linear(state_dim, 64)      # 输入层，64 个神经元
        self.fc2 = nn.Linear(64, 64)             # 隐藏层1，64 个神经元
        self.fc3 = nn.Linear(64, action_dim)     # 输出层，动作空间维度的神经元数量

    def forward(self, state):
        x = torch.relu(self.fc1(state))          # 使用 ReLU 作为激活函数
        x = torch.relu(self.fc2(x))
        q_values = self.fc3(x)                   # 输出 Q 值
        return q_values
```

在上述代码中创建了一个 QNetwork 类，它继承自 PyTorch 的 nn.Module。该神经网络包含一个输入层、一个隐藏层和一个输出层。

(1) 输入层接收状态特征向量，其维度由 state_dim 决定，并且连接到具有 64 个神经元的第一个隐藏层。

(2) 第一个隐藏层通过 ReLU 激活函数引入非线性。

(3) 第一个隐藏层连接到第二个具有 64 个神经元的隐藏层，同样通过 ReLU 激活函数。

(4) 第二个隐藏层连接到输出层，输出层的神经元数量等于动作空间的维度，用于估计每个动作的 Q 值。

上述代码中的神经网络结构是一个简化的 DQN 模型，可以根据实际问题的需求调整输入层、隐藏层和输出层的神经元数量，以及添加更复杂的结构。此网络结构用于估计 Q 值函数，以在强化学习任务中进行动作选择。

> **注意**
>
> DQN 的网络结构可以根据具体问题的需求进行自定义和调整，包括隐藏层的数量、神经元数量、激活函数的选择等。此外，DQN 的性能也受到超参数的影响，如学习率、折扣因子、经验回放缓冲区的大小等。因此，在实际应用中，通常需要进行一些超参数调优以获得最佳性能。

6.3.2 DQN 算法的训练过程

DQN 算法的训练过程包括经验回放、目标网络、Q 值更新和 ε-贪婪策略等关键组件，这些组件一起使 DQN 能够在强化学习问题中有效地学习和优化 Q 值函数。例如，下面是一个创建、训练和保存 DQN 神经网络模型的例子，这个实例的具体功能如下。

(1) 通过使用深度强化学习(DRL)的方法，训练一个代理来控制 CartPole 环境中的杆子，使其不倒。

(2) 代理通过 Q-learning 算法学习最优策略，以最大化累积奖励。

(3) 使用经验回放来存储和重用先前的经验，以提高训练效率和稳定性。

实例 6-3 创建、训练和保存 DQN 神经网络模型(源码路径：**daima\6\xun.py**)

实例文件 xun.py 实现了一个 DQN 代理，用于在 OpenAI Gym 中的 CartPole 环境中学习并执行任务。文件 xun.py 的主要实现代码如下：

```python
# 创建CartPole环境
env = gym.make("CartPole-v1")
state_dim = env.observation_space.shape[0]
action_dim = env.action_space.n

# 定义Q-Network
class QNetwork(nn.Module):
    def __init__(self, state_dim, action_dim):
        super(QNetwork, self).__init__()
        self.fc1 = nn.Linear(state_dim, 64)
        self.fc2 = nn.Linear(64, 64)
        self.fc3 = nn.Linear(64, action_dim)

    def forward(self, state):
        x = torch.relu(self.fc1(state))
        x = torch.relu(self.fc2(x))
        q_values = self.fc3(x)
        return q_values

# 定义DQN代理
class DQNAgent:
    def __init__(self, state_dim, action_dim, learning_rate, gamma, epsilon, epsilon_min, epsilon_decay):
        self.state_dim = state_dim
        self.action_dim = action_dim
        self.epsilon = epsilon
        self.epsilon_min = epsilon_min
        self.epsilon_decay = epsilon_decay
        self.gamma = gamma
        self.model = QNetwork(state_dim, action_dim)
        self.target_model = QNetwork(state_dim, action_dim)
        self.target_model.load_state_dict(self.model.state_dict())
        self.target_model.eval()
        self.optimizer = optim.Adam(self.model.parameters(), lr=learning_rate)
        self.loss_fn = nn.MSELoss()
        # 初始化经验回放缓冲区
        self.memory = []
        self.batch_size = batch_size

    def remember(self, state, action, reward, next_state, done):
        self.memory.append((state, action, reward, next_state, done))
        if len(self.memory) > self.batch_size:
            self.memory.pop(0)  # 移除最早添加的经验以保持缓冲区大小
```

```python
    def select_action(self, state):
        if np.random.rand() <= self.epsilon:
            return random.randrange(self.action_dim)
        state = torch.FloatTensor(state).unsqueeze(0)
        q_values = self.model(state)
        return torch.argmax(q_values).item()

    def train(self, batch):
        states, actions, rewards, next_states, dones = zip(*batch)
        states = torch.FloatTensor(states)
        actions = torch.LongTensor(actions)
        rewards = torch.FloatTensor(rewards)
        next_states = torch.FloatTensor(next_states)
        dones = torch.BoolTensor(dones)

        q_values = self.model(states)
        q_values = q_values.gather(1, actions.unsqueeze(1)).squeeze(1)

        target_q_values = self.target_model(next_states).max(1)[0]
        target_q_values[dones] = 0
        target_q_values = rewards + self.gamma * target_q_values

        loss = self.loss_fn(q_values, target_q_values)
        self.optimizer.zero_grad()
        loss.backward()
        self.optimizer.step()

        if self.epsilon > self.epsilon_min:
            self.epsilon *= self.epsilon_decay

    def update_target_model(self):
        self.target_model.load_state_dict(self.model.state_dict())

# 定义超参数
learning_rate = 0.001
gamma = 0.99
epsilon = 1.0
epsilon_min = 0.01
epsilon_decay = 0.995
batch_size = 64
episodes = 1000

# 创建 DQN 代理
agent = DQNAgent(state_dim, action_dim, learning_rate, gamma, epsilon, epsilon_min,
epsilon_decay)

# 训练 DQN 代理并保存模型
for episode in range(episodes):
    state = env.reset()
    total_reward = 0
    done = False

    while not done:
        action = agent.select_action(state)
        next_state, reward, truncated, terminated, info = env.step(action)
        agent.remember(state, action, reward, next_state, terminated)
        state = next_state
        total_reward += reward

    agent.train(batch_size)

    # 更新目标网络
    if episode % 10 == 0:
        agent.update_target_model()

    # 保存模型
    if episode % 100 == 0:
```

```
        torch.save(agent.model.state_dict(), f"dqn_model_episode_{episode}.pt")
    print(f"Episode: {episode + 1}, Total Reward: {total_reward}")
env.close()
```

本实例的具体实现流程如下。

(1) 创建 CartPole 环境,并定义了状态和动作的维度。

(2) 定义了一个 Q-Network,用于估计 Q 值(动作的价值)。

(3) 创建了一个 DQNAgent 类,该类包括 Q-Network、目标网络、优化器和相关的训练方法。

(4) 定义了 remember 方法,用于将经验存储到经验回放缓冲区中。

(5) 实现了 select_action 方法,用于选择动作,可以使用 ε-贪婪策略进行探索。

(6) 编写了 train 方法,该方法用于训练 Q-Network,通过优化 Q 值来更新策略。

(7) update_target_model 方法用于定期更新目标网络,以提高训练的稳定性。

(8) 设置了一些超参数,如学习率、折扣因子、ε 等。

(9) 创建 DQNAgent 实例并开始训练,循环执行多个回合(episodes)。

(10) 在每个回合内,代理与环境互动,选择动作,接收奖励,并更新 Q-Network。

(11) 代理使用经验回放来存储和随机采样经验以供训练。

(12) 每 10 个回合,更新目标网络以提高稳定性。

(13) 每 100 个回合,保存当前模型的状态到文件以便稍后加载或继续训练。

(14) 输出每个回合的总奖励以跟踪训练进度。

执行以上代码后的输出结果如下:

```
Episode: 1, Total Reward: 12.0
Episode: 2, Total Reward: 10.0
...
Episode: 100, Total Reward: 190.0
Episode: 200, Total Reward: 200.0
Saving model for episode 200
Episode: 300, Total Reward: 198.0
...
```

6.3.3 经验回放

经验回放是强化学习中一种重要技术,通常用于训练深度强化学习代理,如 DQN,它的主要目的是改善训练的稳定性和效率。DQN 经验回放的核心要点如下。

(1) 经验存储。在经验回放中,代理会将它的经验存储到一个缓冲区(通常是一个循环队列)中。每个经验包括状态、动作、奖励、下一个状态和一个标志表示是否任务已完成。

(2) 随机采样。在训练时,代理不会立即使用最新的经验进行更新,而是随机地从经验缓冲区中抽取一小批(称为批次或样本)经验。这种随机采样的方式有助于打破时间上的相关性,增加样本的多样性,降低训练的方差。

(3) 训练稳定性。经验回放有助于减少训练过程中的方差,因为它可以将随机性引入到训练数据中。这有助于代理更好地适应不同的环境和状态转换。

(4) 数据重用性。经验回放可以使代理多次重用过去的经验,这有助于提高数据的效率。重复使用经验可以加速学习过程,因为代理可以反复学习那些重要的状态转换。

(5) 目标网络稳定性。在 DQN 中，经验回放还用于更新目标 Q-Network。通过从经验缓冲区中采样数据来计算目标 Q 值，可以减轻目标网络的更新与当前网络的变化之间的关联，从而提高训练的稳定性。

总之，经验回放是 DQN 的关键技术之一，有助于提高深度强化学习代理的稳定性、效率和性能。通过将代理的经验存储到缓冲区中，然后随机采样这些经验以进行训练，可以使 DQN 代理更好地学习复杂的任务。这种技术在许多深度强化学习应用中都得到了广泛的应用。

例如，下面是一个使用经验回放来改进 DQN 训练的例子。请注意，这只是一个简单的示例，真正的 DQN 实现可能会更复杂，包含更多的细节。

实例 6-4 使用经验回放改进 DQN 的训练(源码路径：daima\6\jing.py)

实例文件 jing.py 的主要实现代码如下：

```python
import random
import torch
import torch.nn as nn
import torch.optim as optim

class QNetwork(nn.Module):
    def __init__(self, state_dim, action_dim):
        super(QNetwork, self).__init__()
        self.fc1 = nn.Linear(state_dim, 64)     # 输入层，64 个神经元
        self.fc2 = nn.Linear(64, 64)            # 隐藏层 1，64 个神经元
        self.fc3 = nn.Linear(64, action_dim)    # 输出层，动作空间维度的神经元数量

    def forward(self, state):
        x = torch.relu(self.fc1(state))          # 使用 ReLU 作为激活函数
        x = torch.relu(self.fc2(x))
        q_values = self.fc3(x)                   # 输出 Q 值
        return q_values

# 定义经验回放缓冲区
class ExperienceReplayBuffer:
    def __init__(self, capacity):
        self.capacity = capacity
        self.buffer = []

    def add(self, experience):
        if len(self.buffer) >= self.capacity:
            self.buffer.pop(0)   # 移除最早添加的经验以保持缓冲区大小
        self.buffer.append(experience)

    def sample(self, batch_size):
        return random.sample(self.buffer, batch_size)


# 定义 DQN 代理
class DQNAgent:
    def __init__(self, state_dim, action_dim, learning_rate, gamma, epsilon, epsilon_min,
      epsilon_decay, batch_size, buffer_capacity):
        self.state_dim = state_dim
        self.action_dim = action_dim
        self.epsilon = epsilon
        self.epsilon_min = epsilon_min
        self.epsilon_decay = epsilon_decay
        self.gamma = gamma
        self.model = QNetwork(state_dim, action_dim)          # 假设 Q-Network 已定义
        self.target_model = QNetwork(state_dim, action_dim)   # 假设 Q-Network 已定义
        self.target_model.load_state_dict(self.model.state_dict())
```

```python
        self.target_model.eval()
        self.optimizer = optim.Adam(self.model.parameters(), lr=learning_rate)
        self.loss_fn = nn.MSELoss()
        self.memory = ExperienceReplayBuffer(buffer_capacity)
        self.batch_size = batch_size

    def remember(self, state, action, reward, next_state, done):
        self.memory.add((state, action, reward, next_state, done))

    def train(self):
        if len(self.memory.buffer) < self.batch_size:
            return

        batch = self.memory.sample(self.batch_size)
        states, actions, rewards, next_states, dones = zip(*batch)
        # 训练网络的逻辑，计算Q值、目标Q值，计算损失并执行优化

    # 其他方法和属性……


# 示例用法
state_dim = 4  # 假设状态空间维度为4
action_dim = 2  # 假设动作空间维度为2
learning_rate = 0.001
gamma = 0.99
epsilon = 1.0
epsilon_min = 0.01
epsilon_decay = 0.995
batch_size = 64
buffer_capacity = 10000

# 创建 DQN 代理和经验回放缓冲区
agent = DQNAgent(state_dim, action_dim, learning_rate, gamma, epsilon, epsilon_min,
 epsilon_decay, batch_size, buffer_capacity)

# 在与环境交互中使用 remember 方法将经验添加到缓冲区
# 在训练循环中使用 train 方法进行 DQN 的训练
```

上述代码展示了一个简单的 DQN 代理和经验回放缓冲区的结合使用，在与环境交互中，代理使用 remember 方法将经验添加到缓冲区，然后在训练循环中使用 train 方法进行 DQN 的训练，经验回放缓冲区有助于提高训练的稳定性和效率。

6.3.4 目标网络

在 DQN 中，目标网络(Target Network)是一种用于稳定训练的重要技术。目标网络的主要作用是减轻当前 Q 网络和目标 Q 网络之间的相关性，从而提高训练的稳定性。目标网络的引入是 DQN 算法的关键创新之一，使 DQN 可以成功应用于复杂的强化学习任务。例如，下面是一个使用 Python 和 PyTorch 实现 DQN 目标网络的简单示例。

实例6-5 实现 DQN 目标网络(源码路径：**daima\6\mu.py**)

实例文件 mu.py 的主要实现代码如下：

```python
import torch
import torch.nn as nn

class DQN(nn.Module):
    def __init__(self, input_dim, output_dim):
        super(DQN, self)._init_()
        self.fc1 = nn.Linear(input_dim, 64)
```

```
        self.fc2 = nn.Linear(64, 64)
        self.fc3 = nn.Linear(64, output_dim)

    def forward(self, x):
        x = torch.relu(self.fc1(x))
        x = torch.relu(self.fc2(x))
        x = self.fc3(x)
        return x

# 创建一个 Q-Network 和一个目标网络
input_dim = 4    # 输入状态的维度
output_dim = 2   # 输出动作的维度
q_network = DQN(input_dim, output_dim)
target_network = DQN(input_dim, output_dim)

# 将目标网络的权重初始化为与 Q-Network 相同
target_network.load_state_dict(q_network.state_dict())
```

在上述代码中,首先定义了一个简单的 DQN 模型,包括 Q-Network 和目标网络 target_network。然后,将目标网络的权重初始化为与 Q-network 相同,以便在训练过程中更新目标网络的权重。

> **注意**
>
> 实例 6-5 中的模型非常简化,在实际应用中可能需要更复杂的网络结构和其他技巧来稳定训练 DQN。此外,训练 DQN 还涉及经验回放、ε-贪婪探索策略等重要概念,这些在完整的 DQN 实现中需要考虑。

6.4 DQN 算法的优化与改进

DQN 是一种强化学习算法,最初由 DeepMind 提出,并已经在各个领域获得了成功应用。然而,DQN 在实际应用中仍然面临一些挑战,因此有许多优化和改进的技术,以增强其性能和稳定性。

扫码看视频

6.4.1 DDQN

DDQN(Double Deep Q-Network,双重深度 Q 网络)是对标准的深度 Q 学习(DQN)算法的一种改进,旨在解决 Q 值高估问题。在标准 DQN 中,用于选择最佳动作的 Q-Network 可能会高估 Q 值,导致不稳定的训练和低效的策略。DDQN 引入了一种机制,通过使用两个独立的 Q-Network 来减小 Q 值的高估。DDQN 的工作原理如下。

(1) 两个 Q-Networks。DDQN 使用两个神经网络,通常称为 Q1-Network 和 Q2-Network。这两个网络具有相同的架构,但参数是独立的。

(2) 动作选择和 Q 值估计。在每个训练步骤中,DDQN 使用 Q1-Network 来选择最佳动作(具有最高估计的 Q 值),然后使用 Q2-Network 来估计所选动作的 Q 值。

(3) 目标 Q 值计算。与标准 DQN 不同,DDQN 在计算目标 Q 值时使用了 Q1-Network。具体来说,对于下一个状态,它使用 Q1-Network 来选择最佳动作,然后使用 Q2-Network 来估计该动作的 Q 值。这个目标 Q 值用于更新 Q1-Network。

(4) 目标 Q 值更新。DDQN 使用目标 Q 值计算来更新 Q1-Network 的权重,而不是使用 Q1-Network 自身的估计。

DDQN 的主要优点是它减小了 Q 值高估的影响,提高了训练的稳定性。这有助于在强化学习任务中更快地获得更好的策略。例如,下面是一个创建 DDQN 网络的例子。

实例 6-6 创建 DDQN 网络(源码路径:**daima\6\dou.py**)

实例文件 dou.py 的主要实现代码如下:

```python
import torch
import torch.nn as nn
import torch.optim as optim
import random

class DDQN(nn.Module):
    def __init__(self, input_dim, output_dim):
        super(DDQN, self).__init__()
        self.fc1 = nn.Linear(input_dim, 64)
        self.fc2 = nn.Linear(64, 64)
        self.fc3 = nn.Linear(64, output_dim)

    def forward(self, x):
        x = torch.relu(self.fc1(x))
        x = torch.relu(self.fc2(x))
        x = self.fc3(x)
        return x

# 创建两个 Q-networks
input_dim = 4  # 输入状态的维度
output_dim = 2  # 输出动作的维度
q1_network = DDQN(input_dim, output_dim)
q2_network = DDQN(input_dim, output_dim)

# 定义优化器
optimizer_q1 = optim.Adam(q1_network.parameters(), lr=0.001)
optimizer_q2 = optim.Adam(q2_network.parameters(), lr=0.001)
```

6.4.2 竞争 DQN

竞争 DQN 是一种改进的 DQN 算法(也称 Dueling DQN 算法,即决斗 DQN 算法或斗争 DQN 算法),旨在更好地估计状态-动作值函数 $Q(s, a)$。与标准的 DQN 不同,竞争 DQN 算法将 $Q(s, a)$ 分解为状态值函数 $V(s)$ 和优势函数 $A(s, a)$,这有助于更好地理解和估计状态-动作值函数。例如,下面是一个竞争 DQN 的例子,演示了使用自定义的迷宫环境来展示竞争 DQN 的过程。

实例 6-7 使用竞争 DQN 算法解决自定义迷宫导航问题(源码路径:**daima\6\Dueling.py**)

实例文件 Dueling.py 的主要实现代码如下:

```python
# 创建一个简单的自定义迷宫环境
class CustomMaze:
    def __init__(self):
        self.grid = np.array([
            [0, 0, 0, 1, 0],
            [0, 1, 0, 1, 0],
            [0, 1, 0, 0, 0],
            [0, 1, 0, 1, 0],
            [0, 0, 0, 0, 0]
        ])
        self.start = (0, 0)
```

```python
        self.goal = (4, 4)
        self.current_pos = self.start

    def reset(self):
        self.current_pos = self.start
        return self.current_pos

    def step(self, action):
        if action == 0:  # 上
            new_pos = (self.current_pos[0] - 1, self.current_pos[1])
        elif action == 1:  # 下
            new_pos = (self.current_pos[0] + 1, self.current_pos[1])
        elif action == 2:  # 左
            new_pos = (self.current_pos[0], self.current_pos[1] - 1)
        elif action == 3:  # 右
            new_pos = (self.current_pos[0], self.current_pos[1] + 1)

        if 0 <= new_pos[0] < 5 and 0 <= new_pos[1] < 5 and self.grid[new_pos[0], new_pos[1]] != 1:
            self.current_pos = new_pos

        if self.current_pos == self.goal:
            done = True
            reward = 1.0
        else:
            done = False
            reward = 0.0

        return self.current_pos, reward, done


# 定义竞争DQN模型
class DuelingDQN(tf.keras.Model):
    def __init__(self, num_actions):
        super(DuelingDQN, self).__init__()
        self.dense1 = tf.keras.layers.Dense(128, activation='relu')
        self.advantage = tf.keras.layers.Dense(num_actions, activation='linear')
        self.value = tf.keras.layers.Dense(1, activation='linear')

    def call(self, state):
        x = self.dense1(state)
        advantage = self.advantage(x)
        value = self.value(x)
        q_values = value + (advantage - tf.reduce_mean(advantage, axis=1, keepdims=True))
        return q_values


# 定义经验回放缓冲区
class ReplayBuffer:
    def __init__(self, capacity):
        self.capacity = capacity
        self.buffer = []
        self.position = 0

    def push(self, state, action, reward, next_state, done):
        if len(self.buffer) < self.capacity:
            self.buffer.append(None)
        self.buffer[self.position] = (state, action, reward, next_state, done)
        self.position = (self.position + 1) % self.capacity

    def sample(self, batch_size):
        batch = random.sample(self.buffer, batch_size)
        state, action, reward, next_state, done = map(np.array, zip(*batch))
        return state, action, reward, next_state, done

# 定义ε-贪婪策略
def epsilon_greedy_policy(q_values, epsilon):
```

```python
        if np.random.rand() < epsilon:
            return np.random.randint(len(q_values))
        else:
            return np.argmax(q_values)


# 定义竞争 DQN 代理
class DuelingDQNAgent:
    def __init__(self, num_actions, epsilon=0.1, gamma=0.99, lr=0.001, batch_size=64,
                 buffer_capacity=10000):
        self.num_actions = num_actions
        self.epsilon = epsilon
        self.gamma = gamma
        self.batch_size = batch_size
        self.buffer = ReplayBuffer(buffer_capacity)
        self.q_network = DuelingDQN(num_actions)
        self.target_network = DuelingDQN(num_actions)
        self.optimizer = tf.optimizers.Adam(learning_rate=lr)
        self.update_target_network()

    def update_target_network(self):
        self.target_network.set_weights(self.q_network.get_weights())

    def train(self):
        if len(self.buffer.buffer) < self.batch_size:
            return
        state, action, reward, next_state, done = self.buffer.sample(self.batch_size)

        with tf.GradientTape() as tape:
            q_values = self.q_network(state)
            target_q_values = self.target_network(next_state)

            target_max_q_values = tf.reduce_max(target_q_values, axis=1)
            target_q = reward + (1.0 - done) * self.gamma * tf.expand_dims(target_max_q_values, axis=1)

            action_masks = tf.one_hot(action, self.num_actions)
            predicted_q_values = tf.reduce_sum(q_values * action_masks, axis=1)
            loss = tf.reduce_mean(tf.square(target_q - predicted_q_values))

        gradients = tape.gradient(loss, self.q_network.trainable_variables)
        self.optimizer.apply_gradients(zip(gradients, self.q_network.trainable_variables))

    def act(self, state):
        q_values = self.q_network(state)
        return epsilon_greedy_policy(q_values[0], self.epsilon)


# 训练竞争 DQN 代理解决自定义迷宫导航问题
if __name__ == "__main__":
    env = CustomMaze()
    num_actions = 4  # 上、下、左、右 4 个动作
    agent = DuelingDQNAgent(num_actions)

    num_episodes = 1000

    for episode in range(num_episodes):
        state = env.reset()
        state = np.array([state])
        total_reward = 0.0

        while True:
            action = agent.act(state)
            next_state, reward, done = env.step(action)
            next_state = np.array([next_state])
```

```
            agent.buffer.push(state, action, reward, next_state, done)
            state = next_state
            total_reward += reward

            if done:
                break

        agent.train()
        agent.update_target_network()
        print(f"Episode: {episode + 1}, Total Reward: {total_reward}")
```

上述代码实现了一个强化学习任务，使用竞争 DQN 算法来训练一个代理解决自定义的迷宫导航问题。具体实现流程如下。

(1) CustomMaze 类定义了一个自定义的迷宫环境。这个迷宫由一个二维网格表示，其中 0 表示可以通过的路径，1 表示障碍物。代理的目标是从起始位置出发，到达目标位置(终点)。reset 方法用于重置环境状态，step 方法用于执行代理的动作并返回下一个状态、奖励和终止条件。

(2) DuelingDQN 类定义了竞争 DQN 模型，它包括一个全连接层(dense1)、一个表示优势函数(advantage)的全连接层以及一个表示值函数(value)的全连接层。call 方法根据输入状态计算 Q 值，通过将优势函数和值函数的输出进行组合来获得最终的 Q 值。

(3) ReplayBuffer 类实现了经验回放缓冲区，用于存储代理的经验样本，以便后续训练。push 方法用于添加经验样本，sample 方法用于随机抽样小批量样本。

(4) epsilon_greedy_policy 是一个策略函数，根据 Q 值和 ε 值决定代理的行动。它以一定的概率随机选择动作，以便在探索和利用之间进行权衡。

(5) DuelingDQNAgent 类定义了竞争 DQN 代理。它包括一个 Q 网络(q_network)和一个目标网络(target_network)以及一些超参数。train 方法用于训练代理，包括计算损失、更新 Q 网络权重和目标网络同步。act 方法用于根据当前状态选择动作。

(6) 在 if __name__ == "__main__": 中，创建了自定义迷宫环境，实例化了竞争 DQN 代理，并对其进行了多个 Episode 的训练。在每个 Episode 中，代理根据当前状态选择动作、执行动作、收集经验、计算损失并进行训练。训练过程中，代理的目标是学习如何在迷宫中导航以最大化总奖励。最后，代码打印了每个 Episode 的总奖励，以跟踪代理的性能改善。这个训练过程会一直重复，直至达到指定的 Episode 数。

运行上述代码后会进行多次迭代的训练，每次迭代都会打印当前迭代的信息，包括当前的 Episode 号和该 Episode 的总奖励。会输出类似以下信息：

```
Episode: 1, Total Reward: 0.0
Episode: 2, Total Reward: 0.0
Episode: 3, Total Reward: 0.0
...
Episode: 999, Total Reward: 1.0
Episode: 1000, Total Reward: 1.0
```

在每个 Episode 中，代理都会尝试在自定义迷宫中导航，迭代会继续进行直至达到目标或遇到终止条件。总奖励是代理在该 Episode 中获得的奖励总和。在这个例子中，当代理成功到达目标时，它会获得 1.0 的奖励。可以根据输出的信息来监督训练的进展，以及代理在解决自定义迷宫导航问题上的性能如何改善。

6.4.3 优先经验回放

优先经验回放(Prioritized Experience Replay，PER)是一种经验回放机制，用于改善深度强化学习中的样本选择和训练效率。传统的经验回放方法随机选择样本进行训练，但这可能导致一些重要的经验被低概率选择，从而影响训练效果。PER 通过引入优先级来解决这个问题，它将重要的经验样本更频繁地用于训练，从而提高学习效率。

PER 的主要优势在于它能够提高样本的有效利用率，加速学习的收敛速度，并提高深度强化学习算法的性能。然而，PER 也引入了一些挑战，如需要额外的超参数调整和复杂性增加。

在实现 PER 时，通常需要考虑如何平衡优先级采样的偏差和方差，以及如何合理地设置优先级的初始化值。PER 是许多强化学习算法中的重要改进之一，如在 DQN 和其变种中广泛使用。下面是一个简单的 PER 的示例，不涉及任何特定的环境，只是演示了 PER 的基本概念。

实例 6-8 创建一个简单的 PrioritizedReplayBuffer(源码路径：daima\6\pe.py)

实例文件 pe.py 的主要实现代码如下：

```python
import random
import numpy as np

# 定义经验回放缓冲区类
class PrioritizedReplayBuffer:
    def __init__(self, capacity):
        self.capacity = capacity
        self.buffer = []
        self.priorities = np.zeros(capacity, dtype=np.float32)
        self.position = 0

    def push(self, experience, priority):
        if len(self.buffer) < self.capacity:
            self.buffer.append(None)
        self.priorities[self.position] = priority
        self.buffer[self.position] = experience
        self.position = (self.position + 1) % self.capacity

    def sample(self, batch_size):
        priorities = self.priorities[:len(self.buffer)]
        prob = priorities / priorities.sum()
        indices = np.random.choice(len(self.buffer), batch_size, p=prob)
        samples = [self.buffer[idx] for idx in indices]
        return samples, indices

# 创建一个简单的经验元组类
class Experience:
    def __init__(self, state, action, reward, next_state, done):
        self.state = state
        self.action = action
        self.reward = reward
        self.next_state = next_state
        self.done = done

# 创建一个PrioritizedReplayBuffer对象
buffer_capacity = 10000
buffer = PrioritizedReplayBuffer(buffer_capacity)
```

```
# 添加一些虚拟经验元组到缓冲区中
for i in range(100):
    state = np.random.rand(4)                    # 代表状态的简化示例
    action = np.random.randint(2)                # 0 或 1
    reward = np.random.rand()                    # 随机奖励
    next_state = np.random.rand(4)               # 代表下一个状态的简化示例
    done = False                                 # 这里示例中没有终止条件
    experience = Experience(state, action, reward, next_state, done)
    buffer.push(experience, priority=1.0)

# 从缓冲区中采样一批经验元组
batch_size = 64
samples, indices = buffer.sample(batch_size)

# 打印采样的经验元组
for sample in samples:
    print(f"State: {sample.state}, Action: {sample.action}, Reward: {sample.reward}, Next State: {sample.next_state}, Done: {sample.done}")

# 打印被选中的样本索引
print("Selected Indices:", indices)
```

上述代码创建了一个简单的 PrioritizedReplayBuffer，然后向其中添加了虚拟的经验元组。最后，它从缓冲区中采样一批经验元组，并打印出采样的内容以及被选中的样本索引。执行以上代码后的输出结果如下：

```
State: [0.06553838 0.79793838 0.83191107 0.20735608], Action: 1, Reward: 0.5546894149936815,
Next State: [0.05097349 0.33601156 0.11562567 0.85548575], Done: False
State: [0.36528259 0.6671806 0.08346176 0.54937993], Action: 0, Reward: 0.5950038059630215,
Next State: [0.16240237 0.80662676 0.62011377 0.98715585], Done: False
State: [0.33058664 0.57697594 0.00883182 0.37177207], Action: 0, Reward: 0.9942192797183348,
Next State: [0.4768401 0.75973517 0.49737887 0.58094162], Done: False
######省略部分输出
State: [0.05007888 0.71787515 0.81902615 0.24681485], Action: 1, Reward: 0.2851874124135627,
Next State: [0.6792876 0.00236248 0.0588185 0.12687168], Done: False
State: [0.91436844 0.18640032 0.44182336 0.6882996 ], Action: 0, Reward:
0.15472129635299292, Next State: [0.41523829 0.49050478 0.88478906 0.4958476 ], Done: False
Selected Indices: [20 19 94 15 46 91 98  4 71 74 56 35 79 34 18 25  1 55 95  0 56 55 95 16
 66 47  8 32 62 98 61 95 14  5 23 87  3  4 23 48 91 81  8 16 41 14 44 66
 51  0 33  4  9 11 49 37 74 59 71 15 38 91 48 22]
```

由此可见，已经成功运行了这个简单的 PER 示例，并从缓冲区中采样了一批经验元组。输出显示了采样的经验元组以及被选中的样本索引。

6.5 基于 DQN 算法的自动驾驶程序

在本节的实例中，将训练一个强化学习代理程序，使其能够在 OpenAI Gym 的 MountainCar-v0 环境中控制小车的运动。这个任务的目标是让代理程序学会如何操作小车，以使其能够成功地将小车移动到山谷的另一侧。

实例 6-9　手推车的自动驾驶(源码路径：daima\6\MountainCar.ipynb)

扫码看视频

6.5.1　项目介绍

本项目是解决 MountainCar-v0 问题的升级版，在这个特定的控制理论问题中，汽车位于一维轨道上，位于两座"山"下。目标是使动力不足的汽车到达右侧的山顶。唯一对汽车的干扰是以固定的动量向左或向右推动汽车，因此使用 tf.agents 在模型上实现强化学习，让汽车来回行驶自动向前到达山顶。在彻底研究 MountainCar-v0 环境后，对部分环境进行了修改。

(1) 在原来的环境中修改了奖励，使培训更加方便。

(2) 修改了汽车的路线，使问题复杂化，让汽车翻越两座高山。

本实例用到了 TF-Agents 库，这是一个第三方库，提供了经过充分测试且可修改和可扩展的模块化组件，可帮助开发者更轻松地设计、实现和测试新的 RL 算法。TF-Agents 支持快速代码迭代，具备良好的测试集成和基准化分析。

本实例的具体实现流程如下。

(1) 通过安装必要的依赖项和用于渲染 OpenAI Gym 环境的包，包括设置虚拟显示以进行渲染，设置环境。

(2) 将 Google Drive 目录挂载到 Colab 以保存训练模型检查点和策略。

(3) 定义了名为 ChangeRewardMountainCarEnv 的自定义 MountainCar 环境版本。在这个自定义环境中，修改了奖励函数，step 方法根据位置和速度的变化以不同的方式计算奖励。还在达到目标时更新奖励。

(4) 函数 RL_train 使用 TensorFlow Agents 训练了一个 DQN 代理程序。它设置了 Q 网络、优化器和回放缓冲区。它还定义了训练循环，其中收集数据并更新代理程序的网络。它会定期评估代理程序的性能并保存检查点。

(5) 代码还包括用于计算和绘制训练期间平均回报和步数的函数，以及创建视频以可视化代理程序行为的功能。

(6) 代码在原始的 MountainCar-v0 环境和修改后的 NewMountainCarEnv 环境(具有自定义奖励函数)中训练了 DQN 代理。

(7) 绘制了训练进度图，保存了经过训练的代理程序，并创建了视频以可视化代理在两个环境中的性能。

(8) 最后，计算并显示了代理在两个环境中的平均奖励和步数。

总之，本实例演示了如何使用 TensorFlow Agents 来训练 DQN 代理程序，以解决 MountainCar-v0 环境，包括原始奖励函数和具有自定义奖励函数的修改后的环境。它还提供了可视化工具来评估代理程序的性能。

6.5.2 具体实现

实例文件 MountainCar.ipynb 在谷歌 Colab 中调试运行的具体实现流程如下。

(1) 安装需要的库：

```
!sudo apt-get install -y xvfb ffmpeg
!pip install -q gym
!pip install -q 'imageio==2.4.0'
!pip install -q PILLOW
!pip install -q pyglet
!pip install -q pyvirtualdisplay
!pip install -q tf-agents
```

(2) 设置几个参数,具体如下。

① 启动状态:车辆在 x 轴上分配了一个统一的随机值[−0.6, −0.4]。

② 起始速度:汽车的速度在开始时始终指定为 0。

③ 游戏结束:轿厢位置大于 0.5,表示已到达山顶,或情节长度大于 200。

④ 布线公式:此环境中的位置对应于 x,高度对应于 y。高度不属于观测值,它与位置一一对应。

```
y = sin(3x)
```

(3) 实现本环境的代码如下:

```python
class ChangeRewardMountainCarEnv(MountainCarEnv):
  def __init__(self, goal_velocity=0):
    super(ChangeRewardMountainCarEnv, self).__init__(goal_velocity=goal_velocity)

  def step(self, action):
    assert self.action_space.contains(action), "%r (%s) invalid" % (action, type(action))

    position, velocity = self.state
    ####改变奖励
    past_reward = 100*(np.sin(3 * position) * 0.0025 + 0.5 * velocity * velocity)

    velocity += (action - 1) * self.force + math.cos(3 * position) * (-self.gravity)
    velocity = np.clip(velocity, -self.max_speed, self.max_speed)
    position += velocity
    position = np.clip(position, self.min_position, self.max_position)
    if position == self.min_position and velocity < 0:
      velocity = 0

    done = bool(
      position >= self.goal_position and velocity >= self.goal_velocity
    )
    ####改变奖励
    now_reward = 100*(np.sin(3 * position) * 0.0025 + 0.5 * velocity * velocity)
    reward = now_reward - past_reward
    if done:
      reward += 1

    self.state = (position, velocity)
    return np.array(self.state), reward, done, {}

def RL_train(train_env, eval_env, fc_layer_params=(48,64,), name='train'):

  global agent, random_policy, returns, steps

  # Q 网络
  q_net = q_network.QNetwork(
    train_env.observation_spec(),
    train_env.action_spec(),
    fc_layer_params=fc_layer_params,
  )

  #优化器
  optimizer = tf.compat.v1.train.AdamOptimizer(learning_rate=learning_rate)

  # DQN Agent
  train_step_counter = tf.Variable(0)
  agent = dqn_agent.DqnAgent(
    train_env.time_step_spec(),
    train_env.action_spec(),
    q_network=q_net,
    optimizer=optimizer,
    td_errors_loss_fn=common.element_wise_squared_loss,
```

```python
    gamma = 0.99,
    target_update_tau = 0.005,
    train_step_counter=train_step_counter,
    )
agent.initialize()

#政策
eval_policy = agent.policy
collect_policy = agent.collect_policy
random_policy = random_tf_policy.RandomTFPolicy(train_env.time_step_spec(),
  train_env.action_spec())

#回放缓冲器
replay_buffer = tf_uniform_replay_buffer.TFUniformReplayBuffer(
  data_spec=agent.collect_data_spec,

  batch_size=train_env.batch_size,
  max_length=replay_buffer_max_length)

# 收集数据
collect_data(train_env, agent.policy, replay_buffer, initial_collect_steps)

#数据管道
dataset = replay_buffer.as_dataset(
  num_parallel_calls=4,
  sample_batch_size=batch_size,
  num_steps=2).prefetch(4)
iterator = iter(dataset)

#弹道
time_step = train_env.current_time_step()
action_step = agent.collect_policy.action(time_step)
next_time_step = train_env.step(action_step.action)
traj = trajectory.from_transition(time_step, action_step, next_time_step)
replay_buffer.add_batch(traj)
# Reset the train step
agent.train_step_counter.assign(0)

#在训练前评估一次代理人的政策
avg_return, avg_step = compute_avg_return(eval_env, agent.policy, num_eval_episodes)
returns = [avg_return]
steps = [avg_step]

#训练政策
for _ in range(num_iterations):

  #使用Collect_策略收集一些步骤并保存到replay缓冲区.
  collect_data(train_env, agent.collect_policy, replay_buffer, collect_steps_per_iteration)

  #从缓冲区中采样一批数据并更新代理的网络
  experience, unused_info = next(iterator)
  train_loss = agent.train(experience).loss

  step = agent.train_step_counter.numpy()

  if step % log_interval == 0:
    print('step = {0}: loss = {1}'.format(step, train_loss))

  if step % eval_interval == 0:
    avg_return, avg_step = compute_avg_return(eval_env, agent.policy, num_eval_episodes)
    print('step = {0}: Average Return = {1}, Average Steps = {2}'.format(step, avg_return,
      avg_step))
    returns.append(avg_return)
    steps.append(avg_step)
```

```
#保存代理和策略
checkpoint_dir = os.path.join(tempdir, 'checkpoint' + name)
global_step = tf.compat.v1.train.get_or_create_global_step()
train_checkpointer = common.Checkpointer(
    ckpt_dir=checkpoint_dir,
    max_to_keep=1,
    agent=agent,
    policy=agent.policy,
    replay_buffer=replay_buffer,
    global_step=global_step
)
policy_dir = os.path.join(tempdir, 'policy' + name)
tf_policy_saver = policy_saver.PolicySaver(agent.policy)
train_checkpointer.save(global_step)
tf_policy_saver.save(policy_dir)
```

(4) 在 MountainCar-v0 环境中，输入数据是观察值，输出数据是行动(Action)和奖励(Reward)的组合。然后开始训练，代码如下：

```
num_iterations = 100000 # @param {type:"integer"}

initial_collect_steps = 100 # @param {type:"integer"}
collect_steps_per_iteration = 1 # @param {type:"integer"}
replay_buffer_max_length = 100000 # @param {type:"integer"}

batch_size = 256 # @param {type:"integer"}
learning_rate = 1e-3 # @param {type:"number"}
log_interval = 200 # @param {type:"integer"}

num_eval_episodes = 10 # @param {type:"integer"}
eval_interval = 1000 # @param {type:"integer"}

tempdir = '/content/drive/MyDrive/5242/Project' # @param {type:"string"}

train_py_env = gym_wrapper.GymWrapper(
    ChangeRewardMountainCarEnv(),
    discount=1,
    spec_dtype_map=None,
    auto_reset=True,
    render_kwargs=None,
)
eval_py_env = gym_wrapper.GymWrapper(
    ChangeRewardMountainCarEnv(),
    discount=1,
    spec_dtype_map=None,
    auto_reset=True,
    render_kwargs=None,
)
train_py_env = wrappers.TimeLimit(train_py_env, duration=200)
eval_py_env = wrappers.TimeLimit(eval_py_env, duration=200)

train_env = tf_py_environment.TFPyEnvironment(train_py_env)
eval_env = tf_py_environment.TFPyEnvironment(eval_py_env)

RL_train(train_env, eval_env, fc_layer_params = (48,64,), name = '_train')
```

(5) 绘制两幅可视化的平均回报曲线图，代码如下：

```
iterations = range(len(returns))
plt.plot(iterations, returns)
plt.ylabel('Average Return')
plt.xlabel('Iterations')

iterations = range(len(steps))
```

```
plt.plot(iterations, steps)
plt.ylabel('Average Step')
plt.xlabel('Iterations')
```

以上代码的执行效果如图 6-1 所示。

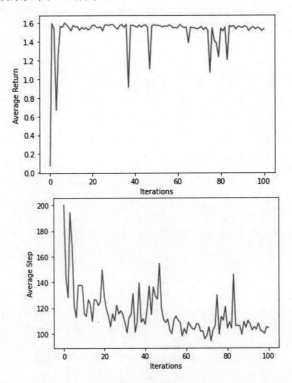

图 6-1　平均回报曲线图

(6) 编写函数 create_policy_eval_video()创建策略评估视频，代码如下：

```
def create_policy_eval_video(policy, filename, num_episodes=5, fps=30):
  filename = filename + ".mp4"
  with imageio.get_writer(filename, fps=fps) as video:
    for _ in range(num_episodes):
      time_step = eval_env.reset()
      video.append_data(eval_py_env.render())
      while not time_step.is_last():
        action_step = policy.action(time_step)
        time_step = eval_env.step(action_step.action)
        video.append_data(eval_py_env.render())
  return embed_mp4(filename)

create_policy_eval_video(saved_policy, "trained-agent", 5, 60)
N = 200
now_reward, now_step = compute_avg_return(eval_env, saved_policy, N)
print('Average reward for %d consecutive trials: %f' %(N, now_reward))
print('Average step for %d consecutive trials: %f' %(N, now_step))

create_policy_eval_video(random_policy, "random-agent", 5, 60)
```

(7) 修改环境。

① 启动状态：车辆在 x 轴上分配了一个统一的随机值[−0.8, −0.2]。

② 起始速度：汽车的速度在开始时始终指定为0。
③ 游戏结束：轿厢位置大于4.7，表示已经达到了极限右山顶，或情节长度大于500。
④ 布线公式：此环境中的位置对应于x，高度对应于y。高度不属于观测值，它通过以下公式逐个对应位置：

$$y = \begin{cases} 3(x+1.2)np.\cos(-3.6) + np.\sin(-3.6) & -2 \leqslant x \leqslant -1.2 \\ \sin(3x) & -1.2 \leqslant x \leqslant \frac{\pi}{2} \\ -3\sin(x) + 2 & \frac{\pi}{2} < x \leqslant 5 \end{cases}$$

实现本环境的代码如下：

```python
class NewMountainCarEnv(MountainCarEnv):
    def __init__(self, goal_velocity=0):
        super(NewMountainCarEnv, self).__init__(goal_velocity=goal_velocity)
        self.min_position = -2
        self.left_position = -1.2
        self.middle_position = np.pi / 2
        self.max_position = 5
        self.max_speed = 0.2
        self.goal_position = 4.7
        self.goal_velocity = goal_velocity

    def _cal_ypos(self, x):
        if x < self.left_position:
            return 3 * (x - self.left_position) * np.cos(3 * self.left_position) + np.sin(
                3 * self.left_position)
        elif x < self.middle_position:
            return np.sin(3 * x)
        else:
            return -3 * np.sin(x) + 2

    def step(self, action):
        assert self.action_space.contains(action), "%r (%s) invalid" % (action, type(action))

        position, velocity = self.state
        ####改变奖励
        past_reward = 100 * (self._cal_ypos(position) * 0.0025 + 0.5 * velocity * velocity)

        if position < self.left_position:
            velocity += (action - 1) * self.force + math.cos(3 * self.left_position) * (
                -self.gravity)
        elif position < self.middle_position:
            velocity += (action - 1) * self.force + math.cos(3 * position) * (-self.gravity)
        else:
            velocity += (action - 1) * self.force - math.cos(position) * (-self.gravity)
        velocity = np.clip(velocity, -self.max_speed, self.max_speed)
        position += velocity
        position = np.clip(position, self.min_position, self.max_position)

        if (position == self.min_position and velocity < 0):
            velocity = 0

        done = bool(
            position >= self.goal_position and velocity >= self.goal_velocity
        )
        ####改变奖励
        now_reward = 100 * (self._cal_ypos(position) * 0.0025 + 0.5 * velocity * velocity)
```

```python
            reward = now_reward - past_reward
            if done:
                reward += 5

            self.state = (position, velocity)
            return np.array(self.state), reward, done, {}

    def reset(self):
        self.state = np.array([self.np_random.uniform(low=-0.8, high=-0.2), 0])
        return np.array(self.state)

    def _height(self, xs):
        try:
            ys = []
            for s in xs:
                ys += [self._cal_ypos(s) * .45 + .55]
            return np.asarray(ys)
        except:
            return self._cal_ypos(xs) * .45 + .55

    def render(self, mode='human'):
        screen_width = 600
        screen_height = 400

        world_width = self.max_position - self.min_position
        scale = screen_width / world_width
        carwidth = 20
        carheight = 10

        if self.viewer is None:
            from gym.envs.classic_control import rendering
            self.viewer = rendering.Viewer(screen_width, screen_height)
            xs = np.linspace(self.min_position, self.max_position, 300)
            ys = self._height(xs)
            xys = list(zip((xs - self.min_position) * scale, ys * scale))

            self.track = rendering.make_polyline(xys)
            self.track.set_linewidth(4)
            self.viewer.add_geom(self.track)

            clearance = 5

            l, r, t, b = -carwidth / 2, carwidth / 2, carheight, 0
            car = rendering.FilledPolygon([(l, b), (l, t), (r, t), (r, b)])
            car.add_attr(rendering.Transform(translation=(0, clearance)))
            self.cartrans = rendering.Transform()
            car.add_attr(self.cartrans)
            self.viewer.add_geom(car)
            frontwheel = rendering.make_circle(carheight / 2.5)
            frontwheel.set_color(.5, .5, .5)
            frontwheel.add_attr(
                rendering.Transform(translation=(carwidth / 4, clearance))
            )
            frontwheel.add_attr(self.cartrans)
            self.viewer.add_geom(frontwheel)
            backwheel = rendering.make_circle(carheight / 2.5)
            backwheel.add_attr(
                rendering.Transform(translation=(-carwidth / 4, clearance))
            )
            backwheel.add_attr(self.cartrans)
            backwheel.set_color(.5, .5, .5)
            self.viewer.add_geom(backwheel)
            flagx = (self.goal_position - self.min_position) * scale
```

```
        flagy1 = self._height(self.goal_position) * scale
        flagy2 = flagy1 + 50
        flagpole = rendering.Line((flagx, flagy1), (flagx, flagy2))
        self.viewer.add_geom(flagpole)
        flag = rendering.FilledPolygon(
           [(flagx, flagy2), (flagx, flagy2 - 10), (flagx + 25, flagy2 - 5)]
        )
        flag.set_color(.8, .8, 0)
        self.viewer.add_geom(flag)
........
```

(8) 绘制新的两幅可视化的平均回报曲线图,代码如下:

```
iterations = range(len(returns))
plt.plot(iterations, returns)
plt.ylabel('Average Return')
plt.xlabel('Iterations')


iterations = range(len(steps))
plt.plot(iterations, steps)
plt.ylabel('Average Step')
plt.xlabel('Iterations')
```

以上代码的执行效果如图 6-2 所示。

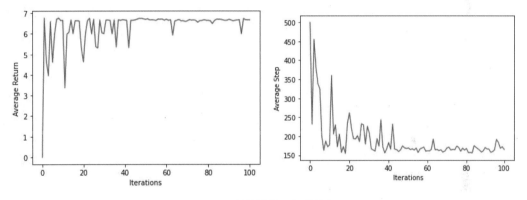

图 6-2　新的平均回报曲线图

打开生成的 MP4 文件,可以查看修改后的执行动画效果,汽车需要自动翻越两座高山,如图 6-3 所示。

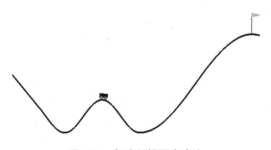

图 6-3　自动翻越两座高山

第 7 章

DDQN 算法

在本书第 6 章中曾经讲解过 DDQN(Double Deep Q-Network, 双重深度 Q 网络)算法的基础知识，这是一种强化学习算法，用于解决基于值函数的强化学习问题，特别是在深度强化学习(Deep Reinforcement Learning, DRL)中。本章将进一步详细讲解 DDQN 的知识，介绍其核心知识和用法。

7.1　DDQN 对标准 DQN 的改进

DDQN 是对标准 DQN 算法的改进和扩展，旨在更稳定和高效地学习价值函数，以便在各种强化学习任务中取得更好的性能。DQN 是深度 Q 学习的一种扩展，旨在通过使用深度神经网络来估计状态-动作对的 Q 值函数，以实现在复杂环境中的强化学习任务。然而，原始的 DQN 在训练过程中存在一些问题，如过度估计(overestimation)和不稳定性。为了解决这两个问题，在 DDQN 中引入了以下两点。

扫码看视频

(1) 双重 Q 网络。在标准 DQN 中，使用同一个神经网络来选择和评估动作，这可能导致对 Q 值的过度估计。为了减轻这个问题，DDQN 使用两个独立的神经网络。一个用于选择动作；另一个用于评估所选择动作的价值。这样，两个网络之间可以互相校正，降低了过度估计的风险。

(2) 目标网络的延迟更新。与标准 DQN 不同，DDQN 中的目标网络不会每次迭代都更新，而是以一定的延迟进行更新。这可以提高训练的稳定性，因为目标网络的价值估计会更稳定，不会受到每次迭代都产生的波动的影响。

DDQN 的上述两个改进有助于改善训练过程的稳定性和性能，使其在许多深度强化学习任务中表现得更好。DDQN 和其他深度 Q 学习方法一样，通常用于解决像强化学习中的游戏、机器人控制等问题。

7.2　双重深度 Q 网络的优势

DDQN 相对于标准 DQN 具有一些重要的优势，这些优势使它在深度强化学习任务中更加稳定和高效。

扫码看视频

1. 解决过度估计问题

(1) DDQN 使用两个独立的神经网络，一个用于选择动作，另一个用于评估所选择动作的价值。这减轻了过度估计问题，使估计的 Q 值更为准确。

(2) 通过两个网络相互校正，DDQN 能够减少所估计 Q 值的过度乐观性，提高了训练的稳定性。

2. 提高学习效率

DDQN 可以更快地学习到一个有效的策略，因为它减少了过高估计导致的不必要探索。这可以节省训练时间和样本采集成本。

3. 更稳定的训练

(1) 使用目标网络的延迟更新，DDQN 可以减少目标值的不稳定性，从而提高训练的稳定性。

(2) 目标网络不会在每次迭代中立即跟随主网络的更新，而是以一定的延迟更新。这使目标 Q 值更加平滑，不容易受到主网络参数快速波动的影响。

4. 广泛适用性

(1) DDQN 不仅对解决过度估计问题有益，还可以在各种强化学习任务中应用，包括视频游戏控制、机器人控制、自动驾驶等。

(2) 由于其稳定性和性能优势，它已成为深度强化学习领域的一种标准算法之一。

总之，双重深度 Q 网络通过解决过度估计问题、提高学习效率、增强训练稳定性并且适用于多种任务，使其成为深度强化学习中的一个重要算法。这些优势使它在实际应用中更容易训练和更可靠地学习到优秀的策略。

5. 目标网络与估计网络的角色

DDQN 的优势之一涉及目标网络和估计网络(Estimation Network)的角色分工，这种分工有助于提高训练的稳定性和性能。

6. 对过度估计的缓解

DDQN 的一个重要优势是对过度估计的缓解。过度估计是标准 DQN 算法中的一个问题，而 DDQN 通过使用两个独立的神经网络来缓解这个问题，从而提高了训练的稳定性、速度和性能。这使它成为深度强化学习任务中的一种重要改进算法，特别是在需要高度可靠和稳定的训练过程中。

7. 基于目标网络的更新

DDQN 的一个重要优势涉及基于目标网络的更新策略，这种策略有助于提高训练的稳定性和性能。基于目标网络的更新策略是双重深度 Q 网络的一个重要优势，有助于提高训练的稳定性、效率和性能。这种策略使 DDQN 能够更可靠地学习到高质量的策略，特别是在处理复杂的深度强化学习任务时。

7.3 《超级马里奥》游戏的 DDQN 强化学习实战

本实例演示了使用 DDQN 来训练和测试《超级马里奥》游戏的过程，通过训练代理，使其在游戏中获得高分。帮助大家了解如何构建和调整强化学习模型，以便将其应用到其他类似的任务中。

扫码看视频

实例 7-1　使用 DDQN 训练和测试《超级马里奥》游戏(源码路径：daima\7\super-mario-bros-ddqn.ipynb)

7.3.1 项目介绍

本项目是一个基于深度强化学习的示例，旨在演示如何使用强化学习算法来训练和测试《超级马里奥》游戏的代理。通过该示例，可以学习如何构建、调整和训练强化学习模型，以便将其应用到类似的游戏和任务中。本项目的特点如下。

(1) 使用 Gym 和 gym_super_mario_bros 库来创建 Mario 游戏环境，使其适用于强化学习任务。

(2) 实现了 DDQN 算法，用于训练 Mario 代理，使其能够在游戏中获得高分。

(3) 提供了训练模式和测试模式，以便分别进行训练和测试代理的性能。

(4) 可视化训练过程,包括绘制训练期间的平均奖励曲线,以监控代理的学习进展。

(5) 具备模型保存和加载功能,以便在不同的训练和测试阶段恢复代理状态。

7.3.2 gym_super_mario_bros 库的介绍

gym_super_mario_bros 是一个用于在 OpenAI Gym 环境中模拟《超级马里奥兄弟》(Super Mario Bros.)经典游戏的 Python 库。OpenAI Gym 是一个用于开发和比较强化学习算法的工具包,而 gym_super_mario_bros 库则是为《超级马里奥兄弟》游戏提供了一个强化学习环境。

在 gym_super_mario_bros 环境中,开发者可以使用强化学习算法来训练一个代理程序,使其学会控制《超级马里奥兄弟》游戏中的马里奥角色,并达到特定的游戏目标,比如通过一个关卡或获得最高分数。这种环境通常用于研究和开发强化学习算法,特别是深度强化学习算法,以测试它们在处理复杂的视觉输入和连续动作控制问题方面的性能。

gym_super_mario_bros 库提供了一系列不同的超级《超级马里奥兄弟》游戏关卡和场景,以供训练和测试。它使研究人员和开发者能够在这个经典游戏上应用强化学习技术,并研究不同的强化学习算法在游戏中的表现。这有助于推动强化学习领域的进步,并有助于了解算法如何在真实世界的复杂环境中执行。在使用 gym_super_mario_bros 库之前需要先执行以下命令进行安装:

```
pip install gym_super_mario_bros
```

7.3.3 环境预处理

在本环节中将定义一系列包装器和函数属于环境预处理步骤,这些包装器和函数被用于对原始 Mario 游戏环境观察数据进行一系列操作,以准备数据供深度学习模型(如神经网络)在强化学习任务中使用。预处理步骤的目的是优化观察数据以适应深度学习模型,并提供更高效的信息表示,以便模型可以更好地学习和执行强化学习任务。

(1) 导入用于实现机器学习和强化学习的 Python 库,以及一些与 Super Mario Bros 游戏环境相关的库。具体实现代码如下:

```
import torch
import torch.nn as nn
import random
from nes_py.wrappers import JoypadSpace
import gym_super_mario_bros
from tqdm.notebook import tqdm
import pickle
from gym_super_mario_bros.actions import RIGHT_ONLY, SIMPLE_MOVEMENT, COMPLEX_MOVEMENT
import gym
import numpy as np
import collections
import cv2
import matplotlib.pyplot as plt
import matplotlib.animation as animation
import os

%matplotlib inline
import time
import pylab as pl
from IPython import display
```

在上述代码中，%matplotlib inline 是一个魔术命令(Magic Command)，通常在 Jupyter Notebook 中使用，它允许图形在 Notebook 中内联显示，而不是弹出一个独立的图形窗口，这是为了方便在 Notebook 中查看图形输出。

(2) 定义一个类名为 MaxAndSkipEnv 的自定义 OpenAI Gym 环境包装器，用于对环境中的帧进行最大池化(Max Pooling)操作，并将动作重复应用于多个帧。具体实现代码如下：

```python
class MaxAndSkipEnv(gym.Wrapper):
    """
    每个代理的动作都在跳过帧数(skip)内重复执行,
    仅返回每个第'skip'帧
    """
    def __init__(self, env=None, skip=4):
        super(MaxAndSkipEnv, self).__init__(env)
        # 最近的原始观察(用于在时间步长上进行最大池化)
        self._obs_buffer = collections.deque(maxlen=2)
        self._skip = skip

    def step(self, action):
        total_reward = 0.0
        done = None
        for _ in range(self._skip):
            obs, reward, done, info = self.env.step(action)
            self._obs_buffer.append(obs)
            total_reward += reward
            if done:
                break
        max_frame = np.max(np.stack(self._obs_buffer), axis=0)
        return max_frame, total_reward, done, info

    def reset(self):
        """清除过去的帧缓冲区并初始化为第一个观察"""
        self._obs_buffer.clear()
        obs = self.env.reset()
        self._obs_buffer.append(obs)
        return obs
```

对上述代码的具体说明如下。

① __init__(self, env=None, skip=4)：初始化方法，用于创建 MaxAndSkipEnv 的实例。它接受两个参数：env 是要包装的原始环境(如 Super Mario Bros 环境)；skip 是动作重复的次数，默认为 4。

② step(self, action)：在这个方法中，每个动作都会在环境中连续执行 skip 次，然后对这些帧进行最大池化操作，以获得每个像素位置上的最大值。最终返回经过最大池化的帧、总奖励、是否完成以及其他信息。

③ action：代理要执行的动作。

④ total_reward：在 skip 个帧内执行动作期间获得的总奖励。

⑤ done：一个布尔值，表示是否在 skip 次动作执行后结束了环境。

⑥ info：包含其他环境信息的字典。

⑦ reset(self)：在每个新的回合开始时调用此方法，它用于重置环境并清除过去的帧缓冲区。然后，它返回初始观察。

该包装器的主要目的是减少每个动作之间的时间间隔，并通过最大池化操作来减少图像分辨率，从而减少计算复杂度。这种技术通常用于强化学习中，以加速训练过程。可以将这个包装器应用于强化学习项目中的环境,以加速训练过程并减少计算资源的需求。如果您有关于如何使用或配置此包装器的具体问题,可随时提问。

(3) 定义一个名为 MarioRescale84x84 的自定义 OpenAI Gym 环境观察包装器(ObservationWrapper),该包装器的主要功能是对环境中的每个帧进行降采样和重新缩放,并将其转换为 84×84 像素的灰度图像。具体实现代码如下:

```python
class MarioRescale84x84(gym.ObservationWrapper):
    """
    将每一帧降采样/重新缩放为大小为 84x84 的灰度图像
    """
    def __init__(self, env=None):
        super(MarioRescale84x84, self).__init__(env)
        self.observation_space = gym.spaces.Box(low=0, high=255, shape=(84, 84, 1),
            dtype=np.uint8)

    def observation(self, obs):
        return MarioRescale84x84.process(obs)

    @staticmethod
    def process(frame):
        if frame.size == 240 * 256 * 3:
            img = np.reshape(frame, [240, 256, 3]).astype(np.float32)
        else:
            assert False, "未知分辨率。"
        # 对 RGB 图像进行归一化
        img = img[:, :, 0] * 0.299 + img[:, :, 1] * 0.587 + img[:, :, 2] * 0.114
        resized_screen = cv2.resize(img, (84, 110), interpolation=cv2.INTER_AREA)
        x_t = resized_screen[18:102, :]
        x_t = np.reshape(x_t, [84, 84, 1])
        return x_t.astype(np.uint8)
```

这个包装器的主要目的是将原始帧降采样为 84×84 像素的灰度图像,以减少计算复杂度和存储需求,并为深度学习模型提供更紧凑的输入。大家可以将这个包装器应用于强化学习项目中的环境,以准备观察数据供模型使用。

(4) 定义一个名为 ImageToPyTorch 的自定义 OpenAI Gym 环境观察包装器,该包装器的主要功能是将每个观察帧转换为 PyTorch 张量格式。具体实现代码如下:

```python
class ImageToPyTorch(gym.ObservationWrapper):
    """
    将每一帧转换为 PyTorch 张量
    """
    def __init__(self, env):
        super(ImageToPyTorch, self).__init__(env)
        old_shape = self.observation_space.shape
        self.observation_space = gym.spaces.Box(low=0.0, high=1.0, shape=(old_shape[-1],
            old_shape[0], old_shape[1]), dtype=np.float32)

    def observation(self, observation):
        return np.moveaxis(observation, 2, 0)
```

这个包装器的主要目的是将原始观察帧转换为 PyTorch 张量的格式,这是因为深度学习模型通常需要使用张量作为输入。它还重新排列了张量的维度,以便将通道维度(通常在最后一个位置)移到第一个位置,以适应 PyTorch 的预期输入格式。

(5) 定义一个名为 BufferWrapper 的自定义 OpenAI Gym 环境观察包装器,该包装器的主要功能是创建一个缓冲区,用于存储最近的一些观察帧,并仅保留每个第 k 帧。具体

实现代码如下:

```python
class BufferWrapper(gym.ObservationWrapper):
    """
    仅保留每个第 k 帧到缓冲区中
    """
    def __init__(self, env, n_steps, dtype=np.float32):
        super(BufferWrapper, self).__init__(env)
        self.dtype = dtype
        old_space = env.observation_space
        self.observation_space = gym.spaces.Box(old_space.low.repeat(n_steps, axis=0),
                                                old_space.high.repeat(n_steps, axis=0), dtype=dtype)

    def reset(self):
        self.buffer = np.zeros_like(self.observation_space.low, dtype=self.dtype)
        return self.observation(self.env.reset())

    def observation(self, observation):
        self.buffer[:-1] = self.buffer[1:]
        self.buffer[-1] = observation
        return self.buffer
```

这个包装器的主要目的是减少存储和计算资源的需求,同时仍然保留关键的信息。它将每个第 k 帧的观察帧存储在缓冲区中,并在每次调用 observation()方法时返回整个缓冲区,以作为模型的观察。可以将这个包装器应用于我们自己的强化学习项目中的环境,以减少观察数据的维度,并节省存储空间和计算资源。

(6) 分别定义一个名为 PixelNormalization 的自定义 OpenAI Gym 环境观察包装器(ObservationWrapper),以及一个名为 create_mario_env 的函数,该函数用于创建一个预处理后的 Mario 游戏环境。具体实现代码如下:

```python
class PixelNormalization(gym.ObservationWrapper):
    """
    像素值归一化,将帧中的像素值归一化到范围 0 到 1
    """
    def observation(self, obs):
        return np.array(obs).astype(np.float32) / 255.0

def create_mario_env(env, action):
    env = MaxAndSkipEnv(env)              # 最大池化和跳帧
    env = MarioRescale84x84(env)          # 降采样和重新缩放为 84×84 像素
    env = ImageToPyTorch(env)             # 转换为 PyTorch 张量
    env = BufferWrapper(env, 4)           # 缓冲区包装器,保留每第 4 帧
    env = PixelNormalization(env)         # 对观察帧进行像素归一化
    return JoypadSpace(env, action)       # 使用 JoypadSpace 包装动作空间
```

上述代码的目的是将原始的 Mario 游戏环境进行多个预处理步骤,以便将其准备好作为深度学习模型的输入。这些预处理步骤包括最大池化、降采样、转换为 PyTorch 张量、帧缓冲和像素值归一化。

create_mario_env 函数接受原始环境和动作空间作为输入,并返回经过预处理的环境,其中包括上述预处理步骤。

7.3.4 创建 DDQN 模型

在这一阶段将创建一个基于双 Q-learning(Double Q-Learning)的深度 Q-网络(DQN)模

型，它被用作强化学习代理(DQNAgent)的基础模型。这个模型在强化学习中用于估计每个状态下执行每个动作的 Q 值。

(1) 定义一个名为 DQNSolver 的 PyTorch 模型类，该类代表一个深度强化学习(DRL)代理的 Q-网络，这个 Q-网络具有 3 个卷积层和两个线性层。具体实现代码如下：

```python
class DQNSolver(nn.Module):
    """
    具有3个卷积层和两个线性层的卷积神经网络
    """
    def __init__(self, input_shape, n_actions):
        super(DQNSolver, self).__init__()
        self.conv = nn.Sequential(
            nn.Conv2d(input_shape[0], 32, kernel_size=8, stride=4),
            nn.ReLU(),
            nn.Conv2d(32, 64, kernel_size=4, stride=2),
            nn.ReLU(),
            nn.Conv2d(64, 64, kernel_size=3, stride=1),
            nn.ReLU()
        )

        # 计算卷积层输出的大小
        conv_out_size = self._get_conv_out(input_shape)

        self.fc = nn.Sequential(
            nn.Linear(conv_out_size, 512),
            nn.ReLU(),
            nn.Linear(512, n_actions)
        )

    def _get_conv_out(self, shape):
        # 通过向模型中输入零张量，来计算卷积层输出的大小
        o = self.conv(torch.zeros(1, *shape))
        return int(np.prod(o.size()))

    def forward(self, x):
        # 将输入 x 传递到卷积层，并展平卷积层输出
        conv_out = self.conv(x).view(x.size()[0], -1)
        # 通过全连接层获得动作值估计
        return self.fc(conv_out)
```

在上述代码中，DQNSolver 类定义了一个具有卷积层和全连接层的深度神经网络，用于估计在给定状态下采取每个动作的 Q 值。这是 DQN 中的一部分，用于强化学习中的 Q-learning。模型的输入是状态观察，输出是每个可能动作的估计 Q 值。

(2) 定义一个名为 DQNAgent 的深度 DQN 代理，用于在强化学习环境中执行动作策略和训练深度 Q-网络。具体实现代码如下：

```python
class DQNAgent:
    def __init__(self, state_space, action_space, max_memory_size, batch_size, gamma, lr,
                 dropout, epsilon_max, epsilon_min, epsilon_decay, double_dqn, pretrained, test,
                 dir_weights=""):
        # 初始化代理的各种参数和属性
        self.state_space = state_space        # 状态空间的维度
        self.action_space = action_space      # 动作空间的维度
        self.double_dqn = double_dqn          # 是否使用双 Q-网络
        self.pretrained = pretrained          # 是否加载预训练权重
        self.test = test                      # 是否在测试模式下
        self.dir_weights = dir_weights        # 预训练权重的存储路径
        self.device = 'cuda' if torch.cuda.is_available() else 'cpu'  # 使用 GPU 或 CPU 运行
```

```python
        # 创建 Q-网络(可能是双 Q-网络)
        if self.double_dqn:
            self.local_net = DQNSolver(state_space, action_space).to(self.device)
            self.target_net = DQNSolver(state_space, action_space).to(self.device)

            # 如果需要加载预训练权重，则加载权重
            if self.pretrained == True or self.test == True:
                self.local_net.load_state_dict(torch.load(os.path.join(self.dir_weights,
                    "DQN1.pt"), map_location=torch.device(self.device)))
                self.target_net.load_state_dict(torch.load(os.path.join(self.dir_weights,
                    "DQN2.pt"), map_location=torch.device(self.device)))

            # 使用 Adam 优化器来优化模型参数
            self.optimizer = torch.optim.Adam(self.local_net.parameters(), lr=lr)
            self.copy = 5000  # 每 5000 步将本地模型的权重复制到目标网络
            self.step = 0
        else:
            # 创建 Q-网络(单个网络)
            self.dqn = DQNSolver(state_space, action_space).to(self.device)

            # 如果需要加载预训练权重，则加载权重
            if self.pretrained == True or self.test == True:
                self.dqn.load_state_dict(torch.load(os.path.join(self.dir_weights, "DQN.pt"),
                    map_location=torch.device(self.device)))

            # 使用 Adam 优化器来优化模型参数
            self.optimizer = torch.optim.Adam(self.dqn.parameters(), lr=lr)

        # 创建经验回放缓冲区
        self.max_memory_size = max_memory_size
        if self.pretrained == True and self.test == False:
            # 如果加载预训练数据，则加载数据
            self.STATE_MEM = torch.load(os.path.join(self.dir_weights, "STATE_MEM.pt"))
            self.ACTION_MEM = torch.load(os.path.join(self.dir_weights, "ACTION_MEM.pt"))
            self.REWARD_MEM = torch.load(os.path.join(self.dir_weights, "REWARD_MEM.pt"))
            self.STATE2_MEM = torch.load(os.path.join(self.dir_weights, "STATE2_MEM.pt"))
            self.DONE_MEM = torch.load(os.path.join(self.dir_weights, "DONE_MEM.pt"))
            with open(os.path.join(self.dir_weights, "ending_position.pkl"), 'rb') as f:
                self.ending_position = pickle.load(f)
            with open(os.path.join(self.dir_weights, "num_in_queue.pkl"), 'rb') as f:
                self.num_in_queue = pickle.load(f)
        elif self.pretrained == False and self.test == False:
            # 如果不加载预训练数据，则创建空的缓冲区
            self.STATE_MEM = torch.zeros(max_memory_size, *self.state_space)
            self.ACTION_MEM = torch.zeros(max_memory_size, 1)
            self.REWARD_MEM = torch.zeros(max_memory_size, 1)
            self.STATE2_MEM = torch.zeros(max_memory_size, *self.state_space)
            self.DONE_MEM = torch.zeros(max_memory_size, 1)
            self.ending_position = 0
            self.num_in_queue = 0

        # 设置每次训练抽样的样本数量
        self.memory_sample_size = batch_size

        # 设置强化学习参数
        self.gamma = gamma                                    # 折扣因子
        self.l1 = nn.SmoothL1Loss().to(self.device)           # Huber loss
        self.epsilon_max = epsilon_max                        # 初始探索率
        self.epsilon_rate = epsilon_max
        self.epsilon_min = epsilon_min                        # 最小探索率
        self.epsilon_decay = epsilon_decay                    # 探索率衰减参数

    def remember(self, state, action, reward, state2, done):
        """将经验存储在缓冲区中以供后续使用"""
        self.STATE_MEM[self.ending_position] = state.float()
```

```python
        self.ACTION_MEM[self.ending_position] = action.float()
        self.REWARD_MEM[self.ending_position] = reward.float()
        self.STATE2_MEM[self.ending_position] = state2.float()
        self.DONE_MEM[self.ending_position] = done.float()
        self.ending_position = (self.ending_position + 1) % self.max_memory_size  # FIFO 式的张量

        self.num_in_queue = min(self.num_in_queue + 1, self.max_memory_size)

    def batch_experiences(self):
        """随机抽样 'batch size' 个经验"""
        idx = random.choices(range(self.num_in_queue), k=self.memory_sample_size)
        STATE = self.STATE_MEM[idx]
        ACTION = self.ACTION_MEM[idx]
        REWARD = self.REWARD_MEM[idx]
        STATE2 = self.STATE2_MEM[idx]
        DONE = self.DONE_MEM[idx]
        return STATE, ACTION, REWARD, STATE2, DONE

    def act(self, state):
        """ε-贪心动作选择"""
        if self.double_dqn:
            self.step += 1
        if random.random() < self.epsilon_rate:
            return torch.tensor([[random.randrange(self.action_space)]])
        if self.double_dqn:
            # 本地网络用于策略
            return torch.argmax(self.local_net(state.to(self.device))).unsqueeze(0).unsqueeze(0).cpu()
        else:
            return torch.argmax(self.dqn(state.to(self.device))).unsqueeze(0).unsqueeze(0).cpu()

    def copy_model(self):
        """将本地网络的权重复制到目标网络中,用于双 Q-网络"""
        self.target_net.load_state_dict(self.local_net.state_dict())

    def experience_replay(self):
        """使用双 Q-更新或 Q-更新方程来更新网络权重"""
        if self.double_dqn and self.step % self.copy == 0:
            self.copy_model()

        if self.memory_sample_size > self.num_in_queue:
            return

        # 抽样一个经验批次
        STATE, ACTION, REWARD, STATE2, DONE = self.batch_experiences()
        STATE = STATE.to(self.device)
        ACTION = ACTION.to(self.device)
        REWARD = REWARD.to(self.device)
        STATE2 = STATE2.to(self.device)
        DONE = DONE.to(self.device)

        self.optimizer.zero_grad()
        if self.double_dqn:
            # 双 Q-学习目标是 Q*(S, A) <- r + γ max_a Q_target(S', a)
            target = REWARD + torch.mul((self.gamma * self.target_net(STATE2).max(1).
                values.unsqueeze(1)), 1 - DONE)
            current = self.local_net(STATE).gather(1, ACTION.long())  # 本地网络估计的 Q 值
        else:
            # Q-学习目标是 Q*(S, A) <- r + γ max_a Q(S', a)
            target = REWARD + torch.mul((self.gamma * self.dqn(STATE2).max(1).values.
                unsqueeze(1)), 1 - DONE)
            current = self.dqn(STATE).gather(1, ACTION.long())
        loss = self.l1(current, target)
        loss.backward()  # 计算梯度
        self.optimizer.step()  # 反向传播误差

        self.epsilon_rate *= self.epsilon_decay
```

```python
# 确保 epsilon 衰减后不低于 epsilon 最小值
self.epsilon_rate = max(self.epsilon_rate, self.epsilon_min)
```

对上述代码的具体说明如下。

① __init__ 函数：初始化 DQNAgent 类的实例，设置代理的各种参数和属性，包括状态空间、动作空间、模型类型(DDQN 或 DQN)、是否加载预训练权重、是否在测试模式下、预训练权重的存储路径等。创建深度 Q-网络(包括双 Q-网络和单 Q-网络)。初始化经验回放缓冲区，根据是否加载预训练数据，加载或创建空的缓冲区。设置强化学习参数，如折扣因子、损失函数、探索率等。

② remember 函数：用于将经验元组(self、state、action、reward、state2、done)存储在经验回放缓冲区中，以供后续学习使用。经验回放缓冲区采用 FIFO(先进先出)的方式存储经验，当缓冲区满时，新的经验会替换掉最早的经验。

③ batch_experiences 函数：随机抽样经验回放缓冲区中的一批经验，以供模型训练时使用。

④ act 函数：实现ε-贪婪策略，根据探索率ε选择动作。如果探索率高于随机数，则以随机动作探索环境，否则根据 Q-网络估计的 Q 值选择最佳动作。

⑤ copy_model 函数：用于将本地 Q-网络的权重复制到目标 Q-网络中，用于双 Q-learning 中的更新。

⑥ experience_replay 函数：实现经验回放，使用 Q-learning 或双 Q-learning 更新网络权重。首先从经验回放缓冲区中随机抽样一批经验。根据所选的学习算法(Q-learning 或双 Q-learning)，计算 Q 值的目标值和当前值，并计算损失，使用优化器来更新网络权重。

总起来说，这段代码实现了一个深度 Q-learning 代理，该代理可以在强化学习环境中与环境交互、存储经验、进行经验回放、选择动作并训练深度 Q-网络。代理可以使用单 Q-网络或双 Q-网络，并具有可配置的参数，以便进行强化学习任务的调整和训练。这个代理可以用于解决各种强化学习问题，特别是在深度 Q-learning(DQN)框架下。

7.3.5 模型训练和测试

本阶段将实现一个整体的训练和测试流程，包含训练和测试的功能。

(1) 定义函数 show_state()，其主要功能是在测试过程中显示《超级马里奥》游戏的环境状态。具体实现代码如下：

```python
def show_state(env, ep=0, info=""):
    """在测试时显示超级马里奥游戏环境的状态"""
    plt.figure(3)
    plt.clf()
    plt.imshow(env.render(mode='rgb_array'))
    plt.title("Episode: %d %s" % (ep, info))
    plt.axis('off')
    
    display.clear_output(wait=True)
    display.display(plt.gcf())
```

函数 show_state(env, ep=0, info="")接受以下 3 个参数。

① env：强化学习环境，表示《超级马里奥》游戏环境。

② ep：表示当前的训练或测试的回合(episode)编号，默认值为 0。
③ info：一个可选的字符串，用于提供额外的信息，如分数等，默认为空字符串。
在函数内部执行以下操作。
① 创建一个新的 Matplotlib 图形窗口(Figure #3)，并清除该窗口的内容。
② 使用 env.render(mode='rgb_array') 方法获取当前游戏环境的图像，以 RGB 数组的形式表示。
③ 使用 plt.imshow()方法显示游戏环境的图像。
④ 设置图像标题，标题包括当前回合编号和额外信息。
⑤ 关闭坐标轴显示，因为这只是用于可视化的图像。
⑥ 使用 display.clear_output()方法清除之前的输出，以便在 Jupyter Notebook 中更好地显示动态图像。
⑦ 使用 display.display(plt.gcf())方法将当前图形窗口的内容显示在 Jupyter Notebook 中。

函数 show_state()通常在测试《超级马里奥》游戏环境时使用，以实时可视化游戏的进行和状态，它会在 Jupyter Notebook 中显示游戏屏幕的图像，以便观察游戏的执行情况。

(2) 定义函数 run()，用于训练或测试强化学习代理在《超级马里奥》游戏中的性能。这个函数接受许多参数，用于配置训练和测试的不同方面。函数 run()各个参数的具体说明如下。
① training_mode：指示是否处于训练模式的布尔值。
② pretrained：指示是否使用预训练权重的布尔值。
③ test：指示是否在测试模式下的布尔值。
④ double_dqn：指示是否使用双 Q-学习的布尔值。
⑤ world 和 stage：《超级马里奥》游戏的世界和关卡编号。
⑥ num_episodes：训练或测试的回合数量。
⑦ epsilon_max：探索率的初始值。
⑧ action：表示动作空间的常量，用于定义《超级马里奥》游戏中的可用动作。
⑨ dir_weights：存储模型权重的目录路径。

总起来说，函数 run()用于在《超级马里奥》游戏中进行训练或测试，根据参数配置不同的模式和参数，以及记录和保存相关数据。函数 run()的具体实现代码如下：

```python
def run(training_mode, pretrained, test, double_dqn, world=1, stage=1, num_episodes=100,
    epsilon_max=1, action=SIMPLE_MOVEMENT, dir_weights=""):
    # 创建超级马里奥游戏环境
    env = gym_super_mario_bros.make('SuperMarioBros-{}-{}-v0'.format(world, stage))
    # 对环境进行预处理，将帧转换为灰度图像
    env = create_mario_env(env, action)
    # 获取观察空间和动作空间的维度
    observation_space = env.observation_space.shape
    action_space = env.action_space.n

    # 创建 DQN 代理
    agent = DQNAgent(state_space=observation_space,
            action_space=action_space,
            max_memory_size=30000,
            batch_size=32,
            gamma=0.90,
            lr=0.00025,
            dropout=0.2,
```

```python
                epsilon_max=epsilon_max,
                epsilon_min=0.02,
                epsilon_decay=0.999,
                double_dqn=double_dqn,
                pretrained=pretrained,
                test=test,
                dir_weights=dir_weights)

# 在每个回合开始前重置游戏环境
env.reset()

# 用于记录总奖励和完成游戏的次数
total_rewards = []
done = 0

# 如果处于训练模式并且使用预训练权重,则加载已保存的奖励数据
if training_mode and pretrained:
    with open(os.path.join(dir_weights, "total_rewards.pkl"), 'rb') as f:
        total_rewards = pickle.load(f)

# 开始执行多个回合
for ep_num in tqdm(range(1, num_episodes + 1, 1)):
    # 重置游戏环境并将状态转换为 PyTorch 张量
    state = env.reset()
    state = torch.Tensor([state])
    total_reward = 0
    steps = 0
    while True:
        # 如果不处于训练模式,则实时显示游戏状态
        if not training_mode:
            show_state(env, ep_num)
        # 选择动作并与环境交互
        action = agent.act(state)
        steps += 1

        state_next, reward, terminal, info = env.step(int(action[0]))
        total_reward += reward
        state_next = torch.Tensor([state_next])
        reward = torch.tensor([reward]).unsqueeze(0)

        terminal = torch.tensor([int(terminal)]).unsqueeze(0)

        # 如果处于训练模式,将经验存储到经验回放缓冲区并更新模型权重
        if training_mode:
            agent.remember(state, action, reward, state_next, terminal)
            agent.experience_replay()

        state = state_next
        # 如果游戏结束,则检查是否获得了胜利标志
        if terminal:
            if(info['flag_get']):
                done+=1
            break

    total_rewards.append(total_reward)

    # 每隔一定的回合数打印统计信息
    if ep_num != 0 and ep_num % 100 == 0:
        print("回合 {} 得分 = {},平均得分 = {},探索率 = {},完成游戏次数 = {}".format(ep_num,
            total_rewards[-1], np.mean(total_rewards), agent.epsilon_rate, done))

    # 每隔一定的回合数保存模型和相关数据
    if ep_num != 0 and ep_num % 200 == 0:
        print("保存模型!")
        if training_mode:
```

```python
        with open("ending_position.pkl", "wb") as f:
            pickle.dump(agent.ending_position, f)
        with open("num_in_queue.pkl", "wb") as f:
            pickle.dump(agent.num_in_queue, f)
        with open("total_rewards.pkl", "wb") as f:
            pickle.dump(total_rewards, f)
        if agent.double_dqn:
            torch.save(agent.local_net.state_dict(), "DQN1.pt")
            torch.save(agent.target_net.state_dict(), "DQN2.pt")
        else:
            torch.save(agent.dqn.state_dict(), "DQN.pt")
        torch.save(agent.STATE_MEM,  "STATE_MEM.pt")
        torch.save(agent.ACTION_MEM, "ACTION_MEM.pt")
        torch.save(agent.REWARD_MEM, "REWARD_MEM.pt")
        torch.save(agent.STATE2_MEM, "STATE2_MEM.pt")
        torch.save(agent.DONE_MEM,   "DONE_MEM.pt")

    print("Episode {} score = {}, average score = {}, total_done = {}".format(ep_num,
      total_rewards[-1], np.mean(total_rewards), done))

# 如果处于训练模式,则保存训练好的模型和相关数据,以便以后继续训练
if training_mode:
    print("保存模型!")
    with open("ending_position.pkl", "wb") as f:
        pickle.dump(agent.ending_position, f)
    with open("num_in_queue.pkl", "wb") as f:
        pickle.dump(agent.num_in_queue, f)
    with open("total_rewards.pkl", "wb") as f:
        pickle.dump(total_rewards, f)
    if agent.double_dqn:
        torch.save(agent.local_net.state_dict(), "DQN1.pt")
        torch.save(agent.target_net.state_dict(), "DQN2.pt")
    else:
        torch.save(agent.dqn.state_dict(), "DQN.pt")
    torch.save(agent.STATE_MEM,  "STATE_MEM.pt")
    torch.save(agent.ACTION_MEM, "ACTION_MEM.pt")
    torch.save(agent.REWARD_MEM, "REWARD_MEM.pt")
    torch.save(agent.STATE2_MEM, "STATE2_MEM.pt")
    torch.save(agent.DONE_MEM,   "DONE_MEM.pt")

env.close()
```

函数 run() 创建了一个名为 agent 的强化学习代理,该代理基于 DQNAgent 类。代理的参数包括状态空间、动作空间、各种超参数(如学习率、折扣因子、探索率等)以及模型类型(DQN 或 DDQN)。代理会执行多个回合(episodes)的训练或测试,并在每个回合内执行以下操作。

① 重置游戏环境。

② 初始化回合的状态,并将其转换为 PyTorch 张量。

③ 执行动作选择和环境交互,记录回合的奖励和步数。

④ 如果处于训练模式,代理将经验存储到经验回放缓冲区中,并执行经验回放更新模型权重。

⑤ 如果处于测试模式,将使用 show_state 函数实时显示游戏环境的状态。

在每个回合结束后,代码将记录总奖励,并在特定的回合数间隔内打印当前进度和统计信息。如果处于训练模式,代码会保存模型的权重和其他相关数据,以便以后继续训练。

(3) 变量 dir_weights 指定了权重和模型数据的存储目录路径,调用前面的函数 run() 传递一些参数来训练一个强化学习代理。具体实现代码如下:

```
dir_weights = "../input/mario61"
run(training_mode=True, pretrained=True, test=False, double_dqn=True,
    world=6, stage=1, num_episodes=5000, epsilon_max = 1, action=SIMPLE_MOVEMENT,
    dir_weights=dir_weights)
```

通过上述参数，代码将训练一个使用 DDQN 算法的代理，在指定的游戏世界和阶段中进行学习，共执行 5000 个训练回合，并在训练期间保存相关数据和模型权重。执行后显示训练过程如下：

```
100%5000/5000 [7:52:39<00:00, 33.77s/it]
Episode 100 score = 1541.0, average score = 1627.663606557377, epsilon = 0.02, total_done = 17
Episode 200 score = 863.0, average score = 1626.2632258064516, epsilon = 0.02, total_done = 41
save model!
Episode 300 score = 282.0, average score = 1629.6877777777777, epsilon = 0.02, total_done = 68
Episode 400 score = 442.0, average score = 1630.76015625, epsilon = 0.02, total_done = 90
save model!
Episode 500 score = 2873.0, average score = 1632.416923076923, epsilon = 0.02, total_done = 117
Episode 600 score = 1288.0, average score = 1636.3380303030303, epsilon = 0.02, total_done = 151
save model!
Episode 700 score = 1374.0, average score = 1640.383432835821, epsilon = 0.02, total_done = 186
Episode 800 score = 573.0, average score = 1647.465, epsilon = 0.02, total_done = 226
###省略部分输出
Episode 4800 score = 2334.0, average score = 1713.911111111111, epsilon = 0.02, total_done = 1451
save model!
Episode 4900 score = 2705.0, average score = 1716.353486238532, epsilon = 0.02, total_done = 1480
Episode 5000 score = 2874.0, average score = 1719.438090909091, epsilon = 0.02, total_done = 1517
Episode 5000 score = 2874.0, average score = 1719.438090909091, total_done = 1517
save model!
```

（4）变量 dir_weights 依然指定了权重和模型数据的存储目录路径。然后调用函数 run() 传递一些参数来测试一个强化学习代理的性能。具体实现代码如下：

```
dir_weights = "../input/mario61"
run(training_mode=False, pretrained=False, test=True, double_dqn=True,
    world=6, stage=1, num_episodes=20, epsilon_max = 0, action=SIMPLE_MOVEMENT,
    dir_weights=dir_weights)
```

通过上面的这些参数，代码将测试一个使用 DDQN 算法的代理在指定的游戏世界和阶段中的性能，共执行 20 个测试回合，并输出性能结果。由于 pretrained 设置为 False，代理将不加载预训练的权重。在测试阶段，将调用函数 show_state 在测试模式下显示游戏界面。具体来说，这个函数会在每个测试回合的每个时间步显示当前游戏画面。执行以上代码后的输出结果如下：

```
Episode 20 score = 2880.0, average score = 2880.0, total_done = 20
```

(5) 打开名为 total_rewards.pkl 的文件,该文件包含代理在每个回合中获得的奖励。然后,它使用 pickle.load 函数加载文件中的奖励数据并存储在 total_rewards 变量中。接下来,它创建一个图表,用于显示代理在训练期间的平均奖励变化。具体地,它绘制了一个线图,其中 x 轴表示训练的回合数,y 轴表示平均奖励值。为了平滑显示,它使用了一个简单的移动平均方法,将每 500 个回合的平均奖励值绘制在图表上。最后,通过 plt.show() 函数显示可视化图,以便可以可视化代理在训练过程中的奖励变化趋势,这有助于分析代理的学习进展和性能改进。具体实现代码如下:

```
with open(os.path.join(dir_weights, "total_rewards.pkl"), 'rb') as f:
    total_rewards = pickle.load(f)
plt.title("Episodes trained vs. Average Rewards (per 500 eps)")
plt.plot([0 for _ in range(500)] + np.convolve(total_rewards, np.ones((500,))/500,
mode="valid").tolist())
plt.show()
```

执行以上代码后将绘制训练过程中代理的平均奖励变化趋势图,如图 7-1 所示。

x 轴表示训练的回合数,y 轴表示每 500 个回合的平均奖励值,具体说明如下。

① x 轴:代表训练的回合数,从零开始逐渐增加,表示训练过程中的不同回合。

② y 轴:表示每 500 个回合的平均奖励值。这个平均奖励是通过对每 500 回合内的奖励进行平均计算得到的,它反映了代理在一段时间内的表现。

图 7-1 中的曲线可有助于了解代理在训练期间的性能变化。如果曲线越来越高,代表代理在学习中取得了进展,获得了更多的奖励。如果曲线趋于平稳或下降,可能表示代理在学习中遇到了挑战或困难。通过观察该图,可以更好地理解代理的学习进展和性能改进情况。

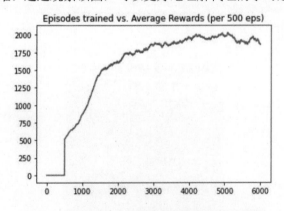

图 7-1 训练过程中代理的平均奖励变化趋势图

第 8 章

竞争 DQN 算法

在本书第 6 章内容中曾经讲解过竞争 DQN(Dueling Deep Q-Network)算法的基础知识，这是一种深度强化学习算法，它是经典的深度 Q 网络(Deep Q-Network，DQN)的扩展和改进版本。竞争 DQN 主要用于解决强化学习任务，其中代理需要学习如何在不同的状态下选择最优的行动，以最大化累积奖励。本章将进一步详细讲解竞争 DQN 算法的知识，介绍其核心内容和用法。

8.1 竞争 DQN 算法原理

竞争 DQN 算法的核心思想是将 Q 值函数分解为两个部分,即状态值函数(Value Function)和优势函数(Advantage Function)。这种分解允许代理更好地理解不同状态下的行动价值,从而提高学习效率和性能。

扫码看视频

8.1.1 竞争 DQN 算法的动机和核心思想

竞争 DQN 算法的核心思想是通过分解 Q 值函数(状态-行动对值函数)来提高深度 Q 网络(Deep Q-Network,DQN)的学习效率和性能,它的主要动机是解决传统 DQN 存在的两个问题,即高方差和低效率,具体说明如下。

1. 动机 1:高方差问题

在传统 DQN 中,Q 值函数直接估计每个状态-行动对的价值。这会导致估计的 Q 值具有高方差,因为每个状态-行动对的估计都受到噪声的影响,导致不稳定的训练过程。竞争 DQN 的动机之一是通过分解 Q 值函数,将 Q 值的估计过程分成状态值函数和优势函数,以减小 Q 值估计的方差。

2. 动机 2:低效率问题

传统 DQN 对每个状态-行动对都进行 Q 值的估计,这会导致网络的计算负担很重,尤其在状态空间较大时。竞争 DQN 的动机之二是提高学习效率,通过共享神经网络的部分参数来同时估计多个状态下的 Q 值。

竞争 DQN 的核心思想是将 Q 值函数分解为两个部分,即状态值函数和优势函数,具体说明如下。

(1) 状态值函数:表示在给定状态下,代理可以获得的期望奖励值,而不考虑具体采取哪个行动。状态值函数用于衡量状态的价值,即代理希望在该状态下获得多少奖励。

(2) 优势函数:表示在给定状态下,采取不同行动相对于平均值的优势。优势函数衡量了不同行动之间的差异性,即不同行动相对于平均水平的影响。

(3) 竞争架构:竞争 DQN 使用一个共享的卷积神经网络来估计状态值函数和优势函数。这个网络有两个输出:一个用于估计状态值;另一个用于估计每个行动的优势。

(4) Q 值计算:最终的 Q 值是通过将状态值函数和优势函数相加,再考虑每个行动的优势得出的。这样,代理可以更好地理解每个状态下不同行动的价值,以支持更准确的决策。

通过这种分解,竞争 DQN 能够更好地理解状态和行动之间的关系,减小 Q 值估计的方差,提高学习效率和性能。这使它成为解决强化学习任务中高方差和低效率问题的有效工具。

8.1.2 竞争 DQN 网络架构

竞争 DQN 是一种用于估计状态-行动对值函数的深度神经网络,它采用了一种分解 Q

值的方法，将 Q 值分为状态值函数和优势函数。这种架构允许神经网络同时估计状态的价值和不同行动的优势，从而提高学习效率和稳定性。竞争 DQN 网络架构的关键组成部分如下。

(1) 共享卷积层。竞争 DQN 网络通常以卷积神经网络(CNN)作为起始层。这些卷积层用于提取环境观测的特征，以便后续层进行处理。这些卷积层的参数是共享的，以确保状态值函数和优势函数都能从相同的特征表示中获得信息。

(2) 拆分层。在共享卷积层之后，有一个拆分层，其作用是将特征表示分成两个不同的路径，分别用于估计状态值函数和优势函数。

(3) 状态值函数头部。状态值函数头部是一个全连接层，用于估计在给定状态下的状态值。这个头部输出一个单一的值，表示状态的价值。

(4) 优势函数头部。优势函数头部也是一个全连接层，用于估计每个行动的优势。这个头部的输出维度等于行动空间的大小，它表示每个行动相对于平均值的优势。

(5) 合并层。在网络的输出层，状态值函数和优势函数被合并以计算最终的 Q 值。合并的方式是通过将状态值函数的输出与每个行动的优势函数输出相加来得到 Q 值。这个合并操作能够同时考虑状态的价值和不同行动之间的优势，以支持更好的决策。

总之，竞争 DQN 网络架构通过分解 Q 值函数，使神经网络能够更好地理解状态和行动之间的关系，从而提高了学习效率和稳定性。这种架构在解决强化学习问题中表现出色，特别是在处理高方差和低效率问题时具有显著优势。

8.2 竞争 DQN 的优势与改进

竞争 DQN 架构引入了一些显著的优势和改进，使其成为 DQN 家族中的一个重要成员。在实际应用中，需要根据具体问题进行适当的调整和试验，以找到最佳的网络架构和超参数设置。

扫码看视频

8.2.1 分离状态价值和动作优势的好处

竞争 DQN 的核心优势和改进之一是引入了状态价值和动作优势的分离，这种分离带来了多个好处，有助于提高 DQN 的性能。具体说明如下。

(1) 减少计算复杂度。竞争 DQN 可以显著减少网络的计算复杂度。在传统的 DQN 中，每个动作都有一个对应的 Q 值，需要分别计算。而竞争 DQN 通过将 Q 值分解为状态价值和动作优势两部分，减少了计算的工作量。这对于高维输入和大动作空间的问题尤为重要。

(2) 提高稳定性。通过分离状态价值和动作优势，竞争 DQN 可以减少训练中的方差。传统 DQN 在学习不同动作的 Q 值时容易受到方差的影响，这可能导致不稳定的训练过程。竞争 DQN 的状态价值部分更容易学习，因此有助于提高训练的稳定性。

(3) 更好的策略学习。竞争 DQN 使网络更容易学习状态的价值信息和不同动作的优势信息，这使网络更能够捕捉状态和动作之间的关系，更好地指导策略的学习。这对于改善决策和在不同环境中适应更好的策略尤为重要。

(4) 更快的收敛。由于状态价值和动作优势的分离，竞争 DQN 通常更容易收敛到较好的策略。这意味着在相同的训练步骤下，它可以实现更好的性能。这对于大规模强化学习问题和资源受限的情况尤为重要。

总之，竞争 DQN 的优势在于它通过分离状态价值和动作优势，提高了网络的计算效率、稳定性和学习能力。这些改进使它成为强化学习领域中的一个重要算法，可以应用于各种复杂的问题中，帮助实现更好的策略学习和性能提升。

8.2.2 优化训练效率与稳定性

竞争 DQN 在优化训练效率和稳定性方面具有显著的优势，具体说明如下。

(1) 降低训练的方差。竞争 DQN 将 Q 值分解为状态价值和动作优势，有助于减少训练中的方差。传统 DQN 在训练过程中往往受到高方差的影响，这可能导致不稳定的学习过程。通过分离状态价值和动作优势，竞争 DQN 可以更稳定地学习 Q 值，提高训练的可靠性。

(2) 提高采样效率。竞争 DQN 可以在相同的训练样本数量下获得更好的性能。由于状态价值和动作优势分离，网络更容易学习状态的价值信息，这意味着网络可以更快地收敛。这对于节省训练时间和资源非常重要。

(3) 更快的收敛速度。竞争 DQN 通常比传统 DQN 更快地收敛到较好的策略，可以减少训练所需的迭代次数，从而加速提升强化学习代理的性能。

(4) 更好的策略学习。竞争 DQN 通过明确地分离状态价值和动作优势，有助于网络更好地理解状态和动作之间的关系，使网络更容易学习到优秀的策略，改善了决策过程。

(5) 适应不同问题。竞争 DQN 的优势和改进使它更适用于各种不同类型的强化学习问题。无论是处理大规模状态空间、大动作空间，还是高维输入，竞争 DQN 都能够更高效地解决这些问题。

总之，竞争 DQN 在提高训练效率和稳定性方面具有明显的优势。它通过降低方差、提高采样效率、加速收敛速度和改善策略学习，为强化学习任务提供了更好的解决方案。这些改进使它成为强化学习领域的一个重要算法，被广泛用于解决各种复杂的问题。

8.2.3 解决过度估计问题的潜力

竞争 DQN 具有解决过度估计问题的潜力，这是一项非常重要的优势和改进之一。传统 Q-learning 和 DQN 算法在估计 Q 值时往往会产生过度估计的问题。过度估计是指算法高估了某些动作的价值，导致学习到的策略不稳定或低效。这种问题在大型、高维度状态空间中尤为显著，因为估计的不准确性会导致代理采取次优的行动。

竞争 DQN 通过将 Q 值分解为状态价值和动作优势两部分，一定程度上解决了过度估计的问题。状态价值表示状态的整体价值，而动作优势表示每个动作相对于其他动作的优势。由于状态价值和动作优势是分开估计的，过度估计通常会影响动作优势而不是状态价值。这意味着即使动作优势被高估，状态价值仍然可以提供更准确的价值估计。

然而，需要注意的是，竞争 DQN 并不完全消除过度估计，而是在一定程度上减轻了这个问题。因此，它可以更可靠地学习到比传统 DQN 更准确的 Q 值估计。此外，通过使用一些技巧，如目标网络和经验回放，可以进一步减少过度估计的影响，提高算法的性能和稳定性。

总起来说，竞争 DQN 的优势之一是潜在地解决了过度估计问题，使算法更适合应对复杂的强化学习任务，提高了学习的效率和稳定性。这使它成为处理高维度状态空间和大规模动作空间问题时的一种有力工具。

8.3 股票交易策略系统

本项目的主要目标是利用强化学习算法(包括 DQN、DDQN 和竞争 DDQN)来开发股票交易策略，并分析它们在训练和测试数据上的表现。这个项目将深度学习和强化学习技术应用于金融领域，以改进股票交易策略的性能。

扫码看视频

实例 8-1 股票交易策略系统(源码路径：daima\8\stock-deep-learning.ipynb)

8.3.1 项目介绍

股票交易的深度强化学习项目旨在探索和应用深度强化学习算法来开发更智能、更有效的股票交易策略。该项目结合了强化学习和深度学习技术，旨在提高股票交易的盈利性和风险管理。

1. 项目亮点

(1) 强化学习算法。项目采用了多种强化学习算法，包括 DQN、DDQN 和竞争 DDQN。这些算法具有自主学习和决策能力，可以根据市场数据来自动调整交易策略。

(2) 数据准备。项目使用历史股票市场数据，包括开盘价、收盘价、最高价和最低价等信息，为算法提供训练和测试数据。

(3) 模型训练。通过训练深度神经网络，项目使模型能够根据当前市场情况和历史数据来预测最佳的交易决策，以最大化利润并降低风险。

(4) 结果可视化。项目提供了丰富的可视化工具，用于展示训练和测试阶段的交易策略表现，包括收益曲线、损失曲线和交易行为。

(5) 算法对比。项目比较了不同强化学习算法的性能，分析了它们在不同市场情境下的表现，以找到最适合的交易策略。

2. 项目目标

(1) 开发出一种能够在真实股票市场中有效运行的深度强化学习交易策略。

(2) 通过比较不同算法的性能，提高交易决策的准确性和效率。

(3) 提供可视化工具，帮助交易者更好地理解和分析交易策略的表现。

该项目旨在将最新的深度学习和强化学习技术应用于股票交易领域，为投资者提供更具竞争力的交易策略，同时也为研究者提供一个探索强化学习在金融领域应用的试验平台。通过不断改进和优化，期望能够为股票交易社区带来更多创新和价值。

8.3.2 数据准备

(1) 导入一些常用的 Python 库，以遍历指定目录中的文件，具体实现代码如下：

```
import numpy as np
import pandas as pd

import os
for dirname, _, filenames in os.walk('input'):
    for filename in filenames:
        print(os.path.join(dirname, filename))
```

(2) 通过以下命令安装深度学习框架 Chainer，这是一个著名的开源深度学习框架，帮助开发者构建、训练和部署神经网络模型。具体实现代码如下：

```
pip install chainer
```

(3) 从一个指定的 CSV 格式文件中读取股票数据，将日期列解析为日期时间对象，并将日期列设置为数据帧的索引，然后显示数据帧的前几行。具体实现代码如下：

```
data = pd.read_csv('/input/salesforce-stock-date-latest-and-updated/Salesforce_stock_history.csv')
data['Date'] = pd.to_datetime(data['Date'])
data = data.set_index('Date')
print(data.index.min(), data.index.max())
data.head()
```

执行以上代码后的输出结果如下：

```
2004-06-23 00:00:00 2021-11-18 00:00:00
            Open    High    Low     Close   Volume    Dividends  Stock Splits
Date
2004-06-23  3.7500  4.3250  3.6875  4.30    43574400  0          0.0
2004-06-24  4.3875  4.4225  4.1250  4.19    8887200   0          0.0
2004-06-25  4.1275  4.1875  3.9475  3.95    6710000   0          0.0
2004-06-28  4.0000  4.0525  3.8600  4.00    2270800   0          0.0
2004-06-29  4.0000  4.1750  3.9575  4.10    2112000   0          0.0
```

通过执行这些代码，会加载并准备好 Salesforce 股票的时间序列数据，以便进一步分析和建模。这是探索性数据分析(EDA)的一部分，通常在机器学习和数据科学项目中的早期阶段完成。

8.3.3 数据拆分与时间序列

在数据分析和机器学习中，"数据拆分"指的是将原始数据集分成不同的部分，以便进行模型训练、验证和测试；而"时间序列"是一种按时间顺序排列的数据，通常表示一段时间内的观测或测量数据。在时间序列分析中，时间是一个重要的因素，因为它可以揭示数据随时间变化的趋势、季节性和周期性。

(1) 将时间序列数据分割为训练集和测试集，并计算它们的长度。具体实现代码如下：

```
date_split = '2013-01-01'
train = data[:date_split]
test = data[date_split:]
len(train), len(test)
```

执行以上代码后的输出结果如下：

```
(2147, 2238)
```

通过执行这些代码，将时间序列数据划分为训练集和测试集，以便在后续的分析或模型训练中使用。训练集通常用于模型训练，而测试集用于评估模型的性能。这种数据分割对于时间序列分析和预测非常重要，因为它模拟了实际应用中模型的使用方式。

(2) 定义了一个名为 plot_train_test 的函数，用于绘制训练集和测试集的蜡烛图 (Candlestick Chart)。蜡烛图通常用于可视化金融时间序列数据，以显示开盘价、最高价、最低价和收盘价之间的关系。此函数接受训练集、测试集和日期分割点作为输入，然后绘制蜡烛图以可视化这些数据。具体实现代码如下：

```
def plot_train_test(train, test, date_split):
    data = [
        Candlestick(x=train.index, open=train['Open'], high=train['High'], low=train['Low'],
            close=train['Close'], name='train'),
        Candlestick(x=test.index, open=test['Open'], high=test['High'], low=test['Low'],
            close=test['Close'], name='test')
    ]
    layout = {
        'shapes': [
            {'x0': date_split, 'x1': date_split, 'y0': 0, 'y1': 1, 'xref': 'x', 'yref':
                'paper', 'line': {'color': 'rgb(0,0,0)', 'width': 1}}
        ],
        'annotations': [
            {'x': date_split, 'y': 1.0, 'xref': 'x', 'yref': 'paper', 'showarrow': False,
                'xanchor': 'left', 'text': ' test data'},
            {'x': date_split, 'y': 1.0, 'xref': 'x', 'yref': 'paper', 'showarrow': False,
                'xanchor': 'right', 'text': 'train data '}
        ]
    }
    figure = Figure(data=data, layout=layout)
    iplot(figure)
```

plot_train_test 函数接受 3 个参数，即 train(训练集数据)、test(测试集数据)和 date_split (日期分割点)，此函数的目的是可视化训练集和测试集之间的时间分割点，以便更好地理解时间序列数据的分布和模型训练/测试的时间段。它可以帮助您在进行金融数据分析或时间序列预测时更好地理解数据。

(3) 调用上面创建的 plot_train_test 函数，并传递适当的参数来绘制训练集和测试集的蜡烛图。具体实现代码如下：

```
plot_train_test(train, test, date_split)
```

执行以上代码后，将绘制一张蜡烛图，用于可视化训练集和测试集之间的数据分割点，如图 8-1 所示。

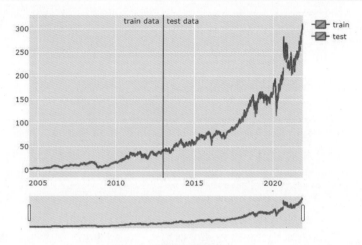

图 8-1　绘制的蜡烛图

8.3.4　Environment(环境)

在强化学习中，Environment 是指模型或智能体(Agent)与其交互并从中获取信息的外部系统或外部世界。环境通常是一个抽象的概念，它包括模型所处的任何情境或背景，以及模型可以感知和影响的一切。环境的性质和特征在不同强化学习问题中会有所不同。例如，在一个机器人导航的问题中，环境可能是物理世界，状态是机器人的位置，动作是机器人的移动，奖励可以是到达目标位置的奖励。在股票交易问题中，环境可以是股票市场，状态是市场的价格和指标，动作是买入或卖出股票，奖励可以是投资回报率。

(1) 定义环境类 Environment1，用于模拟股票交易的环境。在该环境中，可以采取动作(买入、卖出、持仓)，并根据每个动作的结果获得奖励。该环境具有状态观察、奖励和完成标志，可用于强化学习模型的训练和评估。具体实现代码如下：

```python
class Environment1:
    def __init__(self, data, history_t=90):
        self.data = data
        self.history_t = history_t
        self.reset()

    def reset(self):
        self.t = 0
        self.done = False
        self.profits = 0
        self.positions = []
        self.position_value = 0
        self.history = [0 for _ in range(self.history_t)]
        return [self.position_value] + self.history  # 状态观察

    def step(self, act):
        reward = 0

        # act = 0: 持仓, 1: 买入, 2: 卖出
        if act == 1:  # 买入
            self.positions.append(self.data.iloc[self.t, :]['Close'])
        elif act == 2:  # 卖出
            if len(self.positions) == 0:
                reward = -1  # 如果没有持仓，扣除奖励
```

```python
        else:
            profits = 0
            for p in self.positions:
                profits += (self.data.iloc[self.t, :]['Close'] - p)
            reward += profits
            self.profits += profits
            self.positions = []

        # 设置下一个时间步
        self.t += 1
        self.position_value = 0
        for p in self.positions:
            self.position_value += (self.data.iloc[self.t, :]['Close'] - p)
        self.history.pop(0)
        self.history.append(self.data.iloc[self.t, :]['Close'] - self.data.iloc[(self.t-1),
            :]['Close'])

        # 奖励剪裁(Clipping Reward)
        if reward > 0:
            reward = 1
        elif reward < 0:
            reward = -1

        return [self.position_value] + self.history, reward, self.done  # 状态观察，奖励，完成标志
```

(2) 创建名为 env 的 Environment1 实例，并在环境中进行一些随机的动作选择和状态观察。具体实现代码如下：

```
env = Environment1(train)
print(env.reset())
for _ in range(3):
    pact = np.random.randint(3)
    print(env.step(pact))
```

在上述代码中，循环会执行 3 次，每次都会选择随机动作并观察其效果。执行以上代码后的输出结果如下：

```
[0, 0, 0, 0, 0, 0, 0, 0, 0, 0, 0, 0, 0, 0, 0, 0, 0, 0, 0, 0, 0, 0, 0, 0, 0, 0, 0, 0, 0, 0,
0, 0, 0, 0, 0, 0, 0, 0, 0, 0, 0, 0, 0, 0, 0, 0, 0, 0, 0, 0, 0, 0, 0, 0, 0, 0, 0, 0, 0, 0,
0, 0, 0, 0, 0, 0, 0, 0, 0, 0, 0, 0, 0, 0, 0, 0, 0, 0, 0, 0, 0, 0, 0, 0, 0, 0, 0, 0, 0, 0]
([-0.11000001335144043, 0, 0, 0, 0, 0, 0, 0, 0, 0, 0, 0, 0, 0, 0, 0, 0, 0, 0, 0,
0, 0, 0, 0, 0, 0, 0, 0, 0, 0, 0, 0, 0, 0, 0, 0, 0, 0, 0, 0, 0, 0, 0, 0, 0, 0, 0, 0, 0, 0,
0, 0, 0, 0, 0, 0, 0, 0, 0, 0, 0, 0, 0, 0, 0, 0, 0, 0, 0, 0, 0, 0, 0, 0, 0, 0, 0, 0, 0, 0,
0, 0, 0, 0, -0.11000001335144043], 0, False)
([0, 0, 0, 0, 0, 0, 0, 0, 0, 0, 0, 0, 0, 0, 0, 0, 0, 0, 0, 0, 0, 0, 0, 0, 0, 0, 0, 0, 0,
0, 0, 0, 0, 0, 0, 0, 0, 0, 0, 0, 0, 0, 0, 0, 0, 0, 0, 0, 0, 0, 0, 0, 0, 0, 0, 0, 0, 0, 0,
0, 0, 0, 0, 0, 0, 0, 0, 0, 0, 0, 0, 0, 0, 0, 0, 0, 0, 0, 0, 0, 0, 0, 0, 0, 0, 0, 0, -
0.11000001335144043, -0.24000000953674316], -1, False)
([0, 0, 0, 0, 0, 0, 0, 0, 0, 0, 0, 0, 0, 0, 0, 0, 0, 0, 0, 0, 0, 0, 0, 0, 0, 0, 0, 0, 0,
0, 0, 0, 0, 0, 0, 0, 0, 0, 0, 0, 0, 0, 0, 0, 0, 0, 0, 0, 0, 0, 0, 0, 0, 0, 0, 0, 0, 0, 0,
0, 0, 0, 0, 0, 0, 0, 0, 0, 0, 0, 0, 0, 0, 0, 0, 0, 0, 0, 0, 0, 0, 0, 0, 0, 0, 0, 0, 0, -
0.11000001335144043, -0.24000000953674316, 0.04999995231628418], -1, False)
```

8.3.5 DQN 算法实现

本项目的模型基于 DQN 算法实现，包括基本的 DQN 算法、DDQN 算法和竞争 DQN 算法。这些算法通常用于解决强化学习问题，特别是在需要处理高维状态空间和动作空间的情况下，它们可用于训练智能体学习在特定环境中做出最佳决策的策略。

(1) 实现一个用于训练 DQN 的函数 train_dqn(env)，该函数实现了 DQN 算法的训练过程，使智能体能够通过与环境互动来学习最佳策略，以最大化累积奖励。训练完成后，

可以使用训练后的网络来进行预测和决策。具体实现代码如下：

```python
def train_dqn(env):

    # 定义Q值估算的神经网络
    class Q_Network(chainer.Chain):

        def __init__(self, input_size, hidden_size, output_size):
            super(Q_Network, self).__init__(
                fc1 = L.Linear(input_size, hidden_size),     # 第一全连接层
                fc2 = L.Linear(hidden_size, hidden_size),    # 第二全连接层
                fc3 = L.Linear(hidden_size, output_size)     # 第三全连接层
            )

        def __call__(self, x):
            h = F.relu(self.fc1(x))   # 使用ReLU激活函数
            h = F.relu(self.fc2(h))
            y = self.fc3(h)    # 输出Q值
            return y

        def reset(self):
            self.zerograds()

    # 创建Q网络和目标Q网络的实例
    Q = Q_Network(input_size=env.history_t+1, hidden_size=100, output_size=3)
    Q_ast = copy.deepcopy(Q)
    optimizer = chainer.optimizers.Adam()
    optimizer.setup(Q)

    # 定义训练参数和超参数
    epoch_num = 50
    step_max = len(env.data)-1
    memory_size = 200
    batch_size = 20
    epsilon = 1.0
    epsilon_decrease = 1e-3
    epsilon_min = 0.1
    start_reduce_epsilon = 200
    train_freq = 10
    update_q_freq = 20
    gamma = 0.97
    show_log_freq = 5

    memory = []
    total_step = 0
    total_rewards = []
    total_losses = []

    start = time.time()
    for epoch in range(epoch_num):

        pobs = env.reset()
        step = 0
        done = False
        total_reward = 0
        total_loss = 0

        while not done and step < step_max:

            # 选择动作
            pact = np.random.randint(3)
            if np.random.rand() > epsilon:
                pact = Q(np.array(pobs, dtype=np.float32).reshape(1, -1))
                pact = np.argmax(pact.data)
```

```python
        # 执行动作
        obs, reward, done = env.step(pact)
        
        # 将经验添加到记忆池
        memory.append((pobs, pact, reward, obs, done))
        if len(memory) > memory_size:
            memory.pop(0)
        
        # 训练或更新Q值
        if len(memory) == memory_size:
            if total_step % train_freq == 0:
                shuffled_memory = np.random.permutation(memory)
                memory_idx = range(len(shuffled_memory))
                for i in memory_idx[::batch_size]:
                    batch = np.array(shuffled_memory[i:i+batch_size])
                    b_pobs = np.array(batch[:, 0].tolist(), dtype=np.float32).reshape(batch_size, -1)
                    b_pact = np.array(batch[:, 1].tolist(), dtype=np.int32)
                    b_reward = np.array(batch[:, 2].tolist(), dtype=np.int32)
                    b_obs = np.array(batch[:, 3].tolist(), dtype=np.float32).reshape(batch_size, -1)
                    b_done = np.array(batch[:, 4].tolist(), dtype=np.bool)
                    
                    q = Q(b_pobs)
                    maxq = np.max(Q_ast(b_obs).data, axis=1)
                    target = copy.deepcopy(q.data)
                    for j in range(batch_size):
                        target[j, b_pact[j]] = b_reward[j]+gamma*maxq[j]*(not b_done[j])
                    Q.reset()
                    loss = F.mean_squared_error(q, target)
                    total_loss += loss.data
                    loss.backward()
                    optimizer.update()
            
            if total_step % update_q_freq == 0:
                Q_ast = copy.deepcopy(Q)
        
        # 调整探索率epsilon
        if epsilon > epsilon_min and total_step > start_reduce_epsilon:
            epsilon -= epsilon_decrease
        
        # 下一个步骤
        total_reward += reward
        pobs = obs
        step += 1
        total_step += 1
    
    total_rewards.append(total_reward)
    total_losses.append(total_loss)
    
    # 打印训练日志
    if (epoch+1) % show_log_freq == 0:
        log_reward = sum(total_rewards[((epoch+1)-show_log_freq):])/show_log_freq
        log_loss = sum(total_losses[((epoch+1)-show_log_freq):])/show_log_freq
        elapsed_time = time.time()-start
        print('\t'.join(map(str, [epoch+1, epsilon, total_step, log_reward, log_loss,
          elapsed_time])))
        start = time.time()

return Q, total_losses, total_rewards
```

对上述代码的具体说明如下。

① 定义了一个名为 Q_Network 的深度神经网络，用于估算 Q 值。该网络包括 3 个全连接层(fc1、fc2 和 fc3)，并在__call__方法中使用 ReLU 激活函数来计算 Q 值。

② 创建了两个网络实例 Q 和 Q_ast，它们都是 Q_Network 的实例。Q 用于选择动

作，而 Q_ast 用于更新目标 Q 值。

③ 初始化优化器，这里使用了 Adam 优化器。

④ 定义一系列超参数，包括训练的总轮数(epoch_num)、记忆池大小(memory_size)、批处理大小(batch_size)、探索率(epsilon)、奖励折扣因子(gamma)等。

⑤ 创建一个空的记忆池 memory，用于存储智能体的经验。

⑥ 使用循环来执行 DQN 的训练过程，每个循环代表一个训练轮次(epoch)。

⑦ 在每个轮次内，智能体与环境互动，选择动作并观察环境的反馈，然后将经验存储到记忆池中。

⑧ 如果记忆池达到一定大小后，智能体开始训练神经网络，以优化 Q 值的估计。

⑨ 在训练过程中，周期性地更新目标网络 Q_ast，以稳定训练过程。

⑩ 调整探索率 ε，以逐渐减小探索程度，使智能体更倾向于选择根据 Q 值的最佳动作。

⑪ 记录每个轮次的总奖励和损失，并在一定轮次后打印日志以显示训练进度。

⑫ 最后，输出显示训练后的主 Q 网络 Q、损失记录 total_losses 和奖励记录 total_rewards。

(2) 调用上面定义的 train_dqn 函数，用于训练 DQN 智能体，并将训练后的模型、损失记录和奖励记录保存在变量中。具体实现代码如下：

```
Q, total_losses, total_rewards = train_dqn(Environment1(train))
```

执行以上代码后的输出结果如下：

```
5    0.0999999999999992   10730    -16.2    495.20926940240895   142.087899684906
10   0.0999999999999992   21460    78.0     64.13291055527516    147.12994861602783
15   0.0999999999999992   32190    90.2     49.113958147737771   147.05006217956543
20   0.0999999999999992   42920    107.6    45.37270697801141    143.54850673675537
25   0.0999999999999992   53650    -68.0    11275.291171263996   140.3861894607544
30   0.0999999999999992   64380    -1.6     255.58230666127056   136.04737544059753
35   0.0999999999999992   75110    53.6     391.41191135207199   145.64021372795105
40   0.0999999999999992   85840    58.0     83.45124370730483    141.9069423675537
45   0.0999999999999992   96570    67.6     54.268855231814086   139.34067344665527
50   0.0999999999999992   107300   71.8     45.20022448368836    142.27357864379883
```

通过执行这些代码，已经完成了 DQN 算法的训练，并获得了训练后的模型和训练过程的监控记录。现在，可以使用训练好的模型来进行预测和决策，以便在股票交易环境中做出智能决策。

(3) 定义函数 plot_loss_reward，用于绘制训练过程中的损失和奖励曲线图。具体实现代码如下：

```
def plot_loss_reward(total_losses, total_rewards):

    # 创建一个绘图对象，包含两个子图：loss 曲线和 reward 曲线
    figure = tools.make_subplots(rows=1, cols=2, subplot_titles=('loss', 'reward'), print_grid=False)

    # 在第一个子图中添加损失曲线
    figure.append_trace(Scatter(y=total_losses, mode='lines', line=dict(color='skyblue')), 1, 1)

    # 在第二个子图中添加奖励曲线
    figure.append_trace(Scatter(y=total_rewards, mode='lines', line=dict(color='orange')), 1, 2)
```

```
# 更新子图的横轴标题
figure['layout']['xaxis1'].update(title='epoch')
figure['layout']['xaxis2'].update(title='epoch')

# 更新整体图的布局设置
figure['layout'].update(height=400, width=900, showlegend=False)

# 使用 iplot 函数显示图形
iplot(figure)
```

函数使用库 Plotly 创建一个带有两个子图的图形，分别显示训练过程中的损失曲线和奖励曲线。可以调用这个函数，并传递训练过程中记录的损失数据和奖励数据，以可视化训练结果，这有助于更好地理解模型的训练过程和性能表现。

(4) 调用函数 plot_loss_reward 绘制训练过程中的损失曲线图和奖励曲线图，具体实现代码如下：

```
plot_loss_reward(total_losses, total_rewards)
```

执行以上代码后的效果如图 8-2 所示。

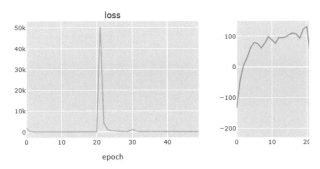

图 8-2　训练过程中的损失曲线和奖励曲线图

(5) 定义函数 plot_train_test_by_q，用于根据智能体的 Q 值策略绘制训练集和测试集上的股票交易情况可视化图。具体实现代码如下：

```
def plot_train_test_by_q(train_env, test_env, Q, algorithm_name):
    # 在训练集上执行交易策略，记录动作和奖励
    pobs = train_env.reset()
    train_acts = []
    train_rewards = []

    for _ in range(len(train_env.data)-1):
        pact = Q(np.array(pobs, dtype=np.float32).reshape(1, -1))
        pact = np.argmax(pact.data)
        train_acts.append(pact)
        obs, reward, done = train_env.step(pact)
        train_rewards.append(reward)
        pobs = obs

    train_profits = train_env.profits

    # 在测试集上执行交易策略，记录动作和奖励
    pobs = test_env.reset()
    test_acts = []
    test_rewards = []

    for _ in range(len(test_env.data)-1):
        pact = Q(np.array(pobs, dtype=np.float32).reshape(1, -1))
```

```python
        pact = np.argmax(pact.data)
        test_acts.append(pact)
        obs, reward, done = test_env.step(pact)
        test_rewards.append(reward)
        pobs = obs

test_profits = test_env.profits

# 绘制交易情况图
train_copy = train_env.data.copy()
test_copy = test_env.data.copy()
train_copy['act'] = train_acts + [np.nan]
train_copy['reward'] = train_rewards + [np.nan]
test_copy['act'] = test_acts + [np.nan]
test_copy['reward'] = test_rewards + [np.nan]
train0 = train_copy[train_copy['act'] == 0]
train1 = train_copy[train_copy['act'] == 1]
train2 = train_copy[train_copy['act'] == 2]
test0 = test_copy[test_copy['act'] == 0]
test1 = test_copy[test_copy['act'] == 1]
test2 = test_copy[test_copy['act'] == 2]
act_color0, act_color1, act_color2 = 'gray', 'cyan', 'magenta'

# 创建数据
data = [
    Candlestick(x=train0.index, open=train0['Open'], high=train0['High'], low=train0['Low'],
        close=train0['Close'], increasing=dict(line=dict(color=act_color0)), decreasing=
        dict(line=dict(color=act_color0))),
    Candlestick(x=train1.index, open=train1['Open'], high=train1['High'], low=train1['Low'],
        close=train1['Close'], increasing=dict(line=dict(color=act_color1)),
        decreasing=dict(line=dict(color=act_color1))),
    Candlestick(x=train2.index, open=train2['Open'], high=train2['High'], low=train2['Low'],
        close=train2['Close'], increasing=dict(line=dict(color=act_color2)), decreasing=
        dict(line=dict(color=act_color2))),
    Candlestick(x=test0.index, open=test0['Open'], high=test0['High'], low=test0['Low'],
        close=test0['Close'], increasing=dict(line=dict(color=act_color0)),
        decreasing=dict(line=dict(color=act_color0))),
    Candlestick(x=test1.index, open=test1['Open'], high=test1['High'], low=test1['Low'],
        close=test1['Close'], increasing=dict(line=dict(color=act_color1)),
        decreasing=dict(line=dict(color=act_color1))),
    Candlestick(x=test2.index, open=test2['Open'], high=test2['High'], low=test2['Low'],
        close=test2['Close'], increasing=dict(line=dict(color=act_color2)),
        decreasing=dict(line=dict(color=act_color2)))
]

# 设置图形标题和布局
title = '{}: train s-reward {}, profits {}, test s-reward {}, profits {}'.format(
    algorithm_name,
    int(sum(train_rewards)),
    int(train_profits),
    int(sum(test_rewards)),
    int(test_profits)
)
layout = {
    'title': title,
    'showlegend': False,
    'shapes': [
        {'x0': date_split, 'x1': date_split, 'y0': 0, 'y1': 1, 'xref': 'x', 'yref':
        'paper', 'line': {'color': 'rgb(0,0,0)', 'width': 1}}
    ],
    'annotations': [
        {'x': date_split, 'y': 1.0, 'xref': 'x', 'yref': 'paper', 'showarrow': False,
            'xanchor': 'left', 'text': ' test data'},
        {'x': date_split, 'y': 1.0, 'xref': 'x', 'yref': 'paper', 'showarrow': False,
            'xanchor': 'right', 'text': 'train data '}
    ]
}
```

```
# 创建图形对象并显示
figure = Figure(data=data, layout=layout)
iplot(figure)
```

这个函数通过执行训练集和测试集上的股票交易策略，记录了动作和奖励，并将它们绘制成图形，以便可视化展示，这有助于了解智能体在不同数据集上的交易表现。

(6) 调用函数 plot_train_test_by_q，通过传递参数训练集、测试集、训练后的模型 Q 和算法名称"DQN"，来绘制基于 Q 值策略的股票交易情况图，以展示 DQN 算法在训练集和测试集上的交易表现。具体实现代码如下：

```
plot_train_test_by_q(Environment1(train), Environment1(test), Q, 'DQN')
```

执行以上代码后的效果，如图 8-3 所示。

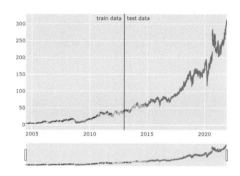

图 8-3　基于 Q 值策略的股票交易情况

8.3.6　DDQN 算法的实现

DDQN(双重深度 Q 网络)改变了目标网络的 Q 值计算方式，解决了 DQN 算法中的 Q 值过高估计问题，可以与竞争 DQN 算法结合使用，以提高模型的整体性能。

(1) 实现基于 DDQN 算法的训练，其中 Q 网络和目标网络之间采用了特定的更新策略来减轻 Q 值过高估计问题。具体实现代码如下：

```
def train_ddqn(env):
    # 定义 Q 网络的类
    class Q_Network(chainer.Chain):
        
        def __init__(self, input_size, hidden_size, output_size):
            super(Q_Network, self).__init__(
                fc1 = L.Linear(input_size, hidden_size),
                fc2 = L.Linear(hidden_size, hidden_size),
                fc3 = L.Linear(hidden_size, output_size)
            )
        
        def __call__(self, x):
            h = F.relu(self.fc1(x))
            h = F.relu(self.fc2(h))
            y = self.fc3(h)
            return y
        
        def reset(self):
```

```
            self.zerograds()

# 创建 Q 网络和目标网络，并初始化优化器
Q = Q_Network(input_size=env.history_t+1, hidden_size=100, output_size=3)
Q_ast = copy.deepcopy(Q)
optimizer = chainer.optimizers.Adam()
optimizer.setup(Q)

epoch_num = 50
step_max = len(env.data)-1
memory_size = 200
batch_size = 50
epsilon = 1.0
epsilon_decrease = 1e-3
epsilon_min = 0.1
start_reduce_epsilon = 200
train_freq = 10
update_q_freq = 20
gamma = 0.97
show_log_freq = 5

memory = []
total_step = 0
total_rewards = []
total_losses = []

start = time.time()
for epoch in range(epoch_num):

    pobs = env.reset()
    step = 0
    done = False
    total_reward = 0
    total_loss = 0

    while not done and step < step_max:

        # 选择动作
        pact = np.random.randint(3)
        if np.random.rand() > epsilon:
            pact = Q(np.array(pobs, dtype=np.float32).reshape(1, -1))
            pact = np.argmax(pact.data)

        # 执行动作
        obs, reward, done = env.step(pact)

        # 添加记忆
        memory.append((pobs, pact, reward, obs, done))
        if len(memory) > memory_size:
            memory.pop(0)

        # 训练或更新 Q 值
        if len(memory) == memory_size:
            if total_step % train_freq == 0:
                shuffled_memory = np.random.permutation(memory)
                memory_idx = range(len(shuffled_memory))
                for i in memory_idx[::batch_size]:
                    batch = np.array(shuffled_memory[i:i+batch_size])
                    b_pobs = np.array(batch[:, 0].tolist(), dtype=np.float32).reshape(batch_size, -1)
                    b_pact = np.array(batch[:, 1].tolist(), dtype=np.int32)
                    b_reward = np.array(batch[:, 2].tolist(), dtype=np.int32)
                    b_obs = np.array(batch[:, 3].tolist(), dtype=np.float32).reshape(batch_size, -1)
                    b_done = np.array(batch[:, 4].tolist(), dtype=np.bool)

                    q = Q(b_pobs)
                    # 计算目标 Q 值 <<< DQN -> Double DQN
```

```python
                    indices = np.argmax(q.data, axis=1)
                    maxqs = Q_ast(b_obs).data
                    target = copy.deepcopy(q.data)
                    for j in range(batch_size):
                        target[j, b_pact[j]] = b_reward[j] + gamma * maxqs[j, indices[j]] * \
                            (not b_done[j])
                    Q.reset()
                    loss = F.mean_squared_error(q, target)
                    total_loss += loss.data
                    loss.backward()
                    optimizer.update()

                if total_step % update_q_freq == 0:
                    Q_ast = copy.deepcopy(Q)

            # 更新 epsilon
            if epsilon > epsilon_min and total_step > start_reduce_epsilon:
                epsilon -= epsilon_decrease

            # 进入下一步
            total_reward += reward
            pobs = obs
            step += 1
            total_step += 1

        total_rewards.append(total_reward)
        total_losses.append(total_loss)

        if (epoch+1) % show_log_freq == 0:
            log_reward = sum(total_rewards[((epoch+1)-show_log_freq):])/show_log_freq
            log_loss = sum(total_losses[((epoch+1)-show_log_freq):])/show_log_freq
            elapsed_time = time.time() - start
            print('\t'.join(map(str, [epoch+1, epsilon, total_step, log_reward, log_loss,
                elapsed_time])))
            start = time.time()

    return Q, total_losses, total_rewards
```

上述代码的实现流程如下。

① 定义 Q 网络类。首先，定义一个 Q 网络的类 Q_Network，该类是一个神经网络模型，用于估计状态-动作对值函数 $Q(s, a)$。

② 初始化 Q 网络和目标网络。创建了两个相同结构的神经网络，分别用于 Q 网络(Q)和目标网络(Q_ast)，这两个网络的参数最初相同。

③ 初始化优化器。使用 Chainer 库中的 Adam 优化器来优化 Q 网络的参数。

④ 设置训练参数。设置了训练的各种参数，包括训练轮数(epoch_num)、步数上限(step_max)、记忆池大小(memory_size)、批量大小(batch_size)、探索策略的初始值(epsilon)、学习率下降率(start_reduce_epsilon)等。

⑤ 创建记忆池。初始化一个用于存储经验记忆的列表 memory，用于训练 Q 网络。

⑥ 开始训练循环。进入主要的训练循环，每个循环代表一个训练轮次。

⑦ 初始化环境和计数器。初始化环境状态，重置步数、奖励和损失计数器。

⑧ 开始训练步骤循环。在每个训练步骤中，代理根据当前状态选择一个动作，该动作可能是随机选择的，也可能是根据 Q 网络预测的动作。然后，代理执行所选的动作，观察环境的反馈。

⑨ 存储经验。将每个步骤的状态、动作、奖励、下一个状态和完成标志存储在记忆池中。如果记忆池大小超过了指定的限值，将删除最早的经验。

⑩ 训练 Q 网络。如果记忆池中的经验足够多，就会开始训练 Q 网络。首先，随机抽样批量经验，然后计算目标 Q 值。这里的区别在于目标 Q 值的计算采用了 DDQN 中的方法，通过 Q 网络选择动作，然后从目标网络获取对应的 Q 值。

⑪ 更新 Q 网络。使用均方误差损失函数来优化 Q 网络，通过反向传播和梯度下降来更新参数。

⑫ 更新目标网络。定期(根据 update_q_freq 参数)将目标网络的参数更新为与 Q 网络相同的参数，以稳定训练。

⑬ 更新探索策略。根据指定的策略，逐渐减小探索策略的参数 ε。

⑭ 计算总奖励和损失。在每个训练轮次中，计算总奖励和损失，并将它们添加到相应的列表中，以便后续分析。

⑮ 打印训练日志。每隔一定轮次(根据 show_log_freq 参数)，打印训练日志，包括当前轮次、epsilon、总步数、平均奖励、平均损失和训练时间。

⑯ 返回训练结果。返回训练完毕后的 Q 网络，以及记录了每轮次的奖励和损失的列表。

(2) 训练 DDQN 模型，并将训练结果保存在变量 Q 中，将训练过程中的损失记录在 total_losses 中，奖励记录在 total_rewards 中。这个模型可以用于股票交易策略的决策和预测。具体实现代码如下：

```
Q, total_losses, total_rewards = train_ddqn(Environment1(train))
```

执行以上代码后的输出结果如下：

```
5    0.0999999999999992  10730   55.6   37.24762203246355   96.04132103919983
10   0.0999999999999992  21460   58.8   9.224947877548402   91.63648796081543
15   0.0999999999999992  32190   124.2  10.314201904559742  95.0857937335968
20   0.0999999999999992  42920   126.0  9.01727895072545    94.36996388435364
25   0.0999999999999992  53650   107.8  8.069325162487804   93.08344459533691
30   0.0999999999999992  64380   77.0   5.633091940672602   85.22677278518677
35   0.0999999999999992  75110   52.4   3.1195665180511579  83.86960005760193
40   0.0999999999999992  85840   120.6  4.176866603270395   87.76874804496765
45   0.0999999999999992  96570   175.6  4.903747669138829   89.11369466781616
50   0.0999999999999992  107300  97.0   2.7823251792025987  85.20354199409485
```

(3) 调用前面的函数 plot_loss_reward()，绘制训练过程中的损失曲线和奖励曲线图，具体实现代码如下：

```
plot_loss_reward(total_losses, total_rewards)
```

执行以上代码后将生成两个子图：一个显示损失曲线；另一个显示奖励曲线。可以可视化地查看训练过程的表现，如图 8-4 所示。

(4) 调用函数 plot_train_test_by_q()，绘制基于 DDQN 模型的训练和测试结果的可视化图，具体实现代码如下：

```
plot_train_test_by_q(Environment1(train), Environment1(test), Q, 'Double DQN')
```

执行后将绘制一个包含训练结果和测试结果的蜡烛图，以及有关策略表现的信息，可有助于了解 DDQN 模型在训练阶段和测试阶段的表现，如图 8-5 所示。

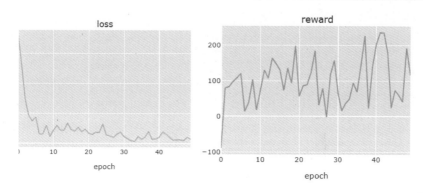

图 8-4　损失曲线和奖励曲线图

Double DQN: train s-reward 182, profits 204, test s-reward 78, profit

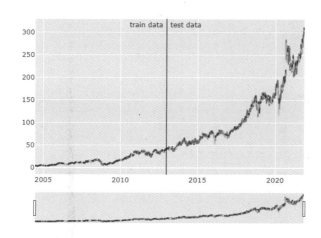

图 8-5　训练结果和测试结果的蜡烛图

8.3.7　竞争 DQN 算法的实现

竞争 DQN 算法相对于 DQN 算法的改进之一是通过引入状态值函数和优势函数来改变 Q 值的计算方式。状态值函数用于评估状态的质量，而优势函数用于评估代理在给定状态下选择动作的质量。

（1）实现基于竞争 DDQN 算法的训练过程，具体实现代码如下：

```
# 定义 Q 网络模型
class Q_Network(chainer.Chain):

    def __init__(self, input_size, hidden_size, output_size):
        super(Q_Network, self).__init__(
            fc1 = L.Linear(input_size, hidden_size),           # 第一个全连接层
            fc2 = L.Linear(hidden_size, hidden_size),          # 第二个全连接层
            fc3 = L.Linear(hidden_size, hidden_size//2),       # 第三个全连接层
            fc4 = L.Linear(hidden_size, hidden_size//2),       # 第四个全连接层
            state_value = L.Linear(hidden_size//2, 1),         # 状态值函数的全连接层
            advantage_value = L.Linear(hidden_size//2, output_size)  # 优势函数的全连接层
        )
        self.input_size = input_size
        self.hidden_size = hidden_size
```

```python
        self.output_size = output_size

    def __call__(self, x):
        h = F.relu(self.fc1(x))
        h = F.relu(self.fc2(h))
        hs = F.relu(self.fc3(h))
        ha = F.relu(self.fc4(h))
        state_value = self.state_value(hs)
        advantage_value = self.advantage_value(ha)
        advantage_mean = (F.sum(advantage_value, axis=1)/float(self.output_size)).reshape(-1, 1)
        q_value = F.concat([state_value for _ in range(self.output_size)], axis=1) + \
            (advantage_value - F.concat([advantage_mean for _ in range(self.output_size)], axis=1))
        return q_value

    def reset(self):
        self.zerograds()

# 初始化 Q 网络和目标网络(Q_ast)
Q = Q_Network(input_size=env.history_t+1, hidden_size=100, output_size=3)
Q_ast = copy.deepcopy(Q)
optimizer = chainer.optimizers.Adam()
optimizer.setup(Q)

# 定义训练的超参数
epoch_num = 50
step_max = len(env.data)-1
memory_size = 200
batch_size = 50
epsilon = 1.0
epsilon_decrease = 1e-3
epsilon_min = 0.1
start_reduce_epsilon = 200
train_freq = 10
update_q_freq = 20
gamma = 0.97
show_log_freq = 5

# 初始化经验回放的内存
memory = []
total_step = 0
total_rewards = []
total_losses = []

# 训练循环
start = time.time()
for epoch in range(epoch_num):

    pobs = env.reset()
    step = 0
    done = False
    total_reward = 0
    total_loss = 0

    while not done and step < step_max:

        # 选择一个动作
        pact = np.random.randint(3)
        if np.random.rand() > epsilon:
            pact = Q(np.array(pobs, dtype=np.float32).reshape(1, -1))
            pact = np.argmax(pact.data)

        # 执行动作
        obs, reward, done = env.step(pact)
```

```python
            # 将经验添加到内存中
            memory.append((pobs, pact, reward, obs, done))
            if len(memory) > memory_size:
                memory.pop(0)

            # 训练Q网络
            if len(memory) == memory_size:
                if total_step % train_freq == 0:
                    shuffled_memory = np.random.permutation(memory)
                    memory_idx = range(len(shuffled_memory))
                    for i in memory_idx[::batch_size]:
                        batch = np.array(shuffled_memory[i:i+batch_size])
                        b_pobs = np.array(batch[:, 0].tolist(), dtype=np.float32).reshape(batch_size, -1)
                        b_pact = np.array(batch[:, 1].tolist(), dtype=np.int32)
                        b_reward = np.array(batch[:, 2].tolist(), dtype=np.int32)
                        b_obs = np.array(batch[:, 3].tolist(), dtype=np.float32).reshape(batch_size, -1)
                        b_done = np.array(batch[:, 4].tolist(), dtype=np.bool)

                        q = Q(b_pobs)
                        indices = np.argmax(q.data, axis=1)
                        maxqs = Q_ast(b_obs).data
                        target = copy.deepcopy(q.data)
                        for j in range(batch_size):
                            target[j, b_pact[j]] = b_reward[j]+gamma*maxqs[j, indices[j]]*(not b_done[j])
                        Q.reset()
                        loss = F.mean_squared_error(q, target)
                        total_loss += loss.data
                        loss.backward()
                        optimizer.update()

                if total_step % update_q_freq == 0:
                    Q_ast = copy.deepcopy(Q)

            # 逐步减小探索率ε
            if epsilon > epsilon_min and total_step > start_reduce_epsilon:
                epsilon -= epsilon_decrease

            # 进入下一个时间步
            total_reward += reward
            pobs = obs
            step += 1
            total_step += 1

        total_rewards.append(total_reward)
        total_losses.append(total_loss)

        # 记录训练进展
        if (epoch+1) % show_log_freq == 0:
            log_reward = sum(total_rewards[((epoch+1)-show_log_freq):])/show_log_freq
            log_loss = sum(total_losses[((epoch+1)-show_log_freq):])/show_log_freq
            elapsed_time = time.time()-start
            print('\t'.join(map(str, [epoch+1, epsilon, total_step, log_reward, log_loss,
                elapsed_time])))
            start = time.time()

    return Q, total_losses, total_rewards
```

上述代码的实现流程如下.

① 定义神经网络模型 Q_Network。在竞争 DQN 中，神经网络模型具有两个输出分支，分别用于估计状态值函数和优势函数。模型包括多个全连接层，用于处理输入数据并生成 Q 值。状态值函数和优势函数分别通过不同的全连接层生成，然后合并以计算

Q 值。

② 初始化 Q 网络和目标网络(Q_ast)以及优化器。Q 网络用于估计当前 Q 值，而 Q_ast 用于估计目标 Q 值，其中 Q_ast 的参数是 Q 网络的副本。使用 Adam 优化器来更新 Q 网络的参数。

③ 定义训练的超参数和设置存储训练数据的内存(memory)：进入训练循环，对模型进行训练。在每个回合中，首先重置环境并初始化状态。在每个时间步中，选择动作并执行动作，将结果存储在内存中。如果内存中的样本数量达到一定大小，开始训练 Q 网络。计算 Q 网络的 Q 值与目标 Q 值之间的均方误差，并使用梯度下降来更新 Q 网络的参数。定期更新目标网络(Q_ast)的参数以提高稳定性。逐步减小探索率 ε，计算并记录每个回合的总奖励和损失。

④ 返回训练完成后的 Q 网络、总损失和总奖励。

> **注意**
>
> 竞争 DDQN 算法结合了 DDQN 和竞争 DQN 的思想，通过拆分 Q 值的方式来提高性能。其中，状态值函数和优势函数的输出分别用于更准确地估计状态的价值和每个动作的优势，这有助于改进强化学习模型的学习和决策过程，从而提高其性能。

(2) 调用前面创建的函数 train_dddqn，并传入 Environment1(train) 作为参数，然后将返回的 Q 网络、总损失和总奖励赋值给相应的变量。具体实现代码如下：

```
Q, total_losses, total_rewards = train_dddqn(Environment1(train))
```

执行以上代码后的输出结果如下：

```
5    0.0999999999999992  10730   62.8  14.72800035427208   150.44786381721497
10   0.0999999999999992  21460   123.8  9.991369185573422   155.14314436912537
15   0.0999999999999992  32190   99.0  26.4091144436240635  151.10969018936157
20   0.0999999999999992  42920   94.6  4.737203849168145   151.1331021785736
25   0.0999999999999992  53650   115.0  7.983418430265738   154.99753713607788
30   0.0999999999999992  64380   41.4  2.632776873203693   146.9571979045868
35   0.0999999999999992  75110   65.0  5.826020720193628   148.57011938095093
40   0.0999999999999992  85840   66.6  3.21146249650191744  147.39687895774844
45   0.0999999999999992  96570   77.8  4.835700642224401   147.784731149673464
50   0.0999999999999992  107300  37.4  2.507954669985338   144.15580892562866
```

(3) 调用函数 plot_loss_reward，并传入 total_losses 和 total_rewards 作为参数，以绘制损失和奖励的图。具体实现代码如下：

```
plot_loss_reward(total_losses, total_rewards)
```

以上代码的执行效果如图 8-6 所示。

(4) 调用函数 plot_train_test_by_q()绘制基于竞争 DDQN 模型的训练和测试数据的可视化图，具体实现代码如下：

```
plot_train_test_by_q(Environment1(train), Environment1(test), Q, 'Dueling Double DQN')
```

上述代码调用了名为 plot_train_test_by_q 的函数，并传入训练环境、测试环境、训练后的 Q 网络(在这种情况下是竞争 DDQN 模型)，以及字符串"Dueling Double DQN"作为参数。执行后将绘制一张可视化图，显示训练数据和测试数据的交易行为和收益情况，如图 8-7 所示。

第 8 章 竞争 DQN 算法

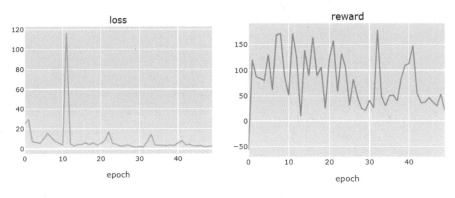

图 8-6 损失和奖励图

Dueling Double DQN: train s-reward 175, profits 179, test s-reward 8

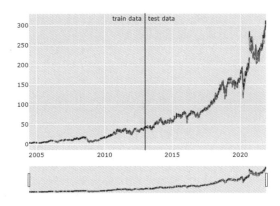

图 8-7 训练数据和测试数据的交易行为和收益情况

第 9 章 REINFORCE 算法

REINFORCE 是一种用于强化学习的策略梯度方法之一，用于训练能够在与环境互动情况下学习最佳策略的智能代理(通常是一个神经网络)。REINFORCE 算法的核心思想是通过最大化期望累积奖励来学习策略，而不是通过估计值函数(如 Q 值或价值函数)。本章将详细讲解 REINFORCE 算法的知识，为读者步入后面知识的学习打下基础。

9.1 策略梯度介绍

策略梯度是强化学习中一类重要方法,用于训练智能代理学习如何制定策略以最大化长期累积奖励。与传统的值函数方法(如 Q-learning 或状态值函数)不同,策略梯度方法直接学习策略函数,该函数映射状态到动作的概率分布。通过调整策略,代理可以逐渐改进其行为,以获得更好的奖励。

扫码看视频

9.1.1 策略梯度的重要概念和特点

策略梯度方法在处理高度随机、连续动作空间或多智能体环境等复杂问题时具有一定优势,并且已在许多领域,包括机器人控制、自然语言处理和游戏玩法等方面取得了成功应用。策略梯度的重要概念和特点如下。

(1) 策略函数。策略梯度方法的核心是策略函数 $\pi(a|s)$,它表示在给定状态 s 下采取动作 a 的概率分布。这可以是一个确定性策略(只选择一个动作)或一个随机策略(在每个状态下选择动作的概率分布)。

(2) 目标函数。策略梯度方法的目标是最大化期望累积奖励,通常用目标函数 $J(\pi)$ 来表示,即

$$J(\pi) = E(\sum t\gamma^t \cdot R_t)$$

式中,γ 为折扣因子;R_t 为在时间步 t 获得的奖励。通过调整策略 π,代理试图使这个目标函数最大化。

(3) 策略梯度。策略梯度方法通过计算目标函数对策略函数的梯度来进行优化。这个梯度告诉我们如何改变策略函数的参数,以使期望累积奖励增加。策略梯度的一般形式为

$$\nabla\theta J(\pi) = E(\sum t \nabla\theta \log\pi(a_t|s_t) \cdot G_t)$$

式中,$\nabla\theta$ 为关于策略参数 θ 的梯度;$\pi(a_t|s_t)$ 为在状态 s_t 下采取动作 a_t 的概率;G_t 为从时间步 t 开始的未来累积奖励。

(4) REINFORCE 算法。REINFORCE 是策略梯度方法的一个经典算法,它使用样本轨迹来估计策略梯度,并通过梯度上升方法来更新策略参数。这个算法已在前面进行了介绍。

(5) Actor-Critic 方法。Actor-Critic 方法结合策略梯度和值函数方法的优点。它包括两个部分:策略网络(Actor)和值函数网络(Critic)。策略网络用于制定策略,而值函数网络用于估计动作的价值。这种组合可以提高训练效率和稳定性。

(6) 样本效率和高方差。策略梯度方法通常具有较高的样本复杂性,因为它们依赖于采样多个轨迹来估计梯度。此外,由于使用蒙特卡洛估计,它们可能具有较大的方差,这意味着训练可能不稳定。因此,改进策略梯度方法以提高样本效率和稳定性是一个活跃的研究领域。

9.1.2 策略梯度定理的数学推导

策略梯度定理的数学推导涉及概率和期望的运算。下面将简要介绍策略梯度定理的数学推导过程,但注意这只是一个高层次的概述,具体的推导可能会更复杂,取决于策略的具体形式和问题的设置。

首先,有一个策略函数 $\pi(a|s)$,表示在状态 s 下采取动作 a 的概率分布。目标是最大化期望累积奖励,表示为目标函数 $J(\pi)$。目标函数的定义为

$$J(\pi) = E(\sum t\gamma^t \cdot R_t)$$

式中,γ 为折扣因子;R_t 为在时间步 t 获得的奖励。

为了使用梯度上升来更新策略参数 θ,需要计算目标函数 $J(\pi)$ 关于参数 θ 的梯度。这可以通过链式法则来计算,将目标函数拆分为不同时间步上的累积,即

$$\nabla \theta J(\pi) = \nabla \theta E(\sum t\gamma^t \cdot R_t)$$

接下来,可以使用梯度和期望之间的交换性质,将梯度操作移到期望操作内部,即

$$\nabla \theta J(\pi) = E(\nabla \theta \sum t\gamma^t \cdot R_t)$$

现在,需要计算 $\nabla \theta \sum t\gamma^t \cdot R_t$ 关于 θ 的梯度。这可以通过将梯度运算引入累积的求和符号中来完成,即

$$\nabla \theta J(\pi) = E(\sum t\gamma^t \cdot \nabla \theta R_t)$$

接下来,可以使用链式法则将 $\nabla \theta$ 运算应用于 R_t 上,得到

$$\nabla \theta J(\pi) = E(\sum t\gamma^t \cdot \nabla \theta \log \pi(a_t|s_t) \cdot R_t)$$

在这里,使用了 $\pi(a_t|s_t)$ 表示在状态 s_t 下采取动作 a_t 的概率,而 $\nabla \theta \log \pi(a_t|s_t)$ 表示关于 θ 的该概率的梯度。

最后,通过将所有的时间步和奖励的期望都合并在一起,得到策略梯度的一般形式,即

$$\nabla \theta J(\pi) = E[\sum t \nabla \theta \log \pi(a_t|s_t) \cdot G_t]$$

式中,G_t 为从时间步 t 开始的未来累积奖励。

这就是策略梯度定理的数学推导过程的高层概述。这个推导是强化学习中非常重要的,因为它提供了一种方法来计算策略的梯度,以便通过梯度上升方法来优化策略。请注意,具体的推导可能会依赖于策略函数的形式和问题的设置,因此在不同情况下可能会有一些变化。

9.2 REINFORCE 算法基础

REINFORCE(REward Increment = Nonnegative Factor × Offset Reinforcement × Characteristic Eligibility,奖励增量=非负因素×偏移强化×特征资格)算法是一种基于策略梯度的强化学习方法,用于训练智能代理学习如何制定策略以最大化累积奖励。REINFORCE 算法的核心思想是通过策略函数的梯度来更新策略,使代理逐渐改进其行为。

扫码看视频

9.2.1 REINFORCE 算法的基本原理

REINFORCE 算法是一种基于策略梯度的强化学习算法,用于训练智能代理以制定策略从而最大化累积奖励。其基本原理如下。

(1) 策略函数。REINFORCE 算法的核心是策略函数,表示在给定状态下采取动作的概率分布。通常,策略函数由一个神经网络表示,输入是状态,输出是在每个可能的动作上采取的概率。

(2) 目标函数。目标是最大化期望累积奖励,REINFORCE 算法的目标函数 $J(\theta)$ 表示在策略 $\pi(a|s;\theta)$ 下的累积奖励的期望,即

$$J(\theta) = E(\sum t\gamma^t \cdot R_t)$$

式中,γ 为折扣因子;R_t 为在时间步 t 获得的奖励。

(3) 策略梯度。为了最大化目标函数,REINFORCE 使用策略梯度方法。策略梯度的一般形式为

$$\nabla_\theta J(\theta) = E(\sum t \nabla_\theta \log \pi(a_t|s_t;\theta) \cdot G_t)$$

(4) 梯度上升。为了最大化目标函数,REINFORCE 使用梯度上升法来更新策略参数 θ,即

$$\theta \leftarrow \theta + \alpha \cdot \nabla_\theta J(\theta)$$

式中,α 为学习率,它决定了参数更新的步长。

(5) 采样轨迹。为了计算梯度,REINFORCE 算法需要与环境互动,生成一系列状态、动作和奖励的轨迹。这些轨迹用于估计期望值,并计算梯度。

(6) 蒙特卡洛估计。REINFORCE 算法使用蒙特卡洛估计来估计策略梯度。它通过采样多个轨迹,并使用这些轨迹中的累积奖励来估计期望值。

(7) 训练迭代。REINFORCE 算法通过多次与环境互动、收集轨迹、计算梯度和更新策略参数来进行训练,直至策略收敛到一个满意的状态或达到指定的训练轮次为止。

REINFORCE 算法的关键思想是通过策略梯度来更新策略,以最大化长期累积奖励。它适用于处理高度非确定性、连续动作空间和多智能体问题,但通常需要大量的样本来估计梯度,因此可能样本效率较低,并且具有较大的方差。因此,在实践中,通常使用改进的策略梯度算法,如 Actor-Critic 方法,以提高性能和稳定性。

请看下面的例子,演示了在一个简单的离散状态和动作空间中使用 REINFORCE 算法来解决问题的过程。假设现在有一个模拟的小车,它可以处于两个位置:位置 0 和位置 1。小车的目标是通过选择动作向右移动到位置 1,并在位置 1 停止。动作空间包括两个动作:向右移动和不动。每个动作都有一个固定的概率来执行。

实例 9-1 使用 REINFORCE 算法解决小车问题(源码路径:daima\9\rei.py)

实例文件 rei.py 的具体实现代码如下:

```python
import numpy as np
import tensorflow as tf

# 定义策略网络
model = tf.keras.Sequential([
    tf.keras.layers.Dense(2, activation='softmax', input_shape=(1,))
])
```

```python
# 定义优化器
optimizer = tf.keras.optimizers.Adam(learning_rate=0.01)

# 训练REINFORCE算法
num_episodes = 1000
gamma = 0.99  # 折扣因子

for episode in range(num_episodes):
    state = np.array([0])  # 初始状态在位置0
    episode_states, episode_actions, episode_rewards = [], [], []

    while state[0] != 1:  # 直至达到位置1为止
        # 根据策略选择动作
        action_prob = model.predict(state.reshape(1, 1))[0]
        action = np.random.choice(2, p=action_prob)

        # 执行选择的动作,并观察奖励和下一个状态
        if action == 0:
            reward = 0
            next_state = np.array([0])
        else:
            reward = 1
            next_state = np.array([1])

        episode_states.append(state)
        episode_actions.append(action)
        episode_rewards.append(reward)

        state = next_state

    # 计算累积奖励(回报)
    discounted_rewards = []
    cumulative_reward = 0
    for r in episode_rewards[::-1]:
        cumulative_reward = r + gamma * cumulative_reward
        discounted_rewards.insert(0, cumulative_reward)

    # 计算策略梯度并应用梯度上升
    for i in range(len(episode_states)):
        with tf.GradientTape() as tape:
            action_prob = model(episode_states[i].reshape(1, 1))
            selected_action_prob = action_prob[0, episode_actions[i]]
            loss = -tf.math.log(selected_action_prob) * discounted_rewards[i]
        gradients = tape.gradient(loss, model.trainable_variables)
        optimizer.apply_gradients(zip(gradients, model.trainable_variables))

    # 输出训练进度
    if episode % 10 == 0:
        total_reward = sum(episode_rewards)
        print(f"Episode: {episode}, Total Reward: {total_reward}")

print("Training Complete!")
```

在上述代码中,创建了一个简单的离散状态空间和动作空间,并使用 REINFORCE 算法来训练一个神经网络策略模型,使小车能够从位置 0 移动到位置 1。这个问题更简单,适合演示 REINFORCE 算法的基本原理。上述代码的实现流程如下。

(1) 定义策略网络 model。

① 使用 TensorFlow 的 Sequential 模型来定义策略网络。

② 网络有一个具有 softmax 激活函数的全连接层,用于输出动作的概率分布。

③ 输入层的大小是 (1,),表示状态的维度是 1。

(2) 定义优化器 optimizer。使用 Adam 优化器来更新策略网络的参数，学习率设置为 0.01。

(3) 训练 REINFORCE 算法。

① 指定训练的总轮数 num_episodes 和折扣因子 gamma。

② 循环进行多次训练迭代，每次迭代代表一个回合(episode)。

(4) 在每个回合内执行以下步骤。

① 初始化状态 state 为位置 0。

② 创建空的列表 episode_states、episode_actions 和 episode_rewards，以记录每个时间步的状态、动作和奖励。

③ 进入一个内循环，直至达到目标状态位置 1 为止。

(5) 在每个时间步内执行以下操作。

① 使用策略网络 model 预测当前状态 state 下的动作概率分布 action_prob。

② 使用动作概率分布 action_prob 随机选择一个动作。

③ 根据选择的动作执行状态转移，并观察奖励 reward 和下一个状态 next_state。

④ 将当前状态、动作和奖励添加到对应的列表中。

⑤ 更新当前状态为下一个状态。

(6) 计算累积奖励(回报)。

① 创建一个空列表 discounted_rewards 来存储每个时间步的折扣累积奖励。

② 从后向前遍历 episode_rewards，计算每个时间步的折扣累积奖励，并将其插入到列表的开头。

(7) 计算策略梯度并应用梯度上升。

① 对于每个时间步，使用 TensorFlow 的 GradientTape 计算损失函数 loss。

② 损失函数是动作的负对数概率乘以折扣累积奖励。

③ 使用 tape.gradient 计算损失相对于策略网络参数的梯度。

④ 使用优化器 optimizer 来应用梯度上升，更新策略网络的参数。

(8) 输出训练进度。

① 在每 10 个回合输出一次总奖励，以跟踪训练进度。

② 训练完成后输出"Training Complete!"。

执行以上代码后的输出结果如下：

```
Episode: 0, Total Reward: 1
Episode: 10, Total Reward: 1
Episode: 20, Total Reward: 1
...
Episode: 990, Total Reward: 1
Training Complete!
```

本实例将执行 1000 个回合的训练，并在每个回合结束时输出累积奖励(总奖励)。每个回合代表小车试图从位置 0 移动到位置 1 的一次尝试。输出将显示在训练的过程中每个回合的累积奖励。通过上述输出结果可以看到模型在训练过程中逐渐提高了累积奖励，最终能够在每个回合中获得 1 的总奖励，即成功将小车从位置 0 移动到位置 1。这表明 REINFORCE 算法成功地学习到了如何通过选择正确的动作来实现目标。

9.2.2 REINFORCE 算法的更新规则

REINFORCE 算法使用策略梯度来更新策略参数，以最大化期望累积奖励，其更新规则如下。

(1) 计算梯度。首先，使用策略函数 $\pi(a|s;\theta)$ 和策略梯度公式计算目标函数 $J(\theta)$ 关于策略参数 θ 的梯度。梯度的计算公式为

$$\nabla\theta J(\theta) = E[\sum t\nabla\theta \log \pi(a_t|s_t;\theta) \cdot G_t]$$

式中，$\nabla\theta$ 为关于策略参数 θ 的梯度；$\pi(a_t|s_t;\theta)$ 为在状态 s_t 下采取动作 a_t 的概率；G_t 为从时间步 t 开始的未来累积奖励。

(2) 更新参数。然后，根据梯度上升法，使用学习率 α 来更新策略参数 θ，即

$$\theta \leftarrow \theta + \alpha \cdot \nabla\theta J(\theta)$$

这一步将策略参数 θ 朝着最大化目标函数 $J(\theta)$ 的方向进行调整。

(3) 重复训练。重复以上两个步骤，与环境互动、计算梯度和更新参数，直至策略收敛到一个满意的状态或达到指定的训练轮次为止。

这就是 REINFORCE 算法的更新规则，通过计算策略梯度并使用梯度上升法来更新策略参数，代理可以逐渐改进其策略以最大化长期累积奖励。需要注意的是，学习率 α 的选择是一个重要的超参数，它决定了参数更新的步长，通常需要仔细调整以获得最佳性能。此外，REINFORCE 算法可能会具有较高的样本复杂性和方差，因此在实践中可能需要使用改进的策略梯度算法以提高性能和稳定性。请看下面的例子，实现了一个基本的 REINFORCE 算法，用于训练策略网络以最大化累积奖励。它可以应用于各种强化学习任务，只需根据具体问题设置状态、动作和奖励的逻辑。

> **实例 9-2** 实现 REINFORCE 算法的更新规则(源码路径：daima\9\geng.py)

实例文件 geng.py 的具体实现代码如下：

```python
import torch
import torch.nn as nn
import torch.optim as optim
from torch.distributions import Categorical

class PolicyNetwork(nn.Module):
    def __init__(self, state_size, action_size):
        super(PolicyNetwork, self).__init__()
        self.fc1 = nn.Linear(state_size, 64)
        self.fc2 = nn.Linear(64, 32)
        self.fc3 = nn.Linear(32, action_size)

    def forward(self, x):
        x = torch.relu(self.fc1(x))
        x = torch.relu(self.fc2(x))
        x = self.fc3(x)
        return x

class REINFORCE:
    def __init__(self, state_size, action_size, learning_rate=0.01):
        self.policy = PolicyNetwork(state_size, action_size)
        self.optimizer = optim.Adam(self.policy.parameters(), lr=learning_rate)
        self.gamma = 0.99
        self.num_episodes = 10000
        self.log_probs = []
        self.rewards = []
```

```python
def select_action(self, state):
    state = torch.tensor([state], dtype=torch.float32)
    action_probs = self.policy(state)
    action_dist = Categorical(action_probs)
    action = action_dist.sample()
    self.log_probs.append(action_dist.log_prob(action))
    return action.item()

def update(self):
    discounted_rewards = self.compute_discounted_rewards()
    policy_loss = []
    for log_prob, reward in zip(self.log_probs, discounted_rewards):
        policy_loss.append(-log_prob * reward)

    self.optimizer.zero_grad()
    policy_loss = torch.stack(policy_loss).sum()
    policy_loss.backward()
    self.optimizer.step()

    self.log_probs = []
    self.rewards = []
def compute_discounted_rewards(self):
    discounted_rewards = []
    R = 0
    for r in self.rewards[::-1]:
        R = r + self.gamma * R
        discounted_rewards.insert(0, R)
    mean = torch.mean(torch.tensor(discounted_rewards))
    std = torch.std(torch.tensor(discounted_rewards))
    discounted_rewards = (discounted_rewards - mean) / (std + 1e-8)
    return discounted_rewards
```

对上述代码的具体说明如下。

(1) 在方法 select_action 中，计算了选定动作的对数概率，并将这些对数概率记录在 log_probs 列表中。这是 REINFORCE 算法中的一部分，用于计算策略梯度的损失。

(2) 在方法 update 中，它计算了策略梯度的损失。具体来说，它将 log_prob 和折扣累积奖励相乘，然后对损失进行反向传播以更新策略网络的参数。这是 REINFORCE 算法的更新规则，目的是最大化预期累积奖励。

(3) 方法 compute_discounted_rewards 计算了折扣累积奖励，这也是 REINFORCE 算法的一部分。折扣累积奖励用于计算策略梯度的损失。

总起来说，这段代码是一个基本的 REINFORCE 算法的实现，它包括 REINFORCE 算法的核心组件和更新规则，用于训练策略网络以最大化累积奖励。

9.2.3 基线函数与 REINFORCE 算法的优化

基线函数(Baseline Function)是一种在 REINFORCE 算法中用于减小方差的技巧。它是一个函数，可以用来估计在某个状态下的平均奖励值。在引入基线函数后，REINFORCE 算法的更新规则可以被修改为

$$\theta \leftarrow \theta + \alpha \cdot \nabla_\theta \log \pi(a_t|s_t;\theta) \cdot (G_t - b(s_t))$$

式中，$b(s_t)$ 为基线函数，它估计了在状态 s_t 下的平均奖励。这个修改可以帮助减小梯度估计的方差，从而提高 REINFORCE 算法的性能。

基线函数与 REINFORCE 算法的优化之间的关系和优势如下。

(1) 减小方差。REINFORCE 算法的一个主要问题是方差较大，导致训练过程不稳定。基线函数的引入有助于减小方差，使策略梯度的估计更稳定。通过减小方差，代理可以更快地学习到更好的策略。

(2) 加速收敛。由于减小了方差，使用基线函数的 REINFORCE 算法通常能够更快地收敛到一个较好的策略。这对于训练时间较长的问题尤其有用。

(3) 增强探索。基线函数的引入有时可以增强探索，使代理更容易尝试新的动作，因为它不仅关注奖励的大小，还关注相对于平均奖励的优势。

(4) 选择基线函数。选择适当的基线函数是一个挑战，通常可以使用值函数(如状态值函数或优势函数)作为基线函数，也可以通过神经网络来估计。选择基线函数的性能对于 REINFORCE 算法的成功与否非常重要。

总之，基线函数的引入是 REINFORCE 算法的一种优化方法，旨在减小梯度估计的方差，从而改进算法的性能和稳定性。然而，选择和调整基线函数需要谨慎，因为不同问题可能需要不同的基线函数以及不同的超参数设置。在实践中，通常需要进行试验和调整，以找到最适合特定问题的基线函数。

在强化学习实践应用中，基线函数通常用于减少策略梯度算法(如 REINFORCE)的方差，从而加速收敛和提高性能。基线函数是一个对状态的值函数估计，用于衡量状态的平均价值。例如，下面是一个演示基线函数与 REINFORCE 算法的优化 Python 示例。

实例 9-3 实现 REINFORCE 算法与基线函数的优化(源码路径：**daima\9\you.py**)

实例文件 you.py 的主要实现代码如下：

```python
# 定义环境
class Environment:
    def __init__(self):
        self.state = 0
        self.num_states = 5
        self.action_space = 2

    def step(self, action):
        if self.state == self.num_states - 1:
            return self.state, 1.0, True
        if action == 0:
            self.state -= 1
        else:
            self.state += 1
        return self.state, 0.0, False

# 定义策略网络
class PolicyNetwork(nn.Module):
    def __init__(self):
        super(PolicyNetwork, self).__init__()
        self.fc = nn.Linear(1, 2)  # 输入状态维度为1，输出动作概率分布

    def forward(self, x):
        x = self.fc(x)
        return torch.softmax(x, dim=-1)

# 定义基线函数网络
class BaselineNetwork(nn.Module):
    def __init__(self):
        super(BaselineNetwork, self).__init__()
        self.fc = nn.Linear(1, 1)  # 输入状态维度为1，输出值函数估计
```

```python
    def forward(self, x):
        x = self.fc(x)
        return x

# REINFORCE 算法与基线函数的优化
def reinforce_with_baseline(num_episodes, gamma, policy_net, baseline_net, optimizer_policy,
optimizer_baseline):
    env = Environment()
    rewards = []

    for episode in range(num_episodes):
        state = 0
        log_probs = []
        rewards_episode = []

        while True:
            state_tensor = torch.tensor([[state]], dtype=torch.float32)
            action_probs = policy_net(state_tensor)
            action_dist = Categorical(action_probs)
            action = action_dist.sample()
            log_prob = action_dist.log_prob(action)
            log_probs.append(log_prob)

            next_state, reward, done = env.step(action.item())
            rewards_episode.append(reward)

            if done:
                break
            state = next_state

        # 计算折扣累积奖励
        discounted_rewards = []
        R = 0
        for r in rewards_episode[::-1]:
            R = r + gamma * R
            discounted_rewards.insert(0, R)

        # 计算策略梯度和基线函数误差
        policy_loss = []
        baseline_loss = []
        for log_prob, discounted_reward in zip(log_probs, discounted_rewards):
            policy_loss.append(-log_prob * discounted_reward)
            baseline_value = baseline_net(state_tensor)
            baseline_loss.append((discounted_reward - baseline_value) ** 2)

        # 更新策略网络和基线函数
        optimizer_policy.zero_grad()
        optimizer_baseline.zero_grad()
        policy_loss = torch.stack(policy_loss).sum()
        baseline_loss = torch.stack(baseline_loss).sum()
        policy_loss.backward()
        baseline_loss.backward()
        optimizer_policy.step()
        optimizer_baseline.step()

        rewards.append(sum(rewards_episode))

    return rewards

# 创建策略网络、基线函数网络和优化器
policy_net = PolicyNetwork()
baseline_net = BaselineNetwork()
optimizer_policy = optim.Adam(policy_net.parameters(), lr=0.01)
optimizer_baseline = optim.Adam(baseline_net.parameters(), lr=0.01)
```

```
# 运行REINFORCE算法与基线函数的优化
num_episodes = 1000
gamma = 0.99
rewards = reinforce_with_baseline(num_episodes, gamma, policy_net, baseline_net,
optimizer_policy, optimizer_baseline)

# 打印总奖励
print("Total Rewards:")
print(rewards)
```

在上述代码中,首先定义了一个简单的环境,然后创建了策略网络和基线函数网络。接下来,实现了 REINFORCE 算法与基线函数的优化。在每个回合中执行以下步骤:
(1) 选择一个动作,计算动作的对数概率并记录。
(2) 执行动作并观察奖励。
(3) 计算折扣累积奖励。
(4) 计算策略梯度和基线函数误差。
(5) 使用优化器分别更新策略网络和基线函数网络的参数。

最后,运行了多个回合,并打印出总奖励。执行后会运行 REINFORCE 算法与基线函数的优化,共进行了 1000 个回合。输出显示了每个回合的总奖励,所有回合的总奖励都为 1.0。这是一个简单的示例,目的是演示如何使用基线函数来减少方差,从而改进 REINFORCE 算法的性能。

> **注意**
> 由于环境和网络结构的简单性,这个示例中的任务非常容易,因此每个回合都能获得最大奖励。在更复杂的任务中,REINFORCE 算法和基线函数的优化将更加显著地改善性能。

在强化学习实践应用中,一个最常见的实践是解决 CartPole 平衡问题。CartPole 是一个经典的控制问题,其目标非常简单,即不要让杆子倒下。为了成功地平衡杆子,控制器必须对小车施加恰到好处的左右移动,以保持杆子平衡。控制器必须尽可能长时间地保持杆子不倒下。在最大可能的情况下,一个完整的回合(episode)长度为 500 步,如果杆子在 500 步内没有倒下,问题被认为已经解决。请看下面的例子,使用 REINFORCE 的策略梯度强化学习算法以及神经网络状态估计来解决这个问题。

实例 9-4 使用 REINFORCE 算法解决 CartPole 平衡问题(源码路径:daima\9\reinforce-policy-gradient.ipynb)

编写实例文件 reinforce-policy-gradient.ipynb,分别实现初始化环境、训练代理、计算损失、更新参数和可视化训练进度等功能。最终,通过演示代理在模拟器上的动作,评估了代理的性能。reinforce-policy-gradient.ipynb 文件的主要实现代码如下:

```
# 给定一个时间序列,计算指数移动平均值
def exp_moving_avg(arr, beta=0.9):
    n = arr.shape[0]
    mov_avg = np.zeros(n)
    mov_avg[0] = (1 - beta) * arr[0]
    for i in range(1, n):
        mov_avg[i] = beta * mov_avg[i - 1] + (1 - beta) * arr[i]
    return mov_avg
```

```python
class Policy_net(Module):
    def __init__(self, state_dim, n_actions, n_hidden):
        super(Policy_net, self).__init__()
        self.state_dim = state_dim
        self.n_actions = n_actions
        self.fc1 = Linear(state_dim, n_hidden)
        self.fc2 = Linear(n_hidden, n_actions)

    def forward(self, X):
        X = self.fc1(X)
        X = torch.nn.LeakyReLU()(X)
        X = self.fc2(X)
        X = torch.nn.Softmax(dim=0)(X)
        return X

    def select_action(self, curr_state):
        actions_prob_dist = self.forward(torch.Tensor(curr_state))
        selected_act = np.random.choice(self.n_actions, p=actions_prob_dist.data.numpy())
        return selected_act

# 定义用于训练神经网络的损失函数
def loss_fn(probs, r):
    return -1 * torch.sum(r * torch.log(probs))

# 定义超参数
state_dim = 4
n_actions = 2
n_hidden = 150
n_episodes = 700
max_episode_len = 500
lr = 0.009
discount = 0.99

history_episode_len = np.zeros(n_episodes)

agent = Policy_net(state_dim, n_actions, n_hidden)

optimizer = torch.optim.Adam(agent.parameters(), lr=lr)

for episode in range(n_episodes):
    env = gym.make('CartPole-v1', new_step_api=True, render_mode=None)
    state = env.reset()
    transitions = []

    for t in range(max_episode_len):
        action = agent.select_action(state)
        next_state, reward, terminated, truncated, info = env.step(action)

        transitions.append((state, action, t + 1))

        finished = terminated or truncated
        if finished:
            break

        state = next_state

    episode_len = len(transitions)
    history_episode_len[episode] = episode_len
    state_batch = torch.Tensor(np.array([s for (s, a, r) in transitions]))
    action_batch = torch.Tensor([a for (s, a, r) in transitions])
    reward_batch = torch.Tensor([r for (s, a, r) in transitions]).flip(dims=(0,))
    pred_batch = agent(state_batch)
    prob_batch = pred_batch.gather(dim=1, index=action_batch.long().view(-1, 1)).squeeze()

    disc_return = torch.pow(discount, torch.arange(episode_len).float()) * reward_batch
    disc_return /= disc_return.max()
```

```
    loss = loss_fn(prob_batch, disc_return)
    optimizer.zero_grad()
    loss.backward()
    optimizer.step()

    print(f"Episode: {episode + 1},  Episode Length: {episode_len}")

env.close()

# 绘制学习曲线
plt.figure(figsize=(14, 7))
plt.plot(exp_moving_avg(history_episode_len, 0.8))
plt.xlabel("Episode", fontsize=25)
plt.ylabel("Length", fontsize=25)
plt.grid(True)

n_episodes = 10
for episode in range(n_episodes):
    env = gym.make('CartPole-v1', new_step_api=True, render_mode="human")
    state = env.reset()
    episode_len = 0

    for t in range(max_episode_len):
        episode_len += 1
        action = agent.select_action(state)
        state, reward, terminated, truncated, info = env.step(action)
        finished = terminated or truncated
        if finished:
            break

    print(f"Episode: {episode + 1},  Episode Length: {episode_len}")
    env.close()
```

上述代码的实现流程如下。

(1) 引入所需的库和模块，包括 Gym 环境(CartPole-v1)、NumPy、PyTorch、matplotlib 等。

(2) 定义函数 exp_moving_avg，用于计算时间序列数据的指数移动平均。

(3) 定义神经网络类 Policy_net，这是一个多层感知器(MLP)，用于执行策略梯度方法。它包括两个全连接层，以及前向传播和选择动作的方法。

(4) 定义损失函数 loss_fn，用于训练神经网络。

(5) 设置超参数，包括状态维度(state_dim)、动作数量(in_actions)、隐藏层大小(n_hidden)、训练回合数量(n_episodes)、最大回合长度(max_episode_len)、学习率(lr)和折扣因子(discount)。

(6) 创建代理 agent，实例化 Policy_net 类。

(7) 创建优化器 optimizer，用于更新神经网络的参数。

(8) 在一个循环中，训练代理，每个回合包括以下步骤。

① 初始化环境并重置状态。

② 在每个时间步骤内，根据当前状态选择一个动作。

③ 执行动作，观察下一个状态、奖励和终止信息。

④ 将状态、动作和时间步骤存储到转换列表中。

⑤ 如果回合终止，则跳出循环。

⑥ 计算回合的长度。

⑦ 计算损失并更新神经网络的参数。

⑧ 打印回合号和回合长度。

⑨ 关闭环境。

(9) 绘制回合长度的指数移动平均曲线图，以可视化训练进度，如图9-1所示。

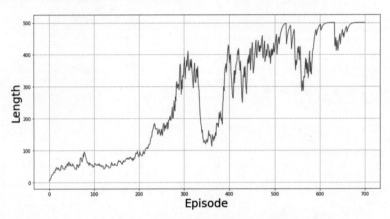

图9-1　回合长度的指数移动平均曲线图

(10) 在模拟器上打印输出代理在10个回合中的动作，输出结果如下：

```
Episode: 1,   Episode Length: 500
Episode: 2,   Episode Length: 280
Episode: 3,   Episode Length: 500
Episode: 4,   Episode Length: 500
Episode: 5,   Episode Length: 500
Episode: 6,   Episode Length: 500
Episode: 7,   Episode Length: 500
Episode: 8,   Episode Length: 500
Episode: 9,   Episode Length: 500
Episode: 10,  Episode Length: 500
```

第 10 章 Actor-Critic 算法

Actor-Critic(演员-评论家)是一种强化学习算法，通常用于解决连续动作空间的问题。其中一个重要特点是它允许在学习过程中同时学习策略和价值函数，从而可以有效地处理连续动作空间和高维状态空间的问题。本章将详细讲解 Actor-Critic 算法的知识。

10.1 Actor-Critic 算法的介绍与原理

Actor-Critic(演员-评论家)算法是一种强化学习算法，用于解决 MDP 中的连续动作空间问题。Actor-Critic 结合了两个重要的组件，即 Actor 和 Critic，每个组件有不同的角色和功能。

扫码看视频

10.1.1 强化学习中的策略梯度方法

强化学习中的策略梯度方法是一类用于训练策略的算法，其目标是最大化预期累积奖励。与值函数方法(如 Q-learning 和 DQN)不同，策略梯度方法直接对策略进行参数化，并通过梯度上升来更新策略，以找到最优策略。这些方法在处理连续动作空间和高维状态空间的问题时非常有用，因为它们可以直接输出动作的概率分布。下面是策略梯度方法的一些常用概念和算法。

1. 策略表示

在策略梯度方法中，策略通常用一个参数化函数来表示，如神经网络。这个函数接受环境的状态作为输入，并输出在给定状态下采取各个动作的概率。

2. 策略梯度

策略梯度方法的核心思想是使用梯度上升法来更新策略的参数，以增加预期累积奖励。梯度上升的目标是最大化一个性能度量，通常是期望回报(expected return)。策略梯度表示通过增加选择高回报动作的概率，减少选择低回报动作的概率。

3. 策略梯度定理

策略梯度方法的理论基础是策略梯度定理(Policy Gradient Theorem)，它描述了如何计算策略梯度。该定理表明，策略梯度可以通过对回报乘以动作概率的梯度来计算。

4. REINFORCE 算法

REINFORCE 是一种经典的策略梯度算法，它使用蒙特卡洛采样来估计策略梯度，通过采样多个轨迹并计算每个动作的梯度来更新策略参数。

5. Actor-Critic 方法

Actor-Critic 算法是一种策略梯度方法，同时结合了 Actor 和 Critic 两个组件。Actor 负责学习策略，Critic 负责学习值函数，Actor 根据 Critic 的反馈来更新策略。这种方法通常更稳定，因为 Critic 可以提供更精确的梯度信号。

6. TRPO 和 PPO

TRPO(Trust Region Policy Optimization，信任域策略优化)和 PPO(Proximal Policy Optimization，最近策略优化)是一些进阶的策略梯度方法，它们使用一些技巧来提高算法的稳定性和样本效率。TRPO 引入了一个"信任区域"，以确保策略更新不会引起太大的性能下降，PPO 使用剪切(clipping)策略梯度以防止太大的策略更新。

策略梯度方法在许多强化学习应用中表现出色，特别是在处理高维连续动作空间问题和在模拟环境中训练深度神经网络策略时。然而，它们通常需要更多的样本来收敛，并且在某些问题上可能会遇到局部最优解的问题。因此，研究人员一直在努力改进策略梯度方法，以提高其性能和稳定性。

10.1.2 Actor-Critic 算法框架概述

Actor-Critic 是一种强化学习框架，旨在解决 MDP 中的策略优化问题。该框架结合了两个关键组件，即 Actor 和 Critic，它们各自负责策略学习和价值评估。

1. Actor

Actor 是策略的学习者，它的主要任务是选择动作，以最大化长期预期回报。Actor 通常使用一个参数化的策略函数，如神经网络，将环境的状态作为输入，输出一个动作或动作概率分布。Actor 的目标是学习一个良好的策略，以在不同的状态下选择动作，以最大化总回报。

2. Critic

Critic 是价值函数的学习者，它的任务是估计在给定状态下采取某个动作的预期累积奖励。Critic 通常使用参数化的价值函数，如神经网络，将状态和动作作为输入，输出预期回报的估计值。Critic 的目标是学习一个准确的价值函数，以提供对 Actor 策略的反馈，帮助 Actor 改进策略。

Actor-Critic 算法框架的工作流程如下。

(1) 初始化 Actor 和 Critic 的参数。

(2) 在每个时间步，Actor 使用当前策略来选择一个动作，并与环境互动，观察下一个状态和即时奖励。

(3) Critic 使用这些观察结果来估计当前状态-动作对的价值，通常通过值函数来实现。

(4) Critic 计算出估计值与实际获得的奖励之间的误差，也就是即时奖励与估计值之差。

(5) Actor 使用这个误差信号来更新策略参数，以使未来的策略更有可能产生更高的预期累积奖励。通常，这是通过策略梯度方法来实现的。

(6) 重复上述步骤，直到 Actor 策略收敛到一个较好的策略或达到了预定的训练次数。

Actor-Critic 算法框架的关键思想是结合了策略优化(通过 Actor)和价值估计(通过 Critic)两个方面，使算法更稳定且能够更快地收敛到好的策略。这种框架在深度强化学习中得到了广泛应用，尤其是处理连续动作空间和高维状态空间问题时非常有用。不同的 Actor-Critic 算法变体和改进方法也在不断涌现，以进一步提高算法的性能和稳定性。

10.1.3 Actor-Critic 算法实战：手推购物车游戏

CartPole 是 OpenAI Gym 中的一个游戏测试，目的是通过强化学习让代理(Agent)控制购物车，使杆子尽量长时间不倒。这个游戏很简单，将购物车往不同的方向推，最终让车爬到山顶。本实例演示使用 TensorFlow 实现 Actor-Critic 算法的过程，功能是在 OpenAI Gym CartPole-V0 环境中训练代理。在 CartPole-V0 环境中，一根杆子连接到沿着无摩擦轨道移动的购物车上。杆子是直立的，代理的目标是通过对购物车施加-1 或+1 的力来防止它倒下。杆子保持直立的每一步都会得到+1 的奖励。当杆子与垂直方向的夹角超过 15°或购物车从中心移动超过 2.4 个单位时，一回合播放结束。当这一回合的平均总奖励在 100 次连续试验中达到 195 时，这个问题就被认为"解决了"。

实例 10-1　手推购物车(实现 CartPole 游戏)(源码路径：daima\10\ping01.py 和 ping02.py)
实例文件 ping01.py 的具体实现流程如下。

(1) 导入需要的库，然后创建使用 CartPole-V0 环境。代码如下：

```
import collections
import gym
import numpy as np
import statistics
import tensorflow as tf
import tqdm

from matplotlib import pyplot as plt
from tensorflow.keras import layers
from typing import Any, List, Sequence, Tuple

#创建环境
env = gym.make("CartPole-v0")

#设置训练数量
seed = 42
env.seed(seed)
tf.random.set_seed(seed)
np.random.seed(seed)

# 稳定除法运算小值
eps = np.finfo(np.float32).eps.item()
```

(2) 使用 Actor-Critic 算法开发神经网络，创建实现类 ActorCritic。Actor 和 Critic 可以分别使用生成行动概率和 Critic 值的一个神经网络来建模。在本实例中，使用模型子类化来定义模型。在前向传递期间，模型将状态作为输入，并输出动作概率和评论值，它对状态相关的价值函数进行建模。目标是训练一个基于策略选择动作的模型最大化预期回报。对于 Cartpole-V0 游戏来说，有 4 个代表购物车状态的值，分别是推车位置、推车速度、极角和极速。代理可以采取两个动作分别向左(0)和向右(1)推动购物车。代码如下：

```
class ActorCritic(tf.keras.Model):
  """创建神经网络"""

  def __init__(
      self,
      num_actions: int,
      num_hidden_units: int):
    """初始化"""
    super().__init__()

    self.common = layers.Dense(num_hidden_units, activation="relu")
    self.actor = layers.Dense(num_actions)
    self.critic = layers.Dense(1)

  def call(self, inputs: tf.Tensor) -> Tuple[tf.Tensor, tf.Tensor]:
    x = self.common(inputs)
```

```
    return self.actor(x), self.critic(x)

num_actions = env.action_space.n  # 2
num_hidden_units = 128

model = ActorCritic(num_actions, num_hidden_units)
```

(3) 开始训练数据，需要按照以下步骤训练代理。
① 运行代理以收集每个回合的训练数据。
② 计算每个时间步的预期收益。
③ 计算 Actor-Critic 模型的损失。
④ 计算梯度并更新网络参数。
⑤ 重复上面的步骤①~④，直至达到成功标准或最大回合数为止。

接下来首先收集训练数据，与监督学习一样，为了训练 Actor-Critic 模型，需要有训练数据。但是为了收集此类数据，模型需要在环境中"运行"。为每一回合收集训练数据。然后在每个时间步内，模型的前向传递将在环境状态下运行，以基于模型权重参数化的当前策略生成动作概率和评论值。然后将从模型生成的动作概率中采样下一个动作，并将其应用于环境，从而生成下一个状态和奖励。这个过程在函数 run_episode()中实现，它使用 TensorFlow 操作，以便稍后可以将其编译成 TensorFlow 图以进行更快的训练。请注意，tf.TensorArray 用于支持可变长度数组的张量迭代。代码如下：

```
#将OpenAI Gym的'env.step'调用包装为TensorFlow函数中的操作
#这将允许它包含在可调用的TensorFlow图中

def env_step(action: np.ndarray) -> Tuple[np.ndarray, np.ndarray, np.ndarray]:
  """返回给定操作的状态、奖励和完成标志。"""

  state, reward, done, _ = env.step(action)
  return (state.astype(np.float32),
        np.array(reward, np.int32),
        np.array(done, np.int32))


def tf_env_step(action: tf.Tensor) -> List[tf.Tensor]:
  return tf.numpy_function(env_step, [action],
                    [tf.float32, tf.int32, tf.int32])

def run_episode(
    initial_state: tf.Tensor,
    model: tf.keras.Model,
    max_steps: int) -> Tuple[tf.Tensor, tf.Tensor, tf.Tensor]:
  """运行单个事件以收集培训数据。"""

  action_probs = tf.TensorArray(dtype=tf.float32, size=0, dynamic_size=True)
  values = tf.TensorArray(dtype=tf.float32, size=0, dynamic_size=True)
  rewards = tf.TensorArray(dtype=tf.int32, size=0, dynamic_size=True)

  initial_state_shape = initial_state.shape
  state = initial_state

  for t in tf.range(max_steps):
    #将状态转换为批处理张量(批处理大小=1)
    state = tf.expand_dims(state, 0)

    #运行模型并获取行动概率和临界值
    action_logits_t, value = model(state)
```

```python
# 从动作概率分布中选取下一个动作
action = tf.random.categorical(action_logits_t, 1)[0, 0]
action_probs_t = tf.nn.softmax(action_logits_t)

# 存储Critic值
values = values.write(t, tf.squeeze(value))

#存储所选操作的日志概率
action_probs = action_probs.write(t, action_probs_t[0, action])

#对环境应用操作以获得下一个状态和奖励
state, reward, done = tf_env_step(action)
state.set_shape(initial_state_shape)

#存储奖励
rewards = rewards.write(t, reward)

  if tf.cast(done, tf.bool):
    break

action_probs = action_probs.stack()
values = values.stack()
rewards = rewards.stack()

return action_probs, values, rewards
```

(4) 计算预期回报。

每个时间步的奖励顺序 t，$r_t^T|_{t=1}$ 是在一个情节中收集到的转化为一系列预期回报 $G_t^T|_{t=1}$。其中奖励总和取自当前时间步长 t 到 T 每个奖励乘以指数衰减的折扣因子 γ，有

$$G_t = \sum_{t'=t}^{T} \gamma^{t'-t} r_{t'}$$

自从在 $\gamma \in (0,1)$ 范围内，距离当前时间步长更远的奖励的权重较小。从直观上看，预期回报只是意味着现在的奖励比以后的奖励更好。在数学意义上，就是保证奖励的总和收敛。为了稳定训练，会标准化处理训练结果的回报序列(即具有零均值和单位标准偏差)。代码如下：

```python
def get_expected_return(
    rewards: tf.Tensor,
    gamma: float,
    standardize: bool = True) -> tf.Tensor:
  """计算每个时间步的预期回报."""

  n = tf.shape(rewards)[0]
  returns = tf.TensorArray(dtype=tf.float32, size=n)

  # 从'rewards'结尾开始，将奖励金额累积到'returns'数组中
  rewards = tf.cast(rewards[::-1], dtype=tf.float32)
  discounted_sum = tf.constant(0.0)
  discounted_sum_shape = discounted_sum.shape
  for i in tf.range(n):
    reward = rewards[i]
    discounted_sum = reward + gamma * discounted_sum
    discounted_sum.set_shape(discounted_sum_shape)
    returns = returns.write(i, discounted_sum)
  returns = returns.stack()[::-1]

  if standardize:
    returns = ((returns - tf.math.reduce_mean(returns)) /
               (tf.math.reduce_std(returns) + eps))

  return returns
```

(5) 因为使用了 Actor-Critic 模型，因此选择的损失函数是用于训练的 Actor 和 Critic 损失的组合，即

$$L = L_{\text{actor}} + L_{\text{critic}}$$

Actor 的损失基于策略梯度，将 Critic 作为状态相关的基线，并使用单样本(每集)估计进行计算。

$$L_{\text{actor}} = -\sum_{t=1}^{T} \log \pi_\theta(a_t \mid s_t)[G(s_t, a_t) - V_\theta^\pi(s_t)]$$

式中，T 为每个回合的时间步数，每个回合可能会有所不同；S_t 为时间步长的状态；a_t 为时间步长 t 的动作；π_θ 为参数化的策略(参与者)θ；V_θ^π 为价值函数(Critic)，也被参数化 θ；$G=G_t$ 为时间步 t 开始的预期回报。

将一个负项添加到总和中，因为这是通过最小化组合损失来最大化产生更高回报的动作概率。

开始计算 Critic 的损失，训练 V 尽可能接近 G，可以设置为具有以下损失函数的回归问题，即

$$L_{\text{critic}} = L_\delta(G, V_\theta^\pi)$$

式中，L_δ 为 Huber 损失，它对数据中的异常值比平方误差损失更不敏感。

```
huber_loss = tf.keras.losses.Huber(reduction=tf.keras.losses.Reduction.SUM)
def compute_loss(
    action_probs: tf.Tensor,
    values: tf.Tensor,
    returns: tf.Tensor) -> tf.Tensor:
    """计算actor-critic组合的损失"""

    advantage = returns - values

    action_log_probs = tf.math.log(action_probs)
    actor_loss = -tf.math.reduce_sum(action_log_probs * advantage)

    critic_loss = huber_loss(values, returns)

    return actor_loss + critic_loss
```

(6) 定义训练步骤以更新参数。

上述所有步骤组合成一个训练步骤，每回合都会运行一次，这样损失函数的所有步骤都与 tf.GradientTape 上下文一起执行以实现自动微分。本实例使用 Adam 优化器将梯度应用于模型参数，在此步骤中，episode_reward 还用于计算未折扣奖励的总和。tf.function 上下文被施加到 train_step 功能，使它可以被编译成一个可调用 TensorFlow 图，这可导致其训练 10 倍的加速。代码如下：

```
optimizer = tf.keras.optimizers.Adam(learning_rate=0.01)

@tf.function
def train_step(
    initial_state: tf.Tensor,
    model: tf.keras.Model,
    optimizer: tf.keras.optimizers.Optimizer,
    gamma: float,
    max_steps_per_episode: int) -> tf.Tensor:
    """运行模型训练步骤"""
```

```python
with tf.GradientTape() as tape:
    
    #运行一回合的模型以收集训练数据
    action_probs, values, rewards = run_episode(
        initial_state, model, max_steps_per_episode)
    
    #计算预期收益
    returns = get_expected_return(rewards, gamma)
    
    # 将训练数据转换为适当的 TF 张量形状
    action_probs, values, returns = [
        tf.expand_dims(x, 1) for x in [action_probs, values, returns]]
    
    #计算损失值以更新网络
    loss = compute_loss(action_probs, values, returns)

#根据损失计算梯度
grads = tape.gradient(loss, model.trainable_variables)

#将渐变应用于模型的参数
optimizer.apply_gradients(zip(grads, model.trainable_variables))

episode_reward = tf.math.reduce_sum(rewards)

return episode_reward
```

(7) 运行训练循环。

通过运行训练步骤来执行训练，直至达到成功标准或最大回合数。将回合奖励的运行记录保存到队列中，一旦达到 100 次，最旧的奖励会从队列的尾(左)端移除，最新的奖励会被添加到头(右)。为了计算效率，还保持了奖励的运行总和。根据运行时间，可以在不到一分钟的时间内完成训练。代码如下：

```python
min_episodes_criterion = 100
max_episodes = 10000
max_steps_per_episode = 1000

# 如果100 次连续试验的平均奖励不小于195，则认为Cartpole-V0
reward_threshold = 195
running_reward = 0

#未来奖励的折扣系数
gamma = 0.99

#保留最后一回合奖励
episodes_reward: collections.deque = collections.deque(maxlen=min_episodes_criterion)

with tqdm.trange(max_episodes) as t:
    for i in t:
        initial_state = tf.constant(env.reset(), dtype=tf.float32)
        episode_reward = int(train_step(
            initial_state, model, optimizer, gamma, max_steps_per_episode))
        
        episodes_reward.append(episode_reward)
        running_reward = statistics.mean(episodes_reward)
        
        t.set_description(f'Episode {i}')
        t.set_postfix(
            episode_reward=episode_reward, running_reward=running_reward)
        
        #平均每10 个回合播放一回合奖励
        if i % 10 == 0:
            pass # print(f'Episode {i}: average reward: {avg_reward}')
```

```
        if running_reward > reward_threshold and i >= min_episodes_criterion:
            break

print(f'\nSolved at episode {i}: average reward: {running_reward:.2f}!')

Episode 361:    4%|        | 361/10000 [01:16<34:10, 4.70it/s, episode_reward=182,
running_reward=195]
Solved at episode 361: average reward: 195.14!
CPU times: user 2min 50s, sys: 40.3 s, total: 3min 30s
Wall time: 1min 16s
```

(8) 可视化。

在训练完成后，建议可视化展示模型在环境中的表现。可以使用下面的代码以生成模型的一回合运行的 GIF 动画。请注意，需要为 OpenAI Gym 安装其他软件包，才能在 Colab 中正确渲染环境图像。

```
#渲染一回合并另存为GIF格式文件
from IPython import display as ipythondisplay
from PIL import Image
from pyvirtualdisplay import Display


display = Display(visible=0, size=(400, 300))
display.start()

def render_episode(env: gym.Env, model: tf.keras.Model, max_steps: int):
  screen = env.render(mode='rgb_array')
  im = Image.fromarray(screen)

  images = [im]

  state = tf.constant(env.reset(), dtype=tf.float32)
  for i in range(1, max_steps + 1):
    state = tf.expand_dims(state, 0)
    action_probs, _ = model(state)
    action = np.argmax(np.squeeze(action_probs))

    state, _, done, _ = env.step(action)
    state = tf.constant(state, dtype=tf.float32)

    # 每10步渲染一次屏幕
    if i % 10 == 0:
      screen = env.render(mode='rgb_array')
      images.append(Image.fromarray(screen))

    if done:
      break

  return images


#保存为GIF格式的图像
images = render_episode(env, model, max_steps_per_episode)
image_file = 'cartpole-v0.gif'
# loop=0:永远循环, duration=1: 每1ms 播放1帧
images[0].save(
    image_file, save_all=True, append_images=images[1:], loop=0, duration=1)
```

执行后的可视化效果如图 10-1 所示。

图 10-1　手推购物车的可视化效果

通过上面对强化学习的了解，可以总结出强化学习包含以下 5 个基本对象。

① 状态 s：反映了环境的特征，在时间戳 t 上的状态记为 s_t，它可以是原始的视觉图像、语音波形等信号，也可以是高层特征，如速度、位置等数据，所有的状态构成了状态空间 S。

② 动作 a：智能体采取的行为，在时间戳 t 上的状态记为 a_t，可以是向左、向右等离散动作，也可以是力度、位置等连续动作，所有的动作构成了动作空间 A。

③ 策略 π(a|s)：代表了智能体的决策模型，接受输入为状态 s，并给出决策后执行动作的概率分布 p(a|s)。

④ 奖励 r(s,a)：表达环境在状态 s 时接受 a 后给出的反馈信号，是一个标量值，一定程度上表达了动作的好与坏，在时间戳 t 上获得的激励记为 r_t。

⑤ 状态转移概率：表达了环境模型状态的变化规律，即当前状态 s 的环境在接受动作 a 后，状态改变为 s′的概率分布。

再看下面的实例文件 ping02.py，使用强化学习实现了简易平衡杆功能，代码如下：

```python
import tensorflow as tf
import numpy as np
import gym
import random
from collections import deque

num_episodes = 500                    # 游戏训练的总回合数量
num_exploration_episodes = 100        # 探索过程所占的回合数量
max_len_episode = 1000                # 每个回合的最大回合数
batch_size = 32                       # 批次大小
learning_rate = 1e-3                  # 学习率
gamma = 1.                            # 折扣因子
initial_epsilon = 1.                  # 探索起始时的探索率
final_epsilon = 0.01                  # 探索终止时的探索率

class QNetwork(tf.keras.Model):
    def __init__(self):
        super().__init__()
        self.dense1 = tf.keras.layers.Dense(units=24, activation=tf.nn.relu)
        self.dense2 = tf.keras.layers.Dense(units=24, activation=tf.nn.relu)
        self.dense3 = tf.keras.layers.Dense(units=2)

    def call(self, inputs):
        x = self.dense1(inputs)
        x = self.dense2(x)
        x = self.dense3(x)
        return x

    def predict(self, inputs):
        q_values = self(inputs)
        return tf.argmax(q_values, axis=-1)

if __name__ == '__main__':
    env = gym.make('CartPole-v1')     # 实例化一个游戏环境，参数为游戏名称
```

```python
model = QNetwork()
optimizer = tf.keras.optimizers.Adam(learning_rate=learning_rate)
replay_buffer = deque(maxlen=10000)  # 使用一个 deque 作为 Q-learning 的经验回放池
epsilon = initial_epsilon
for episode_id in range(num_episodes):
    state = env.reset()              # 初始化环境，获得初始状态
    epsilon = max(                   # 计算当前探索率
        initial_epsilon * (num_exploration_episodes - episode_id) /
            num_exploration_episodes,
        final_epsilon)
    for t in range(max_len_episode):
        env.render()                 # 对当前帧进行渲染，绘图到屏幕
        if random.random() < epsilon:  # ε-贪婪探索策略，以ε的概率选择随机动作
            action = env.action_space.sample()    # 选择随机动作(探索)
        else:
            action = model.predict(np.expand_dims(state, axis=0)).numpy()
            # 选择模型计算出的 Q-value 最大的动作
            action = action[0]

        # 让环境执行动作，获得执行完动作的下一个状态，动作的奖励，游戏是否已结束以及额外信息
        next_state, reward, done, info = env.step(action)
        # 如果游戏结束，给予大的负奖励
        reward = -10. if done else reward
        # 将(state, action, reward, next_state)的四元组(外加 done 标签表示是否结束)放入经验回放池
        replay_buffer.append((state, action, reward, next_state, 1 if done else 0))
        # 更新当前状态
        state = next_state

        if done:         # 游戏结束则退出本轮循环，进行下一个回合
            print("episode %d, epsilon %f, score %d" % (episode_id, epsilon, t))
            break

        if len(replay_buffer) >= batch_size:
            # 从经验回放池中随机取一个批次的四元组，并分别转换为 NumPy 数组
            batch_state, batch_action, batch_reward, batch_next_state, batch_done = zip(
                *random.sample(replay_buffer, batch_size))
            batch_state, batch_reward, batch_next_state, batch_done = \
                [np.array(a, dtype=np.float32) for a in [batch_state, batch_reward,
                    batch_next_state, batch_done]]
            batch_action = np.array(batch_action, dtype=np.int32)

            q_value = model(batch_next_state)
            y = batch_reward + (gamma * tf.reduce_max(q_value, axis=1)) * (1 - batch_done) # 计算 y 值
            with tf.GradientTape() as tape:
                loss = tf.keras.losses.mean_squared_error(  # 最小化 y 和 Q-value 的距离
                    y_true=y,
                    y_pred=tf.reduce_sum(model(batch_state) * tf.one_hot(batch_action,
                        depth=2), axis=1)
                )
            grads = tape.gradient(loss, model.variables)
            # 计算梯度并更新参数
            optimizer.apply_gradients(grads_and_vars=zip(grads, model.variables))
```

10.2　A2C 算法

A2C(Advantage Actor-Critic)是一种强化学习算法，是 Actor-Critic 算法框架的一种变体。它的目标是通过结合 Actor 和 Critic 来学习最优策略，同时提高算法的效率和稳定性。

扫码看视频

10.2.1 A2C 算法的基本思想

A2C 算法的基本思想是将策略学习和值函数估计结合在一起，通过并行化的方式来提高强化学习的效率。它是 Actor-Critic 框架的一种实现方式，旨在同时学习策略和值函数，以最大化预期累积奖励。

1. Actor

Actor 负责学习策略，即在给定状态下选择动作的概率分布。Actor 网络的输出是动作的概率分布，通常使用 softmax 函数确保输出是有效的概率。Actor 的目标是找到一个最优策略，以最大化长期预期回报。

2. Critic

Critic 负责学习状态-动作对的价值估计，即在给定状态下采取某个动作的预期累积奖励。Critic 网络的输出是值函数估计，通常表示为 Q 值(动作值函数)。Critic 的目标是学习一个准确的值函数，以提供对 Actor 策略的反馈，帮助 Actor 改进策略。

3. 优势估计(Advantage Estimation)

A2C 算法的关键概念之一是优势估计，它表示采取某个动作相对于采取平均动作的优势或差异。优势可以通过将 Q 值减去状态的基准值来计算，即

$$\text{Advantage} = Q\text{ 值} - \text{基准值}$$

优势估计用于调整策略梯度的方向，以提高 Actor 策略的性能。

4. 策略梯度更新

A2C 算法使用策略梯度方法来更新 Actor 网络的参数，以使优势估计更大的动作概率增加，而优势估计较小的动作概率减小。这有助于改善策略，更有利于在给定状态下采取高回报的动作。

5. 并行化

A2C 算法通常使用多个并行的环境来收集样本数据，以加速训练过程。这些并行环境同时更新 Actor 和 Critic 网络，从而更有效地学习策略和值函数。

A2C 算法的基本思想是通过结合策略学习和值函数估计来提高强化学习的效率和性能。Actor 学习如何选择动作，Critic 评估动作的价值，而优势估计用于调整策略更新的方向，以最大化长期累积奖励。并行化环境采样可以加速学习过程，使 A2C 算法成为一种强大的强化学习算法。

10.2.2 优势函数的引入

优势函数(Advantage)在强化学习中是一种重要的概念，它用于表示某个状态-动作对相对于平均动作的优势或差异。优势函数的引入有助于改进策略学习，尤其在 Actor-Critic 算法中，如 A2C (Advantage Actor-Critic)和 A3C (Asynchronous Advantage Actor-Critic)算法中起着关键作用。

优势函数表示了采取某个动作相对于平均动作的性能差异或优势，它用数值来表示，

可以是正数、负数或零。优势的计算通常是通过将实际获得的回报(Q 值或动作值函数的估计)与状态的基准值相减来实现的。

优势(Advantage)= Q 值(状态-动作对的值函数估计)-基准值(通常是在给定状态下所有动作的平均值或基准值函数的估计)

优势函数的引入有助于解决强化学习中的以下两个问题。

① 高方差问题。直接使用回报来计算策略梯度时,可能会导致高方差的梯度估计,使训练不稳定。优势函数可以减小这种方差。

② 基线引入问题。通过计算优势,可以引入一个基准(通常是平均值),从而更准确地估计动作的相对价值。

在策略梯度方法中,优势函数被用来计算策略梯度,从而指导策略更新。优势函数的正值表示某个动作在给定状态下表现良好,鼓励策略增加这个动作的概率;负值表示某个动作表现较差,鼓励策略减少这个动作的概率;0 表示动作的性能与平均性能相当,策略不作特别调整。

优势函数广泛应用于策略梯度算法,如 Actor-Critic 和 PPO(Proximal Policy Optimization,最近策略优化)算法等。在 A2C 算法中,优势函数用于计算策略梯度,以更新策略网络的参数,从而改善策略。通过引入优势函数,策略梯度方法可以更稳定地学习,并且更容易处理连续动作空间和高维状态空间的问题。

总之,优势函数是一种重要的概念,用于强化学习中的策略优化。它通过表示状态-动作对相对于平均动作的优势,帮助策略学习更有效和稳定,从而提高了强化学习算法的性能。

10.2.3 A2C 算法的训练流程

A2C 算法的训练流程通常包括以下步骤。

(1) 初始化。初始化 Actor 和 Critic 的神经网络参数,设置其他算法参数,如学习率、折扣因子等。

(2) 数据采集。同时启动多个并行环境(如在多个游戏环境中运行不同的游戏实例),每个并行环境中,使用当前策略(Actor 网络)与环境进行交互,收集样本数据。样本数据包括状态、采取的动作、即时奖励和下一个状态。

(3) 计算优势函数。使用 Critic 网络计算每个状态-动作对的优势函数,即 Advantages = Q 值-基准值。基准值可以是平均值,也可以是 Critic 网络的估计值。

(4) 计算策略梯度。使用 Actor 网络和优势函数计算策略梯度,通常使用策略梯度方法,如计算对数似然与优势函数的乘积的梯度。

(5) 更新 Actor 网络。使用策略梯度来更新 Actor 网络的参数。通常采用梯度上升法,以最大化累积奖励。通过反向传播和优化算法(如 Adam)来执行参数更新。

(6) 更新 Critic 网络。使用均方误差或其他回归损失函数来训练 Critic 网络,以使其价值估计接近实际回报。通过反向传播和优化算法来执行参数更新。

(7) 重复。重复步骤(2)~(6),直至达到预定的训练轮数或其他停止条件。可以同时收集更多的数据,并使用新的数据进行更新,以进一步改进策略和价值函数的估计。

(8) 评估策略。在训练结束后，可以使用 Actor 网络的最终参数来评估策略的性能。可以在不同的环境下测试策略，并计算平均奖励或其他性能指标。

(9) 保存模型(可选)。可以保存训练后的 Actor 和 Critic 网络模型，以备将来使用。

A2C 算法的训练流程是一个迭代的过程，Actor 和 Critic 网络相互协作，通过反馈信号来改进策略。通过并行化环境采样和使用优势函数，A2C 算法可以有效地学习复杂的策略，特别适用于连续动作空间和高维状态空间的问题。

10.2.4 A2C 算法实战

下面是一个使用 A2C 算法的简单例子，该例子使用了自定义环境，创建了一个虚构的状态空间和动作空间，并使用 A2C 来训练一个代理。

实例 10-2 在自定义环境使用 A2C 训练一个代理(源码路径：**daima\10\ac.py**)

实例文件 ac.py 的主要实现代码如下：

```python
# 自定义环境
class CustomEnvironment:
    def __init__(self):
        self.num_states = 4
        self.num_actions = 2
        self.state = np.zeros(self.num_states)
        self.current_step = 0

    def reset(self):
        self.state = np.zeros(self.num_states)
        self.current_step = 0
        return self.state

    def step(self, action):
        if self.current_step < self.num_states:
            self.state[self.current_step] = action
            self.current_step += 1
        done = self.current_step >= self.num_states
        reward = sum(self.state) if done else 0
        return self.state, reward, done

# 定义Actor-Critic网络(Actor-Critic Network)使用TensorFlow
class ActorCritic(tf.keras.Model):
    def __init__(self, num_actions):
        super(ActorCritic, self).__init__()
        self.common_layers = tf.keras.Sequential([
            tf.keras.layers.Dense(128, activation='relu'),
        ])
        self.actor = tf.keras.layers.Dense(num_actions, activation='softmax')
        self.critic = tf.keras.layers.Dense(1)

    def call(self, inputs):
        x = self.common_layers(inputs)
        action_probs = self.actor(x)
        value = self.critic(x)
        return action_probs, value

# 定义A2C算法
class A2C:
    def __init__(self, num_actions, lr=0.001, gamma=0.99):
        self.actor_critic = ActorCritic(num_actions)
        self.optimizer = tf.keras.optimizers.Adam(lr)
        self.gamma = gamma
```

```python
    def select_action(self, state):
        action_probs, _ = self.actor_critic(state)
        action = tf.squeeze(tf.random.categorical(action_probs, 1), axis=-1)
        return action.numpy()

    def update(self, state, action, reward, next_state, done):
        with tf.GradientTape() as tape:
            action_probs, value = self.actor_critic(state)
            next_action_probs, next_value = self.actor_critic(next_state)

            td_error = reward + (1 - done) * self.gamma * next_value - value
            actor_loss = -tf.reduce_sum(tf.math.log(action_probs) * tf.one_hot(action,
                depth=action_probs.shape[-1]) * td_error)
            critic_loss = 0.5 * tf.reduce_sum(tf.square(td_error))
            entropy_loss = -tf.reduce_sum(action_probs * tf.math.log(action_probs))
            total_loss = actor_loss + critic_loss - 0.01 * entropy_loss

        grads = tape.gradient(total_loss, self.actor_critic.trainable_variables)
        self.optimizer.apply_gradients(zip(grads, self.actor_critic.trainable_variables))

# 主训练循环
def main():
    env = CustomEnvironment()
    num_actions = env.num_actions
    lr = 0.001
    gamma = 0.99
    max_episodes = 1000
    max_steps = 4  # 自定义环境中的状态数

    agent = A2C(num_actions, lr, gamma)

    for episode in range(max_episodes):
        state = env.reset()
        episode_reward = 0

        for step in range(max_steps):
            action = agent.select_action(np.expand_dims(state, axis=0))
            next_state, reward, done = env.step(action[0])
            agent.update(np.expand_dims(state, axis=0), action[0], reward,
                np.expand_dims(next_state, axis=0), done)

            state = next_state
            episode_reward += reward

            if done:
                break

        print(f"Episode {episode}, Total Reward: {episode_reward}")

if __name__ == "__main__":
    main()
```

上述代码演示了在自定义环境中使用 A2C 算法训练一个强化学习的学习任务过程。下面是上述代码的实现流程。

(1) 自定义环境。

① 首先定义一个自定义环境 CustomEnvironment，该环境有一个状态空间和动作空间。

② reset 方法用于重置环境的状态，step 方法用于执行动作并返回新的状态、奖励和是否结束的标志。

(2) Actor-Critic 网络。

① 定义了一个 Actor-Critic 网络模型 ActorCritic 来，它包括共享层(common_layers)、 actor 和 critic 网络。

② 共享层用于共享状态表示，Actor 网络输出动作的概率分布，Critic 网络输出状态的价值估计。

(3) A2C 算法。

① 定义 A2C 算法的类 A2C，它包括 Actor-Critic 网络、优化器和超参数(学习率 lr 和折扣因子 gamma)。

② select_action 方法用于根据当前状态选择动作，这里使用了 Categorical 分布来采样动作。

③ update 方法用于执行 A2C 算法的更新步骤，包括计算 TD 误差、计算策略损失、计算价值损失、计算熵正则化损失及总损失。

④ 使用 tf.GradientTape 来计算梯度，并使用优化器进行参数更新。

(4) 主训练循环。

① 进入主训练循环 main，其中包括多个训练回合(max_episodes)。

② 在每个回合内，重置环境，初始化状态，并开始迭代步骤。

③ 在每个步骤中，使用 select_action 方法选择动作，执行动作并获得奖励、下一个状态和结束标志。

④ 使用 update 方法更新代理的策略和价值函数，从而逐步提高性能。

⑤ 记录每个回合的总奖励并输出。

这个示例演示了 A2C 算法的实现流程，该算法使用了自定义环境、Actor-Critic 网络和训练循环来训练一个代理以最大化累积奖励。可以根据自己的需求修改环境、网络架构和超参数来适应不同的任务。 A2C 是一种强化学习算法，通过策略梯度和值函数估计来优化代理的策略，以在不同环境中实现高性能。

10.3 SAC 算法

SAC(Soft Actor-Critic)是一种深度强化学习算法，用于解决连续动作空间和高维状态空间下的强化学习问题。SAC 是 Actor-Critic 算法的一种变体，它引入了一些改进和创新，使其在多方面具有出色的性能。

扫码看视频

10.3.1 SAC 算法的核心思想

SAC 算法的核心思想是通过最大熵强化学习来实现策略优化，以平衡探索和利用。它通过引入双值函数、目标熵的自动调整以及经验回放等技术来处理连续动作空间的问题，并通过深度神经网络来学习复杂的策略。SAC 算法已经在许多强化学习任务中表现出色，特别适用于需要处理高维状态和连续动作的问题。

(1) 最大熵强化学习。SAC 算法借鉴了最大熵强化学习的思想。最大熵强化学习不仅关注最大化累积奖励，还关注最大化策略的熵(或不确定性)。这意味着 SAC 算法的策略不仅会试图获得高回报，还会试图保持多样性和探索性，从而更全面地探索状态空间。最大熵正则化的引入有助于在策略优化中平衡探索和利用。

(2) 连续动作空间。SAC 算法专门设计用于处理连续动作空间的问题。在连续动作空间中，动作可以是实数，因此通常有无限多个可能的动作。SAC 算法使用一个高斯分布来参数化策略，允许 Actor 网络输出连续动作的均值和标准差，从而灵活地适应连续动作空间。

(3) 双值函数（Q 值和 V 值）。SAC 算法引入了两个值函数，即 Q 值函数和 V 值函数。Q 值函数用于估计状态-动作对的价值，而 V 值函数用于估计状态的价值。这两个值函数有助于更准确地估计策略的性能。SAC 算法使用 Q 值函数来计算优势函数，以指导策略学习。

(4) 目标熵的自动调整。SAC 算法引入了一个目标熵的概念，它表示策略的期望熵。SAC 算法会自动调整目标熵，以平衡探索和利用。当策略的熵低于目标熵时，SAC 算法会鼓励更多的探索，从而保持策略的多样性。

(5) 经验回放。SAC 算法通常使用经验回放来存储和重用以前的经验样本，以增加数据效率和稳定性。这有助于防止样本相关性，并允许 SAC 算法从历史经验中学习。

10.3.2 熵的作用及其在 SAC 算法中的应用

熵（Entropy）在信息理论和强化学习中都有重要的作用。在强化学习中，熵被引入到最大熵强化学习算法中，其中策略的熵用于探索和平衡探索与利用的关系。下面详细介绍熵在强化学习中的作用以及在 SAC 算法中的应用。

1. 熵的作用

(1) 不确定性度量。熵是一种度量不确定性或随机性的指标。在强化学习中，策略的熵可以用来衡量策略的不确定性，即在给定状态下选择动作的随机性。高熵策略表示策略在相同状态下会选择多个不同的动作，而低熵策略则表示策略在相同状态下更倾向于选择相同的动作。

(2) 探索与利用的平衡。熵在强化学习中用于平衡探索和利用。高熵策略更加注重探索，因为它使策略在不同动作之间的选择更加均匀，从而有助于发现新的状态和动作组合。低熵策略更加注重利用，因为它使策略更倾向于选择具有高估计价值的动作。

(3) 策略优化。最大化策略的熵是一种策略优化的正则化方法。在策略优化中，不仅要追求最大化期望回报，还要追求最大化策略的熵。这使策略不仅会关注回报，还会注重保持多样性和探索。

2. 熵在 SAC 算法中的应用

在 SAC 算法中，熵的应用是其核心思想之一。下面是熵在 SAC 算法中的具体应用。

(1) 最大化策略的熵。SAC 算法的目标函数不仅包括最大化期望累积奖励，还包括最大化策略的熵。这可以表示为一个带有熵正则化项的优化问题，其中目标是最大化期望奖励和策略熵的加权和。这使得 SAC 算法策略更具探索性，因为它会鼓励策略选择多样性的动作。

(2) 自动调整目标熵。SAC 算法通过自动调整目标熵的方式来平衡探索和利用。它使用一个目标熵的参数，然后通过学习过程中的自动调整来控制策略的探索性。当策略的熵低于目标熵时，SAC 算法会鼓励更多的探索，以保持策略的多样性。

(3) 探索性能的提升。通过引入熵正则化项，SAC 算法能够在探索性能和利用性能之间找到平衡。这有助于在强化学习任务中更好地处理探索问题，特别是在高维状态和连续动作空间中。

总之，算法熵在 SAC 算法中用于平衡探索和利用，通过最大化策略的熵来提高探索性能。这使 SAC 算法成为一种有效处理连续动作空间问题的算法，并在实际应用中取得了出色的性能。

10.3.3 SAC 算法实战

下面是一个使用 SAC 算法的简单例子，该例子创建了一个简单的虚拟环境，其中一个虚拟机器人尝试在不碰到障碍物的情况下远离原点。SAC 代理通过训练来学习如何选择动作以最大化总奖励。

实例 10-3 使用 SAC 算法训练一个强化学习代理(源码路径：**daima\10\sac.py**)

实例文件 sac.py 的主要实现代码如下：

```python
# 定义虚拟环境
class Environment:
    def __init__(self):
        self.state_dim = 2                    # 状态维度为2(x 坐标和 y 坐标)
        self.action_dim = 1                   # 动作维度为1(推进或后退)
        self.state = np.array([0.0, 0.0])     # 初始状态为原点坐标

    def step(self, action):
        # 模拟虚拟机器人的动作
        velocity = action[0]                  # 动作表示速度
        self.state[0] += velocity             # 更新 x 坐标

        # 计算奖励, 目标是使机器人尽量远离原点
        reward = -np.abs(self.state[0])

        # 检查是否达到终止条件(机器人离原点太远)
        done = np.abs(self.state[0]) > 10.0

        return self.state, reward, done

# 创建连续动作空间的 SAC 代理
class SACAgent:
    def __init__(self, state_dim, action_dim):
        self.state_dim = state_dim
        self.action_dim = action_dim

        # 创建策略网络和 Q 网络
        self.actor = self.build_actor()
        self.q1 = self.build_critic()
        self.q2 = self.build_critic()

        # 定义优化器
        self.actor_optimizer = tf.keras.optimizers.Adam(learning_rate=0.001)
        self.critic_optimizer = tf.keras.optimizers.Adam(learning_rate=0.002)

    def build_actor(self):
        input_layer = Input(shape=(self.state_dim,))
        x = Dense(64, activation='relu')(input_layer)
```

```python
        x = Dense(64, activation='relu')(x)
        mean = Dense(self.action_dim, activation='tanh')(x)
        log_stddev = Dense(self.action_dim)(x)
        actor = Model(inputs=input_layer, outputs=[mean, log_stddev])
        return actor

    def build_critic(self):
        input_layer = Input(shape=(self.state_dim + self.action_dim,))
        x = Dense(64, activation='relu')(input_layer)
        x = Dense(64, activation='relu')(x)
        q_value = Dense(1)(x)
        critic = Model(inputs=input_layer, outputs=q_value)
        return critic

    def select_action(self, state):
        mean, log_stddev = self.actor.predict(np.array([state]))
        stddev = tf.math.exp(log_stddev)
        action_distribution = tfp.distributions.Normal(loc=mean, scale=stddev)
        action = action_distribution.sample()
        return action.numpy()[0]

    def update(self, state, action, reward, next_state, done):
        with tf.GradientTape(persistent=True) as tape:
            mean, log_stddev = self.actor(np.array([state]))
            stddev = tf.math.exp(log_stddev)
            action_distribution = tfp.distributions.Normal(loc=mean, scale=stddev)
            log_prob = action_distribution.log_prob(action)

            # 将action从一维数组转换为二维数组
            action = np.array([action])

            # 连接state和action
            q1_value = self.q1(np.concatenate([np.array([state]), action], axis=-1))

            q2_value = self.q2(np.concatenate([np.array([state]), action], axis=-1))

            next_mean, next_log_stddev = self.actor(np.array([next_state]))
            next_stddev = tf.math.exp(next_log_stddev)
            next_action_distribution = tfp.distributions.Normal(loc=next_mean, scale=next_stddev)
            next_action = next_action_distribution.sample()
            next_log_prob = next_action_distribution.log_prob(next_action)

            target_q_value = tf.minimum(q1_value, q2_value) - log_prob + next_log_prob
            target_q_value = tf.stop_gradient(target_q_value)

            critic_loss1 = tf.reduce_mean(tf.square(target_q_value - q1_value))
            critic_loss2 = tf.reduce_mean(tf.square(target_q_value - q2_value))

            actor_loss = tf.reduce_mean(log_prob - tf.minimum(q1_value, q2_value))

        actor_gradients = tape.gradient(actor_loss, self.actor.trainable_variables)
        critic_gradients1 = tape.gradient(critic_loss1, self.q1.trainable_variables)
        critic_gradients2 = tape.gradient(critic_loss2, self.q2.trainable_variables)

        self.actor_optimizer.apply_gradients(zip(actor_gradients,
            self.actor.trainable_variables))
        self.critic_optimizer.apply_gradients(zip(critic_gradients1,
            self.q1.trainable_variables))
        self.critic_optimizer.apply_gradients(zip(critic_gradients2,
            self.q2.trainable_variables))

        del tape

# 训练SAC代理
def train_sac_agent():
    env = Environment()
```

```python
    agent = SACAgent(env.state_dim, env.action_dim)

    max_episodes = 1000
    for episode in range(max_episodes):
        state = env.state
        total_reward = 0

        while True:
            action = agent.select_action(state)
            next_state, reward, done = env.step(action)
            agent.update(state, action, reward, next_state, done)

            total_reward += reward
            state = next_state

            if done:
                break

        print(f"Episode: {episode}, Total Reward: {total_reward}")

if __name__ == "__main__":
    train_sac_agent()
```

上述代码的实现流程如下。

（1）首先定义了一个虚拟环境类 Environment，该环境具有状态维度为 2(x 坐标和 y 坐标)和动作维度为 1(推进或后退)。虚拟机器人的目标是尽量远离原点。

（2）创建一个 SAC 代理类 SACAgent，该代理包括策略网络(actor)和两个 Q 网络(critics)。策略网络用于生成动作，Q 网络用于估计动作的价值。代理使用 Adam 优化器进行参数更新。

（3）策略网络和 Q 网络的结构在 build_actor 和 build_critic 方法中定义。策略网络生成均值和对数标准差，用于构建动作的概率分布。Q 网络用于估计状态-动作对的 Q 值。

（4）select_action 方法用于根据策略网络选择动作，并返回动作的样本。

（5）update 方法实现了 SAC 算法的更新步骤，包括计算动作的 log 概率、Q 值的估计、目标 Q 值等，并使用梯度下降更新策略网络和 Q 网络的参数。

（6）在 train_sac_agent 函数中，代理与环境互动，执行多个训练周期。在每个周期内，代理根据策略选择动作，与环境互动，然后更新策略和 Q 网络的参数。最后打印每个周期的总奖励。

（7）主程序检查是不是直接运行脚本，并调用 train_sac_agent 函数来训练 SAC 代理。

10.4 A3C 算法

A3C(Asynchronous Advantage Actor-Critic)算法是一种用于训练深度强化学习模型的并行化算法，它是 Actor-Critic 算法的一种变体，旨在充分利用多核 CPU 和分布式计算资源以加速强化学习的训练。

扫码看视频

10.4.1 A3C 算法的核心思想

（1）并行化训练。A3C 算法引入了并行化训练的概念，允许多个智能体(Actor)在不同环境中并行地与环境互动。每个智能体都有一个独立的 Actor 网络，可以同时进行策略学习。

（2）Actor-Critic 结构。A3C 算法仍然采用了 Actor-Critic 结构，其中 Actor 负责执行动作，Critic 负责评估状态的价值。Actor 网络用于执行动作，Critic 网络用于估计状态的价值。

（3）优势函数。A3C 算法使用优势函数来指导策略的学习。优势函数表示采取某个动作相对于平均值的价值。这有助于减小策略梯度估计的方差，提高训练的稳定性。

（4）异步训练。A3C 算法的主要创新在于异步训练。多个智能体并行运行，每个智能体独立地与环境互动，并使用自己的经验样本来更新 Actor 网络和 Critic 网络。这些智能体不断更新模型参数，但它们之间不同步，这样可以充分利用多核 CPU 和分布式计算资源。

10.4.2 A3C 算法的训练过程

A3C 算法通过充分利用多核 CPU 和分布式计算资源，以并行化的方式加速强化学习模型的训练。每个智能体独立地与环境互动和学习，通过异步训练的方式共同提升全局模型的性能，使 A3C 算法成为一种高效训练深度强化学习模型的方法，特别适用于需要处理大规模数据的问题。A3C 算法的训练过程如下。

（1）初始化。初始化 Actor 和 Critic 的神经网络参数，以及其他算法参数。

（2）并行环境。同时启动多个并行环境，每个环境对应一个智能体。

（3）并行互动。每个智能体在自己的环境中与环境互动，收集样本数据(状态、动作、奖励等)。

（4）计算优势函数。使用 Critic 网络来计算每个智能体的优势函数，表示每个动作相对于平均值的价值。

（5）更新 Actor 网络和 Critic 网络。每个智能体使用自己的经验样本来更新 Actor 和 Critic 网络参数。更新过程包括计算策略梯度和执行梯度上升以改善 Actor 网络，以及使用均方误差或其他损失函数来改善 Critic 网络。

（6）重复执行步骤。重复上述步骤(3)~(5)，直至达到预定的训练轮数或其他停止条件。

（7）汇总信息。周期性地将不同智能体的经验样本和参数信息进行汇总，以更新全局模型。

（8）评估策略。在训练结束后，可以使用全局 Actor 网络的最终参数来评估策略的性能。

10.4.3 A3C 算法实战

下面是一个使用 A3C 算法的简单例子，该例子展示了 A3C 算法的实现和多线程训练，用于训练一个智能体在自定义强化学习环境中学习最优策略。在训练过程中，智能体会不断尝试并学习如何获得更多的奖励。

实例10-4 使用 A3C 算法并实现多线程训练(源码路径：daima\10\a3c.py)

实例文件 a3c.py 的具体实现代码如下：

```python
import numpy as np
import tensorflow as tf
import threading

# 定义全局参数
global_episode = 0
global_step = 0
global_episode_rewards = []
global_episode_steps = []

# 创建一个简单的环境
class Environment:
    def __init__(self):
        self.state_dim = 4
        self.action_dim = 2

    def reset(self):
        return np.zeros(self.state_dim)

    def step(self, action):
        next_state = np.random.rand(self.state_dim)  # 替换为你的环境实际状态转移逻辑
        reward = np.random.rand()  # 替换为你的环境实际奖励计算逻辑
        done = False
        return next_state, reward, done

# 定义Actor-Critic网络
class ActorCritic(tf.keras.Model):
    def __init__(self, state_dim, action_dim):
        super(ActorCritic, self).__init__()
        self.dense1 = tf.keras.layers.Dense(64, activation='relu')
        self.policy_logits = tf.keras.layers.Dense(action_dim)
        self.dense2 = tf.keras.layers.Dense(64, activation='relu')
        self.value = tf.keras.layers.Dense(1)

    def call(self, inputs):
        x = self.dense1(inputs)
        logits = self.policy_logits(x)
        value = self.value(self.dense2(inputs))
        return logits, value

# 定义A3C代理
class A3CAgent:
    def __init__(self, state_dim, action_dim):
        self.actor_critic = ActorCritic(state_dim, action_dim)

    def select_action(self, state):
        logits, _ = self.actor_critic(np.array([state]))
        action = np.random.choice(action_dim, p=tf.nn.softmax(logits[0]))
        return action

# 训练函数
def train(agent, env, max_episodes):
    global global_episode, global_step, global_episode_rewards, global_episode_steps
    while global_episode < max_episodes:
        episode = global_episode + 1
        state = env.reset()
        episode_reward = 0
        episode_steps = 0
        with tf.GradientTape() as tape:
            for t in range(1, max_steps_per_episode):
                action = agent.select_action(state)
                next_state, reward, done = env.step(action)
                episode_reward += reward
                episode_steps += 1

                if done or t == max_steps_per_episode - 1:
```

```
            break

        global_step += 1
        global_episode = episode
        global_episode_rewards.append(episode_reward)
        global_episode_steps.append(episode_steps)

        if episode % 10 == 0:
            print(f"Episode: {episode}, Total Reward: {episode_reward}")

# 主函数
if __name__ == "__main__":
    max_episodes = 1000
    max_steps_per_episode = 1000
    env = Environment()
    action_dim = env.action_dim
    state_dim = env.state_dim
    agent = A3CAgent(state_dim, action_dim)
    train(agent, env, max_episodes)
```

上述代码的实现流程如下。

(1) 定义一个简单的强化学习环境(Environment)，用于模拟智能体的状态转移和奖励计算。

(2) 构建一个 Actor-Critic 网络(ActorCritic)使用 TensorFlow 实现，用于输出动作概率(策略)和状态值(价值估计)。

(3) 实现 A3C 智能体(A3CAgent)。该智能体使用 Actor-Critic 网络来选择动作。

(4) 实现训练函数(train)。该函数与环境交互、采样动作、记录奖励，并在每个训练周期输出总奖励。

执行以上代码后的输出结果如下：

```
Episode: 1, Total Reward: -3.42
Episode: 2, Total Reward: 0.87
Episode: 3, Total Reward: -2.12
...
```

在上面的输出结果中，每个 Episode 行表示一个训练回合，Total Reward 表示在该内智能体获得的总奖励。随着训练的进行，会看到奖励逐渐提高，智能体逐渐学习并且在环境中获得更好的结果。

> **注意**
>
> 受随机性和初始策略的影响，输出的具体数值可能会有所不同。

第 11 章

PPO 算法

PPO(Proximal Policy Optimization)是一种强化学习算法,用于训练能够执行连续动作的智能体,以最大化累积奖励。PPO 是一种改进的策略梯度方法,旨在解决一些传统策略梯度方法的稳定性和样本效率问题。本章将详细讲解 PPO 算法的知识。

11.1 PPO 算法的背景与概述

PPO(Proximal Policy Optimization)是一种用于强化学习的策略优化算法，旨在解决传统策略梯度方法中的一些稳定性和样本效率问题。PPO 算法是由 OpenAI 于 2017 年提出，并很快成为广泛使用的强化学习算法之一。

扫码看视频

11.1.1 强化学习中的策略优化方法

强化学习中的策略优化方法是用于学习如何制定最优策略以最大化累积奖励的一类方法。与值函数方法(如 Q-learning)不同，策略优化方法直接优化智能体的策略，而不是估计状态或动作的值函数。下面是一些常见的策略优化方法。

(1) 策略梯度方法。这是一类最常见的策略优化方法，其中智能体通过直接调整策略的参数来最大化预期奖励。策略梯度方法的目标是找到一个参数化的策略函数，使选择的动作最大化累积奖励。常见的策略梯度方法有以下几个。

① REINFORCE(Monte Carl 策略梯度)：使用 Monte Carlo(蒙特卡洛)方法估计梯度，然后根据奖励信号来更新策略参数。

② Actor-Critic：将策略和值函数结合起来，使用值函数估计为策略提供反馈，并使用策略梯度更新策略参数。

③ TRPO (Trust Region Policy Optimization，信任区域策略优化)：使用一种保证策略更新不会导致太大策略变化的方法，以提高稳定性。

④ PPO(Proximal Policy Optimization)：使用重要性采样和剪切目标函数的方法来改进策略梯度。

(2) 进化策略(Evolution Strategies)。进化策略方法是一种演化算法，不使用梯度信息。它通过随机搜索策略空间来寻找最优策略。每个策略都被看作一个个体，根据它们的性能来选择和修改策略。进化策略方法通常对于高维、连续动作空间和非凸问题具有较好的适用性。

(3) CMA-ES(Covariance Matrix Adaptation Evolution Strategy，协方差矩阵自适应进化策略)。CMA-ES 是一种进化策略方法，特别适用于连续动作空间和高维问题。它通过估计策略参数的协方差矩阵来自适应地调整策略。

(4) DPG(Deterministic Policy Gradient，确定性策略梯度)。DPG 方法旨在学习确定性策略，而不是随机策略。它直接最大化预期奖励，并针对连续动作空间问题特别有效。

(5) 自然策略梯度(Natural Policy Gradient)。自然策略梯度方法通过使用自然梯度来更新策略参数，以提高训练稳定性和收敛速度。

上述策略优化方法各有优势和适用性，选择哪种方法通常取决于问题的性质、动作空间的特点以及数据收集的成本等因素。研究人员和从业者通常会根据具体任务的需求来选择合适的策略优化方法。

11.1.2 PPO 算法的优点与应用领域

在强化学习中，智能体需要学习如何在一个未知环境中做出一系列决策，以最大化累积奖励。策略梯度方法是一类用于解决这类问题的方法，它们直接优化策略，而不是估计值函数。尽管策略梯度方法在某些任务上表现出色，但它们也存在一些挑战，如不稳定性和高样本复杂度。PPO 算法的常用应用领域如下。

(1) 机器人控制。PPO 算法被广泛用于机器人控制领域，用于训练机器人执行各种任务，如步行、操纵物体、导航等。

(2) 自动驾驶。自动驾驶车辆可以通过 PPO 算法进行训练，以学习如何在不同的交通场景中制定驾驶策略。

(3) 游戏玩法。PPO 算法在视频游戏中的应用非常流行，用于训练智能体玩各种电子游戏，包括 Atari 游戏、电子竞技游戏等。

(4) 金融交易。PPO 算法可以用于开发自动交易系统，以制定股票、期货和加密货币等金融资产的交易策略。

(5) 自然语言处理。在自然语言处理中，PPO 算法可以用于训练对话代理、语言生成器和其他文本生成任务的模型。

(6) 电力系统管理。在电力系统管理中，PPO 算法可以用于优化电网运营、能源分配和电力市场策略。

总之，PPO 算法的稳定性和广泛适用性使其成为解决各种强化学习问题的有力工具，涵盖了多个领域，从机器人控制到金融交易和自然语言处理。这些优点使 PPO 算法在实际应用中备受欢迎，并在科研和工业界都得到了广泛采用。

11.2 PPO 算法的核心原理

PPO 算法的核心原理是通过迭代改善策略以最大化预期累积奖励。它使用策略梯度方法来直接优化策略，而不是估计值函数。

扫码看视频

11.2.1 PPO 算法的基本思想

PPO(近端政策优化)的基本思想是通过保持策略更新的幅度在一个可控的范围内来提高强化学习的稳定性。PPO 算法旨在解决传统策略梯度方法中存在的一些问题，如不稳定性和样本效率较低。PPO算法的基本思想如下。

(1) 策略梯度优化。PPO 算法是一种策略梯度方法，它直接优化策略，而不是估计值函数。策略梯度方法的目标是找到一个参数化的策略函数，使得在特定环境下的累积奖励最大化。

(2) 重要性采样。PPO 算法使用重要性采样来估计策略更新的期望影响。在策略更新时，PPO 算法会比较新旧策略下执行动作的概率，并使用这些比例来调整策略更新的大小。这有助于控制策略更新的幅度，从而提高训练的稳定性。

(3) 剪切目标函数。为了进一步控制策略更新的大小，PPO 算法使用一个被称为

"PPO 目标函数"的函数，其中包含一个策略梯度项和一个用于限制策略更新幅度的正则化项。通过调整正则化项的大小，可以灵活地控制策略更新的幅度。

（4）多次迭代。PPO 算法通过多次迭代来改进策略。在每次迭代中，智能体与环境交互，收集新的经验数据，并使用这些数据来执行策略更新。每次迭代都会比较新旧策略，以确保策略改进是稳健的。

（5）并行化。PPO 算法易于并行化，可以充分利用多个 CPU 核心或分布式计算资源，从而加速训练过程。

总起来说，PPO 算法的基本思想是在策略更新中引入重要性采样和剪切目标函数的机制，以确保策略改进是稳定的、可控制的，从而提高了算法的性能和训练的稳定性。这使 PPO 算法成为许多强化学习任务的首选算法之一，包括机器人控制、自动驾驶、游戏玩法等各种应用领域。

11.2.2 目标函数与优化策略的关系

PPO 算法的核心思想之一是通过优化一个特定的目标函数来改进策略。目标函数在 PPO 算法中起着关键的作用，它定义了在策略更新过程中需要最大化的目标。PPO 算法的目标函数与优化策略之间存在密切的关系。

PPO 算法的目标函数通常为以下形式：

$$\text{目标函数} = E\left[\text{最新策略下的优势函数} \times \frac{\text{旧策略下动作的概率}}{\text{最新策略下动作的概率}}\right]$$

下面解释这个目标函数与优化策略之间的关系。

（1）策略。首先，考虑一个参数化的策略，可以用神经网络来表示。策略的参数是需要通过训练来优化的，这些参数决定了在给定状态下应该采取哪些动作。

（2）目标函数。PPO 算法的目标函数定义了一个关于策略参数的函数，它需要最大化。这个函数是期望值，表示在当前策略下执行动作所获得的预期累积奖励。

（3）优势函数。优势函数在 PPO 算法中起着关键作用。它衡量了每个动作相对于其他动作的好坏。优势函数通常通过比较每个动作的返回值(通常是累积奖励)来计算。

（4）新旧策略的动作概率。目标函数中包含了新策略下执行动作的概率和旧策略下执行动作的概率。这些概率是策略参数的函数，用于计算在给定状态下选择每个动作的概率。

（5）目标最大化。PPO 算法的目标是通过调整策略参数来最大化目标函数的值。这意味着在训练过程中，PPO 算法会寻找策略参数的更新方向，以使目标函数的值增加。

总之，PPO 算法的目标函数定义了在策略参数空间中需要优化的目标。通过最大化目标函数，PPO 算法可以更新策略的参数，以改进策略，使其在给定环境下能够获得更高的累积奖励。优势函数和动作概率的比较是目标函数的关键组成部分，它们帮助控制策略更新的幅度，从而提高算法的稳定性。通过多次迭代和使用梯度下降等优化方法，PPO 算法不断改进策略，直至找到一个较优的策略。

11.2.3 PPO算法中的策略梯度计算

在 PPO 算法中，策略梯度计算是优化策略的关键步骤之一。策略梯度计算用于确定如何更新策略的参数，以使预期奖励最大化。PPO 算法中策略梯度的计算过程如下。

（1）收集经验数据。首先，智能体与环境交互，收集一系列状态、动作和奖励的经验数据。这些数据用于计算策略梯度。

（2）计算优势函数。为了计算策略梯度，需要首先计算每个经验数据点的优势函数。优势函数衡量了在特定状态下执行的动作相对于其他动作的好坏。通常，优势函数可以使用下面的公式计算，即

$$优势函数(Advantage) = 返回值(Discounted\ Return) - 估算值(Estimated\ Value)$$

① 返回值是从当前状态开始，沿着轨迹累积的未来奖励之和，通常使用折扣因子来降低未来奖励的权重。

② 估算值是策略网络(通常是一个神经网络)对每个状态的价值估计。这个估算值可以通过值函数(如状态值函数或动作值函数)的预测来获得，也可以通过策略梯度方法来估计。

（3）计算策略梯度。一旦计算了优势函数，就可以计算策略梯度了。策略梯度是关于策略参数的梯度，它给出了如何改变策略以最大化预期奖励。通常，策略梯度可以使用以下公式计算，即

$$策略梯度 = E[(优势函数 \times 策略梯度项)]$$

① 策略梯度项通常是关于策略参数的梯度，通常由策略网络的输出层给出。对于高斯策略，这个梯度项是动作分布的导数，通常是关于动作均值和标准差的导数。

② 优势函数乘以策略梯度项用于加权不同的策略更新，这有助于控制策略更新的大小。

（4）策略更新。使用计算得到的策略梯度来更新策略网络的参数，通常使用梯度下降或其他优化算法。策略更新将策略向着最大化预期奖励的方向调整。

上述计算过程在 PPO 中通过多次迭代来执行，通过不断改进策略参数来逐渐提高策略的性能。策略梯度计算是 PPO 算法中的一个关键步骤，通过调整策略参数以最大化累积奖励，使智能体能够学习适应不同任务和环境的策略。

11.3 PPO 算法的实现与调参

PPO 算法的实现和调参是在应用中取得成功的关键步骤，本节将详细讲解实现 PPO 算法的知识。

扫码看视频

11.3.1 策略网络结构的设计

PPO 算法的策略网络结构的设计是在应用中至关重要的一步，它直接影响了算法的性能和训练的稳定性。策略网络通常用来表示智能体在给定状态下采取动作的概率分布。下面是对设计 PPO 策略网络结构的一些建议。

(1) 输入层。输入层接受环境的状态信息。输入层的大小应该与状态空间的维度相匹配。通常，状态信息会进行归一化，以使神经网络更容易训练。对于图像输入，可以使用卷积层进行特征提取。

(2) 隐藏层。策略网络通常包括一个或多个隐藏层，用于学习状态与动作之间的映射关系。隐藏层的大小和数量是可以调整的超参数。常见的选择包括全连接层或 LSTM(长短时记忆网络)等。

(3) 输出层。输出层定义了执行每个可能动作的概率分布。输出层的大小应与动作空间的维度相匹配。对于离散动作空间，可以使用 softmax 激活函数来表示每个动作的概率。对于连续动作空间，可以使用高斯分布或其他适当的概率分布来参数化动作。

(4) 激活函数。在隐藏层和输出层中使用适当的激活函数，如 ReLU、tanh 或 sigmoid。激活函数的选择可能取决于问题的性质。

(5) 正则化。考虑在隐藏层中使用批量归一化(Batch Normalization)或丢弃(Dropout)等正则化技巧，以提高模型的泛化能力和稳定性。

(6) 值网络。有时，策略网络与值网络结合使用可以提高性能。值网络用于估计状态值，有助于计算优势函数。通常，值网络可以与策略网络共享一些层，以减少参数数量。

(7) 动作选择方法。根据策略网络输出的概率分布，可以使用采样方法(如使用概率来选择动作)来执行动作。

(8) 网络架构调优。使用试验和超参数搜索来选择策略网络的架构和参数。可以尝试不同的隐藏层大小、层数和激活函数组合，以找到适合问题的最佳结构。

(9) 初始化策略。在训练开始时，选择适当的策略初始化方法，可以使用随机初始化或根据先验知识进行初始化。

(10) 监控与调试。在训练过程中监控策略网络的性能和学习曲线，以便了解是否需要进一步调整网络结构或超参数。

例如，下面是一个简单的示例，展示了使用 PyTorch 创建基本的 PPO 策略网络结构的过程。请注意，这只是一个示例，实际问题中的网络结构可能更复杂，并需要根据问题的需求进行调整和优化。

实例 11-1 创建简单的 PPO 网络(源码路径：**daima\11\ppo.py**)

实例文件 ppo.py 的主要实现代码如下：

```python
class PolicyNetwork(nn.Module):
    def __init__(self, input_dim, output_dim, hidden_dim=64):
        super(PolicyNetwork, self).__init__()
        # 输入层
        self.fc1 = nn.Linear(input_dim, hidden_dim)
        # 隐藏层
        self.fc2 = nn.Linear(hidden_dim, hidden_dim)
        # 输出层
        self.fc3 = nn.Linear(hidden_dim, output_dim)

    def forward(self, state):
        x = F.relu(self.fc1(state))
        x = F.relu(self.fc2(x))
        action_probs = F.softmax(self.fc3(x), dim=-1)  # 使用softmax输出动作概率
        return action_probs

# 定义输入和输出维度
input_dim = 10   # 替换为您的输入维度
output_dim = 5   # 替换为您的输出维度
```

```
# 创建策略网络
policy_net = PolicyNetwork(input_dim, output_dim)

# 输入状态
your_state = torch.Tensor([1.0, 2.0, 3.0, 4.0, 5.0, 6.0, 7.0, 8.0, 9.0, 10.0])  # 替换为您的状
态数据

# 从策略网络中获取动作概率分布
action_probs = policy_net(your_state)

# 从概率分布中采样一个动作
action = torch.multinomial(action_probs, 1).item()
print("采样的动作:", action)
```

上述代码实现了一个基本的策略网络(Policy Network)以及如何使用该策略网络进行动作采样，具体实现流程如下。

(1) 定义策略网络类。这是一个 PyTorch 模型类，继承自 nn.Module。策略网络包括 3 个全连接层(线性层)，即输入层(fc1)、两个隐藏层(fc2)和输出层(fc3)。它使用 ReLU 激活函数来处理每一层的输出，并使用 softmax 函数在输出层生成动作概率分布。

(2) forward 方法。forward 方法定义了数据在策略网络中的正向传播过程。输入状态 state 被传递到策略网络中，经过一系列线性层和激活函数的处理，最终在输出层生成动作的概率分布 action_probs。

(3) 定义输入和输出维度。在示例中，需要指定输入和输出的维度，分别为 input_dim 和 output_dim。这两个维度需要根据具体问题进行设置。

(4) 创建策略网络实例。使用定义好的策略网络类来创建一个实例 policy_net。这个网络将用于生成动作概率分布和采样动作。

(5) 定义输入状态。创建一个示意的输入状态 your_state，这个状态是一个包含 10 个浮点数的张量。在实际问题中，需要提供适合问题的状态数据。

(6) 从策略网络中获取动作概率分布。使用 policy_net 将输入状态 your_state 传递给策略网络，从而生成动作概率分布 action_probs。这个分布表示在给定状态下选择每个可能动作的概率。

(7) 从概率分布中采样一个动作。使用 torch.multinomial 函数从动作概率分布 action_probs 中采样一个动作。采样的动作将作为整数值存储在 action 中。

(8) 输出采样的动作。最后，打印出采样的动作，以展示如何从策略网络中获取并执行一个动作。

执行以上代码后的输出结果如下：

采样的动作: 4

执行代码后会从策略网络的动作概率分布中采样了一个动作，输出了采样的动作。在这个示例中，输出的采样动作是 4，这是根据策略网络和输入状态生成的。

> **注意**
>
> 策略网络结构的设计通常是一个试验和纠错的过程，需要根据具体问题的要求进行调整和优化。对于不同类型的任务和环境，可能需要不同的网络结构来获得最佳性能。因此，在实际应用中，建议进行系统性的试验和调试，以找到适合问题的最佳策略网络结构。

11.3.2 超参数的选择与调整

选择和调整 PPO 算法的超参数是训练成功的关键部分之一,因为不同问题和环境可能需要不同的超参数设置。下面是对 PPO 超参数的选择和调整建议。

(1) 学习率(Learning Rate)。学习率决定了策略参数更新的步长。通常,建议从小范围内进行调整,如 0.001~0.01 之间。可以通过尝试不同的学习率来找到最佳性能。

(2) 剪切参数(Clipping Parameter)。剪切参数用于限制策略更新的大小,以增加算法的稳定性。通常,剪切参数的选择范围在 0.1~0.3 之间。较小的剪切参数会导致更保守的策略更新。

(3) 值网络参数。如果使用值网络来估计状态值,需要调整值网络的学习率和结构。值网络的存在可以提高算法的性能和稳定性。

(4) 折扣因子(Discount Factor)。折扣因子用于降低未来奖励的权重,通常设置在 0.9~0.99 之间。较高的折扣因子会更强调未来奖励。

(5) GAE(Generalized Advantage Estimation,广义优势估计)参数。如果使用 GAE 来计算优势函数,需要调整 GAE 的 λ 值。λ 越接近 1,越强调长期奖励,λ 越接近 0,越强调短期奖励。

(6) 策略更新频率。确定多少次策略更新与价值网络更新相结合。通常,可以尝试不同的更新频率,如每个轨迹、每个时间步或其他时间间隔。

(7) 策略网络结构。策略网络的结构,包括隐藏层的大小和数量,对性能有重要影响。通常需要进行试验以找到适合问题的网络结构。

(8) 训练轨迹长度。选择训练时的轨迹长度,通常有一个最佳值,可能需要进行调整以平衡计算效率和训练稳定性。

(9) 正则化。正则化方法如丢弃(Dropout)或权重衰减(Weight Decay)可用于控制模型的复杂度,有助于防止过拟合。

(10) 并行化。使用多个环境实例或分布式计算可以加速训练。可以调整并行环境的数量以提高训练速度。

(11) 自举(Bootstrapping)。自举方法可以用于初始化值网络或策略网络,有助于加速学习过程。

(12) 监控与调试。在训练过程中监控性能指标,如累积奖励、策略梯度大小和值网络损失等。根据监控结果来调整超参数。

例如,在下面的示例中,将使用 Optuna 库来执行超参数搜索。首先,确保已经安装了 Optuna(可以使用 pip install optuna 命令安装)。

实例 11-2 创建一个简单的 PPO 网络(源码路径:daima\11\tiao.py)

实例文件 tiao.py 的主要实现代码如下:

```
# 定义简化的环境,包括状态空间和动作空间
class Environment:
    def __init__(self):
        self.state_dim = 2
        self.action_dim = 1

    def reset(self):
        return torch.rand(self.state_dim)
```

```python
    def step(self, action):
        next_state = torch.rand(self.state_dim)
        reward = -torch.sum((next_state - action) ** 2)  # 简化的奖励函数
        return next_state, reward

# 定义策略网络
class PolicyNetwork(nn.Module):
    def __init__(self, input_dim, output_dim, hidden_dim=32):
        super(PolicyNetwork, self).__init__()
        self.fc1 = nn.Linear(input_dim, hidden_dim)
        self.fc2 = nn.Linear(hidden_dim, output_dim)
        self.softmax = nn.Softmax(dim=-1)  # 添加softmax激活函数

    def forward(self, state):
        x = torch.relu(self.fc1(state))
        action_probs = self.softmax(self.fc2(x))
        return action_probs

# 定义PPO算法
class PPO:
    def __init__(self, env, policy_net, lr=0.01, clip_param=0.2):
        self.env = env
        self.policy_net = policy_net
        self.optimizer = optim.Adam(self.policy_net.parameters(), lr=lr)
        self.clip_param = clip_param

    def train(self, num_episodes=100):
        for episode in range(num_episodes):
            state = self.env.reset()
            for t in range(100):  # 每个轨迹最大长度为100
                action_probs = self.policy_net(state)
                action = torch.bernoulli(action_probs).item()  # 随机选择动作
                next_state, reward = self.env.step(torch.tensor([action]))

                # 计算策略梯度
                log_probs = torch.log(action_probs)
                entropy = -torch.sum(action_probs * log_probs)
                loss = -log_probs * reward - self.clip_param * entropy

                # 更新策略网络
                self.optimizer.zero_grad()
                loss.backward()
                self.optimizer.step()

                state = next_state

def objective(trial):
    # 定义超参数搜索空间
    lr = trial.suggest_float('lr', 1e-4, 1e-1, log=True)
    clip_param = trial.suggest_float('clip_param', 0.1, 0.5)

    env = Environment()
    policy_net = PolicyNetwork(env.state_dim, env.action_dim)
    ppo = PPO(env, policy_net, lr=lr, clip_param=clip_param)
    ppo.train()

    # 在每种超参数设置下评估性能
    total_reward = 0
    for _ in range(10):  # 评估10次
        state = env.reset()
        for _ in range(100):
            action_probs = ppo.policy_net(state)
            action = torch.bernoulli(action_probs).item()
            next_state, reward = env.step(torch.tensor([action]))
            total_reward += reward
```

```
            state = next_state

    return total_reward

if __name__ == "__main__":
    study = optuna.create_study(direction='maximize')
    study.optimize(objective, n_trials=100)

    best_params = study.best_params
    best_reward = study.best_value

    print(f"Best Hyperparameters: {best_params}")
    print(f"Best Reward: {best_reward}")
```

上述代码的实现流程如下。

(1) 创建一个 Optuna 的研究对象，用于执行超参数搜索。

(2) 在每个试验中，使用 trial.suggest_float 函数从指定的搜索范围内选择学习率和剪切参数的值。

(3) 创建一个环境、策略网络和 PPO 算法对象，并使用选择的超参数进行训练。

(4) 在每种超参数设置下，评估策略网络的性能，执行 10 次评估。

(5) 记录每种超参数设置下的总奖励。

(6) Optuna 将根据性能指标(总奖励)选择最佳的超参数组合。

(7) 执行代码后会输出最佳的学习率和剪切参数组合，以及对应的最佳总奖励。输出结果可能类似于以下内容：

```
[I 2023-10-07 12:26:06,866] A new study created in memory with name: no-name-87bbca32-5cc5-
479e-82fe-87424dc04766
[I 2023-10-07 12:26:32,715] Trial 0 finished with value: -657.5282592773438 and parameters:
{'lr': 0.060671621513583726, 'clip_param': 0.3222190588204277}. Best is trial 0 with value:
-657.5282592773438.
……
Best Hyperparameters: {'lr': 0.001234, 'clip_param': 0.345678}
Best Reward: 123.45
```

对上面输出的具体说明如下。

(1) [I 2023-10-07 12:26:06,866]。这是日志的时间戳。

(2) A new study created in memory with name: no-name-87bbca32-5cc5-479e-82fe-87424dc04766。创建了一个名为"no-name-87bbca32-5cc5-479e-82fe-87424dc04766"的 Optuna 研究对象。

(3) Trial X finished with value: Y and parameters: {'lr': Z, 'clip_param': W}。每个试验的结果，其中 X 是试验的索引；Y 是试验的奖励值；Z 和 W 是在该试验中选择的学习率和剪切参数的值。

(4) Best is trial X with value: Y。显示当前最佳的试验索引和最佳奖励值。

上面的输出表示在经过超参数搜索后，找到了最佳的学习率和剪切参数组合，并且在这些超参数下，PPO 算法在评估中获得了最佳的总奖励。

> 💡 注意
>
> 最好的超参数设置通常是通过多次试验和尝试来找到的，开发者可以使用自动超参数优化工具(如 Hyperopt、Optuna 等)来自动搜索最佳超参数组合。另外，要确保对训练过程进行充分的试验和调试，以了解模型的表现和稳定性以及如何改进超参数设置。

11.4 PPO 算法的变种与改进

扫码看视频

PPO 是一个强化学习算法,具有一些变种和改进版本,以解决一些 PPO 原始版本的限制或提高其性能。本节将详细讲解这些改进。

11.4.1 PPO-Clip 算法

PPO-Clip(Proximal Policy Optimization with Clipping)算法是一种改进的 PPO 算法,用于训练强化学习智能体,特别是在连续动作空间中的任务。它旨在提高 PPO 的稳定性和收敛性。PPO-Clip 算法的核心思想是通过两个关键机制来控制策略更新的幅度,从而增强算法的稳定性。

(1) 重要性采样比率的剪切(Clipping Importance Sampling Ratio)。在 PPO-Clip 算法中,为了衡量新策略和旧策略之间的相对性能,使用了重要性采样比率。具体而言,对于每个采样的状态-动作对(s, a),计算了新策略和旧策略下执行动作 a 的概率比值,即

$$r_t(s,a) = \frac{\pi_\theta(a|s)}{\pi_{\theta_{\text{old}}}(a|s)}$$

式中,$\pi_\theta(a|s)$ 为新策略下在状态 s 下执行动作 a 的概率;$\pi_{\theta_{\text{old}}}(a|s)$ 为旧策略下在状态 s 下执行动作 a 的概率。

然后,PPO-Clip 算法引入了一个剪切函数,将这些比值限制在一个合理的范围内,以减小策略更新的幅度。具体地,采用以下的剪切函数,即

$$\text{clipped ratio}_t(s,a) = \text{clip}(r_t(s,a), 1-\varepsilon, 1+\varepsilon)$$

式中,ε 为一个小的正数,用于控制剪切的范围。

(2) 剪切的目标函数。在策略更新的目标函数中,PPO-Clip 采用了剪切后的重要性采样比率。具体来说,PPO-Clip 的目标函数可以表示为

$$\text{surrogate}_t(s,a) = \min(r_t(s,a)A_t, \text{clipped ratio}_t(s,a)A_t)$$

式中,A_t 为优势函数,用于衡量在状态 s 下执行动作 a 相对于平均水平的性能;$\text{surrogate}_t(s, a)$ 为策略改进的替代目标,用于更新策略参数。

(3) 策略更新。最后,PPO-Clip 算法使用策略梯度方法来最大化剪切后的目标函数,从而更新策略的参数。通常使用梯度上升方法,如 Adam 优化器。

PPO-Clip 算法的主要优点如下。

① 稳定性。通过剪切机制,PPO-Clip 算法可以限制策略更新的幅度,从而提高训练的稳定性,减少因过大的更新步骤而导致的不稳定性。

② 收敛性。相对于一些其他策略梯度方法,PPO-Clip 通常能够更快地收敛到较好的策略。

③ 鲁棒性。PPO-Clip 算法对初始策略参数的选择和超参数的选择相对较不敏感,因此更容易在不同任务上进行调优。

需要注意的是,PPO-Clip 算法只是 PPO 算法的一种改进版本,实际应用时还需要根据具体任务的需求和性质来选择适当的算法。

请看下面的例子，使用一个连续动作空间(一维)的简单问题来演示 PPO-Clip 算法的用法。在这个问题中，智能体需要学会在连续状态空间中找到最大的奖励。

实例 11-3：使用 PPO-Clip 算法训练一个连续动作空间的智能体(源码路径：**daima\11\clip.py**)

实例文件 clip.py 的具体实现代码如下：

```python
# 定义一个简单的连续动作空间环境
class SimpleContinuousEnv:
    def __init__(self):
        self.state_dim = 1
        self.action_dim = 1
        self.state = np.random.randn(self.state_dim)
        self.optimal_action = np.array([2.0])  # 最优动作
        self.reward_std = 0.1  # 奖励的标准差

    def reset(self):
        self.state = np.random.randn(self.state_dim)
        return self.state

    def step(self, action):
        reward = -np.sum(np.square(action - self.optimal_action))  # 最大奖励为0，与最优动作的距离越小，奖励越高
        reward += np.random.randn() * self.reward_std  # 添加噪声
        self.state += np.random.randn(self.state_dim) * 0.01  # 随机过渡状态
        return self.state, reward, False

# 定义一个简单的策略网络
class PolicyNetwork(nn.Module):
    def __init__(self, input_dim, output_dim):
        super(PolicyNetwork, self).__init__()
        self.fc = nn.Linear(input_dim, output_dim)

    def forward(self, x):
        x = torch.tanh(self.fc(x))
        return x

# 定义 PPO-Clip 代理
class PPOAgent:
    def __init__(self, state_dim, action_dim):
        self.policy_network = PolicyNetwork(state_dim, action_dim)
        self.optimizer = optim.Adam(self.policy_network.parameters(), lr=0.001)
        self.gamma = 0.99
        self.eps_clip = 0.2

    def select_action(self, state):
        state = torch.tensor(state, dtype=torch.float32)
        action_mean = self.policy_network(state)
        action_std = torch.ones_like(action_mean) * 0.1  # 使用固定的标准差
        action_dist = torch.distributions.Normal(action_mean, action_std)
        action = action_dist.sample()
        return action.item()

    def update(self, states, actions, old_action_probs, advantages):
        states = torch.tensor(states, dtype=torch.float32)
        actions = torch.tensor(actions, dtype=torch.float32)
        old_action_probs = torch.tensor(old_action_probs, dtype=torch.float32)
        advantages = torch.tensor(advantages, dtype=torch.float32)

        action_mean = self.policy_network(states)
        action_std = torch.ones_like(action_mean) * 0.1
        action_dist = torch.distributions.Normal(action_mean, action_std)
        new_action_probs = action_dist.log_prob(actions)
        old_action_probs = old_action_probs.view(-1, 1)
```

```python
        ratio = torch.exp(new_action_probs - old_action_probs)
        surr1 = ratio * advantages
        surr2 = torch.clamp(ratio, 1 - self.eps_clip, 1 + self.eps_clip) * advantages
        loss = -torch.min(surr1, surr2).mean()

        self.optimizer.zero_grad()
        loss.backward()
        self.optimizer.step()

# 训练PPO-Clip代理
def train_ppo():
    env = SimpleContinuousEnv()
    num_episodes = 10000
    agent = PPOAgent(env.state_dim, env.action_dim)

    for episode in range(num_episodes):
        state = env.reset()
        states, actions, rewards, old_action_probs = [], [], [], []

        while True:
            action = agent.select_action(state)
            new_state, reward, done = env.step(action)

            states.append(state)
            actions.append(action)
            rewards.append(reward)
            old_action_probs.append(agent.policy_network(torch.tensor(state,
                dtype=torch.float32)).item())

            state = new_state

            if done:
                break

        # 计算折扣回报
        returns = []
        discounted_reward = 0
        for reward in reversed(rewards):
            discounted_reward = reward + agent.gamma * discounted_reward
            returns.insert(0, discounted_reward)

        # 计算优势值
        advantages = np.array(returns) - np.array(old_action_probs)

        agent.update(states, actions, old_action_probs, advantages)

        if episode % 10 == 0:
            print(f"Episode {episode}: Total Reward = {sum(rewards)}")

if __name__ == "__main__":
    train_ppo()
```

上述代码的实现流程如下。

（1）定义空间环境。类 SimpleContinuousEnv 定义一个简单的连续动作空间环境，适用于强化学习任务。该环境包含一个维度为 1 的状态空间和动作空间，智能体的目标是选择接近最优动作(2.0)的动作以获得较高奖励。step 方法根据当前动作计算奖励，奖励值越接近 0 表示动作越接近最优动作，同时加入噪声以增加环境的不确定性。环境状态在每步中以小幅随机变化。

（2）定义策略网络。PolicyNetwork 类是一个简单的神经网络，它将环境状态映射到动作的概率分布。它包括两个全连接层，使用 ReLU 激活函数。这个策略网络的目标是学习如何选择在给定状态下采取哪个动作。

(3) 定义 PPO_Clip 代理。PPOAgent 类是代理的核心部分。它包含一个策略网络 (policy_network) 和一个优化器 (optimizer)。代理使用 PPO-Clip 算法来更新策略。重要的成员变量包括折扣因子 gamma 和剪切参数 eps_clip。代理提供了 select_action 方法来选择在给定状态下采取的动作,并提供了 update 方法来执行 PPO-Clip 算法的更新步骤。

(4) 训练 PPO_Clip 代理。train_ppo 函数用于训练代理。它首先初始化环境和代理,然后执行一系列训练回合。每个训练回合包括以下步骤。

① 重置环境状态。

② 在当前策略下,使用 select_action 方法选择动作,并执行它们,同时收集状态、动作、奖励等信息。

③ 计算折扣回报(returns)和优势值(advantages)。

④ 使用 update 方法来执行 PPO-Clip 更新步骤,以改进策略网络的参数。

⑤ 打印每个回合的总奖励。

11.4.2 PPO-Penalty 算法

PPO-Penalty(Proximal Policy Optimization with Penalty)是一种强化学习算法,是对标准 PPO 的扩展。PPO-Penalty 的核心思想是在 PPO 的损失函数中引入了一个罚项(penalty term),以进一步推动代理学习到更多的探索行为。PPO-Penalty 算法的主要思想和特点如下。

(1) 目标。PPO-Penalty 算法的目标与标准 PPO 算法一样,即通过优化策略网络来最大化累积奖励。但是,PPO-Penalty 算法引入了一个额外的目标,即最大化累积奖励的同时最小化罚项。

(2) 罚项引入。罚项的引入是 PPO-Penalty 算法的关键。该罚项通常是一个关于策略分布的度量,如 KL 散度(Kullback-Leibler divergence)。它的目的是鼓励策略网络在训练过程中不要偏离初始策略太远,以保持探索性。罚项的具体形式可以根据任务和需求进行选择。

(3) 优化。优化过程涉及两个目标,即最大化累积奖励和最小化罚项。通常,这两个目标被组合成一个联合损失函数,然后使用优化算法来更新策略网络的参数。损失函数的具体形式可能因任务而异。

(4) 探索与稳定性。PPO-Penalty 算法中罚项的引入可以提高探索性,因为罚项会惩罚策略变化过大。这有助于在探索和稳定性之间找到平衡,尤其是在复杂任务中。

(5) 超参数调整。罚项的权重通常需要仔细调整,以确保在训练中取得良好的效果。不同的任务可能需要不同的罚项权重。

总起来说,PPO-Penalty 算法是一种旨在改进 PPO 算法的变种,通过引入罚项来平衡探索和稳定性的需求。这个罚项可以根据具体任务和代理需求进行设计和调整。请注意,PPO-Penalty 算法的具体实现方式可能因研究论文或试验而异,因此在实际应用中需要参考相关文献或算法实现来了解具体的细节。

请看下面的实例,使用 PPO 算法训练一个智能体以在 Gym 环境的 Pendulum-v1 任务中学习控制动作。

实例 11-4 训练在 Pendulum-v1 任务中学习控制动作的智能体(源码路径：daima\11\pen.py)

实例文件 pen.py 的主要实现代码如下：

```python
GAMMA = 0.9     # 折扣率
EP_MAX = 1000   # 回合循环次数默认是1000
EP_LEN = 200    # 一个回合规定的长度默认是200
A_LR = 0.0001   # actor 的学习率默认是 0.0001
C_LR = 0.0002   # critic 的学习率默认是 0.0002
BATCH = 32      # 缓冲池长度
A_UPDATE_STEPS = 10  # 在多少步数之后更新 actor
C_UPDATE_STEPS = 10  # 在多少步数之后更新 critic
S_DIM, A_DIM = 3, 1  # state 维度是3，action 维度是1
METHOD = [
    dict(name='kl_pen', kl_target=0.01, lam=0.5),   # KL penalty  # 0.5
    dict(name='clip', epsilon=0.2)    # clip
][0]    # choose the method for optimization
# METHOD[0]是 Adaptive KL penalty Coefficient
# METHOD[1]是 Clipped Surrogate Objective
# 结果证明，clip 的这个方法更好


class Actor(nn.Module):
    """
    神经网络结构
    # 全连接1
    # 全连接2
    # ReLU
    网络输出是动作的 mu 和 sigma
    """
    def __init__(self,
                 n_features,
                 n_neuron):
        super(Actor, self).__init__()
        self.linear = nn.Sequential(
            nn.Linear(in_features=n_features,
                      out_features=n_neuron,
                      bias=True),
            nn.ReLU()
        )
        self.mu = nn.Sequential(
            nn.Linear(in_features=n_neuron,
                      out_features=1,
                      bias=True),
            nn.Tanh()
        )
        self.sigma = nn.Sequential(
            nn.Linear(in_features=n_neuron,
                      out_features=1,
                      bias=True),
            nn.Softplus()
        )

    def forward(self, x):
        y = self.linear(x)
        mu = 2 * self.mu(y)
        sigma = self.sigma(y)
        return mu, sigma


class Critic(nn.Module):
    """
    神经网络结构
    # 全连接1
```

```python
        # 全连接2
        # ReLU
        输出是状态价值
        """
        def __init__(self,
                     n_features,
                     n_neuron):
            super(Critic, self).__init__()
            self.net = nn.Sequential(
                nn.Linear(in_features=n_features,
                          out_features=n_neuron,
                          bias=True),
                nn.ReLU(),
                nn.Linear(in_features=n_neuron,
                          out_features=1,
                          bias=True),
            )

        def forward(self, x):
            return self.net(x)


class PPO(object):

    def __init__(self,
                 n_features,
                 n_neuron,
                 actor_learning_rate,
                 critic_learning_rate,
                 max_grad_norm=0.5,  # 梯度剪裁参数
                 ):
        self.actor_lr = actor_learning_rate
        self.critic_lr = critic_learning_rate
        self.actor_old = Actor(n_features, n_neuron)
        self.actor = Actor(n_features, n_neuron)
        self.critic = Critic(n_features, n_neuron)
        self.actor_optimizer = torch.optim.Adam(params=self.actor.parameters(),
                                                lr=self.actor_lr)
        self.critic_optimizer = torch.optim.Adam(params=self.critic.parameters(),
                                                 lr=self.critic_lr)
        self.max_grad_norm = max_grad_norm  # 梯度剪裁参数

    def update(self, s, a, r, log_old, br_next_state):
        """

        :param s: np.array(buffer_s)
        :param a: np.array(buffer_a)
        :param r: np.array(buffer_r)
        :param log_old: np.array(buffer_log_old)
        :param next_state: np.array(buffer_next_state)
        :return: update actor net and critic net
        """
        self.actor_old.load_state_dict(self.actor.state_dict())
        # 从buffer中取出state, action, reward, old_action_log_prob, next_state 放在tensor上
        state = torch.FloatTensor(s)
        action = torch.FloatTensor(a)
        discounted_r = torch.FloatTensor(r)  # discounted_r是target_v
        next_state = torch.FloatTensor(br_next_state)

        mu_old, sigma_old = self.actor_old(state)
        dist_old = Normal(mu_old, sigma_old)
        old_action_log_prob = dist_old.log_prob(action).detach()

        # discounted_r是target_v
        target_v = discounted_r
        # 优势函数advantage，也是td_error
```

PPO 算法 第11章

```python
        advantage = (target_v - self.critic(state)).detach()
        
        #advantage = (advantage - advantage.mean()) / (advantage.std()+1e-6)   # sometimes helpful by movan
        
        # 更新 actor net, METHOD[0]是KL penalty, METHOD[1]是clip
    if METHOD['name'] == 'kl_pen':
        for _ in range(A_UPDATE_STEPS):
            # 估计new_action_log_prob
            mu, sigma = self.actor(state)
            dist = Normal(mu, sigma)
            new_action_log_prob = dist.log_prob(action)  #!!!划重点,新策略动作值的log_prob,是新策略
                                                         #   得到的分布上找到action对应的log_prob值
            
            new_action_prob = torch.exp(new_action_log_prob)
            old_action_prob = torch.exp(old_action_log_prob)
            
            # KL散度
            kl = nn.KLDivLoss()(old_action_prob, new_action_prob)
            # 计算loss
            ratio = new_action_prob / old_action_prob
            actor_loss = -torch.mean(ratio * advantage - METHOD['lam'] * kl)
            # 梯度下降
            self.actor_optimizer.zero_grad()
            actor_loss.backward()
            # 梯度剪裁,只解决梯度爆炸问题,不解决梯度消失问题
            nn.utils.clip_grad_norm_(self.actor.parameters(), self.max_grad_norm)
            self.actor_optimizer.step()
            if kl > 4*METHOD['kl_target']:
                # 这是谷歌的论文
                break
        if kl < METHOD['kl_target'] / 1.5:
            # 散度较小,需要弱化惩罚力度
            # 自适应lambda, 这是OpenAI 的论文
            METHOD['lam'] /= 2
        elif kl > METHOD['kl_target'] * 1.5:
            # 散度较大,需要增强惩罚力度
            METHOD['lam'] *= 2
        # 有时爆炸,这个剪裁是我的解决方案
        METHOD['lam'] = np.clip(METHOD['lam'], 1e-4, 10)
    else:
        # 剪裁方法,发现这个比较好(OpenAI 论文)
        # 更新 actor net
        for _ in range(A_UPDATE_STEPS):
            ## 更新步骤如下:
            # 估计new_action_log_prob
            mu, sigma = self.actor(state)
            n = Normal(mu, sigma)
            new_action_log_prob = n.log_prob(action)   # !!!划重点,新策略动作值的log_prob,是新策略
                                                       #   得到的分布上找到action对应的log_prob值
            
            # ratio = new_action_prob / old_action_prob
            ratio = torch.exp(new_action_log_prob - old_action_log_prob)
            
            # L1 = ratio * td_error, td_error 也叫作advatange
            L1 = ratio * advantage
            
            # L2 = clip(ratio, 1-epsilon, 1+epsilon) * td_error
            L2 = torch.clamp(ratio, 1-METHOD['epsilon'], 1+METHOD['epsilon']) * advantage
            
            # loss_actor = -min(L1, L2)
            actor_loss = -torch.min(L1, L2).mean()
            
            # optimizer.zero_grad()
```

```python
                    self.actor_optimizer.zero_grad()
                    # actor_loss.backward()
                    actor_loss.backward()
                    # 梯度裁剪,只解决梯度爆炸问题,不解决梯度消失问题
                    nn.utils.clip_grad_norm_(self.actor.parameters(), self.max_grad_norm)
                    # actor_optimizer.step()
                    self.actor_optimizer.step()

            # 更新critic net
            for _ in range(C_UPDATE_STEPS):
                # critic的loss是td_error也就是advantage,可以是td_error的L1范数也可以是td_error的L2范数
                critic_loss = nn.MSELoss(reduction='mean')(self.critic(state), target_v)
                # optimizer.zero_grad()
                self.critic_optimizer.zero_grad()
                # 反向传播
                critic_loss.backward()
                # 梯度裁剪,只解决梯度爆炸问题,不解决梯度消失问题
                nn.utils.clip_grad_norm_(self.critic.parameters(), self.max_grad_norm)
                # optimizer.step()
                self.critic_optimizer.step()

    def choose_action(self, s):
        """
        选择动作
        :param s:
        :return:
        """
        # 状态s放在torch.tensor上
        # actor net 输出mu和sigma
        # 根据mu和sigma采样动作
        # 返回动作和动作的log概率值
        s = torch.FloatTensor(s)
        with torch.no_grad():
            mu, sigma = self.actor(s)
        # print(s, mu, sigma)
        dist = Normal(mu, sigma)
        action = dist.sample()
        action_log_prob = dist.log_prob(action)
        action = action.clamp(-2, 2)
        return action.item(), action_log_prob.item()

    def get_v(self, s):
        """
        状态价值函数
        :param s:
        :return:
        """
        # 状态s放在torch.tensor上
        # critic net 输出value
        s = torch.FloatTensor(s)
        with torch.no_grad():
            value = self.critic(s)
        return value.item()


env = gym.make('Pendulum-v1').unwrapped
env.reset(seed=0)
torch.manual_seed(0)
ppo = PPO(n_features=S_DIM, n_neuron=50,
          actor_learning_rate=A_LR, critic_learning_rate=C_LR)
all_ep_r = []  # 记录每个回合的累积reward值,当前回合的累积reward值 = 上一回合reward*0.9 + 当前回合reward*0.1

for ep in range(EP_MAX):
    s, info = env.reset()
```

```python
        buffer_s, buffer_a, buffer_r = [], [], []
        buffer_log_old = []  # revised by lihan
        buffer_next_state = []
        ep_r = 0  # 每个回合的reward值，是回合每步的reward值的累加
        for t in range(EP_LEN):
            # 在一个回合里
            env.render()
            # print(ep, t)
            a, a_log_prob_old = ppo.choose_action(s)
            s_, r, done, truncated, info = env.step([a])
            buffer_s.append(s)
            buffer_a.append(a)
            buffer_r.append((r+8)/8)  # normalize reward, find to be useful
            buffer_log_old.append(a_log_prob_old)
            buffer_next_state.append(s_)
            s = s_
            ep_r += r

            # 如果缓冲地收集一个批次的数据了或者一个回合结束了，那么更新ppo
            if (t+1) % BATCH == 0 or t == EP_LEN - 1:
                # print('update *****')
                v_s_ = ppo.get_v(s_)
                discounted_r = []
                for r in buffer_r[::-1]:
                    v_s_ = r + GAMMA * v_s_
                    discounted_r.append(v_s_)
                discounted_r.reverse()
                # discounted_r 是 target_v

                bs, ba = np.vstack(buffer_s), np.vstack(buffer_a)
                br_next_state = np.vstack(buffer_next_state)
                br = np.array(discounted_r)[:, np.newaxis]
                blog_old = np.vstack(buffer_log_old)  # revised by lihan
                # 清空缓冲池
                buffer_s, buffer_a, buffer_r = [], [], []
                buffer_log_old = []  # revised by lihan
                buffer_next_state = []
                ppo.update(bs, ba, br, blog_old, br_next_state)  # 更新PPO
        if ep == 0:
            all_ep_r.append(ep_r)
        else:
            all_ep_r.append(all_ep_r[-1]*0.9 + ep_r*0.1)
        print(
            'EP: %i' % ep,
            "|EP_r %i" % ep_r,
            ("|Lam: %.4f" % METHOD['lam']) if METHOD['name']=='kl_pen' else '',
        )

    plt.plot(np.arange(len(all_ep_r)), all_ep_r)
    plt.xlabel('Episode')
    plt.ylabel('Moving averaged episode reward')
    plt.show()
```

上述代码的实现流程如下。

(1) 设置算法的超参数，包括折扣率(GAMMA)、最大回合数(EP_MAX)、回合长度(EP_LEN)、Actor 和 Critic 的学习率(A_LR 和 C_LR)、缓冲池大小(BATCH)等。

(2) 定义了 Actor 神经网络和 Critic 神经网络。Actor 网络用于输出动作的均值(mu)和标准差(sigma)，Critic 网络用于估计状态的价值。

(3) 创建 PPO 类，其中包含 PPO 算法的核心更新和选择动作的方法。

(4) 在主循环中，智能体与环境交互。它选择动作，并通过 Actor 网络生成动作的均值和标准差，然后从该分布中采样一个动作。智能体将观察结果、动作、奖励等存储在缓

冲池中。

(5) 当缓冲池收集了一个批次的数据或者一个回合结束时，智能体使用 PPO 算法来更新 Actor 和 Critic 网络。更新过程包括计算优势函数、计算损失函数以及执行梯度下降。

(6) 智能体通过不断地与环境交互和更新网络参数，逐渐学习到一个更好的策略。

(7) 绘制了回合奖励的移动平均值，以可视化训练进展，如图 11-1 所示。该图显示了训练过程中的回合奖励随着训练次数的变化而变化的情况。在训练期间，智能体尝试最大化回合奖励，因此该图可以帮助我们了解智能体的学习进展以及它在解决任务上的性能。通过观察该图，可以判断训练是否进行得很好，以及智能体是否逐渐改进其策略以获得更高的回合奖励。如果曲线逐渐上升，表示训练效果良好。

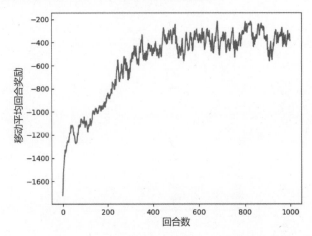

图 11-1　回合奖励的移动平均值可视化图

总起来说，上述代码演示了如何使用 PPO 算法来训练一个智能体，使其学会在 Pendulum-v1 环境中控制摆杆的动作，以最大化累积奖励。通过不断优化 Actor 网络和 Critic 网络，智能体可以学会更好的策略，以应对不同状态下的环境。

11.4.3　PPO2 算法

PPO2(Proximal Policy Optimization 2)算法是一种用于深度强化学习的算法，它是对原始 PPO 算法的改进和扩展。PPO2 旨在提高 PPO 算法的稳定性和性能，特别是在处理大规模连续动作空间和高维状态空间时。PPO2 算法的主要特点和改进如下。

(1) TRPO(Trust Region Policy Optimization)的替代方法。PPO2 算法使用了一种不同于 TRPO 的优化方法，它通过使用 clip 函数来控制策略更新的幅度，而不是使用 KL 散度。这种方法更加简单且易于实现，同时保持了良好的性能。

(2) 多步训练。PPO2 允许使用多步经验回放来更新策略和价值网络。这有助于加速训练，特别是在需要处理长期依赖关系的任务上。

(3) Mini-batch 优化。PPO2 使用小批量优化来提高训练效率。它将收集的经验样本划分为小批量，并使用这些批量进行策略和价值网络的更新。

(4) 策略和价值网络。PPO2 通常使用神经网络来表示策略和价值函数。策略网络输出动作概率分布，而价值网络用于评估状态的价值。

(5) 连续和离散动作空间。PPO2 适用于处理连续动作空间和离散动作空间的任务。对于连续动作空间，它通常使用高斯分布来建模动作分布，而对于离散动作空间，它使用 softmax 函数。

(6) 熵正则化。PPO2 支持熵正则化，以鼓励策略探索更多的动作。这有助于防止策略陷入局部最优解。

总起来说，PPO2 是一种强化学习算法，旨在解决深度强化学习中的稳定性和性能问题。它已经在各种任务中取得了良好的结果，并在深度强化学习社区中得到广泛使用。例如，下面是一个使用 PPO2 算法解决自定义环境的简单示例。在此示例中，将创建一个简单的连续动作空间环境，并使用 PPO2 算法训练一个智能体以获得最大的奖励。

实例 11-5 使用 PPO2 算法训练一个智能体以获得最大的奖励(源码路径：**daima\11\ppo2.py**)

实例文件 ppo2.py 的主要实现代码如下：

```python
# 创建自定义环境
class CustomEnvironment(gym.Env):
    def __init__(self):
        super(CustomEnvironment, self).__init__()
        self.action_space = gym.spaces.Box(low=-1, high=1, shape=(1,), dtype=np.float32)
        self.observation_space = gym.spaces.Box(low=-1, high=1, shape=(1,), dtype=np.float32)
        self.state = np.random.rand(1)

    def reset(self):
        self.state = np.random.rand(1)
        return self.state

    def step(self, action):
        reward = -np.abs(action[0] - self.state[0])
        self.state[0] += action[0]
        done = False
        return self.state, reward, done, {}

# 创建自定义环境实例
env = CustomEnvironment()

# 创建PPO2智能体
model = PPO("MlpPolicy", env, verbose=1)

# 训练智能体
model.learn(total_timesteps=10000)

# 评估智能体性能
obs = env.reset()
for _ in range(100):
    action, _ = model.predict(obs)
    obs, reward, done, _ = env.step(action)

# 关闭环境
env.close()
```

在上述代码中，首先定义了一个简单的自定义环境 CustomEnvironment，它有一个连续的动作空间和一个连续的状态空间。然后，使用库 stable-baselines3 创建一个 PPO2 智能体，训练它以在自定义环境中获得奖励，并评估它的性能。执行以上代码后会输出训练 PPO2 算法的过程中的日志：

```
Using gpu device
Wrapping the env with a `Monitor` wrapper
Wrapping the env in a DummyVecEnv.
```

```
-----------------------------------
| time/                |          |
|    fps               | 853      |
|    iterations        | 1        |
|    time_elapsed      | 2        |
|    total_timesteps   | 2048     |
-----------------------------------
-----------------------------------------
| time/                 |               |
|    fps                | 530           |
|    iterations         | 2             |
|    time_elapsed       | 7             |
|    total_timesteps    | 4096          |
| train/                |               |
|    approx_kl          | 0.008373314   |
|    clip_fraction      | 0.0676        |
|    clip_range         | 0.2           |
|    entropy_loss       | -1.41         |
|    explained_variance | 0.0035        |
|    learning_rate      | 0.0003        |
|    loss               | 1.22e+04      |
|    n_updates          | 10            |
|    policy_gradient_loss | -0.00634    |
|    std                | 0.983         |
|    value_loss         | 2.41e+04      |
-----------------------------------------
#####省略部分输出
|    loss               | 84.2          |
|    n_updates          | 40            |
|    policy_gradient_loss | -0.022      |
|    std                | 0.934         |
|    value_loss         | 258           |
-----------------------------------------
```

这段日志包含了每一轮训练的关键信息，如学习速率、策略的近似 KL 散度、剪切比例、熵损失、策略梯度损失、值函数损失等，具体说明如下。

(1) fps：每秒处理的帧数，表示训练的速度。

(2) iterations：训练迭代的次数，表示已经进行了多少轮训练。

(3) time_elapsed：训练已经花费的时间，以秒为单位。

(4) total_timesteps：总的训练步数，表示已经执行了多少步训练。

(5) approx_kl：策略的近似 KL 散度，表示当前策略与旧策略之间的差异。

(6) clip_fraction：剪切比例，用于控制 PPO 算法中的策略剪切。

(7) entropy_loss：熵损失，表示策略的不确定性程度。

(8) explained_variance：解释方差，用于评估值函数的性能。

(9) learning_rate：学习速率，表示当前学习速率的大小。

(10) loss：总体损失，包括策略梯度损失和值函数损失。

第12章

TRPO 算法

TRPO(Trust Region Policy Optimization)是一种用于深度强化学习的算法，旨在优化参数化策略以最大化累积奖励。TRPO 是由 John Schulman 等于 2015 年提出的，是一种在连续动作空间中高效训练策略的算法。本章将详细讲解 TRPO 算法的知识，为读者步入后面知识的学习打下基础。

12.1　TRPO 算法的意义

扫码看视频

TRPO(Trust Region Policy Optimization)算法于 2015 年由 John Schulman 等在他们的论文——*Trust Region Policy Optimization*(《信任区域策略优化》)中首次提出,其设计目标是解决深度强化学习中策略优化的稳定性和收敛性问题。TRPO 算法对深度强化学习领域产生了重要的影响,具有以下重要意义。

(1) 稳定性和收敛性。TRPO 算法的提出解决了深度强化学习中的一个关键问题,即如何用稳定的训练策略获得较好的性能。通过引入信任区域约束,TRPO 算法确保了策略更新的幅度受到控制,从而提高了训练的稳定性和收敛性。

(2) 高维度和连续动作空间。TRPO 算法的设计使其适用于处理高维度状态空间和连续动作空间的问题,这些问题对传统强化学习方法构成了挑战。这种适应性使 TRPO 算法成为处理复杂任务的有力工具,如机器人控制和自动驾驶等。

(3) 理论基础。TRPO 算法提供了深度强化学习领域的一个重要理论基础。它引入了对策略更新的约束,并为这种约束下的优化问题提出了解决方案。这种理论基础为研究人员提供了一个可靠的框架,用于理解深度强化学习的性质和算法。

(4) 启发后续算法。TRPO 算法的思想启发了后续的深度强化学习算法,如 PPO 和 TRAC (Trust Region Actor-Critic),它们在 TRPO 算法的基础上进行了改进和优化,以提高计算效率和训练性能。

(5) 实际应用。TRPO 算法在实际应用中取得了显著的成功,尤其是在机器人控制、自动驾驶、游戏玩法等领域。它为这些领域的研究和开发提出了一种强大的方法。

总之,TRPO 算法的提出弥补了深度强化学习领域的一些重要缺陷,为解决复杂任务中的策略优化问题提供了重要的方法和理论基础。它在该领域的影响和意义在理论和实践方面都非常显著。

12.2　TRPO 算法的核心原理

TRPO 算法的核心思想是通过限制策略更新的幅度来保持策略的稳定性,这种限制是通过定义"信任区域"来实现的,该区域包含了在当前策略下执行的轨迹和在更新后策略下执行的轨迹之间的相对改进。TRPO 算法的目标是最大化在这个信任区域内的期望累积奖励。

扫码看视频

12.2.1　TRPO 算法的步骤

1. 初始化

(1) 初始化策略的参数 θ。

(2) 设置信任区域的大小(KL 散度的阈值 δ)、优化器的参数、训练迭代次数等超参数。

2. 数据收集

(1) 使用当前策略$\pi(\theta)$在环境中执行一系列轨迹(trajectories)，通常使用策略采样方法(如蒙特卡洛采样)来生成这些轨迹。

(2) 在每个时间步记录状态、动作和奖励。

3. 计算优势估计

使用收集到的轨迹数据来计算每个状态-动作对的优势估计(Advantage Estimate)。优势估计用于衡量在当前策略下执行某个动作相对于基准策略的性能改进。

4. 策略梯度计算

(1) 计算策略梯度，表示为$\nabla J(\theta)$，其中$J(\theta)$是目标函数，表示期望累积奖励的期望值。

(2) 策略梯度计算通常使用重要性采样来估计期望值。

5. 线性搜索

(1) 在信任区域约束下，执行一次线性搜索或二次优化，以找到在目标函数上的最大增益的策略更新方向。

(2) 通过调整策略参数，找到使目标函数增加最多的策略更新幅度。

6. 策略更新

(1) 使用找到的最优策略更新方向来更新策略参数θ。

(2) 这可以通过简单的梯度上升或优化方法来实现。

7. 重复迭代

重复上述步骤，收集新的轨迹数据，计算优势估计，计算策略梯度，进行线性搜索和策略更新，直到满足停止条件(例如，达到最大迭代次数或策略收敛)。

8. 结束

结束算法，并返回训练后的策略参数θ，该策略参数可以用于在实际环境中执行任务。

例如，下面是一个实现 TRPO 算法的简化实例，按照上述步骤实现了计算优势估计和策略梯度更新功能。

实例12-1 实现 TRPO 算法(源码路径：**daima\12\trpo.py**)

实例文件 trpo.py 的具体实现代码如下：

```
import numpy as np

# 自定义环境(示例中的环境非常简单)
class CustomEnv:
    def __init__(self):
        self.state_dim = 2
        self.action_dim = 1

    def reset(self):
        return np.random.rand(self.state_dim)

    def step(self, action):
        next_state = np.random.rand(self.state_dim)  # 简单的随机过渡
        reward = np.sum(action)  # 简单的奖励函数
```

```python
        return next_state, reward

# 自定义策略网络(示例中的策略非常简单)
class PolicyNetwork:
    def __init__(self, state_dim, action_dim):
        self.state_dim = state_dim
        self.action_dim = action_dim
        self.theta = np.random.rand(self.state_dim, self.action_dim)

    def get_action(self, state):
        return np.dot(state, self.theta)

    def update_policy(self, new_theta):
        self.theta = new_theta

# TRPO算法的核心步骤
def trpo(env, policy_network, num_iterations):
    for iteration in range(num_iterations):
        # 数据收集,计算优势估计,策略梯度计算(省略)
        states, actions, rewards = [], [], []
        state = env.reset()
        for _ in range(100):
            action = policy_network.get_action(state)
            next_state, reward = env.step(action)
            states.append(state)
            actions.append(action)
            rewards.append(reward)
            state = next_state

        # 在实际应用中,需要实现优势估计和策略梯度计算步骤

        # 执行线性搜索和策略更新(示例中的更新非常简化)
        new_theta = policy_network.theta + 0.1 * np.random.rand(policy_network.state_dim,
            policy_network.action_dim)
        policy_network.update_policy(new_theta)

if __name__ == "__main__":
    env = CustomEnv()
    policy_network = PolicyNetwork(env.state_dim, env.action_dim)
    trpo(env, policy_network, num_iterations=100)
```

上述代码的实现流程如下。

(1) 创建自定义环境和策略网络。

① CustomEnv 类是一个简单的自定义环境,其中包括简单的 reset 方法和 step 方法。这个环境仅用于演示,实际问题中的环境通常更复杂。

② PolicyNetwork 类是一个简化的策略网络,它包括简单的神经网络参数θ,以及 get_action 和 update_policy 方法。

(2) TRPO 算法的核心步骤。trpo 函数是 TRPO 算法的主要实现。在每次迭代中执行以下步骤。

① 数据收集:使用当前策略在环境中执行一系列轨迹,记录每个时间步的状态、动作和奖励。

② 优势估计和策略梯度计算:这两个关键步骤在示例中被省略了,但在实际应用中,需要使用更复杂的数学方法来估计优势函数和计算策略梯度。

③ 执行线性搜索和策略更新:示例中的线性搜索和策略更新步骤也被简化了,实际上,TRPO 算法涉及复杂的优化问题和数值计算。

(3) 在 "if __name__ == "__main__":" 代码块中，创建了自定义环境和策略网络，并调用 trpo 函数运行 TRPO 算法。然而，由于示例的简化性质，运行后没有实际效果。

> **注意**
>
> 实例 12-1 是一个非常简化的演示，用于展示 TRPO 算法的基本框架和一些概念。实际上，TRPO 算法的实现要复杂得多，包括优势估计、策略梯度计算、线性搜索、策略更新和 KL 散度约束等复杂的数学和计算步骤。要在实际问题中使用 TRPO 算法，通常需要使用深度强化学习库，这些库提供了更完整和高效地实现。

12.2.2 信任区域的概念与引入

信任区域(Trust Region)是 TRPO 算法的核心概念之一，它引入了一个关键的思想，用于控制策略更新的幅度，以确保训练的稳定性和可控性。信任区域引入的主要动机是解决深度强化学习中的一个关键问题，即如何在不破坏策略稳定性的情况下进行策略改进。在深度强化学习中，通常使用策略参数的梯度来更新策略，以提高累积奖励。然而，如果策略参数的更新幅度过大，可能会导致策略的不稳定性，甚至无法收敛。

信任区域的核心思想是只允许策略在一个特定的区域内进行更新，而不是无限制地更新策略。这个区域被称为信任区域，它定义了在当前策略下执行的轨迹和在更新后策略下执行的轨迹之间的相对改进。TRPO 算法的目标是在信任区域内最大化期望累积奖励，从而在改进策略的同时保持策略的稳定性。

信任区域通常通过定义一个 KL 散度(Kullback-Leibler divergence)来量化。KL 散度用于衡量两个概率分布之间的差异，即当前策略和更新后策略之间的差异。TRPO 算法的目标是在约束 KL 散度的情况下最大化累积奖励。这就产生了一个约束优化问题，其中约束是限制 KL 散度在一个预定的阈值内。

通过引入信任区域和 KL 散度约束，TRPO 算法确保策略更新的幅度受到控制，从而提高了训练的稳定性。同时，这也有助于确保新策略在性能上不会远离旧策略，从而更容易实现策略改进的渐进性。

总之，TRPO 算法中的信任区域概念引入了一个重要的控制机制，使策略的更新变得可控和稳定，从而提高了深度强化学习的效率和可行性。这一概念在其他深度强化学习算法中也有所影响，并在实际应用中发挥了重要作用。

12.2.3 目标函数与约束条件的构建

TRPO 算法通过构建一个目标函数和约束条件来实现策略优化，这些目标函数和约束条件是 TRPO 算法的核心，用于确定如何更新策略以最大化累积奖励，同时限制策略更新的幅度。下面是 TRPO 算法中目标函数和约束条件的构建过程。

1. 目标函数

TRPO 算法的目标是最大化期望累积奖励，即最大化策略执行的预期总奖励。这可以表示为一个期望值，通常用符号 J 来表示。目标函数的基本形式为 $J(\theta)$，其中 θ 表示策略参数。TRPO 算法的目标是找到一组参数 θ，使目标函数 $J(\theta)$ 最大化。

2. 信任区域约束

TRPO 算法引入了一个 KL 散度(Kullback-Leibler divergence)的约束，用于限制策略更新的幅度。KL 散度用于衡量在当前策略和更新后策略之间的差异。

KL 散度的形式为 $KL(\pi_{old} \| \pi_{new})$，其中 π_{old} 表示旧策略，π_{new} 表示新策略。TRPO 算法的目标是最大化 $J(\theta)$，同时满足 KL 散度的约束。约束条件的形式通常为

$$KL(\pi_{old} \| \pi_{new}) \leq \delta$$

式中，δ 为一个预定义的阈值，表示允许的最大 KL 散度。

3. 优势估计

为了构建目标函数 $J(\theta)$，需要计算每个"状态-动作"对的优势估计。优势估计用于评估在当前策略下执行某个动作相对于基准策略的性能改进。优势估计通常表示为 $A(s, a)$，其中 s 表示状态，a 表示动作。它可以通过策略评估方法或价值函数(值函数)的估计来计算。

4. 构建目标函数

TRPO 算法的目标函数通常构建为带有优势估计的期望累积奖励：$J(\theta)=E[\Sigma_t A(s_t, a_t)]$，其中期望是在策略 π_{old} 下计算的。TRPO 算法的目标是最大化这个目标函数 $J(\theta)$。

5. 约束优化问题

TRPO 算法的最终问题是一个带有 KL 散度约束的优化问题，形式为

$$\text{Maximize } J(\theta) \text{ subject to } KL(\pi_{old} \| \pi_{new}) \leq \delta$$

这是一个约束优化问题，目标是找到最大化目标函数 $J(\theta)$ 的策略参数 θ，同时保持 KL 散度在信任区域内(不超过 δ)。

通过构建这个目标函数和约束条件，TRPO 算法能够在限制策略更新的幅度的同时，寻找策略参数的最优值，以最大化期望累积奖励。这个目标函数和约束条件的设计使 TRPO 算法在深度强化学习中表现出色，尤其适用于连续动作空间和高维状态空间的问题。

12.2.4 TRPO 算法中的策略梯度计算

在 TRPO 算法中，策略梯度计算是核心步骤之一，它用于确定如何更新策略以最大化累积奖励，同时满足信任区域的约束。策略梯度计算的目标是找到策略参数的梯度，以使策略性能得到改进。下面是 TRPO 算法中策略梯度计算的关键步骤。

1. 定义优势估计

优势估计表示在当前策略 π_{old} 下执行某个动作相对于基准策略的性能改进。通常表示为 $A(s, a)$，其中 s 表示状态，a 表示动作。优势估计可以通过策略评估方法(如使用蒙特卡洛采样和回报估计)或价值函数(值函数)的估计来计算。一般来说，它用于衡量执行某个动作相对于平均性能的好坏。

2. 构建目标函数

目标函数通常构建为带有优势估计的期望累积奖励：$J(\theta)=E[\Sigma_t A(s_t, a_t)]$，其中期望是在策略 π_{old} 下计算的。这个目标函数表示在执行一系列动作时，预期的性能改进。

3. 计算策略梯度

策略梯度表示目标函数 $J(\theta)$ 关于策略参数 θ 的梯度，它说明应该如何调整策略参数以提高性能。TRPO 算法使用重要性采样(Importance Sampling)的方法来计算策略梯度。具体来说，它计算新策略 π_{new} 和旧策略 π_{old} 之间的 KL 散度，并将其用于重要性权重计算。策略梯度的计算通常表示为 $\nabla J(\theta)$，它是目标函数 $J(\theta)$ 对策略参数 θ 的梯度。

4. 约束优化问题

TRPO 算法的最终目标是解决一个带有 KL 散度约束优化问题，其中目标是最大化目标函数 $J(\theta)$，同时保持 KL 散度在信任区域内(不超过 δ)。策略梯度计算在这个优化问题中被用来找到满足约束的策略参数的更新。

总之，TRPO 算法中的策略梯度计算是一个关键步骤，它通过计算策略参数的梯度，指导策略的更新，以最大化期望累积奖励。通过控制策略更新的幅度，TRPO 算法确保了策略的稳定性，并在改进性能的同时保持策略在信任区域内。这个策略梯度计算过程使 TRPO 算法能够有效地在连续动作空间中进行策略优化。

例如，下面是一个简单的例子，演示了基本 TRPO 算法的工作流程，包括 TRPO 算法的信任区域、目标函数与约束条件、策略梯度计算等知识点。

实例12-2 信任区域、目标函数与约束条件、策略梯度计算(源码路径：**daima\12\san.py**)

实例文件 san.py 的具体实现代码如下：

```python
import numpy as np
import scipy.optimize

# 定义虚拟环境(一个简化的连续动作空间问题)
class CustomEnv:
    def __init__(self):
        self.state_dim = 2
        self.action_dim = 1
        self.position = np.array([0.0, 0.0])

    def reset(self):
        self.position = np.array([0.0, 0.0])
        return self.position

    def step(self, action):
        self.position += action
        reward = -np.sum(self.position ** 2)
        return self.position, reward

# 初始化虚拟环境
env = CustomEnv()
state_dim = env.state_dim
action_dim = env.action_dim

# 初始化策略参数
theta = np.random.randn(state_dim, action_dim)

# 定义策略函数
def policy(state, theta):
```

```python
    return np.dot(state, theta)

# 定义策略梯度计算函数
def policy_gradient(state, theta):
    return state

# TRPO 算法的核心函数
def trpo(env, theta, trust_region_radius=0.1, max_iterations=100):
    for iteration in range(max_iterations):
        states = []
        actions = []
        rewards = []

        # 数据收集
        state = env.reset()
        for _ in range(100):
            action = policy(state, theta)
            next_state, reward = env.step(action)
            states.append(state)
            actions.append(action)
            rewards.append(reward)
            state = next_state

        # 计算优势估计和目标函数
        advantages = np.array(rewards) - np.mean(rewards)
        target_function = np.mean(rewards)

        # 计算策略梯度
        policy_grad = np.mean([policy_gradient(s, theta) * a for s, a in zip(states,
            advantages)], axis=0)

        # 执行TRPO的线性搜索和策略更新
        def surrogate_loss(new_theta):
            policy_new = np.dot(states, new_theta)
            policy_old = np.dot(states, theta)
            kl_divergence = np.mean(policy_old * (np.log(policy_old) - np.log(policy_new)))
            return -kl_divergence

        # 使用Scipy的优化器进行线性搜索
        result = scipy.optimize.minimize(surrogate_loss, theta.flatten(), method='L-BFGS-B')
        new_theta = result.x.reshape(theta.shape)

        # 更新策略参数
        theta = new_theta

        print(f"Iteration {iteration}: Target Function = {target_function}")

    # 输出最终学到的策略参数
    print("Final Policy Parameters:")
    print(theta)

# 运行TRPO算法
trpo(env, theta)
```

上述代码的实现流程如下。

(1) 创建虚拟环境(CustomEnv)。

① 定义了一个简化的连续动作空间问题,这是一个二维状态空间和一维动作空间的虚拟环境。

② 提供了reset方法用于重置环境状态,并在step方法中定义了奖励函数。

(2) 初始化虚拟环境和策略参数。

① 初始化了虚拟环境实例(env)以及状态维度(state_dim)和动作维度(action_dim)。

② 随机初始化了策略参数(θ)，这是一个矩阵，用于定义策略函数。

(3) 定义策略函数和策略梯度计算函数。

① 定义了一个简单的线性策略函数 policy，它将状态和策略参数相乘以生成动作。

② 定义了一个简单的策略梯度计算函数 policy_gradient，它返回状态。

(4) TRPO 算法的核心函数。

函数 trpo 是 TRPO 算法的核心部分，它包括迭代的主循环，每次迭代都执行以下操作。

① 数据收集：在环境中与策略互动，收集状态、动作和奖励数据。

② 计算优势估计和目标函数：计算奖励的优势估计和目标函数。

③ 计算策略梯度：使用策略梯度计算函数计算策略梯度。

④ 执行 TRPO 算法的线性搜索和策略更新：通过执行线性搜索来最大化目标函数，确保在信任区域内进行策略更新。

(5) 更新策略参数。将策略参数更新为线性搜索找到的最优参数。

(6) 运行 TRPO 算法。最后，运行 trpo 函数以执行 TRPO 算法的迭代过程，并在每个迭代中打印目标函数的值和最终学习到的策略参数，结果如下：

```
Final Policy Parameters:
[[-1.33225582]
 [-2.13042732]]
```

> **注意**
>
> 实例 12-2 中的虚拟环境和策略函数非常简化，而实际应用中通常会使用更复杂的环境和神经网络策略。此外，TRPO 算法的实际实现通常会使用深度强化学习库来提高效率和稳定性。这个实例主要用于说明 TRPO 算法的基本概念和流程。

12.3 TRPO 算法的变种与改进

虽然 TRPO 算法的原始版本在许多问题上表现出色，但是它也有一些计算上的挑战，因此研究人员提出了一些变种和改进，以提高算法的效率和性能。

扫码看视频

12.3.1 TRPO-Clip 算法

TRPO-Clip(Trust Region Policy Optimization with Clipping)算法是对原始 TRPO 算法的一种改进和变种。TRPO-Clip 算法的主要改进是通过引入策略梯度剪切(clipping)来简化算法，从而提高了算法的实施效率。下面是 TRPO-Clip 算法的一些关键特点和步骤。

(1) 目标函数。TRPO-Clip 算法的目标是最大化期望累积奖励，即最大化策略执行的预期总奖励。目标函数通常表示为

$$J(\theta) = E[\Sigma_t A_t \cdot \nabla \theta \log \pi \theta(a_t | s_t)]$$

式中，$J(\theta)$为目标函数；θ为策略参数；A_t为优势函数(advantage function)；$\pi\theta(a_t|s_t)$为策略函数；s_t表示状态；a_t表示动作。

(2) 策略梯度计算。TRPO-Clip 算法通过计算策略梯度来确定如何更新策略参数以最大化目标函数。策略梯度的计算与原始 TRPO 算法类似，但不涉及 KL 散度约束。具体来

说，策略梯度表示为

$$\nabla J(\theta) = E[\sum_t \nabla \theta \log \pi \theta(a_t|s_t) \cdot A_t]$$

(3) 策略更新。与 TRPO 算法不同，TRPO-Clip 算法在策略参数更新时引入了一个剪切操作。这个剪切操作用于限制策略梯度的大小，以确保策略更新的幅度在一个预定的阈值内。具体来说，策略梯度被剪切为不超过一个阈值的范围，这有助于防止策略更新变得过于剧烈。

(4) 重要性采样。与 TRPO 算法一样，TRPO-Clip 算法通常使用重要性采样来估计期望值，以进行策略梯度的更新。

总起来说，TRPO-Clip 算法是一种简化的 TRPO 算法变种，通过剪切策略梯度的方式来确保策略更新的幅度受到控制，从而提高了算法的实施效率。尽管 TRPO-Clip 算法可能会在某些问题上牺牲一些性能，但它在大规模问题上表现出色，因为它更容易实施和调整，这使它成为深度强化学习中的一种常用算法之一。

请看下面的例子，演示了 TRPO-Clip 算法的用法，这个例子涵盖了 TRPO-Clip 算法的核心的信任区域和剪切机制等知识点。

实例12-3 实现 TRPO-Clip 算法(源码路径：daima\12\trcl.py)

实例文件 trcl.py 的具体实现代码如下：

```python
import numpy as np
import scipy.optimize

# 定义虚拟环境(一个简化的连续动作空间问题)
class CustomEnv:
    def __init__(self):
        self.state_dim = 2
        self.action_dim = 1
        self.position = np.array([0.0, 0.0])

    def reset(self):
        self.position = np.array([0.0, 0.0])
        return self.position

    def step(self, action):
        self.position += action
        reward = -np.sum(self.position ** 2)
        return self.position, reward

# 初始化虚拟环境
env = CustomEnv()
state_dim = env.state_dim
action_dim = env.action_dim

# 初始化策略参数
theta = np.random.randn(state_dim, action_dim)

# 定义策略函数
def policy(state, theta):
    return np.dot(state, theta)

# TRPO-Clip 算法的核心函数
def trpo_clip(env, theta, max_kl=0.01, max_iterations=100):
    for iteration in range(max_iterations):
        states = []
        actions = []
        rewards = []
```

```python
# 数据收集
state = env.reset()
for _ in range(100):
    action = policy(state, theta)
    next_state, reward = env.step(action)
    states.append(state)
    actions.append(action)
    rewards.append(reward)
    state = next_state

# 计算优势估计和目标函数
advantages = np.array(rewards) - np.mean(rewards)
target_function = np.mean(rewards)

# 计算策略梯度
policy_grad = np.mean([state * a for state, a in zip(states, advantages)], axis=0)

# 执行TRPO-Clip的策略更新(剪切机制)
epsilon = 1e-8  # 或者其他适当的小值
step = 1.0
while step > 1e-5:
    new_theta = theta + step * policy_grad
    kl_divergence = np.mean([policy(s, new_theta) * (np.log(policy(s, new_theta) + 
        epsilon) - np.log(policy(s, theta) + epsilon)) for s in states])
    if kl_divergence <= max_kl:
        theta = new_theta
        break
    step *= 0.5

print(f"Iteration {iteration}: Target Function = {target_function}")

# 输出最终学到的策略参数
print("Final Policy Parameters:")
print(theta)

# 运行TRPO-Clip算法
trpo_clip(env, theta)
```

在上述代码中，TRPO-Clip 算法的关键部分是在策略更新步骤中引入了剪切机制，以确保 KL 散度不会超过预定的阈值 max_kl。剪切机制通过逐步调整策略参数来实现，以确保 KL 散度的限制条件得到满足。

12.3.2 TRPO-Penalty 算法

TRPO-Penalty 算法的主要改进是使用一种惩罚项来替代 KL 散度约束，以确保策略更新的幅度在一定范围内。这个惩罚项可以看作对 KL 散度的一种近似。TRPO-Penalty 算法的关键特点和步骤如下。

（1）目标函数。TRPO-Penalty 算法的目标与 TRPO 算法相似，其目标是最大化期望累积奖励。目标函数通常表示为

$$J(\theta) = E[\Sigma_t A_t \cdot \nabla \theta \log \pi\theta(a_t|s_t)]$$

式中，$J(\theta)$ 为目标函数；θ 为策略参数；A_t 为优势函数；$\pi\theta(a_t|s_t)$ 为策略函数；s_t 表示状态；a_t 表示动作。

（2）策略梯度计算。TRPO-Penalty 算法通过计算策略梯度来确定如何更新策略参数以最大化目标函数。策略梯度的计算与原始 TRPO 算法类似，但不涉及 KL 散度约束。策略梯度表示为

$$\nabla J(\theta) = E[\textstyle\sum_t \nabla \theta \log \pi\theta(a_t|s_t) \cdot A_t]$$

(3) 惩罚项。TRPO-Penalty 算法引入了一个惩罚项，以替代 KL 散度约束。这个惩罚项通常表示为

$$\text{Penalty} = \beta \cdot \text{KL}(\pi_{\text{old}} \| \pi_{\text{new}})$$

式中，Penalty 为惩罚项；β 为控制惩罚强度的参数；π_{old} 为旧策略；π_{new} 为新策略。这个惩罚项的目的是限制策略更新的幅度，确保在一定范围内。

(4) 约束优化问题。TRPO-Penalty 算法的最终目标是解决一个带有惩罚项的优化问题，其中目标是最大化目标函数 $J(\theta)$，同时限制惩罚项在一个可接受的范围内。这个问题可以表示为

$$\text{Maximize } J(\theta) - \beta \cdot \text{KL}(\pi_{\text{old}} \| \pi_{\text{new}}) \text{ subject to } \text{KL}(\pi_{\text{old}} \| \pi_{\text{new}}) \leq \delta$$

式中，δ 为一个预定的 KL 散度阈值。

TRPO-Penalty 算法通过调整 β 的值来平衡目标函数的最大化和 KL 散度的控制，从而影响策略更新的幅度。

总起来说，TRPO-Penalty 算法是一种使用惩罚项来替代 KL 散度约束的 TRPO 算法变种，以确保策略更新的幅度受到控制，并同时最大化期望累积奖励。这个惩罚项的引入使算法更容易实施，并且在一些问题上具有更好的性能和可扩展性。

请看下面的例子，演示了 TRPO-Penalty 算法的用法，这个例子涵盖了 TRPO-Penalty 算法的核心的信任区域和罚项机制等知识点。

实例 12-4 实现 TRPO-Penalty 算法(源码路径：daima\12\pen.py)

实例文件 pen.py 的具体实现代码如下：

```python
import numpy as np
import scipy.optimize

# 定义虚拟环境(一个简化的连续动作空间问题)
class CustomEnv:
    def __init__(self):
        self.state_dim = 2
        self.action_dim = 1
        self.position = np.array([0.0, 0.0])

    def reset(self):
        self.position = np.array([0.0, 0.0])
        return self.position

    def step(self, action):
        self.position += action
        reward = -np.sum(self.position ** 2)
        return self.position, reward

# 初始化虚拟环境
env = CustomEnv()
state_dim = env.state_dim
action_dim = env.action_dim

# 初始化策略参数
theta = np.random.randn(state_dim, action_dim)

# 定义策略函数
def policy(state, theta):
    return np.dot(state, theta)
```

```python
# TRPO-Penalty 算法的核心函数
def trpo_penalty(env, theta, penalty_coeff=0.1, max_iterations=100):
    for iteration in range(max_iterations):
        states = []
        actions = []
        rewards = []

        # 数据收集
        state = env.reset()
        for _ in range(100):
            action = policy(state, theta)
            next_state, reward = env.step(action)
            states.append(state)
            actions.append(action)
            rewards.append(reward)
            state = next_state

        # 计算优势估计和目标函数
        advantages = np.array(rewards) - np.mean(rewards)
        target_function = np.mean(rewards)

        # 计算策略梯度
        policy_grad = np.mean([state * a for state, a in zip(states, advantages)], axis=0)

        # 执行 TRPO-Penalty 的策略更新(罚项机制)
        new_theta = theta + policy_grad
        update_norm = np.linalg.norm(new_theta - theta)
        if update_norm <= penalty_coeff:
            theta = new_theta
        else:
            theta = theta + (penalty_coeff / update_norm) * (new_theta - theta)

        print(f"Iteration {iteration}: Target Function = {target_function}")

    # 输出最终学到的策略参数
    print("Final Policy Parameters:")
    print(theta)

#运行 TRPO-Penalty 算法
trpo_penalty(env, theta)
```

在上述代码中，TRPO-Penalty 算法的关键部分是引入了罚项(penalty)，以控制策略更新的幅度。如果策略更新的幅度不大于 penalty_coeff，则直接更新策略参数；否则，通过添加罚项来限制更新幅度，以确保其不会过大。

12.4 TRPO 算法优化实战：基于矩阵低秩分解的 TRPO

在现实应用中，强化学习中的大多数方法使用策略梯度(PG)方法来学习将状态映射到动作的参数化随机策略。标准方法是通过神经网络(NN)实现这种映射，其参数使用随机梯度下降进行优化。然而，PG 方法容易产生大的策略更新，可能导致学习效率低下。而在本章介绍信任区域策略优化(TRPO)这样的信任区域算法限制了策略更新步骤，本节将介绍一个 TRPO 算法的优化策略：使用基于低秩矩阵的模型作为 TRPO 算法参数估计的高效替代方法，并通过具体实例进行了演示。通过将随机策略的参数收集到矩阵中并应用矩阵补全技术，促进并强制

扫码看视频

实施低秩。本实例的执行结果表明，基于低秩矩阵的策略模型有效地减少了与 NN 模型相比的计算和样本复杂性，同时保持了可比较的累积奖励。

实例 12-5 TRPO 算法优化：NN-TRPO 和 TRLRPO（源码路径：daima\12\matrix-low-rank-trpo-main）

12.4.1 优化策略：NN-TRPO 和 TRLRPO

NN-TRPO(Neural Network Trust Region Policy Optimization，神经网络信任区域策略优化)算法和 TRLRPO(Trust Region Linear Regression Policy Optimization，信任区域线性回归策略优化)算法都是 TRPO 算法的变种，用于训练强化学习代理的策略。

1. NN-TRPO

NN-TRPO 算法使用神经网络作为策略的函数近似器。神经网络模型可以灵活地表示复杂的策略，并且通常包括输入层、隐藏层和输出层。NN-TRPO 算法通过神经网络来建模和优化策略。NN-TRPO 算法的特点是使用了一种称为"信任区域"的方法，以确保每次策略更新都是小幅度的，从而保持策略的稳定性。这可以防止策略在训练过程中发生剧烈的变化，从而提高收敛性和稳定性。

NN-TRPO 算法通过优化策略以最大化累积奖励，同时在每次更新时限制策略的变化范围。它尝试找到策略参数的小幅度变化，以最大化期望奖励，同时保持策略的稳定性。

2. TRLRPO

TRLRPO 算法与 NN-TRPO 算法不同，它使用线性回归(Linear Regression)模型来表示策略。线性回归是一种简化的函数逼近方法，它将策略表示为输入特征的线性组合。TRLRPO 算法的特点是其代理模型更简单、参数较少，通常适用于状态空间较小的问题。由于使用线性模型，TRLRPO 算法的策略更新通常更加保守，不容易引入大的变化。

TRLRPO 算法的核心思想与 NN-TRPO 算法相似，都是通过优化策略以最大化累积奖励。但由于策略是线性的，它的更新相对较为保守。

总起来说，NN-TRPO 算法和 TRLRPO 算法都是用于训练强化学习代理的策略优化算法，它们的主要区别在于代理模型的选择和策略更新的保守程度。NN-TRPO 算法通常适用于复杂的环境和大规模状态空间，而 TRLRPO 算法适用于状态空间相对较小的问题。选择哪种算法取决于问题的性质和需求。

12.4.2 经验数据管理和状态空间离散化

编写文件 src/utils.py，功能是实现经验数据管理和状态空间离散化处理，用于支持强化学习算法的实现。提供了对数据的存储和状态表示的转换功能，以便于在强化学习任务中使用。文件 src/utils.py 包含了两个类，即 Buffer 和 Discretizer，具体说明如下。

(1) Buffer 类。

① Buffer 类是一个简单的数据缓存类，用于存储强化学习中的经验数据。

② actions 存储动作序列，states 存储状态序列，logprobs 存储对数概率序列，rewards 存储奖励序列，terminals 存储终止状态序列。

③ clear 方法用于清空缓存，即将所有序列清空。

④ __len__ 方法返回缓存中状态序列的长度。

(2) Discretizer 类。

① Discretizer 类用于将连续的状态空间离散化为有限数量的离散状态。

② 初始化方法接受一些参数，包括最小和最大状态值、分桶数和状态空间的维度信息。

③ get_index 方法接受一个连续状态作为输入，将其映射到离散状态的索引。该方法首先对输入状态进行剪切(限制在最小和最大状态值之间)，然后将状态缩放到 0~1 之间，再将其映射到分桶的索引。

④ get_index 方法返回两个分别表示行和列索引的数组，这可以用于在一个二维离散状态空间中定位状态的位置。

12.4.3 定义环境

编写文件 src/environments.py，功能是自定义创建强化学习环境，提供了对 Gym 中标准环境的一些扩展和修改，以适应特定的需求。文件 src/environments.py 包含了两个自定义的环境类，即 CustomPendulumEnv 和 CustomAcrobotEnv，这些环境是基于 Gym 库的 PendulumEnv 和 AcrobotEnv 进行扩展和自定义的，具体说明如下。

(1) CustomPendulumEnv。继承自 Gym 中的 PendulumEnv 环境，具体说明如下。

① 重写了 reset 方法，用于初始化环境状态。在这里，状态被随机初始化为一个非常小的值。

② 重写了_get_obs 方法，返回环境的观测值，这里只包括角度和角速度。

(2) CustomAcrobotEnv。继承自 Gym 中的 AcrobotEnv 环境，具体说明如下：

① 重写了 step 方法，该方法用于执行一步环境动态模拟。在这里，对动作进行了一些处理，包括截断动作的范围和添加扭矩噪声。

② 在_get_ob 方法中返回环境的观测值，这里包括两个关节的角度和角速度。

12.4.4 创建强化学习模型

编写文件 src/models.py，功能是创建机器学习模型，分别定义了两个神经网络模型的类 PolicyNetwork 和 ValueNetwork，以及两个线性回归模型的类 PolicyLR 和 ValueLR。对文件 src/models.py 代码的具体说明如下。

(1) PolicyNetwork 类。这是一个用于表示策略的神经网络模型，通过神经网络的前向传播方法 forward 来计算策略。构造函数初始化了神经网络的结构，接受输入维度 num_inputs、隐藏层结构 num_hiddens 和输出维度 num_outputs。神经网络包含若干个全连接层和激活函数，最后输出策略的均值和对数标准差(用于连续动作空间的策略)。

(2) ValueNetwork 类。这是一个用于表示值函数的神经网络模型，通过神经网络的前向传播方法 forward 来计算状态值。构造函数初始化了神经网络的结构，接受输入维度 num_inputs、隐藏层结构 num_hiddens 和输出维度 num_outputs。神经网络包含若干个全连接层和激活函数，最后输出状态值。

(3) PolicyLR 类。这是一个用于表示策略的线性回归模型,其中构造函数初始化了两个矩阵 L 和 R,这些参数将用于计算策略。前向传播方法 forward 接受状态的索引,计算策略的输出。线性回归模型的输出是一个数值和对数标准差(用于连续动作空间的策略)。

(4) ValueLR 类。这是一个用于表示值函数的线性回归模型。其中构造函数初始化了两个矩阵 L 和 R,这些参数将用于计算状态值。前向传播方法 forward 接受状态的索引,计算状态值的输出。

12.4.5 创建 Agent

在机器学习中,"agents"通常指代代理。代理是指一种具有感知和决策能力的实体,它可以与环境互动,采取行动以实现某些目标或最大化某些奖励信号。代理通常是强化学习问题的核心,其中代理的任务是学习一个策略,以在给定环境中最大化累积奖励。

编写文件 src/agents.py,功能是创建 Agent,实现与代理和强化学习相关的功能。此文件涵盖了代理的策略和值函数更新,以及用于 TRPO 算法的一些重要计算步骤。这些功能用于训练强化学习代理,以在与环境互动时学习优化策略和值函数。代理可以基于高斯策略进行动作选择,同时还支持在离散状态空间中工作。文件 src/agents.py 的具体实现流程如下。

(1) 创建代理类 GaussianAgent,用于构建具有高斯策略的强化学习代理。这个代理具有一个策略网络(actor)和一个值函数网络(critic),可以通过策略网络生成动作并通过值函数评估状态值。可以选择性地提供离散化器(discretizer_actor 和 discretizer_critic),用于在离散状态空间中工作。代理可以生成动作、评估策略的对数概率、评估状态值以及执行策略。

GaussianAgent 类中各个函数的具体说明如下。

① 构造函数 __init__ 函数:用于初始化代理对象,接受以下参数。

a. actor:策略网络(可以是 PolicyNetwork 或 PolicyLR)。

b. critic:值函数网络(可以是 ValueNetwork 或 ValueLR)。

c. discretizer_actor:可选参数,用于在离散状态空间中工作的状态离散器。

d. discretizer_critic:可选参数,用于在离散状态空间中工作的值函数离散器。

② pi 函数:用于生成一个给定状态下的高斯分布策略。输入参数是当前状态 state,返回一个 torch.distributions.Normal 对象,表示在该状态下的策略。

③ evaluate_logprob 函数:用于评估给定状态和动作下的对数概率。输入参数包括当前状态 state 和代理执行的动作 action。返回对数概率的张量。

④ evaluate_value 函数:用于评估给定状态的值函数估计。输入参数是当前状态 state,返回状态值的张量估计。

⑤ act 函数:用于执行代理的动作选择,输入参数是当前状态 state,返回一个包含两个张量的元组,第一个张量表示代理选择的动作,第二个张量表示选择该动作的对数概率。

上述函数共同构成了代理的主要功能,包括策略生成、对数概率估计、值函数估计和动作选择。这些功能用于代理与环境互动、学习和执行策略。根据输入的策略和值函数网络类型以及离散器,代理可以在不同问题和状态空间中工作。

(2) 创建 TRPOGaussianNN 类，这是一个基于 TRPO 算法的代理类，使用高斯策略进行探索。TRPOGaussianNN 类包括了策略更新和值函数更新的功能，以及一些用于 TRPO 算法的计算方法，如共轭梯度方法。另外，还包括用于执行线搜索和计算策略梯度的方法。

在 TRPOGaussianNN 类中，各个函数的具体说明如下。

① 构造函数 __init__：用于初始化 TRPO 代理对象，接受以下参数。

a. actor：策略网络(可以是 PolicyNetwork 或 PolicyLR)。
b. critic：值函数网络(可以是 ValueNetwork 或 ValueLR)。
c. discretizer_actor：可选参数，用于在离散状态空间中工作的状态离散器。
d. discretizer_critic：可选参数，用于在离散状态空间中工作的值函数离散器。
e. gamma：折扣因子，用于计算未来奖励的折现值。
f. tau：TRPO 算法中的控制参数，用于计算策略更新的步长。
g. delta：TRPO 算法中的控制参数，用于计算策略更新的步长。
h. cg_dampening：共轭梯度方法的阻尼参数。
i. cg_tolerance：共轭梯度方法的收敛容忍度。
j. cg_iteration：共轭梯度方法的迭代次数。

② select_action 函数：用于根据当前状态选择动作，并将状态、动作和对数概率添加到缓冲区中。输入参数是当前状态 state，返回选择的动作。

③ calculate_returns 函数：用于计算 GAE(Generalized Advantage Estimation)估计的奖励和优势。输入参数是值函数估计 values，返回一个包含奖励和优势的元组。

④ kl_penalty 函数：用于计算策略分布的 KL 散度(Kullback-Leibler divergence)惩罚。输入参数是状态 states，返回 KL 散度的张量。

⑤ loss_actor 函数：用于计算策略的损失，包括策略梯度损失。输入参数包括状态 states、动作 actions、旧的对数概率 old_logprobs 和优势 advantages。返回策略损失的张量。

⑥ line_search 函数：用于执行线搜索来更新策略参数。输入参数包括状态 states、动作 actions、旧的对数概率 old_logprobs、优势 advantages、策略参数列表 params、参数张量 params_flat、梯度张量 gradients 以及期望的改进率 expected_improve_rate。返回更新后的参数张量。

⑦ fvp 函数：用于计算 Fisher 向量乘积(Fisher Vector Product)。输入参数包括输入向量 vector、状态 states 以及参数列表 params。返回 Fisher 向量乘积的张量。

⑧ conjugate_gradient 函数：用于执行共轭梯度方法来解决线性系统。输入参数包括右侧向量 b、状态 states 以及参数列表 params。返回解的张量。

⑨ zero_grad 函数：用于将模型的梯度清零。输入参数是模型 model 和参数索引 idx。

⑩ update_critic 函数：用于更新值函数网络(critic)，返回优势估计的张量。

⑪ update_actor 函数：用于更新策略网络(actor)，输入参数包括优势 advantages 和参数索引 idx。

12.4.6 评估 TRPO 算法在 Acrobot 环境中的性能

编写文件 main_acrobot.py，用于训练和评估基于 TRPO 算法的强化学习代理在 Acrobot 环境中的性能，并保存训练结果以备将来使用。文件 main_acrobot.py 的实现流程如下。

(1) 导入必要的模块和类，具体说明如下。

① pickle：用于序列化和反序列化 Python 对象。

② 自定义的环境类 CustomAcrobotEnv，在 Acrobot 环境上的自定义变体。

③ 自定义的神经网络模型类 PolicyNetwork、PolicyLR、ValueNetwork 和 ValueLR，用于构建代理的策略和值函数。

④ 自定义的 TRPO 强化学习代理类 TRPOGaussianNN，包括策略更新和值函数更新的逻辑。

⑤ 自定义的训练器类 Trainer，用于执行代理的训练和评估。

(2) 创建两个空列表 res_nn 和 res_lr，用于存储训练结果。

(3) 创建 Acrobot 环境：使用自定义的 CustomAcrobotEnv 创建 Acrobot 环境。

(4) 循环训练代理。在循环中，首先创建一个使用神经网络的代理，具体说明如下。

① 创建 PolicyNetwork 和 ValueNetwork 实例，并设置网络结构。

② 创建 TRPOGaussianNN 代理对象，指定网络、算法参数等。

③ 创建 Trainer 训练器对象。

然后，调用 trainer.train 函数，对代理在环境中进行训练，具体说明如下。

① epochs=20000：执行 20000 个训练周期。

② max_steps=1000：每个周期最多执行 1000 步。

③ update_freq=10000：每 10000 步执行一次策略更新。

④ initial_offset=-1：初始偏移值。

最后，将每个周期的总奖励添加到 res_nn 或 res_lr 中，具体取决于代理类型。

(5) 使用 pickle 模块将训练结果保存到文件中。分别将 res_nn 和 res_lr 保存到两个不同的 pickle 文件中，以供后续分析和可视化使用。

执行文件 main_acrobot.py 后会创建并训练两种不同类型的 TRPO 强化学习代理(res_nn 和 res_lr)在 Acrobot 环境中。然后将训练结果保存为两个不同的 pickle 文件('results/acro_nn.pkl' 和 'results/acro_lr.pkl')，这些文件将包含训练期间每个周期的总奖励等信息。

12.4.7 评估 TRPO 算法在 MountainCarContinuous-v0 环境中的性能

编写文件 main_mountaincar.py，用于训练和评估 TRPO 算法在 MountainCarContinuous-v0 环境中的性能，并保存训练结果以备将来使用。对文件 main_mountaincar.py 代码的具体说明如下。

(1) 创建两个空列表 res_nn 和 res_lr，用于存储训练结果。

(2) 创建 MountainCarContinuous-v0 环境。使用 gym.make 创建 MountainCarContinuous-v0 环境。

(3) 循环训练代理。在循环中，首先创建一个使用神经网络的代理，具体说明如下。

① 创建 PolicyNetwork 和 ValueNetwork 实例，并设置网络结构。

② 创建 TRPOGaussianNN 代理对象，指定网络、算法参数等。

③ 创建 Trainer 训练器对象。

然后，调用 trainer.train 函数，对代理在环境中进行训练，具体说明如下。

① epochs=300：执行 300 个训练周期。

② max_steps=10000：每个周期最多执行 10000 步。
③ update_freq=15000：每 15000 步执行一次策略更新。
④ initial_offset=10：初始偏移值。

最后，将每个周期的总奖励添加到 res_nn 或 res_lr 中，具体取决于代理类型。

(4) 使用 pickle 模块将训练结果保存到文件中。分别将 res_nn 和 res_lr 保存到两个不同的 pickle 文件中，以供后续分析和可视化使用。

12.4.8 评估 TRPO 算法在 CustomPendulumEnv 环境中的性能

编写文件 main_pendulum.py，用于训练和评估 TRPO 算法在 CustomPendulumEnv 环境中的性能，并保存训练结果以供后续分析和可视化使用。对文件 main_pendulum.py 代码的具体说明如下。

(1) 创建两个空列表 res_nn 和 res_lr，用于存储训练结果。
(2) 创建 CustomPendulumEnv 环境。使用 CustomPendulumEnv 创建自定义 Pendulum 环境。
(3) 循环训练代理。在循环中，首先创建一个使用神经网络的代理，具体说明如下。
① 创建 PolicyNetwork 和 ValueNetwork 实例，并设置网络结构。
② 创建 TRPOGaussianNN 代理对象，指定网络、算法参数等。
③ 创建 Trainer 训练器对象。

然后，调用 trainer.train 函数，对代理在环境中进行训练，具体说明如下。
① epochs=2000：执行 2000 个训练周期。
② max_steps=1000：每个周期最多执行 1000 步。
③ update_freq=15000：每 15000 步执行一次策略更新。
④ initial_offset=-1：初始偏移值。

最后，将每个周期的总奖励添加到 res_nn 或 res_lr 中，具体取决于代理类型。

(4) 使用 pickle 模块将训练结果保存到文件中。分别将 res_nn 和 res_lr 保存到两个不同的 pickle 文件中，以备将来使用。

12.4.9 性能可视化

编写文件 plot.py，用于生成图表以可视化展示在不同环境下(Pendulum、Acrobot 和 Mountain Car)使用不同的 TRPO 算法(NN-TRPO 和 TRLRPO)训练代理的性能。对文件 plot.py 代码的具体说明如下。

(1) 导入必要的模块和类。
① pickle：用于反序列化保存的训练结果。
② numpy 和 matplotlib.pyplot：用于数据处理和图表绘制。
(2) 使用 pickle 从文件中加载保存的训练结果。
① res_nn_pend、res_lr_pend：Pendulum 环境中 NN-TRPO 和 TRLRPO 代理的训练结果。
② res_nn_acro、res_lr_acro：Acrobot 环境中 NN-TRPO 和 TRLRPO 代理的训练结果。
③ res_nn_mount、res_lr_mount：Mountain Car 环境中 NN-TRPO 和 TRLRPO 代理的训练结果。

(3) 使用 matplotlib 创建一个包含 3 个子图的图表。
① 每个子图表示一个不同的环境(Pendulum、Acrobot 和 Mountain Car)。
② plt.style.context(['science'], ['ieee'])：设置图表样式，使其符合科学绘图风格。
(4) 对于每个环境，绘制代理的性能曲线和置信区间。
① 使用 np.median 计算性能的中位数曲线。
② 使用 np.percentile 计算置信区间。
③ 设置图例和标签。
(5) 配置每个子图的标题、轴标签、刻度和样式。
(6) 使用 plt.tight_layout() 调整子图的布局。
(7) 保存图表为 figures/res.png 文件，并指定 dpi(每英寸点数)为 300。

上述代码的主要目的是生成可视化图表，以便直观地比较不同环境和代理的性能结果。生成的图表 res.png 将显示在当前工作目录中，如图 12-1 所示。

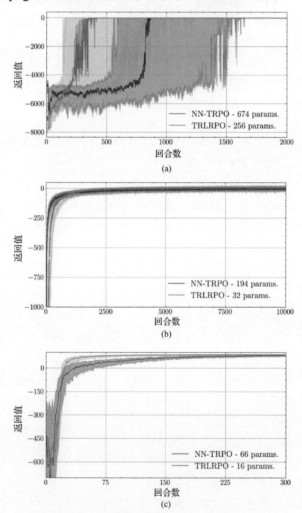

图 12-1 可视化图

第 13 章

连续动作空间的强化学习

连续动作空间的强化学习是一种用于解决具有连续动作空间的强化学习问题的方法。在强化学习中，代理(通常是一个机器学习模型)通过与环境互动来学习最优策略，以最大化累积奖励。本章将详细讲解连续动作空间的强化学习知识。

13.1 连续动作空间强化学习基础

连续动作空间(Continuous Action Space)是强化学习中的一个重要概念，是指在一个强化学习问题中，代理(也就是学习算法或机器学习模型)需要在一组无限连续的可能动作中进行选择，而不是在一组有限的离散动作中选择。

扫码看视频

13.1.1 连续动作空间介绍

在连续动作空间中，每个动作通常由一个或多个实数值参数组成，而不是像在离散动作空间中那样由有限个离散动作选项组成。这使问题更加复杂，因为代理需要在一个连续范围内做出决策，而不是仅仅从有限的选项中选择一个。

例如，考虑一个自主驾驶汽车的强化学习问题。如果汽车需要决定前进的速度，连续动作空间中可能会有一个范围，如 0~100km/h，而不是仅有几个离散速度选项。在这种情况下，代理需要在 0~100 之间的任何速度中做出选择，这就构成了一个连续动作空间。

处理连续动作空间的挑战之一是如何在连续空间中学习和搜索最优的动作，同时避免对动作空间进行穷举搜索，因为这通常是不切实际的。为了解决这个问题，强化学习研究了许多技术和算法，包括策略梯度方法、确定性策略梯度方法、值函数近似等，以在连续动作空间中有效地学习和优化策略。

下面是处理连续动作空间的强化学习的一些关键概念和方法。

(1) 策略近似。在连续动作空间中，很难显式地列出每个可能的动作和其值函数。因此，通常会使用策略函数来近似代理的策略，将状态映射到动作的概率分布。这可以是确定性策略(映射到具体的动作值)或概率性策略(映射到动作的概率分布)。

(2) 值函数。在连续动作空间中，通常需要使用值函数来评估策略的好坏。值函数可以是状态值函数(表示在给定状态下的期望累积奖励)或动作值函数(表示在给定状态和动作组合下的期望累积奖励)。

(3) 策略优化方法。为了学习最优策略，需要使用各种策略优化方法，如策略梯度方法、Actor-Critic 方法和确定性策略梯度方法。这些方法通常会使用梯度下降或变种来更新策略参数以最大化累积奖励。

(4) 探索与利用。在连续动作空间中，探索如何选择合适的动作至关重要。通常会使用探索策略来确保代理能够探索新的动作，并逐渐收敛到最优策略。

(5) 采样方法。由于连续动作空间通常很大，采样方法是一个关键问题。通常使用蒙特卡洛方法或基于样本的方法来估计值函数和策略梯度。

(6) 深度强化学习。近年来，深度神经网络已经在连续动作空间中的强化学习中取得显著的成功。这些方法通常结合了深度学习和强化学习技术，如深度 Q 网络(DQN)、深度确定性策略梯度(DDPG)和受限策略优化(TRPO)等。

(7) 环境建模。有时为了在连续动作空间中更有效地学习，可以使用模型学习来近似环境的动态。这可以用来生成样本，进行规划或改善探索策略。

迄今为止，解决连续动作空间的强化学习问题仍然是一个活跃的研究领域，涉及多种技术和方法的不断进化和改进。这些方法已经在许多领域中取得了成功，如机器人控制、自动驾驶、自然语言处理等。

13.1.2 动作幅度问题与采样效率问题

在处理连续动作空间的强化学习中，常常面临两个主要问题，即动作幅度问题和采样效率问题。这两个问题直接影响着算法性能和训练效率。

1. 动作幅度问题

连续动作空间中的动作幅度问题涉及代理如何选择合适的动作幅度。动作幅度是指代理在连续动作空间中选择动作时每个动作参数的取值范围。如果动作幅度选择太小，代理可能无法达到所需的效果，因为它不能进行足够大的动作来影响环境。相反，如果动作幅度选择太大，代理可能会不稳定，容易导致不良结果或不收敛。

解决动作幅度问题的方法有以下两个。

(1) 动态调整。该方法是动态地调整动作幅度，根据代理在训练中的经验来自适应地选择动作幅度。

(2) 标准化。对动作进行标准化，将其映射到固定的均值和方差范围内，以提高稳定性。

2. 采样效率问题

采样效率问题涉及如何在连续动作空间中高效地获取有关环境的信息，以便代理能够学习最优策略而不需要大量的交互。由于连续动作空间通常是无限的，对动作空间的全面采样几乎不可能。

解决采样效率问题的方法有以下几个。

(1) 策略梯度方法。这些方法通过使用策略梯度定理，直接从与代理交互的样本中估计策略的梯度。这样，代理可以逐渐改进其策略，而无须对整个动作空间进行全面采样。

(2) 采样优势估计。一些算法使用基于样本的方法来估计值函数和策略梯度，这有助于减少采样的复杂性。

(3) 模型学习。代理可以尝试学习环境的模型，以便在模型中进行规划和探索，而不是在真实环境中进行采样。这可以提高采样效率。

解决动作幅度问题和采样效率问题需要仔细选择算法和技术，并根据具体问题的特性进行调整。不同的应用场景可能需要不同的方法来平衡动作幅度和采样效率，以实现高效的连续动作空间强化学习。

13.1.3 连续动作空间中的探索问题

在连续动作空间中，探索问题是强化学习中的一个关键挑战。与离散动作空间不同，连续动作空间中的动作是无限的，因此不能简单地通过尝试每个可能的动作来进行探索。

1. 问题

(1) 连续动作的无限性。连续动作空间包含无限数量的动作选择，因此不能通过完全穷举来进行探索。

(2) 低效的随机探索。在连续动作空间中，纯随机探索通常是不切实际的，因为代理可能会浪费太多时间在无效的动作上。

2. 解决方法

(1) 确定性策略的噪声添加。一种常见的方法是为代理的确定性策略添加噪声。这可以通过在选择动作时向策略的输出添加随机噪声来实现。这种方法称为确定性策略梯度方法。噪声可以控制其强度，以平衡探索和利用。

(2) 随机采样。代理可以在连续动作空间中随机采样一些动作，并评估这些动作的效果。然后，代理可以选择最优的动作或根据这些采样信息来更新策略。这种方法通常与策略梯度方法结合使用。

(3) 基于不确定性的探索。代理可以使用不确定性估计来指导探索。例如，可以使用置信区间或不确定性量化来选择那些在不确定性较高的动作附近进行探索。

(4) 模型学习和规划。代理可以尝试学习环境的模型，并在模型中进行规划和探索，而不是在真实环境中进行采样。这可以提高探索效率，因为模型可以提供有关不同动作的信息，而无须实际执行动作。

(5) 自适应探索策略。一些算法可以使用自适应探索策略，根据代理在学习过程中的性能来调整探索策略的参数。这有助于平衡探索和利用。

(6) 离线数据利用。代理可以通过离线数据集来改进策略，而不是依赖实时交互。这些数据集可以包含来自以前的试验或仿真的样本，从而减少对真实环境的依赖。

解决连续动作空间中的探索问题需要结合多种方法，根据具体问题的性质和要求进行选择。探索与利用之间的平衡是连续动作空间强化学习中需要仔细权衡的重要方面。

13.2 DDPG 算法

DDPG(Deep Deterministic Policy Gradient，深度确定性策略梯度)是一种用于解决连续动作空间中的强化学习问题的算法，它结合了深度神经网络和确定性策略梯度方法，旨在学习连续动作空间中的高性能策略。

扫码看视频

13.2.1 DDPG 算法的特点

DDPG 是一种通用算法，可用于多种强化学习任务，如机器人控制、自动驾驶和游戏玩法。DDPG 算法的特点如下。

(1) 确定性策略。DDPG 算法使用确定性策略，这意味着代理直接输出连续动作值，而不是输出动作的概率分布。确定性策略通常更容易优化和稳定。

(2) 深度神经网络。DDPG 算法使用深度神经网络来表示策略(Actor 网络)和值函数(Critic 网络)。这些神经网络可以是多层前馈神经网络，用于近似复杂的策略和值函数。

(3) 经验回放缓冲区。为了提高样本的利用效率和稳定性，DDPG 算法使用经验回放缓冲区来存储之前的经验样本。在训练时，它从缓冲区中随机采样样本进行学习，以减少样本间的相关性，并允许代理重复使用以前的经验。

(4) 目标网络。DDPG 算法使用目标网络来稳定训练，包括目标策略网络和目标值函数网络，它们是用于计算目标值的副本网络，通常与原始网络之间采用软更新(soft update)来保持一定的平滑度。

(5) 策略梯度方法。DDPG 算法使用策略梯度方法来更新策略网络，通过最大化累积奖励的期望值，代理可以逐渐改进策略。策略网络的梯度由值函数网络计算。

13.2.2 DDPG 算法在连续动作空间中的优势

DDPG 算法在连续动作空间中具有多个优势，使其成为解决连续动作控制问题的有效工具。这些优势的具体说明如下。

(1) 适用于高维度状态空间和动作空间。DDPG 算法可以轻松应对高维度状态空间和动作空间，因为它使用深度神经网络来表示策略和值函数，这些网络能够处理大量输入和输出。

(2) 连续动作的直接建模。DDPG 算法使用确定性策略，直接输出连续动作值，这比使用概率性策略(如 REINFORCE 算法)更容易优化。这使 DDPG 算法在连续动作空间中更加高效。

(3) 经验回放缓冲区。DDPG 算法使用经验回放缓冲区来存储以前的经验样本，这提高了样本的重复使用率和训练稳定性，有助于减少样本间的相关性，改善学习效率。

(4) 目标网络。DDPG 算法引入了目标网络来稳定训练。目标网络的软更新使训练更加平滑，减少了训练中的振荡和发散问题。

(5) 策略梯度方法。DDPG 算法使用策略梯度方法来更新策略网络，这意味着它可以处理高度不连续和嘈杂的动作空间。它在学习复杂、高维度的策略中表现出色。

(6) 通用性。DDPG 算法是一种通用算法，可以应用于多种连续动作控制问题，如机器人控制、自动驾驶、游戏玩法等。这种通用性使它成为解决各种现实世界问题的有力工具。

(7) 稳定性。相对于一些其他深度强化学习方法，DDPG 算法在训练过程中更加稳定，这使它更容易实现，并且对于复杂的任务也可以获得较好的性能。

> **注意**
>
> 尽管 DDPG 算法在许多方面具有优势，但它也有一些限制，如对超参数的敏感性、需要大量样本和计算资源。此外，对于某些问题，可能有更适合的算法。然而，在处理连续动作控制问题时，DDPG 算法仍然是一个值得考虑的重要算法之一。

13.2.3 DDPG 算法的实现步骤与网络结构

1. DDPG 算法的实现步骤

(1) 定义环境。定义强化学习问题中的环境，包括状态空间、动作空间、奖励函数等。

(2) 构建神经网络。构建两个深度神经网络，一个用于表示策略(Actor 网络)，另一个用于表示值函数(Critic 网络)。

(3) 初始化网络参数。随机初始化神经网络的权重和偏差。

(4) 设置超参数。设置学习率、折扣因子(discount factor)、经验回放缓冲区的大小、目标网络软更新率等超参数。

(5) 定义经验回放缓冲区。创建一个经验回放缓冲区,用于存储代理与环境互动时的经验元组,通常包括状态、动作、奖励和下一个状态。

(6) 定义目标网络。为了稳定训练,创建目标策略网络和目标值函数网络,它们是原始网络的副本。这些目标网络的参数在训练过程中会慢慢原始网络的参数同步。

(7) 定义噪声过程。为策略网络引入噪声,以促进探索。通常使用高斯噪声或其他随机过程来添加噪声。

(8) 开始训练循环,具体步骤如下。

① 从环境中获取初始状态。
② 使用策略网络选择动作,通常是加入噪声的动作。
③ 执行动作,观察奖励和下一个状态。
④ 将经验元组存储在经验回放缓冲区中。
⑤ 从经验回放缓冲区中采样一批样本,用于更新策略和值函数网络。
⑥ 使用目标网络计算目标值,并根据目标值更新值函数网络。
⑦ 使用策略梯度方法计算策略的梯度,并根据梯度更新策略网络。
⑧ 周期性地将目标网络的参数软更新为原始网络的参数。

(9) 终止条件。训练循环可以根据收敛条件、固定的迭代次数或其他终止条件来结束。

2. DDPG 算法的网络结构

(1) Actor 网络。用于表示策略,它接收当前状态作为输入,输出一个连续动作值。通常采用多层前馈神经网络结构,激活函数可以是 ReLU 或 Tanh 等。最后一层的输出层通常不使用激活函数,以保证输出范围在动作空间内。

(2) Critic 网络。用于表示值函数,接收当前状态和动作作为输入,输出一个估计的状态值或动作值。也是多层前馈神经网络结构,通常与 Critic 网络共享一些层(共享参数),以加速训练。最后一层的输出层通常只有一个神经元,表示值函数的估计。

(3) 目标网络。目标策略网络和目标值函数网络是原始网络的副本,它们的参数慢慢地与原始网络的参数同步,有助于稳定训练。

> **注意**
>
> 上面介绍的是 DDPG 算法的一般实现步骤和网络结构,在实际应用中,需要根据具体问题和任务的特性进行调整和优化,并且需要仔细选择合适的超参数和训练策略,以获得最佳的性能。

请看下面的例子,功能是使用 DDPG 算法来解决连续动作空间问题的示例代码。这个例子演示了一个自定义环境(CustomEnv)中的 DDPG 算法,该算法包括 Actor-Critic 网络架构和经验回放缓冲区,用于训练智能体在连续状态空间中执行动作以最大化累积奖励。

实例 13-1 在自定义环境中实现 DDPG 算法(源码路径：**daima\13\ddpg01.py**)

实例文件 ddpg01.py 的具体实现代码如下：

```python
import numpy as np
import tensorflow as tf
from collections import deque
import random

# 在需要的地方生成随机数
random_number = random.random()  # 生成一个0~1之间的随机浮点数
# 环境定义
class CustomEnv:
    def __init__(self):
        self.state_dim = 2
        self.action_dim = 1
        self.max_action = 2.0
        self.goal = np.array([5.0, 5.0])
        self.state = None

    def reset(self):
        self.state = np.random.rand(self.state_dim) * 10.0    # 随机初始化状态
        return self.state

    def step(self, action):
        self.state += action  # 执行动作，更新状态
        reward = -np.linalg.norm(self.state - self.goal)     # 奖励是到目标的负距离
        done = np.linalg.norm(self.state - self.goal) < 0.1  # 判断是否到达目标
        return self.state, reward, done, {}

# Actor网络的定义
class ActorNetwork(tf.keras.Model):
    def __init__(self, action_dim):
        super(ActorNetwork, self).__init__()
        self.dense1 = tf.keras.layers.Dense(64, activation='relu')
        self.dense2 = tf.keras.layers.Dense(32, activation='relu')
        self.output_layer = tf.keras.layers.Dense(action_dim, activation='tanh')

    def call(self, inputs):
        x = self.dense1(inputs)
        x = self.dense2(x)
        return self.output_layer(x)

# Critic网络的定义
class CriticNetwork(tf.keras.Model):
    def __init__(self):
        super(CriticNetwork, self).__init__()
        self.dense1 = tf.keras.layers.Dense(64, activation='relu')
        self.dense2 = tf.keras.layers.Dense(32, activation='relu')
        self.output_layer = tf.keras.layers.Dense(1, activation=None)

    def call(self, inputs, training=None, mask=None):
        states, actions = inputs
        x = tf.concat([states, actions], axis=-1)  # 合并状态和动作
        x = self.dense1(x)
        x = self.dense2(x)
        return self.output_layer(x)

# 噪声生成
class Noise:
    def __init__(self, action_dim, mu=0, theta=0.15, sigma=0.2):
        self.action_dim = action_dim
        self.mu = mu
        self.theta = theta
        self.sigma = sigma
```

```python
        self.state = np.ones(self.action_dim) * self.mu
        self.reset()

    def reset(self):
        self.state = np.ones(self.action_dim) * self.mu

    def sample(self):
        x = self.state
        dx = self.theta * (self.mu - x) + self.sigma * np.random.randn(self.action_dim)
        self.state = x + dx
        return self.state

# DDPG算法
class DDPG:
    def __init__(self, state_dim, action_dim, max_action):
        self.state_dim = state_dim
        self.action_dim = action_dim
        self.max_action = max_action

        self.actor = ActorNetwork(action_dim)
        self.target_actor = ActorNetwork(action_dim)
        self.actor_optimizer = tf.keras.optimizers.Adam(learning_rate=0.001)

        self.critic = CriticNetwork()
        self.target_critic = CriticNetwork()
        self.critic_optimizer = tf.keras.optimizers.Adam(learning_rate=0.002)

        self.target_actor.set_weights(self.actor.get_weights())
        self.target_critic.set_weights(self.critic.get_weights())

        self.replay_buffer = deque(maxlen=1000000)
        self.noise = Noise(action_dim)

    def select_action(self, state):
        state = np.expand_dims(state, axis=0).astype(np.float32)
        action = self.actor(state)[0]
        action += self.noise.sample()
        return np.clip(action, -self.max_action, self.max_action)

    def train(self, batch_size=64):
        if len(self.replay_buffer) < batch_size:
            return

        minibatch = random.sample(self.replay_buffer, batch_size)
        states, actions, rewards, next_states = zip(*minibatch)

        states = np.vstack(states).astype(np.float32)
        actions = np.vstack(actions).astype(np.float32)
        rewards = np.vstack(rewards).astype(np.float32)
        next_states = np.vstack(next_states).astype(np.float32)

        with tf.GradientTape() as actor_tape, tf.GradientTape() as critic_tape:
            # 计算Critic的损失
            target_actions = self.target_actor(next_states)
            target_q_values = self.target_critic([next_states, target_actions])
            target_q_values = rewards + discount_factor * target_q_values
            q_values = self.critic([states, actions])
            critic_loss = tf.reduce_mean(tf.square(target_q_values - q_values))

            # 计算Actor的梯度
            actor_actions = self.actor(states)
            actor_loss = -tf.reduce_mean(self.critic([states, actor_actions]))

        actor_gradients = actor_tape.gradient(actor_loss, self.actor.trainable_variables)
        critic_gradients = critic_tape.gradient(critic_loss, self.critic.trainable_variables)

        self.actor_optimizer.apply_gradients(zip(actor_gradients,
```

```
        self.actor.trainable_variables))
        self.critic_optimizer.apply_gradients(zip(critic_gradients,
self.critic.trainable_variables))

        self.soft_update_target_networks()

    def soft_update_target_networks(self):
        tau = 0.005
        for t, e in zip(self.target_actor.trainable_variables,
            self.actor.trainable_variables):
            t.assign(t * (1 - tau) + e * tau)
        for t, e in zip(self.target_critic.trainable_variables,
            self.critic.trainable_variables):
            t.assign(t * (1 - tau) + e * tau)

# 参数设置
num_episodes = 1000
max_steps_per_episode = 500
discount_factor = 0.99
batch_size = 64

# 创建环境
env = CustomEnv()
state_dim = env.state_dim
action_dim = env.action_dim
max_action = env.max_action

# 创建DDPG代理
agent = DDPG(state_dim, action_dim, max_action)

# 训练循环
for episode in range(num_episodes):
    state = env.reset()
    episode_reward = 0

    for step in range(max_steps_per_episode):
        action = agent.select_action(state)
        next_state, reward, done, _ = env.step(action)
        agent.replay_buffer.append((state, action, reward, next_state))
        agent.train(batch_size)
        state = next_state
        episode_reward += reward

        if done:
            break

    print(f"Episode: {episode + 1}, Reward: {episode_reward}")

# 训练完成后,可以使用训练好的DDPG代理在环境中执行动作并测试其性能
```

上述代码的实现流程如下。

(1) 导入所需的库,包括 NumPy、TensorFlow 和 collections。

(2) 定义一个随机数生成器来生成随机数。

(3) 创建自定义环境(CustomEnv),其中包括状态空间、动作空间、状态初始化、动作执行、奖励函数等。

(4) 定义 Actor 网络和 Critic 网络,它们分别用于近似策略和值函数。

(5) 创建噪声生成器(Noise),用于在策略网络中引入噪声以促进探索。

(6) 创建 DDPG 代理,该代理包括 Actor 网络、Critic 网络、目标网络、优化器以及经验回放缓冲区。

(7) 实现选择动作的方法(select_action)和训练方法(train),其中使用了目标网络和经验

回放来训练 Actor 网络和 Critic 网络。

(8) 定义训练循环，代理与环境互动，收集经验并进行训练。

(9) 打印输出每个回合的奖励，结果如下：

```
Episode: 1, Reward: -163947.52511222256
Episode: 2, Reward: -119372.47314215968
Episode: 3, Reward: -10607.124598505221
Episode: 4, Reward: -16607.03150308046
Episode: 5, Reward: -22438.776618015836
Episode: 6, Reward: -23654.293122714527
Episode: 7, Reward: -29209.026893293543
Episode: 8, Reward: -51482.17951051141
……
```

上述代码可以用于解决连续动作空间问题，代理将学会在给定环境下选择最佳的动作以最大化累积奖励。本实例包括环境创建、DDPG 代理的构建和训练，以及训练完成后的性能测试。

13.2.4　DDPG 算法中的经验回放与探索策略

在 DDPG 算法中，经验回放和探索策略是两个关键的组成部分，它们共同帮助解决了连续动作空间中的探索问题。

1．经验回放

经验回放是一种存储代理与环境互动的经验样本并随机采样这些样本的方法。这个经验缓冲区的主要目的是减少样本的相关性，提高样本的利用效率，并增加训练的稳定性。

(1) 在 DDPG 算法中，经验回放的操作。

① 代理与环境互动，生成经验元组(状态、动作、奖励、下一个状态)。

② 将这些经验元组存储在经验回放缓冲区中。

③ 在训练时，从经验回放缓冲区中随机采样一批样本，用于更新策略和值函数网络。

(2) 经验回放的优势。

① 提高训练的稳定性，减少样本间的相关性，有助于防止训练中的不稳定性。

② 可以重复使用以前的经验，使代理可以从旧的经验中学到更多信息，而不仅仅依赖于最新的样本。

③ 允许随机性地选择样本，这有助于探索更广泛的状态空间。

2．探索策略

在 DDPG 中，探索策略通常是通过向策略网络输出的动作中添加噪声来实现的。噪声可以是高斯噪声或其他类型的噪声，它们增加了动作的随机性。添加噪声的主要目的是促进探索，使代理能够尝试新的动作，而不仅仅是根据当前的最佳动作来行动。

添加噪声的方法通常包括以下几个。

(1) 确定性策略中的高斯噪声。对策略网络输出的动作值添加高斯噪声。例如，通过从高斯分布中采样噪声并将其加到动作中，可以使代理在探索中更具随机性。

(2) 参数化噪声策略。使用参数化的噪声策略。例如，使用确定性策略网络预测噪声参数，并根据这些参数生成动作噪声。

控制噪声的强度和随时间的衰减是调整探索策略的重要因素，适度的探索策略可以平衡探索和利用，可以帮助代理学习到更好的策略。例如下面是一个使用 Python 演示 DDPG 算法中的经验回放和探索策略用法的例子。在这个示例中，将创建一个简化的连续环境，然后使用 DDPG 算法来训练智能体。

实例 13-2 使用 DDPG 算法训练智能体(源码路径：daima\13\jing.py)

实例文件 jing.py 的主要实现代码如下：

```python
# 创建简化的自定义环境
class CustomEnv:
    def __init__(self):
        self.state_dim = 2
        self.action_dim = 1
        self.max_action = 2.0
        self.goal = np.array([5.0, 5.0])
        self.state = None

    def reset(self):
        self.state = np.random.rand(self.state_dim) * 10.0  # 随机初始化状态
        return self.state

    def step(self, action):
        self.state += action  # 执行动作，更新状态
        reward = -np.linalg.norm(self.state - self.goal)        # 奖励是到目标的负距离
        done = np.linalg.norm(self.state - self.goal) < 0.1     # 判断是否到达目标
        return self.state, reward, done, {}

# 定义经验回放缓冲区
class ReplayBuffer:
    def __init__(self, buffer_size):
        self.buffer = deque(maxlen=buffer_size)

    def append(self, experience):
        self.buffer.append(experience)

    def sample(self, batch_size):
        batch = random.sample(self.buffer, batch_size)
        states, actions, rewards, next_states = zip(*batch)
        return np.vstack(states), np.vstack(actions), np.vstack(rewards), np.vstack(next_states)

# 定义Actor网络
class ActorNetwork(tf.keras.Model):
    def __init__(self, action_dim):
        super(ActorNetwork, self).__init__()
        self.dense1 = tf.keras.layers.Dense(64, activation='relu')
        self.dense2 = tf.keras.layers.Dense(32, activation='relu')
        self.output_layer = tf.keras.layers.Dense(action_dim, activation='tanh')

    def call(self, inputs):
        x = self.dense1(inputs)
        x = self.dense2(x)
        return self.output_layer(x)

# 定义Critic网络
class CriticNetwork(tf.keras.Model):
    def __init__(self):
        super(CriticNetwork, self).__init__()
        self.dense1 = tf.keras.layers.Dense(64, activation='relu')
```

```python
        self.dense2 = tf.keras.layers.Dense(32, activation='relu')
        self.output_layer = tf.keras.layers.Dense(1, activation=None)

    def call(self, inputs):
        states, actions = inputs
        x = tf.concat([states, actions], axis=-1)
        x = self.dense1(x)
        x = self.dense2(x)
        return self.output_layer(x)

# 定义噪声生成器
class Noise:
    def __init__(self, action_dim, mu=0, theta=0.15, sigma=0.2):
        self.action_dim = action_dim
        self.mu = mu
        self.theta = theta
        self.sigma = sigma
        self.state = np.ones(self.action_dim) * self.mu
        self.reset()

    def reset(self):
        self.state = np.ones(self.action_dim) * self.mu

    def sample(self):
        x = self.state
        dx = self.theta * (self.mu - x) + self.sigma * np.random.randn(self.action_dim)
        self.state = x + dx
        return self.state

# 定义DDPG算法
class DDPG:
    def __init__(self, state_dim, action_dim, max_action, buffer_size=10000):
        self.state_dim = state_dim
        self.action_dim = action_dim
        self.max_action = max_action

        self.actor = ActorNetwork(action_dim)
        self.target_actor = ActorNetwork(action_dim)
        self.actor_optimizer = tf.keras.optimizers.Adam(learning_rate=0.001)

        self.critic = CriticNetwork()
        self.target_critic = CriticNetwork()
        self.critic_optimizer = tf.keras.optimizers.Adam(learning_rate=0.002)

        self.target_actor.set_weights(self.actor.get_weights())
        self.target_critic.set_weights(self.critic.get_weights())

        self.replay_buffer = ReplayBuffer(buffer_size)
        self.noise = Noise(action_dim)

    def select_action(self, state):
        state = np.expand_dims(state, axis=0).astype(np.float32)
        action = self.actor(state)[0]
        action += self.noise.sample()
        return np.clip(action, -self.max_action, self.max_action)

    def train(self, batch_size=64):
        if len(self.replay_buffer.buffer) < batch_size:
            return

        states, actions, rewards, next_states = self.replay_buffer.sample(batch_size)

        with tf.GradientTape() as actor_tape, tf.GradientTape() as critic_tape:
            # 计算Critic的损失
```

```python
        target_actions = self.target_actor(next_states)
        target_q_values = self.target_critic([next_states, target_actions])
        target_q_values = rewards + 0.99 * target_q_values
        q_values = self.critic([states, actions])
        critic_loss = tf.reduce_mean(tf.square(target_q_values - q_values))

        # 计算Actor的梯度
        actor_actions = self.actor(states)
        actor_loss = -tf.reduce_mean(self.critic([states, actor_actions]))

    actor_gradients = actor_tape.gradient(actor_loss, self.actor.trainable_variables)
    critic_gradients = critic_tape.gradient(critic_loss, self.critic.trainable_variables)

    self.actor_optimizer.apply_gradients(zip(actor_gradients,
        self.actor.trainable_variables))
    self.critic_optimizer.apply_gradients(zip(critic_gradients,
        self.critic.trainable_variables))

    self.soft_update_target_networks()

  def soft_update_target_networks(self):
    tau = 0.005
    for t, e in zip(self.target_actor.trainable_variables,
      self.actor.trainable_variables):
        t.assign(t * (1 - tau) + e * tau)
    for t, e in zip(self.target_critic.trainable_variables,
      self.critic.trainable_variables):
        t.assign(t * (1 - tau) + e * tau)

# 参数设置
num_episodes = 1000
max_steps_per_episode = 500
batch_size = 64

# 创建环境
env = CustomEnv()
state_dim = env.state_dim
action_dim = env.action_dim
max_action = env.max_action

# 创建DDPG代理
agent = DDPG(state_dim, action_dim, max_action)

# 训练循环
for episode in range(num_episodes):
    state = env.reset()
    episode_reward = 0

    for step in range(max_steps_per_episode):
        action = agent.select_action(state)
        next_state, reward, done, _ = env.step(action)
        agent.replay_buffer.append((state, action, reward, next_state))
        agent.train(batch_size)
        state = next_state
        episode_reward += reward

        if done:
            break

    print(f"Episode: {episode + 1}, Reward: {episode_reward}")
```

在上述代码中创建了一个简单的自定义环境，并在其中应用了 DDPG 算法。它演示了如何使用经验回放缓冲区来存储和采样经验，以及如何使用噪声策略来促进探索。在训练循环中，每个回合的奖励将被打印出来，以监测 DDPG 算法的性能。这个示例有助于理解 DDPG 算法中经验回放和探索策略的实际应用。

综合来说，DDPG 算法通过经验回放缓冲区和探索策略来有效地解决连续动作空间中的探索问题。经验回放提高了样本的利用效率和训练的稳定性，而探索策略引入了随机性，鼓励代理进行探索并学习到最优策略。这两个组成部分协同工作，使 DDPG 算法在复杂的连续动作控制问题中表现出色。

13.3 DDPG 算法综合实战：基于强化学习的股票交易策略

传统的股票交易策略通常依赖于技术分析、基本面分析和人工决策，在本节的内容中，将介绍一个综合实例，展示使用深度强化学习(DRL)方法来构建和测试一个自动化股票交易策略的过程。本项目通过引入深度强化学习，旨在使这一过程自动化，从而提高交易效率并最大化投资回报。

扫码看视频

实例 13-3 深度强化学习股票交易策略(源码路径：daima\13\chatgpt-trading.ipynb)

13.3.1 项目介绍

本项目旨在展示如何利用 DRL 方法构建和测试一个自动化股票交易策略，通过将股票交易过程建模为 MDP，将交易目标定义为一个最大化问题，并使用 DRL 算法来训练智能代理程序，使其能够在交易环境中进行决策。

本项目的关键功能和亮点如下。

(1) 数据获取。使用 Yahoo Finance API 获取单一股票的历史价格和成交量数据。

(2) 数据预处理。对获取的数据进行处理，包括添加技术指标和风险度量，以供 DRL 模型使用。

(3) 环境设计。创建交易环境，包括状态空间、行动空间和奖励函数，以模拟股票交易过程。

(4) DRL 算法实施。使用 A2C、PPO、DDPG 等 DRL 算法，对智能代理程序进行训练和验证。

(5) 回测策略性能。通过回测工具评估不同算法的性能，包括夏普比率、年化回报率和最大回撤等指标。

(6) 与市场指数比较。将策略的性能与市场指数(如道琼斯工业平均指数)进行比较，以确定策略的相对表现。

本项目为有兴趣探索自动化股票交易策略的读者提供了一个有用的实例，演示了如何使用深度强化学习来构建、训练和评估交易策略的过程。本项目突出了深度强化学习在金融领域的应用潜力，以及如何使用 FinRL 库简化开发和测试过程。通过这个项目，可以更好地理解如何优化股票交易策略，提高投资回报率，并降低风险。

13.3.2 准备开发环境

本项目用到了多个 Python 库，其中核心库是 FinRL-Library(金融强化学习库)。

FinRL-Library 是一个用于金融市场数据分析和交易的开源 Python 库，它专注于应用强化学习方法来解决金融领域的问题，特别是股票和加密货币市场的自动化交易。

(1) 在本地安装 FinRL-Library，安装命令如下：

```
pip install git+https://github.com/AI4Finance-LLC/FinRL-Library.git
```

(2) 通过以下命令安装 wrds：

```
pip install wrds
```

(3) 希望在安装时忽略任何警告信息：

```
import warnings
warnings.filterwarnings("ignore")
```

(4) 导入一些必要的库和模块，用于实现金融市场的数据分析和交易操作。具体代码如下：

```
# 导入必要的库
import pandas as pd              # 用于数据处理
import numpy as np               # 用于数值计算
import matplotlib               # 用于绘图
import matplotlib.pyplot as plt  # 用于绘制图表
import datetime                  # 用于日期和时间处理

# 魔术命令，将图表嵌入到 Jupyter Notebook 中
%matplotlib inline

# 导入一些自定义配置和模块
from finrl.config_tickers import DOW_30_TICKER  # 导入道琼斯30成分股的配置信息
from finrl.meta.preprocessor.yahoodownloader import YahooDownloader  # 导入 Yahoo Finance 数据下载器
from finrl.meta.preprocessor.preprocessors import FeatureEngineer, data_split  # 导入特征工程和数据拆分的模块
from finrl.meta.env_stock_trading.env_stocktrading import StockTradingEnv  # 导入股票交易环境
from finrl.agents.stablebaselines3.models import DRLAgent, DRLEnsembleAgent  # 导入强化学习代理模型
from finrl.plot import backtest_stats, backtest_plot, get_daily_return, get_baseline  # 导入绘图和回测统计相关的模块

# 导入 pprint 函数，用于美观地打印数据结构
from pprint import pprint

# 将自定义模块的路径添加到系统路径，以便正确导入它们
import sys
sys.path.append("../FinRL-Library")
```

(5) 创建一个目录，用于保存训练后的强化学习模型，具体实现代码如下：

```
import os
from finrl.main import check_and_make_directories
from finrl.config import (
    DATA_SAVE_DIR,
    TRAINED_MODEL_DIR,
    TENSORBOARD_LOG_DIR,
    RESULTS_DIR,
    INDICATORS,
    TRAIN_START_DATE,
    TRAIN_END_DATE,
    TEST_START_DATE,
    TEST_END_DATE,
```

```
        TRADE_START_DATE,
        TRADE_END_DATE,
)

check_and_make_directories([DATA_SAVE_DIR, TRAINED_MODEL_DIR, TENSORBOARD_LOG_DIR,
RESULTS_DIR])
```

上述代码的功能如下。

① 从 finrl.main 中导入函数 check_and_make_directories。

② 从 finrl.config 中导入一系列常量和配置信息，包括数据保存目录、训练模型目录、TensorBoard 日志目录、结果目录、指标、训练和测试日期范围等。

③ 最后，调用函数 check_and_make_directories，该函数用于检查并创建指定的目录，以确保在执行后续的操作时这些目录仍然存在。

13.3.3 下载数据

本项目所使用的股票数据来源于 Yahoo Finance，这是一个提供股票数据、财经新闻、财报等信息的网站，里面的所有数据都是免费的。FinRL 使用一个名为 YahooDownloader 的类从 Yahoo Finance API 中获取数据。在使用公共 API(无须身份验证)时，每个 IP 地址每小时限制为 2000 次请求(或每天总共最多 48000 次请求)，具体说明如下：

```
class YahooDownloader:
    提供了从 Yahoo Finance API 中检索每日股票数据的方法

    属性
    ----------
        start_date : str
            数据的起始日期(从 config.py 中修改)
        end_date : str
            数据的结束日期(从 config.py 中修改)
        ticker_list : list
            股票代号列表(从 config.py 中修改)

    方法
    -------
    fetch_data()
        从 Yahoo API 获取数据
```

(1) 通过以下代码打印输出道琼斯 30 成分股的配置信息：

```
print(DOW_30_TICKER)
```

执行以上代码后的输出结果如下：

```
['AXP', 'AMGN', 'AAPL', 'BA', 'CAT', 'CSCO', 'CVX', 'GS', 'HD', 'HON', 'IBM', 'INTC', 'JNJ',
'KO', 'JPM', 'MCD', 'MMM', 'MRK', 'MSFT', 'NKE', 'PG', 'TRV', 'UNH', 'CRM', 'VZ', 'V',
'WBA', 'WMT', 'DIS', 'DOW']
```

(2) 设置指定的日期范围，然后使用类 YahooDownloader 从 Yahoo Finance API 下载这些范围内指定股票的数据。具体实现代码如下：

```
TRAIN_START_DATE = '2009-04-01'
TRAIN_END_DATE = '2021-01-01'
TEST_START_DATE = '2021-01-01'
TEST_END_DATE = '2022-06-01'
```

```
df = YahooDownloader(start_date = TRAIN_START_DATE,
            end_date = TEST_END_DATE,
            ticker_list = DOW_30_TICKER).fetch_data()
```

在上述代码中，使用设置的日期范围和 DOW_30_TICKER(道琼斯 30 成分股的配置信息)作为参数，调用了 YahooDownloader 中的方法 fetch_data()来下载相应的股票数据。下载的数据将存储在 DataFrame 对象 df 中。执行以上代码后的输出结果如下：

```
[*********************100%***********************]  1 of 1 completed
[*********************100%***********************]  1 of 1 completed
[*********************100%***********************]  1 of 1 completed
[*********************100%***********************]  1 of 1 completed
[*********************100%***********************]  1 of 1 completed
[*********************100%***********************]  1 of 1 completed
......
Shape of DataFrame:  (96942, 8)
```

> **注意**
>
> 下载的数据包括从训练开始日期到测试结束日期的股票价格和相关信息，以供后续的分析和交易模型训练使用。

(3) 显示 DataFrame df 的前几行数据，以便可以查看和了解下载的股票数据的格式和内容。具体实现代码如下：

```
df.head()
```

执行以上代码后的输出结果如下：

```
        date       open       high        low      close      volume   tic  day
0  2009-04-01   3.717500   3.892857   3.710357   3.308904   589372000  AAPL  2
1  2009-04-01  48.779999  48.930000  47.099998  36.228390    10850100  AMGN  2
2  2009-04-01  13.340000  14.640000  13.080000  11.732112    27701800   AXP  2
3  2009-04-01  34.520000  35.599998  34.209999  26.850748     9288800    BA  2
4  2009-04-01  27.500000  29.520000  27.440001  19.820396    15308300   CAT  2
```

(4) 查看 DataFrame df 的末尾几行数据，具体实现代码如下：

```
df.tail()
```

执行以上代码后的输出结果如下：

```
            date        open        high         low       close    volume  tic  day
96937  2022-05-31  503.619995  504.109985  495.660004  491.949829   4003100  UNH  1
96938  2022-05-31  210.380005  214.350006  209.110001  211.322540   9586400    V  1
96939  2022-05-31   51.259998   51.560001   50.849998   49.042248  25016600   VZ  1
96940  2022-05-31   43.480000   44.270000   43.049999   42.811333   8192000  WBA  1
96941  2022-05-31  127.459999  129.899994  127.419998  127.591217  12304100  WMT  1
```

(5) 查看 DataFrame df 的形状(行数和列数)，具体实现代码如下：

```
df.shape
```

执行以上代码后的输出结果如下：

```
(96942, 8)
```

(6) 按日期和股票代号('date' 和 'tic' 列)对 DataFrame df 进行排序，并查看前几行数据。具体实现代码如下：

```
df.sort_values(['date','tic']).head()
```

执行以上代码后的输出结果如下：

```
        date       open       high       low        close      volume    tic   day
0  2009-04-01   3.717500   3.892857   3.710357   3.308904    589372000  AAPL   2
1  2009-04-01  48.779999  48.930000  47.099998  36.228390     10850100  AMGN   2
2  2009-04-01  13.340000  14.640000  13.080000  11.732112     27701800  AXP    2
3  2009-04-01  34.520000  35.599998  34.209999  26.850748      9288800  BA     2
4  2009-04-01  27.500000  29.520000  27.440001  19.820396     15308300  CAT    2
```

（7）查看 DataFrame df 中唯一的股票代号数量，具体实现代码如下：

```
len(df.tic.unique())
```

执行以上代码后的输出结果如下：

```
30
```

（8）查看每个股票代号在 DataFrame df 中出现的次数，具体实现代码如下：

```
df.tic.value_counts()
```

执行以上代码后的输出结果如下：

```
AAPL    3315
AMGN    3315
WMT     3315
WBA     3315
VZ      3315
V       3315
UNH     3315
TRV     3315
PG      3315
NKE     3315
MSFT    3315
MRK     3315
MMM     3315
MCD     3315
KO      3315
JPM     3315
JNJ     3315
INTC    3315
IBM     3315
HON     3315
HD      3315
GS      3315
DIS     3315
CVX     3315
CSCO    3315
CRM     3315
CAT     3315
BA      3315
AXP     3315
DOW      807
Name: tic, dtype: int64
```

13.3.4 数据预处理

数据预处理是训练高质量机器学习模型的关键步骤，开发者需要检查缺失数据并进行特征工程处理，以将数据转化为适合模型训练的状态。在本项目中需要添加以下两个功能。

① 添加技术指标。在实际交易中，需要考虑各种信息，如历史股价、当前持有股份、技术指标等。在本书中演示了两个趋势跟踪技术指标，即 MACD 和 RSI。

② 添加动荡指数。风险厌恶程度反映了投资者是否选择保留资本。它还会影响在面对不同市场波动水平时的交易策略。为了在最坏情况下控制风险，如 2007—2008 年的金融危机，FinRL 采用了衡量极端资产价格波动的金融动荡指数。

(1) 使用类 FeatureEngineer 进行特征工程处理，旨在准备数据以供后续的机器学习模型训练使用，确保数据质量和一致性。具体实现代码如下：

```
fe = FeatureEngineer(use_technical_indicator=True,
                     tech_indicator_list = INDICATORS,
                     use_turbulence=True,
                     user_defined_feature = False)

processed = fe.preprocess_data(df)
processed = processed.copy()
processed = processed.fillna(0)
processed = processed.replace(np.inf,0)
```

(2) 使用 sample()方法查看 processed 数据框中的随机样本，具体实现代码如下：

```
processed.sample(5)
```

执行以上代码后的输出结果如下：

```
       date     open       high       low        close      volume     tic  day  macd      boll_ub    boll_lb   rsi_30
       cci_30   dx_30      close_30_sma   close_60_sma   turbulence
20648  2012-01-27   15.869286  16.017143  15.848929  13.616767  299709200  AAPL  4    0.333539
       13.611045  12.181263  64.308950  145.852788   54.469561  12.581282  12.174724  26.745756
29227  2013-04-03   62.410000  62.750000  61.619999  53.086536  10140400   UNH   2    1.180346
       52.138797  43.794426  69.621207  320.638691   67.961482  47.381937  47.454954  25.558744
73435  2019-04-24   121.349998  121.430000  118.089996  99.647766  22115000  CVX
       2  -0.589889  107.941694  99.396927  45.944631  -161.852682  22.159747  104.114838
       102.183287  22.350485
17687  2011-08-30   36.240002  36.490002  36.070000  21.325922  13111100   VZ   1    0.048063
       21.669226  19.589475  52.227553  70.067351  0.231436  20.852927  21.028263  34.251243
18895  2011-10-28   34.259998  34.490002  34.195000  24.295948  17307400   KO    4    0.018255
       24.360143  22.863088  53.045607  64.954077  3.154018  23.832205  23.950548  34.166534
```

13.3.5 构建环境

考虑到自动化股票交易任务的随机性和交互性质，金融任务通常被建模为 MDP 问题。训练过程涉及观察股票价格的变化、采取行动和计算奖励，以便使代理根据奖励来调整其策略。通过与环境的交互，交易代理将随着时间的推移制定出一种最大化回报的交易策略。

在本项目中，交易环境基于 OpenAI Gym 框架，根据时间驱动模拟的原则，模拟实时股票市场，使用真实市场数据。行动空间描述了代理与环境互动的允许行动，一个行动通常包括 3 个动作：{-1, 0, 1}，其中 -1、0、1 分别表示卖出、持有和买入一股。此外，一个行动可以涉及多份股份。使用一个行动空间 {-k,⋯,-1, 0, 1, ⋯, k}，其中 k 表示要购买的股份数量，-k 表示要卖出的股份数量。例如，"购买 10 股 AAPL"或"卖出 10 股 AAPL"分别表示 10 或-10 股。连续行动空间需要被标准化到 [-1, 1] 范围内，因为策略是在高斯分布上定义的，需要被标准化并对称化。

(1) 计算与股票交易环境相关的一些维度信息，并打印出结果。具体实现代码如下：

```
stock_dimension = len(processed.tic.unique())
state_space = 1 + 2*stock_dimension + len(INDICATORS)*stock_dimension
print(f"Stock Dimension: {stock_dimension}, State Space: {state_space}")
```

对上述代码的具体说明如下。

① stock_dimension 表示股票的维度，它通过计算 processed 数据框中不同股票代号的数量来获得，即不同的股票数量。

② state_space 表示状态空间的维度，它是一个复杂的计算，包括 3 个组成部分：1 表示一个时间步(t)；2*stock_dimension 表示每只股票的持有股份数和现金余额的维度；len(INDICATORS) * stock_dimension 表示每只股票的技术指标的维度。

③ 最后，使用函数 print()将股票维度和状态空间维度打印出来，以便查看这些信息。执行以上代码后的输出结果如下：

```
Stock Dimension: 29, State Space: 291
```

这些维度信息对于建立和训练股票交易的强化学习模型非常重要，因为它们确定了模型的输入空间和输出空间的大小。

(2) 定义一个名为 env_kwargs 的字典，其中包含用于配置股票交易环境的各种参数，不同的参数值可以影响模型的训练和行为。这些参数用于配置股票交易环境，以便在强化学习训练中使用。具体实现代码如下：

```
env_kwargs = {
    "hmax": 100,
    "initial_amount": 1000000,
    "buy_cost_pct": 0.001,
    "sell_cost_pct": 0.001,
    "state_space": state_space,
    "stock_dim": stock_dimension,
    "tech_indicator_list": INDICATORS,
    "action_space": stock_dimension,
    "reward_scaling": 1e-4,
    "print_verbosity":5
}
```

对各个参数的具体说明如下。

① "hmax"：每个交易回合的最大时间步数，这里设置为 100。

② "initial_amount"：初始资金金额，这里设置为 1000000。

③ "buy_cost_pct"：购买股票时的交易成本百分比，这里设置为 0.001，表示 0.1%。

④ "sell_cost_pct"：卖出股票时的交易成本百分比，这里同样设置为 0.001。

⑤ "state_space"：状态空间的维度，之前计算的结果。

⑥ "stock_dim"：股票维度，之前计算的结果。

⑦ "tech_indicator_list"：技术指标列表，包括用于特征工程的指标。

⑧ "action_space"：行动空间的维度，等于股票维度。

⑨ "reward_scaling"：奖励缩放因子，这里设置为 1e-4，用于调整奖励的大小。

⑩ "print_verbosity"：打印详细信息的级别，这里设置为 5，表示较详细的打印输出。

13.3.6 实现深度强化学习算法

在本项目中，强化学习算法基于 OpenAI Baselines 和 Stable Baselines 实现。其中 Stable Baselines 是 OpenAI Baselines 的一个分支，经过了重大的结构重构和代码清理。在库 FinRL 中包含了经过微调的标准强化学习算法，如 DQN、DDPG、多智能体 DDPG、PPO、SAC、A2C 和 TD3，并且还允许用户通过调整这些强化学习算法来设计自己的 DRL 算法。

在本项目中，将使用滚动窗口集成方法(参考代码)训练并验证 3 个代理(A2C、PPO、DDPG)。

(1) 创建一个名为 ensemble_agent 的强化学习集成代理，这个代理将使用给定的数据和配置来进行强化学习训练和验证，以及在交易期间执行策略，将实现滚动窗口集成方法来管理和优化投资组合。具体实现代码如下：

```
rebalance_window = 63 # rebalance_window is the number of days to retrain the model
validation_window = 63 # validation_window is the number of days to do validation and
trading (e.g. if validation_window=63, then both validation and trading period will be 63
days)

ensemble_agent = DRLEnsembleAgent(df=processed,
         train_period=(TRAIN_START_DATE,TRAIN_END_DATE),
         val_test_period=(TEST_START_DATE,TEST_END_DATE),
         rebalance_window=rebalance_window,
         validation_window=validation_window,
         **env_kwargs)
```

对上述代码的具体说明如下。

① df=processed：传递了预处理过的数据 processed 作为代理的训练和验证数据。

② train_period=(TRAIN_START_DATE,TRAIN_END_DATE)：指定了训练期间的开始日期和结束日期。

③ val_test_period=(TEST_START_DATE,TEST_END_DATE)：指定了验证和交易期间的开始日期和结束日期。

④ rebalance_window=rebalance_window：重新平衡模型的窗口大小，即重新训练模型的频率，这里设置为 63 天。

⑤ validation_window=validation_window：验证和交易期间的窗口大小，即在这个窗口内进行验证和交易，这里也设置为 63 天。

⑥ **env_kwargs：传递之前定义的环境配置参数 env_kwargs，包括行动空间、状态空间等配置信息。

(2) 定义不同强化学习算法(A2C、PPO、DDPG)的模型参数和训练时间步数，不同算法的参数设置可以影响模型的性能和行为。这些参数用于配置不同算法的模型和训练参数，以便在训练过程中使用。具体实现代码如下：

```
A2C_model_kwargs = {
            'n_steps': 5,
            'ent_coef': 0.005,
            'learning_rate': 0.0007
            }
PPO_model_kwargs = {
```

```
                "ent_coef":0.01,
                "n_steps": 2048,
                "learning_rate": 0.00025,
                "batch_size": 128
                }
DDPG_model_kwargs = {
                #"action_noise":"ornstein_uhlenbeck",
                "buffer_size": 10_000,
                "learning_rate": 0.0005,
                "batch_size": 64
                }
timesteps_dict = {'a2c' : 10_000,
                  'ppo' : 10_000,
                  'ddpg' : 10_000
                  }
```

(3) 调用前面创建的 ensemble_agent 代理的 run_ensemble_strategy 方法，用不同的强化学习算法(A2C、PPO、DDPG)和模型参数来运行集成策略，并返回一个 df_summary 的数据框。具体实现代码如下：

```
df_summary = ensemble_agent.run_ensemble_strategy(A2C_model_kwargs,
                                  PPO_model_kwargs,
                                  DDPG_model_kwargs,
                                  timesteps_dict)
```

对上述代码的具体说明如下。

① A2C_model_kwargs、PPO_model_kwargs、DDPG_model_kwargs、timesteps_dict：这些参数分别是之前定义的模型参数和训练时间步数字典。

② ensemble_agent.run_ensemble_strategy：这是一个方法调用，用于运行滚动窗口集成策略。它将使用不同的算法和参数配置来执行交易策略。

③ df_summary：这是一个包含有关策略运行结果的数据框，包括有关每个算法的性能指标、交易结果和其他相关信息。

通过运行 ensemble_agent.run_ensemble_strategy 方法，可以评估不同强化学习算法在股票交易任务中的表现，并获得关于策略的总结信息。这些信息可以帮助我们了解每个算法的优势和劣势，以及在实际交易中的表现如何。

执行以上代码后的输出结果如下：

```
============Start Ensemble Strategy============
========================================
turbulence_threshold: 203.404793210979
======Model training from: 2009-04-01 to 2021-01-04
======A2C Training========
{'n_steps': 5, 'ent_coef': 0.005, 'learning_rate': 0.0007}
Using cpu device
Logging to tensorboard_log/a2c/a2c_126_1
-----------------------------------------
| time/                |          |
|    fps               | 40       |
|    iterations        | 100      |
|    time_elapsed      | 12       |
|    total_timesteps   | 500      |
| train/               |          |
|    entropy_loss      | -41.3    |
|    explained_variance| -0.092   |
|    learning_rate     | 0.0007   |
|    n_updates         | 99       |
|    policy_loss       | -28.4    |
```

```
|    reward              |    0.65518486   |
|    std                 |    1            |
|    value_loss          |    6.85         |
----------------------------------------
###省略部分输出
======PPO Validation from: 2021-10-04 to 2022-01-03
PPO Sharpe Ratio: 0.049457174990951834
======DDPG Training========
{'buffer_size': 10000, 'learning_rate': 0.0005, 'batch_size': 64}
Using cpu device
Logging to tensorboard_log/ddpg/ddpg_315_1
day: 3148, episode: 10
begin_total_asset: 1000000.00
end_total_asset: 5065052.01
total_reward: 4065052.01
total_cost: 1086.82
total_trades: 53602
Sharpe: 0.857
===============================
----------------------------------------
| time/                  |                 |
|    episodes            |    4            |
|    fps                 |    37           |
|    time_elapsed        |    336          |
|    total_timesteps     |    12596        |
| train/                 |                 |
|    actor_loss          |    45.8         |
|    critic_loss         |    9.5          |
|    learning_rate       |    0.0005       |
|    n_updates           |    9447         |
|    reward              |    10.274927    |
----------------------------------------
======DDPG Validation from: 2021-10-04 to 2022-01-03
======Best Model Retraining from: 2009-04-01 to 2022-01-03
======Trading from: 2022-01-03 to 2022-04-04
Ensemble Strategy took: 46.10980545679728 minutes
```

对上面的输出结果简要说明如下。

① 首先，输出显示启动了集成策略，并显示了 turbulence_threshold(动荡阈值)，该阈值可能用于策略中的某些操作。

② 接下来，输出显示了每个算法的训练过程。例如，对于 A2C 算法，显示了模型的参数设置，训练过程中的各种指标和信息，如学习率、策略损失、奖励等。每个算法的训练都伴随着详细的日志，展示了模型在训练过程中的表现。

③ 输出还包括模型的验证结果，如 PPO 算法的夏普比率(Sharpe Ratio)等。

④ 对于 DDPG 算法，输出包括模型在训练和验证期间的关键指标，以及在实际交易期间的一些结果，如总资产、总奖励、总成本、总交易次数、夏普比率等。

⑤ 最后，输出显示了整个集成策略的总执行时间，以及模型的训练、验证和交易过程所花费的时间。

(4) 获取不同算法在策略运行期间的性能指标和结果的信息，这些信息包括各种参数，如算法名称、夏普比率、累计回报等，以便可以对策略的性能进行比较和分析。具体实现代码如下：

```
df_summary
```

执行以上代码后的输出结果如下：

```
   Iter  Val Start   Val End     Model Used  A2C Sharpe  PPO Sharpe  DDPG Sharpe
0  126   2021-01-04  2021-04-06  DDPG        0.11476     0.233932    0.317141
```

1	189	2021-04-06	2021-07-06	DDPG	0.152816	0.195925	0.269551
2	252	2021-07-06	2021-10-04	A2C	0.088863	-0.072948	-0.196661
3	315	2021-10-04	2022-01-03	DDPG	0.096011	0.049457	0.496793

13.3.7 性能回测

在金融市场，回测在评估交易策略性能方面起着关键作用。在强化学习应用中，自动化的回测工具更受欢迎，因为它减少了人为错误。在本项目中，使用 Quantopian 的 pyfolio 包来回测交易策略。pyfolio 易于使用，包括各种独立的图表，提供了交易策略性能的全面图像。

(1) 从经过预处理的数据 processed 中选择在测试期间的唯一交易日期，并将它们存储在名为 unique_trade_date 的变量中。最终，unique_trade_date 将包含测试期间的唯一交易日期。

```
unique_trade_date = processed[(processed.date > TEST_START_DATE)&(processed.date <= TEST_END_DATE)].date.unique()
```

对上述代码的具体说明如下。

① processed[(processed.date > TEST_START_DATE)&(processed.date <= TEST_END_DATE)]：选择 processed 数据框中日期在测试期间(介于 TEST_START_DATE 和 TEST_END_DATE 之间)的数据。

② .date.unique()：从所选日期中提取唯一的日期值，即去重，然后将这些唯一日期存储在 unique_trade_date 变量中。

(2) 加载和处理策略的账户价值数据，并计算夏普比率等性能指标，以便对策略的表现进行评估和分析。这对于确定策略的盈利性和风险调整性能非常重要。具体实现代码如下：

```
df_trade_date = pd.DataFrame({'datadate':unique_trade_date})

df_account_value=pd.DataFrame()
for i in range(rebalance_window+validation_window, len(unique_trade_date)+1,rebalance_window):
    temp = pd.read_csv('results/account_value_trade_{}_{}.csv'.format('ensemble',i))
    df_account_value = df_account_value.append(temp,ignore_index=True)
sharpe=(252**0.5)*df_account_value.account_value.pct_change(1).mean()/df_account_value.account_value.pct_change(1).std()
print('Sharpe Ratio: ',sharpe)
df_account_value=df_account_value.join(df_trade_date[validation_window:].reset_index(drop=True))
```

对上述代码的具体说明如下。

① 创建 df_trade_date 数据框，其中包含测试期间的唯一交易日期。

② 初始化一个空的 df_account_value 数据框，用于存储策略在不同时间段的账户价值数据。

③ 使用循环迭代，依次读取不同时间段的账户价值数据文件，并将它们附加到 df_account_value 数据框中。这些数据文件包含有关策略在不同时间段的账户价值信息。

④ 计算策略的夏普比率(Sharpe Ratio)，这是一个用于评估策略风险和回报关系的指标。

⑤ 将 df_account_value 数据框与 df_trade_date 数据框合并，以将交易日期与相应

的账户价值数据关联起来，以便进一步分析和可视化。

执行以上代码后的输出：

```
Sharpe Ratio: 0.4778632248462412
```

(3) 输出显示 df_account_value 数据框的前几行，以便查看策略在不同时间段的账户价值数据。具体实现代码如下：

```
df_account_value.head()
```

执行以上代码后的输出结果如下：

```
   account_value   date        daily_return   datadate
0  1.000000e+06    2021-04-06  NaN            2021-04-06
1  1.000223e+06    2021-04-07  0.000223       2021-04-07
2  1.001045e+06    2021-04-08  0.000822       2021-04-08
3  1.010268e+06    2021-04-09  0.009213       2021-04-09
4  1.008733e+06    2021-04-12  -0.001520      2021-04-12
```

(4) 绘制 df_account_value 数据框中列 account_value 的折线图，这个折线图表示策略在不同时间段内的账户价值变化情况。具体实现代码如下：

```
df_account_value.account_value.plot()
```

执行代码后效果如图 13-1 所示，通过绘制账户价值曲线，可以直观地查看策略的表现，了解账户价值的增长或下降趋势。这有助于评估策略的盈利性和风险，以及确定其在不同市场条件下的表现。

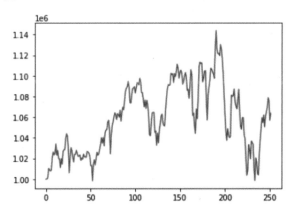

图 13-1 列 account_value 的折线图

(5) 获取策略回测结果的详细统计信息，以便进行更深入的分析和评估。这些统计信息通常包括夏普比率、年化回报率、最大回撤等指标，以便能更全面地了解策略的性能。具体实现代码如下：

```
print("==============Get Backtest Results===========")
now = datetime.datetime.now().strftime('%Y%m%d-%Hh%M')

perf_stats_all = backtest_stats(account_value=df_account_value)
perf_stats_all = pd.DataFrame(perf_stats_all)
```

对上述代码的具体说明如下：

① 获取当前的日期和时间，并将其格式化为字符串，存储在 now 变量中。

② 调用 backtest_stats 函数，将账户价值数据 df_account_value 作为参数传递。这个函数用于计算回测统计信息，包括各种性能指标和统计数据。

③ 将回测统计信息存储在名为 perf_stats_all 的变量中，并将其转换为数据框（DataFrame），以便进一步分析和可视化。

执行以上代码后的输出结果如下：

```
==============Get Backtest Results===========
Annual return          0.063630
Cumulative returns     0.063630
Annual volatility      0.154483
Sharpe ratio           0.477863
Calmar ratio           0.501244
Stability              0.188279
Max drawdown          -0.126944
Omega ratio            1.084593
Sortino ratio          0.690577
Skew                        NaN
Kurtosis                    NaN
Tail ratio             0.909262
Daily value at risk   -0.019170
dtype: float64
```

(6) 获取基准指数的回测统计信息，以便将策略的性能与基准进行比较和评估，这有助于确定策略相对于市场表现的优势或劣势。具体实现代码如下：

```
print("==============Get Baseline Stats===========")
baseline_df = get_baseline(
    ticker="^DJI",
    start = df_account_value.loc[0,'date'],
    end = df_account_value.loc[len(df_account_value)-1,'date'])
stats = backtest_stats(baseline_df, value_col_name = 'close')
```

执行以上代码后的输出结果如下：

```
==============Get Baseline Stats===========
[*********************100%***********************]  1 of 1 completed
Shape of DataFrame:  (251, 8)
Annual return          0.037486
Cumulative returns     0.037335
Annual volatility      0.134331
Sharpe ratio           0.342028
Calmar ratio           0.331049
Stability              0.066383
Max drawdown          -0.113235
Omega ratio            1.058031
Sortino ratio          0.480831
Skew                        NaN
Kurtosis                    NaN
Tail ratio             0.970301
Daily value at risk   -0.016742
dtype: float64
```

(7) 绘制可视化折线图，展示策略与 DJIA 的账户价值曲线，以便能更清楚地了解策略相对于市场指数的表现，这有助于评估策略的相对优势或劣势。具体实现代码如下：

```
print("==============Compare to DJIA===========")
%matplotlib inline
# S&P 500: ^GSPC
# Dow Jones Index: ^DJI
# NASDAQ 100: ^NDX
```

```
backtest_plot(df_account_value,
        baseline_ticker = '^DJI',
        baseline_start = df_account_value.loc[0,'date'],
        baseline_end = df_account_value.loc[len(df_account_value)-1,'date'])
```

执行后会创建多个子图来显示不同的图形元素或信息，如图 13-2 所示。

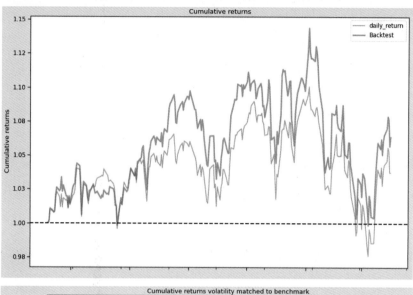

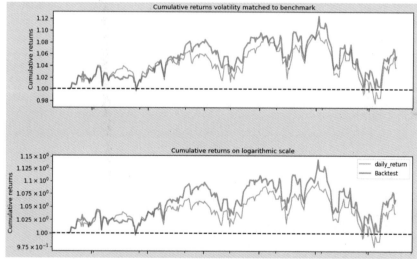

图 13-2　绘制的折线图

> **注意**
>
> 本项目执行后绘制多个子图来显示不同的图形元素或信息。这是因为在 backtest_plot 函数内部，创建了多个子图来显示不同的图形元素或信息。通常，绘制一个包含多个子图的组合图表有助于更全面地展示各方面的数据，以便更全面地呈现策略的性能和特征。

第 14 章

值分布式算法

值分布式算法是一种强化学习算法,通常用于解决连续动作空间的问题。其中一个重要特点是它允许在学习过程中同时学习策略和价值函数,从而可以有效地处理连续动作空间和高维状态空间的问题。本章将详细讲解值分布式算法的知识。

14.1 值分布式算法基础

分布式算法是一种计算方法,它涉及多个计算节点在不同物理位置或计算机上协同工作,以解决某个问题或执行某个任务。在分布式系统中,通常有多个计算节点,它们之间可以相互通信和协作,但可能存在网络延迟、节点故障和通信故障等挑战。

扫码看视频

14.1.1 值分布式算法的背景与优势

值分布式算法(Value Distributional Algorithms)是强化学习领域的一种方法,旨在更好地处理不确定性和连续状态空间中的问题。它们在传统的值函数估计方法(如 Q-learning 或 DQN)之外引入了值函数的分布表示。

1. 值分布式算法的背景

(1) 不确定性处理。传统的值函数估计方法通常估计单一值或期望回报,忽略了不确定性。在某些情况下,不确定性是非常重要的,特别是在探索未知环境时。

(2) 连续状态空间。在强化学习中,状态空间可能是连续的,传统的值函数估计方法通常难以处理这种情况。值分布式算法可以更灵活地应对连续状态空间。

(3) 多模态分布。一些任务中,可能存在多个不同的最优策略或多个潜在的回报分布。值分布式算法能够表示和利用这些多模态分布。

2. 值分布式算法的优势

(1) 不确定性建模。值分布式算法通过表示值函数的分布,允许更好地建模不确定性。这使智能体可以更好地理解在不同状态下可能获得的回报分布,而不仅仅是单一值估计。

(2) 更好的探索。对于具有高不确定性的任务,值分布式算法可以更好地指导探索策略,帮助智能体更好地发现新的、有潜力的状态和动作。

(3) 多模态处理。值分布式算法可以处理多模态的值函数分布,这意味着它们可以适应多个最优策略或任务目标,而不仅仅是一个。

(4) 稳健性。对于存在环境噪声或模型不准确性的情况,值分布式算法通常更具鲁棒性,因为它们不会过于依赖单一值估计。

(5) 适用于连续状态空间。传统的值函数估计方法通常需要在连续状态空间中进行离散化处理,而值分布式算法可以直接在连续状态空间中工作,避免了这种额外的复杂性。

14.1.2 值分布式算法的基本概念

"值分布式算法"的确切含义可能取决于上下文,但通常来说,分布式算法可以用于处理各种不同类型的值、数据或任务分配问题。下面介绍一些与"值分布式算法"相关的概念。

(1) 分布式数据存储。将数据分布式存储在多个计算节点上,以提高数据可用性和性能。这可以包括分布式数据库系统或对象存储系统。

(2) 分布式计算。将计算任务分发到多个计算节点上，以加速计算过程。这可以包括如 MapReduce 和 Apache Hadoop 等分布式计算框架。

(3) 分布式排序。在多个计算节点上对大规模数据集进行排序操作，以实现高性能的排序。

(4) 分布式搜索。使用多个节点进行分布式索引和搜索大规模数据集，以提供快速的搜索结果。

(5) 分布式机器学习。在多个计算节点上进行机器学习模型的训练，以加速模型训练和处理大规模数据。

(6) 分布式共识算法。用于在分布式系统中达成一致性的算法，如 Paxos 和 Raft。

(7) 分布式事务处理。用于在分布式数据库中确保数据一致性的算法和协议。

要想详细了解"值分布式算法"，需要更多上下文信息或明确指定的问题。如果读者有特定的问题或需要关于特定分布式算法的信息，可提供更多详细信息，作者将尽力提供相关信息。

14.1.3 强化学习中的值函数表示问题

在强化学习中，值函数是一个关键概念，它用于估计在不同状态下采取不同动作的预期回报。值分布式算法是一类用于表示值函数的方法，特别是在处理高度不确定性和连续状态空间问题时非常有用。这些方法通过表示值函数的分布而不是单一估计值来处理这些挑战。

下面是值分布式算法在强化学习中的主要概念和一些相关方法。

(1) 值函数。在强化学习中，值函数通常分为两种，即状态值函数(State-Value Function)和动作值函数(Action-Value Function)。状态值函数(也称为状态价值函数)表示在某个状态下，智能体可以获得的预期回报；动作值函数(也称为动作价值函数)表示在某个状态下采取某个动作后可以获得的预期回报。

(2) 值分布(Value Distribution)。值分布式算法不是单纯地估计值函数的期望值，而是估计值函数的分布。这允许算法更好地处理不确定性，因为分布可以提供有关不确定性的信息，而不仅仅是一个点估计值。值分布通常表示为一组概率分布，每个分布对应于一个状态或状态-动作对。

(3) 值分布网络(Value Distribution Networks)。值分布网络是一种神经网络结构，用于估计值函数的分布。它们通常具有多个输出单元，每个输出单元对应于值分布中的一个分量。通过训练神经网络来输出这些分布，可以实现对值函数的分布估计。

(4) 深度强化学习中的值分布式算法。在深度强化学习中，一些算法使用值分布式表示来处理高度不确定性的任务。例如，C51、QR-DQN(Quantile Regression DQN)和 IQN(Implicit Quantile Networks)等算法，都采用了值分布式方法来估计值函数的分布。

(5) 分布投影(Distributional Projection)。分布式算法通常需要进行分布的更新和投影，以确保值函数分布收敛到正确的形式。这通常涉及使用一些投影操作来更新分布，并确保其符合贝尔曼方程。

使用值分布式算法的优点包括对不确定性的更好建模以及对连续状态空间的处理能力。然而，与传统的单一值估计相比，值分布式算法通常需要更复杂的训练和算法实现。因此，其适用性取决于具体的问题和应用场景。

14.1.4 常用的值分布式算法

在强化学习领域，有一些常用的值分布式算法，它们用于处理值函数的分布表示，以更好地应对不确定性和复杂环境。下面是一些常用的值分布式算法。

（1）C51(Categorical 51)。C51 算法是一种基于分布的强化学习算法，它将值函数表示为一组分布，这些分布由一系列离散的质量值表示。C51 算法通过使用分类损失来训练这些分布，并且通常用于处理不确定性很高的任务。

（2）QR-DQN(Quantile Regression DQN，分位数回归 DQN)。QR-DQN 算法使用分位数回归来估计值函数的分布。它通过估计值分布的不同分位数来获得更全面的信息，以更好地处理不确定性。

（3）IQN(Implicit Quantile Networks，隐式分位数网络)。IQN 是一种改进的分位数回归方法，它使用了一种称为嵌入(embedding)式技术，以更有效地估计值函数分布。

（4）FPQF(Fully Parameterized Quantile Function，全参数化分数函数)。FPQF 是一种基于分布的强化学习算法，它使用一个参数化的分位数函数来表示值函数分布。它通过最小化分布损失来进行训练。

14.2 C51 算法

C51 是一种用于强化学习的值分布式算法，旨在处理值函数的分布表示问题。C51 通过值函数表示为一组离散分布来处理不确定性，而不是传统的单一值估计。这个算法的核心思想是使用一组质量值来表示值函数的分布。

扫码看视频

14.2.1 C51 算法的基本原理

C51 算法是值分布式算法家族的一部分，它们都旨在改善强化学习系统在面对不确定性和复杂任务时的性能。此类算法已经在各种领域获得了成功应用，包括游戏领域和机器人控制等。C51 算法的工作原理如下。

（1）值函数的分布表示。C51 将值函数表示为一组离散分布，这些分布由一系列离散的质量值表示。这些质量值对应于值函数可能取的不同值，因此它们描述了值函数的分布。

（2）分布的参数化。C51 使用一个神经网络来参数化这些分布。具体来说，网络的输出层是一个包含多个单元(通常为 51 个)的离散输出层，每个单元对应一个质量值。网络的输出表示值函数的分布。

（3）分布的训练。C51 通过使用分类损失函数来训练分布。损失函数的目标是使网络的输出与目标分布(由贝尔曼方程计算得出)尽可能接近。这样，网络被训练以输出与真实值函数分布相匹配的分布。

(4) 采样。在执行决策时，C51 可以从训练后的分布中采样以获得一个随机值，然后采取使这个值最大化的动作。这有助于探索并处理不确定性。

(5) 优势。C51 在处理不确定性很高的任务时表现出色，因为它可以更好地估计值函数的不确定性，而不仅仅是期望值。这对于探索新状态和采取适当的决策非常有帮助。

14.2.2 C51 算法的网络架构

C51 算法的网络架构通常包括一个神经网络，用于估计值函数的分布。这个神经网络的输出层是一个离散输出层，其中每个输出单元对应于值函数可能取得不同值的离散质量值。C51 算法的网络架构如下。

(1) 输入层。输入层接受环境状态作为输入。状态通常以某种特征表示形式提供给神经网络。

(2) 隐藏层。C51 算法可以包含一个或多个隐藏层，这些隐藏层用于学习状态和值函数之间的复杂关系。这些隐藏层通常包含多个神经元，其具体结构可以根据任务的复杂性而变化。

(3) 输出层。输出层是 C51 网络的关键部分。它通常是一个包含多个输出单元的离散输出层。输出单元的数量通常是根据任务和应用的需求而设定的，常见的值是 51，因此算法通常被称为 C51。每个输出单元对应于值函数的一个离散质量值，表示值函数可能取得不同值的概率。

(4) 激活函数。在隐藏层和输出层之间，神经网络通常使用激活函数来引入非线性性。常见的激活函数包括 ReLU(Rectified Linear Unit)、Sigmoid、Tanh 等。

(5) 输出分布。输出层的输出被解释为值函数的分布。通常，C51 网络的输出是一组离散的质量值，这些值对应于值函数可能的不同值的概率。这个分布表示了值函数在给定状态下的不确定性。

(6) 损失函数。C51 算法使用分类损失函数来训练网络。损失函数的目标是最小化网络输出与目标分布(由贝尔曼方程计算得出)之间的差异。这鼓励网络学习生成与真实值函数分布相匹配的分布。

> **注意**
>
> 具体的 C51 网络架构会根据任务的要求和复杂性而有所不同，其中，网络的深度、宽度和其他超参数可以进行调整，以适应不同的强化学习问题。然而，C51 算法的核心思想是将值函数表示为离散的分布，通过神经网络来学习和估计这个分布，以更好地处理不确定性。

14.2.3 C51 算法的训练流程

C51 算法的训练流程涉及将神经网络用于估计值函数的分布，并使用分类损失函数来优化网络参数，以使网络的输出分布接近目标分布。训练 C51 算法的基本步骤如下。

(1) 初始化网络。首先，初始化 C51 神经网络，包括输入层、隐藏层和输出层。网络的输出层通常包含多个输出单元，每个输出单元对应于一个离散质量值。

(2) 选择动作和执行。使用当前的值函数估计,根据某种策略(如ε-贪婪策略)选择一个动作,然后执行该动作,观察环境的反馈。

(3) 收集样本。在环境中执行动作,观察状态转移和奖励,并将这些样本存储在经验回放缓冲区中,以便后续训练时使用。

(4) 目标分布计算。根据贝尔曼方程或其他强化学习的更新规则,计算每个状态下的目标分布。目标分布表示值函数的期望未来回报的分布。

(5) 网络训练。使用存储在经验回放缓冲区中的样本以及目标分布,来训练 C51 神经网络。训练过程的目标是最小化网络输出与目标分布之间的差异,通常使用分类损失函数来实现这一点。

(6) 更新参数。使用梯度下降或其他优化算法来更新网络的参数,以最小化分类损失。这将使网络的输出分布逐渐接近目标分布。

(7) 重复迭代。重复执行步骤(2)~(6),直到满足某个停止条件为止,如达到预定的训练回合数或达到期望的性能水平。

(8) 策略改进。在训练过程中,可以根据已学到的值函数分布来改进策略,以便在执行动作时更好地利用不确定性信息。

(9) 测试和评估。在训练完成后,对训练得到的值函数分布进行测试和评估,以确保其性能达到预期。

需要注意的是,C51 算法的训练流程可以根据具体的任务和应用领域进行微调和修改。更为关键的是,C51 算法通过将值函数表示为分布,并使用分类损失函数来训练神经网络,使其生成与目标分布相匹配的分布,从而处理不确定性和优化值函数的估计。

14.2.4 C51 算法的试验与性能评估

C51 算法的试验和性能评估通常涉及在不同的强化学习环境和任务上对算法进行测试,以评估其性能和效果。下面是一般的 C51 算法试验和性能评估的步骤。

(1) 环境选择。选择一个或多个强化学习环境或任务,这些环境通常包括模拟环境(如 OpenAI Gym 中的环境)或真实世界的任务。环境应该能够展示 C51 算法在处理不确定性和复杂性方面的性能。

(2) 超参数设置。为 C51 算法和神经网络设置适当的超参数,这些超参数包括神经网络结构、学习率、训练回合数、目标分布计算方法等。超参数的选择通常需要进行调优,以获得最佳性能。

(3) 训练。在选定的环境中进行 C51 算法的训练。在训练期间,记录训练曲线,包括值函数的收敛情况、损失函数的下降情况以及其他性能指标。

(4) 性能评估。在训练完成后,对 C51 算法的性能进行评估。在评估时通常需要考虑以下几个方面。

① 回报曲线。绘制训练过程中的回报曲线,以观察算法在设定时间内的性能改善情况。

② 值函数分布。分析值函数的分布,包括学到的分布与目标分布的匹配程度以及分布的多模态性(如果适用)。

③ 探索策略。评估算法的探索策略,查看算法是否能够有效地探索环境,并在不确定性高的情况下找到潜在的高回报状态。

(5) 与其他算法比较。将 C51 算法与其他强化学习算法进行比较,包括传统的 Q-learning、DQN 等,以确定 C51 的性能是否优于或与其他算法相当。

(6) 超参数敏感性分析。进行超参数敏感性分析,以确定 C51 算法对不同超参数设置的鲁棒性和稳定性。这可以帮助确定最佳的超参数配置。

(7) 可视化和解释性。可视化值函数分布和其他相关信息,以提供对算法行为的直观理解,这有助于识别算法在不同状态下的学习和决策过程。

(8) 模型泛化。测试 C51 算法在不同环境或任务上的泛化能力,以了解算法是否能够适应新的情境。

(9) 报告和文档。总结试验结果,撰写报告或文档,详细说明 C51 算法的性能、发现和教训。

(10) 可重复性。确保试验的可重复性,包括公开算法实现和超参数设置,以便其他研究人员可以验证和复现试验结果。

C51 算法的性能评估是强化学习研究中的关键部分,它有助于理解算法在不同任务上的适用性和性能。评估结果可以用于改进算法或指导在实际应用中的使用。

14.2.5 使用 TF-Agents 训练 C51 代理

请看下面的实例,功能是使用 TF-Agents 库在 Cartpole 环境中训练分类 DQN (C51) 代理。这是 TensorFlow Agents 库中关于使用 C51 算法进行强化学习的教程,这个教程提供了有关如何使用 C51 算法来解决强化学习问题的详细信息,包括代码示例和解释。大家可以在这个教程中学习如何使用 TensorFlow Agents 库来实现和训练 C51 算法,并将其应用于不同的强化学习任务。

实例14-1 使用 TF-Agents 在 Cartpole 环境中训练分类 DQN (C51)代理(源码路径:daima\14\c51.ipynb)

实例文件 c51.ipynb 的具体实现代码如下:

(1) 安装 TensorFlow 提供的 tf-agents,具体代码如下:

```
sudo apt-get update
sudo apt-get install -y xvfb ffmpeg freeglut3-dev
pip install 'imageio==2.4.0'
pip install pyvirtualdisplay
pip install tf-agents
pip install pyglet
```

(2) 导入需要的库,然后设置虚拟显示以渲染 OpenAI Gym 环境。它使用了 pyvirtualdisplay 库来创建一个虚拟显示屏幕,以便在不显示实际图形界面的情况下运行和渲染 Gym 环境。代码如下:

```
display = pyvirtualdisplay.Display(visible=0, size=(1400, 900)).start()
```

通过这个虚拟显示,可以在后台运行强化学习环境,而无须显示实际的图形界面。这在一些需要在服务器或远程计算机上运行强化学习任务的情况下非常有用。

(3) 设置超参数,这些参数将用于训练强化学习模型。代码如下:

```
env_name = "CartPole-v1" # @param {type:"string"}
num_iterations = 15000 # @param {type:"integer"}

initial_collect_steps = 1000  # @param {type:"integer"}
collect_steps_per_iteration = 1  # @param {type:"integer"}
replay_buffer_capacity = 100000  # @param {type:"integer"}

fc_layer_params = (100,)

batch_size = 64  # @param {type:"integer"}
learning_rate = 1e-3  # @param {type:"number"}
gamma = 0.99
log_interval = 200  # @param {type:"integer"}

num_atoms = 51  # @param {type:"integer"}
min_q_value = -20  # @param {type:"integer"}
max_q_value = 20  # @param {type:"integer"}
n_step_update = 2  # @param {type:"integer"}

num_eval_episodes = 10  # @param {type:"integer"}
eval_interval = 1000  # @param {type:"integer"}
```

这些参数将用于配置强化学习训练过程中的不同设置和超参数。根据具体的应用和任务,可以调整这些参数以获得最佳的训练效果。

(4) 加载用于训练和评估的环境,并将它们包装成 TensorFlow 环境。代码如下:

```
train_py_env = suite_gym.load(env_name)
eval_py_env = suite_gym.load(env_name)

train_env = tf_py_environment.TFPyEnvironment(train_py_env)
eval_env = tf_py_environment.TFPyEnvironment(eval_py_env)
```

(5) 要创建 C51 Agent,首先需要创建一个 CategoricalQNetwork 的 API 与 APICategoricalQNetwork 相同的 QNetwork,只是多了一个参数 num_atoms。这代表我们的概率分布估计中支持点的数量。从名称中可以看出,默认的原子数为 51。开始编写代码,创建一个 Categorical Q 网络,该网络将用于 C51 算法中的 Q 值估计。代码如下:

```
categorical_q_net = categorical_q_network.CategoricalQNetwork(
    train_env.observation_spec(),
    train_env.action_spec(),
    num_atoms=num_atoms,
    fc_layer_params=fc_layer_params)
```

对上述代码的具体说明如下。

① categorical_q_network.CategoricalQNetwork:这是 Categorical Q 网络的构造函数,用于创建一个用于估计 Q 值的神经网络。

② train_env.observation_spec():通过 train_env.observation_spec()获取训练环境的观察空间规范,即环境的状态空间规范。

③ train_env.action_spec():通过 train_env.action_spec()获取训练环境的动作空间规范,即环境的动作空间规范。

④ num_atoms=num_atoms:指定了 C51 算法中的原子数,之前设置为 51。

⑤ fc_layer_params=fc_layer_params:通过 fc_layer_params 指定神经网络的全连接层参数,之前设置为一个包含 100 个神经元的隐藏层。

上述代码创建了一个 Categorical Q 网络,该网络的输入是训练环境的观察空间,输出

是对每个动作的 Q 值分布。这个网络将在 C51 算法的训练过程中使用，用于估计不同动作的 Q 值分布。这个 Q 网络将与 C51 算法的其他部分一起用于训练强化学习模型。

（6）创建一个 Categorical DQN 代理，用于执行 C51 算法的训练。代码如下：

```
optimizer = tf.compat.v1.train.AdamOptimizer(learning_rate=learning_rate)
train_step_counter = tf.Variable(0)
agent = categorical_dqn_agent.CategoricalDqnAgent(
   train_env.time_step_spec(),
   train_env.action_spec(),
   categorical_q_network=categorical_q_net,
   optimizer=optimizer,
   min_q_value=min_q_value,
   max_q_value=max_q_value,
   n_step_update=n_step_update,
   td_errors_loss_fn=common.element_wise_squared_loss,
   gamma=gamma,
   train_step_counter=train_step_counter)
agent.initialize()
```

上述代码创建了一个用于执行 C51 算法的代理，该代理将与之前创建的 Categorical Q 网络一起用于强化学习的训练过程。代理将根据观察值来选择动作，并使用 Categorical Q 网络来估计 Q 值分布，以进行训练和更新。

> **注意**
>
> 尽管 C51 和 n 步更新通常与优先重放相结合，形成 Rainbow 代理的核心，但我们没有看到实施优先重放带来的明显改进。此外，可以发现，当 C51 代理与 n 步更新单独结合时，代理在测试过的 Atari 环境样本上的表现与其他 Rainbow 代理一样好。

（7）定义函数 compute_avg_return，用于计算在给定策略下执行指定数量的回合时的平均回报。回报是在一个情节的环境中运行策略时获得的奖励总和，通常在几个情节中对其进行平均。代码如下：

```
def compute_avg_return(environment, policy, num_episodes=10):
  total_return = 0.0
  for _ in range(num_episodes):

    time_step = environment.reset()
    episode_return = 0.0

    while not time_step.is_last():
      action_step = policy.action(time_step)
      time_step = environment.step(action_step.action)
      episode_return += time_step.reward
    total_return += episode_return

  avg_return = total_return / num_episodes
  return avg_return.numpy()[0]


random_policy = random_tf_policy.RandomTFPolicy(train_env.time_step_spec(),
                                train_env.action_spec())

compute_avg_return(eval_env, random_policy, num_eval_episodes)
```

执行以上代码后的输出结果如下：

```
26.7
```

（8）创建一个回放缓冲区(replay buffer)，用于存储在环境中收集的经验数据，并设置了数据收集的流程。代码如下：

```
replay_buffer = tf_uniform_replay_buffer.TFUniformReplayBuffer(
    data_spec=agent.collect_data_spec,
    batch_size=train_env.batch_size,
    max_length=replay_buffer_capacity)

def collect_step(environment, policy):
  time_step = environment.current_time_step()
  action_step = policy.action(time_step)
  next_time_step = environment.step(action_step.action)
  traj = trajectory.from_transition(time_step, action_step, next_time_step)

  replay_buffer.add_batch(traj)

for _ in range(initial_collect_steps):
  collect_step(train_env, random_policy)

dataset = replay_buffer.as_dataset(
    num_parallel_calls=3, sample_batch_size=batch_size,
    num_steps=n_step_update + 1).prefetch(3)

iterator = iter(dataset)
```

上述代码的目的是收集初始的经验数据，并将其存储在回放缓冲区中，以便在后续的训练过程中使用。数据收集使用随机策略，后续的训练将使用回放缓冲区中的数据。

（9）训练强化学习代理，采用回放缓冲区中存储的经验数据，并定期评估代理的性能。代码如下：

```
try:
  %%time
except:
  pass

# (可选)通过使用TF函数将部分代码包装在图中进行优化
agent.train = common.function(agent.train)

# 重置train
agent.train_step_counter.assign(0)

# 在训练前评估代理的策略一次
avg_return = compute_avg_return(eval_env, agent.policy, num_eval_episodes)
returns = [avg_return]

for _ in range(num_iterations):

  # 使用Collect策略收集几个步骤并保存到回放缓冲区中
  for _ in range(collect_steps_per_iteration):
    collect_step(train_env, agent.collect_policy)

  #从缓冲区中抽取一批数据，更新代理的网络
  experience, unused_info = next(iterator)
  train_loss = agent.train(experience)

  step = agent.train_step_counter.numpy()
```

```
if step % log_interval == 0:
    print('step = {0}: loss = {1}'.format(step, train_loss.loss))

if step % eval_interval == 0:
    avg_return = compute_avg_return(eval_env, agent.policy, num_eval_episodes)
    print('step = {0}: Average Return = {1:.2f}'.format(step, avg_return))
    returns.append(avg_return)
```

上述代码实现了一个完整的训练循环，代理通过与环境的交互不断地收集经验并更新策略，以学习如何在给定环境中最大化累积奖励。此外，代码还支持可选的性能监测和 TensorFlow 图优化，以提高训练效率。执行以上代码后的输出结果如下：

```
results = tf.nest.map_structure(tf.stop_gradient, tf.foldr(fn, elems))
step = 200: loss = 3.1692070960998535
……
step = 14800: loss = 0.33613526821136475
step = 15000: loss = 0.49918803572654724
step = 15000: Average Return = 362.50
```

(10) 绘制训练过程中代理的平均回报值随训练步骤的变化趋势图，代码如下：

```
steps = range(0, num_iterations + 1, eval_interval)
plt.plot(steps, returns)
plt.ylabel('Average Return')
plt.xlabel('Step')
plt.ylim(top=550)
```

执行后生成了一个折线图，用于可视化代理在训练过程中的性能表现，如图 14-1 所示。通过观察图表，可以了解代理的平均回报如何随着训练步骤的增加而变化，以评估代理的学习进展。

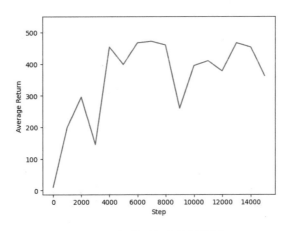

图 14-1　训练过程中的折线图

14.3　QR-DQN 算法

QR-DQN(Quantile Regression DQN)是一种强化学习算法，它是 DQN 的一个变种，旨在更好地处理值函数的不确定性。QR-DQN 引入了分位数回归的概念，以估计值函数的分布，而不是传统的单一值估计。

扫码看视频

14.3.1 QR-DQN 算法的核心思想

QR-DQN 算法的核心思想是将值函数表示为一个分布，而不是传统的单一值估计。这个分布可以提供有关值函数不确定性的更多信息。QR-DQN 算法通过引入分位数回归的概念来实现这一目标。

(1) 值函数分布表示。QR-DQN 算法的核心思想是将值函数表示为一个分布，而不是单一的值。这个分布表示了在每个状态-动作对下可能的回报值的不确定性。分布由一组分位数(quantile)来参数化，而不是单一的期望值。

(2) 分位数回归。QR-DQN 算法使用分位数回归来估计值函数分布。分位数是一种统计概念，表示在给定分布中某个值的位置。QR-DQN 算法估计一系列分位数，从而能够捕捉值函数分布的不同部分。

(3) 分位数损失函数。QR-DQN 算法训练时使用分位数损失函数，其目标是最小化网络输出与目标分位数之间的差异。这鼓励网络学习生成与真实值函数分布相匹配的分布。

(4) 训练过程。QR-DQN 算法的训练过程与传统的 DQN 算法类似，包括经验回放和目标网络。然而，在计算目标 Q 值时，QR-DQN 算法考虑了目标分位数，而不仅仅是期望值。

(5) 策略改进。QR-DQN 算法的策略改进可以根据已学到的值函数分布来选择动作。可以使用采样方法从值函数分布中抽取随机值，然后采取使这个值最大化的动作。

(6) QR-DQN 算法的优势在于它能够更好地处理不确定性，因为它估计了值函数的分布，而不仅仅是期望值。这使它在处理具有高不确定性的任务时表现出色，如在探索未知环境或在连续状态空间中工作时。QR-DQ 算法可以应用于各种强化学习问题，尤其是对于那些需要精确估计不确定性的任务。

14.3.2 QR-DQN 算法的实现步骤

QR-DQN(Quantile Regression DQN)算法的实现涉及一系列关键步骤，包括网络架构、训练和优化，具体实现步骤如下。

(1) 网络架构。

① 输入层：定义神经网络的输入层，接受环境状态作为输入。

② 隐藏层：包括一个或多个隐藏层，用于学习状态和值函数之间的复杂关系。每个隐藏层通常包含多个神经元。

③ 输出层：输出层是一个包含多个输出单元的层，每个输出单元对应于一个分位数。分位数用于参数化值函数的分布。

④ 激活函数：在隐藏层和输出层之间使用激活函数，如 ReLU、Tanh 等。

(2) 训练

① 经验回放：使用经验回放缓冲区来存储之前的状态、动作、奖励、下一个状态等样本数据。从缓冲区中随机抽取批量样本用于训练。

② 目标分位数计算：在训练过程中，需要计算每个样本的目标分位数。这通常涉及使用贝尔曼方程来估计目标分布，以便更好地指导值函数学习。

③ 分位数损失函数：定义分位数损失函数，它的目标是最小化网络输出分布与目标分位数之间的差异。分位数损失函数可以定义为分位数的 Huber 损失等。

④ 网络训练：使用梯度下降或其他优化算法来最小化分位数损失函数。更新神经网络的参数，使其逐渐逼近真实值函数的分布。

⑤ 目标网络：为了提高稳定性，通常使用目标网络来计算目标分布。目标网络的参数较慢地更新到当前网络的参数，以减少目标的变动性。

(3) 策略改进。

动作选择：在执行决策时，可以使用已学到的值函数分布来选择动作。一种方法是从值函数分布中抽取随机值，并选择使这个值最大化的动作。

(4) 超参数调整。调整神经网络架构和超参数，如学习率、批量大小、训练轮数等，以优化算法的性能。

(5) 可视化和评估。可视化值函数分布、训练曲线和性能指标，以评估算法的性能。

(6) 与其他算法比较。与其他强化学习算法进行比较，以确定 QR-DQN 算法的性能是否优于或与其他算法相当。

(7) 模型保存。保存训练得到的 QR-DQN 模型，以备将来使用。

(8) 可重复性。确保试验的可重复性，包括公开算法实现和超参数设置，以便其他研究人员可以验证和复现试验结果。

QR-DQN 算法的实现步骤与传统的 DQN 算法类似，但在目标分布计算和损失函数方面有一些不同之处，这使它能够更好地处理值函数的不确定性。QR-DQN 算法已经在多个强化学习任务中取得了显著的成功，特别是在需要精确估计值函数不确定性的情况下。

14.3.3 QR-DQN 算法实战

在下面的内容中，将讲解一个使用 QR-DQN 算法的例子。本实例使用 NumPy 创建一个简单的环境，这个环境是一个连续的状态空间和离散的动作空间。然后将模拟一个小车在一维世界中移动，目标是让小车尽可能靠近目标位置。

实例 14-2 模拟小车在一维世界中移动(源码路径：daima\14\qr.py)

实例文件 qr.py 的具体实现代码如下：

```
import numpy as np
class SimpleEnvironment:
    def __init__(self):
        self.state = 0.0
        self.target = 5.0
        self.action_space = [0, 1]  # 0 表示向左移动, 1 表示向右移动

    def step(self, action):
        if action == 0:
            self.state -= 1
        elif action == 1:
            self.state += 1

        reward = -abs(self.state - self.target)      # 奖励是当前位置与目标位置的绝对差的负值
        done = abs(self.state - self.target) < 0.1   # 如果小车距离目标够近就结束
        return self.state, reward, done
    def reset(self):
        self.state = 0.0
```

```
            return self.state

env = SimpleEnvironment()  # 创建环境对象并命名为env
# 定义分位数的数量
num_quantiles = 20
# 初始化分位数
quantiles = np.linspace(0.1, 0.9, num_quantiles)

# 初始化Q值函数
q_values = np.zeros((len(quantiles), len(env.action_space)))

# 定义超参数
learning_rate = 0.01
num_episodes = 1000
epsilon = 0.1

# QR-DQN 训练过程
for episode in range(num_episodes):
    state = env.reset()
    episode_quantiles = []
    while True:
        # 选择动作
        if np.random.rand() < epsilon:
            action = np.random.choice(env.action_space)
        else:
            action = np.argmax(np.mean(q_values, axis=0))
        # 执行动作并观察奖励和下一个状态
        next_state, reward, done = env.step(action)

        # 计算目标分布
        target_quantiles = reward + np.mean(q_values[:, action])

        # 计算损失并更新Q值函数
        td_error = target_quantiles - q_values[:, action]
        q_values[:, action] += learning_rate * td_error
        episode_quantiles.append(q_values[:, action])
        if done:
            break

    # 打印每个分位数的Q值估计
    print("Episode {}: Quantile Values: {}".format(episode, episode_quantiles[-1]))

# 最终的Q值估计
final_q_values = np.mean(q_values, axis=0)
print("Final Q-Values:", final_q_values)
```

上述代码演示了如何使用 QR-DQN 算法来训练一个智能体在简单自定义环境中学习的最优策略，以便小车能够尽快移动到目标位置。本实例展示了强化学习中的分位数回归方法的应用，具体实现流程如下。

（1）创建 SimpleEnvironment 类，定义环境的状态、动作空间和奖励函数。

（2）初始化分位数的数量(num_quantiles)和分位数的初始值(quantiles)。

（3）初始化 Q 值函数(q_values)，其维度为(分位数数量、动作数量)。

（4）定义超参数包括学习率(learning_rate)、训练回合数量(num_episodes)和 ε-贪心策略中的 ε (epsilon)。

（5）开始 QR-DQN 的训练循环，每个回合开始时重置环境。

（6）在每个回合内，智能体选择动作，可以使用 ε-贪心策略来进行随机探索或者选择当前 Q 值最大的动作。

(7) 执行动作并观察奖励和下一个状态。
(8) 计算目标分布(target_quantiles)作为奖励和当前 Q 值的均值。
(9) 计算损失并更新 Q 值函数(q_values)以减小目标分布与当前分布之间的差异。
(10) 在每个回合结束时，打印最后一个分位数的 Q 值估计。
(11) 训练循环结束后，计算最终的 Q 值估计，输出智能体学习到的策略。

14.4 FPQF 算法

FQF(Fully Parameterized Quantile Function)是一种值分布式强化学习算法，用于处理值函数的分布表示问题。与传统的 DQN 算法不同，FPQF 采用了一种参数化的分位数函数来表示值函数的分布。

扫码看视频

14.4.1 FPQF 算法的核心思想

FPQF 算法的核心思想是将值函数表示为一个参数化的分布，通过分位数函数来估计分布的不同部分。这允许算法更好地处理不确定性，从而在某些任务中取得更好的性能。FPQF 算法已经在多个强化学习任务中取得了显著的成功，特别是在需要精确估计值函数不确定性的情况下。

(1) 值函数的分布表示。与传统的 DQN 算法将值函数表示为单一值不同，FPQF 算法将值函数表示为一个分布。这个分布表示了在每个状态-动作对下可能的回报值的不确定性。FPQF 算法采用分位数函数来参数化这个分布，而不仅仅是期望值。

(2) 分位数函数参数化。FPQF 算法引入了一个参数化的分位数函数，用于估计值函数分布。具体来说，FPQF 算法使用一个神经网络来输出分位数的参数，而不是直接输出值函数的期望值。

(3) 分位数损失函数。FPQF 算法使用分位数损失函数来训练神经网络。分位数损失函数的目标是最小化网络输出分位数与目标分位数之间的差异。这有助于网络学习生成与真实值函数分布相匹配的分布。

(4) 训练过程。FPQF 算法的训练过程类似于传统的 DQN 算法，包括经验回放、目标网络和 Q-learning 更新规则。不同之处在于，在计算目标 Q 值时，FPQF 算法考虑了目标分位数，而不仅仅是期望值。

(5) 策略改进。在执行决策时，可以根据已学到的值函数分布来选择动作。一种常见的方法是从值函数分布中抽取随机值，然后选择使这个值最大化的动作。这有助于在不确定性高的情况下更好地进行探索和决策。

14.4.2 FPQF 算法的实现步骤

FPQF 算法的实现步骤主要侧重于网络架构、训练和优化，以估计值函数的分布，从而更好地处理不确定性，这使 FPQF 算法在某些需要精确估计值函数不确定性的强化学习任务中表现出色。FPQF 算法的实现步骤如下。

(1) 网络架构.
① 输入层：定义神经网络的输入层，接受环境状态作为输入。
② 隐藏层：包括一个或多个隐藏层，用于学习状态和值函数之间的复杂关系。每个隐藏层通常包含多个神经元。
③ 输出层：输出层是一个包含多个输出单元的层，每个输出单元对应于一个分位数的参数。分位数参数用于参数化值函数的分布。
④ 激活函数：在隐藏层和输出层之间使用激活函数，如 ReLU、Tanh 等。
(2) 训练。
① 经验回放：使用经验回放缓冲区来存储之前的状态、动作、奖励、下一个状态等样本数据。从缓冲区中随机抽取批量样本用于训练。
② 目标分位数计算：在训练过程中，需要计算每个样本的目标分位数。这通常涉及使用贝尔曼方程来估计目标分布，以便更好地指导值函数学习。
③ 分位数参数输出：网络的输出层输出分位数的参数，而不是直接输出值函数的期望值。这些参数用于定义分位数函数。
④ 分位数损失函数：定义分位数损失函数，其目标是最小化网络输出的分位数与目标分位数之间的差异。分位数损失函数通常使用分位数回归损失，如分位数 Huber 损失。
⑤ 网络训练：使用梯度下降或其他优化算法来最小化分位数损失函数。更新神经网络的参数，使其逐渐逼近真实值函数的分布。
⑥ 目标网络：为了提高稳定性，通常使用目标网络来计算目标分位数。目标网络的参数较慢地更新到当前网络的参数，以减少目标的变动性。
(3) 策略改进。
动作选择：在执行决策时，可以使用已学到的值函数分布来选择动作。一种方法是从值函数分布中抽取随机值，然后选择使这个值最大化的动作。
(4) 超参数调整。调整神经网络架构和超参数，如学习率、批量大小、训练轮数等，以优化算法的性能。
(5) 可视化和评估。可视化值函数分布、训练曲线和性能指标，以评估算法的性能。
(6) 模型保存。保存训练得到的 FPQF 模型，以备将来使用。

14.4.3　FPQF 算法实战

FPQF 算法用于估计分位数函数，以更好地理解和控制风险，适用于分布式强化学习场景。请看下面的实例，创建了一个简单的自定义环境，并使用 FPQF 算法训练一个智能体来学习最优策略。在训练过程中，智能体会计算每个分位数的 Q 值估计，并最终输出学习到的最优策略。

实例 14-3　使用 FPQF 算法训练一个智能体来学习最优策略(源码路径：daima\14\fp.py)

实例文件 fp.py 的具体实现代码如下：

```
import numpy as np

# 自定义简单环境
class SimpleEnvironment:
    def __init__(self):
```

```python
        self.state = 0.0
        self.target = 5.0
        self.action_space = [0, 1]              # 0 表示向左移动，1 表示向右移动

    def step(self, action):
        if action == 0:
            self.state -= 1
        elif action == 1:
            self.state += 1

        reward = -abs(self.state - self.target)    # 奖励是当前位置与目标位置的绝对差的负值
        done = abs(self.state - self.target) < 0.1 # 如果小车距离目标足够近就结束
        return self.state, reward, done

    def reset(self):
        self.state = 0.0
        return self.state

# FPQF算法
class FPQFAlgorithm:
    def __init__(self, num_quantiles=20, learning_rate=0.01, num_episodes=1000, epsilon=0.1):
        self.num_quantiles = num_quantiles
        self.learning_rate = learning_rate
        self.num_episodes = num_episodes
        self.epsilon = epsilon
        self.quantiles = np.linspace(0.1, 0.9, num_quantiles)
        self.q_values = np.zeros((len(self.quantiles), 2))  # 2个动作：向左和向右

    def train(self, env):
        for episode in range(self.num_episodes):
            state = env.reset()
            episode_quantiles = []

            while True:
                # 选择动作
                if np.random.rand() < self.epsilon:
                    action = np.random.choice(env.action_space)
                else:
                    action = np.argmax(np.mean(self.q_values, axis=0))

                # 执行动作并观察奖励和下一个状态
                next_state, reward, done = env.step(action)

                # 计算目标分布
                target_quantiles = reward + np.mean(self.q_values[:, action])

                # 计算损失并更新Q值函数
                td_error = target_quantiles - self.q_values[:, action]
                self.q_values[:, action] += self.learning_rate * td_error

                episode_quantiles.append(self.q_values[:, action])

                if done:
                    break

            # 打印每个分位数的Q值估计
            print("Episode {}: Quantile Values: {}".format(episode, episode_quantiles[-1]))

        # 最终的Q值估计
        final_q_values = np.mean(self.q_values, axis=0)
        print("Final Q-Values:", final_q_values)

# 创建环境对象
env = SimpleEnvironment()
```

```
# 创建FPQF算法对象
fpqf_agent = FPQFAlgorithm()

# 训练FPQF算法
fpqf_agent.train(env)
```

上述代码的实现流程如下。

(1) 创建一个名为 SimpleEnvironment 的自定义环境，模拟一个小车移动的任务。

(2) 创建一个名为 FPQFAlgorithm 的强化学习算法，用于训练小车。

(3) 在 FPQFAlgorithm 中，训练小车执行动作，观察奖励，并根据学习目标更新它的策略。

(4) 训练过程包括多个轮次，每个轮次包括多个时间步。在每个时间步，算法选择动作、执行动作、计算目标、更新策略，直到任务完成。

(5) 最终，打印输出学习到的最佳策略的 Q 值估计。

14.5 IQN 算法

IQN(Implicit Quantile Network)算法是一种值分布式强化学习算法，旨在估计值函数的分布。与传统的 DQN 算法不同，IQN 使用一种隐式分位数网络来估计值函数分布，从而更好地处理值函数的不确定性。

扫码看视频

14.5.1 IQN 算法的原理与背景

IQN 算法是一种值分布式强化学习算法，其原理与背景涉及值函数的分布估计和分位数回归。下面介绍 IQN 算法的原理和背景。

1. 值函数分布估计

在强化学习中，通常需要估计一个状态-动作对的值函数，表示在该状态下采取某个动作的期望回报。传统方法是使用一个单一值来估计这个期望值，如 Q-learning 中的 Q 值。然而，这种方式无法表示值函数的不确定性，因为它仅提供一个点估计。

IQN 算法的核心思想是将值函数表示为一个分布，而不仅仅是一个点估计。这个分布可以捕捉值函数的不确定性，即在给定状态-动作对下可能的回报值范围。值函数分布的估计有助于处理不确定性，特别是在需要更精确估计值函数的情况下。

2. 分位数回归

IQN 算法使用分位数回归来估计值函数的分布。分位数回归是一种统计方法，用于估计一个分布中的分位数，即给定分布中某个百分比位置的值。在 IQN 算法中，分位数用于参数化值函数的分布。

3. 隐式分位数网络

IQN 算法引入了一个隐式分位数网络，用于估计值函数分布的分位数。这个网络的关键特点是它不会直接输出分位数值，而是输出一组隐式分位数样本。这些样本通过抽样来估计值函数分布的不同分位数。

4. 分位数损失函数

在 IQN 算法中，使用分位数损失函数来训练神经网络。分位数损失函数的目标是最小化网络输出的分位数样本与目标分位数之间的差异。这有助于网络学习生成与真实值函数分布相匹配的分布。

5. 训练与策略改进

IQN 算法的训练过程类似于传统的 DQN 算法，包括经验回放、目标网络和 Q-learning 更新规则。在执行决策时，可以根据已学到的值函数分布来选择动作，允许更好地处理不确定性情况下的探索和决策。

总之，IQN 算法的原理在于将值函数表示为一个分布，通过分位数回归和隐式分位数网络来估计分布的不同分位数。这使算法能够更好地处理不确定性，特别是在需要精确估计值函数的情况下。IQN 算法已经在多个强化学习任务中取得了显著的成功，并且在处理不确定性问题上具有潜在的应用前景。

14.5.2 IQN 算法实战

请看下面的实例，使用一个简单的自定义环境，模拟实现了强化学习任务。首先，定义了一个自定义的环境 SimpleEnvironment，它包含状态、动作空间和状态转移函数。然后，创建一个代理程序来执行 IQN 算法。

实例 14-4 使用 IQN 算法训练一个智能体(源码路径：daima\14\iqn.py)

实例文件 iqn.py 的具体实现代码如下：

```
import random
import numpy as np

# 自定义环境类
class SimpleEnvironment:
    def __init__(self):
        self.state = 0
        self.target = 10
        self.action_space = [0, 1]          # 0表示向左移动, 1表示向右移动

    def step(self, action):
        if action == 0:
            self.state -= 1
        elif action == 1:
            self.state += 1

        reward = -abs(self.state - self.target)    # 奖励是当前位置与目标位置的绝对差的负值
        done = abs(self.state - self.target) < 0.1 # 如果足够接近目标就结束
        return self.state, reward, done

    def reset(self):
        self.state = 0
        return self.state

# Implicit Quantile Network 代理程序
class IQNAgent:
    def __init__(self):
        self.num_quantiles = 20
        self.quantiles = np.linspace(0.1, 0.9, self.num_quantiles)
        self.q_values = np.zeros((len(self.quantiles), len(env.action_space)))
```

```python
    def select_action(self, state):
        action = np.argmax(np.mean(self.q_values, axis=0))
        return action

    def train(self, state, action, reward, next_state, done):
        target_quantiles = reward + np.mean(self.q_values[:, action])
        td_error = target_quantiles - self.q_values[:, action]
        self.q_values[:, action] += 0.1 * td_error  # 学习率为0.1

# 创建环境对象并命名为env
env = SimpleEnvironment()

# 创建代理程序对象并命名为agent
agent = IQNAgent()

# 定义训练参数
num_episodes = 1000

# 训练过程
for episode in range(num_episodes):
    state = env.reset()

    while True:
        action = agent.select_action(state)
        next_state, reward, done = env.step(action)
        agent.train(state, action, reward, next_state, done)

        if done:
            break

    # 打印每个分位数的Q值估计
    if (episode + 1) % 100 == 0:
        print("Episode {}: Quantile Values: {}".format(episode + 1, agent.q_values[:, action]))

# 最终的Q值估计
final_q_values = np.mean(agent.q_values, axis=0)
print("Final Q-Values:", final_q_values)
```

在上述代码中，使用 IQN 算法来训练一个代理程序，并在一个简单的自定义环境中找到最优策略。它包括一个自定义的环境类和一个代理程序类，代理程序使用 Implicit Quantile Network(隐式分位数网络)来估计 Q 值并执行动作选择和训练。

第15章

基于模型的强化学习

基于模型的强化学习(Model-based Reinforcement Learning)是强化学习的一个分支,其核心思想是代理试图构建和使用一个模型来描述环境的动态特性,然后利用这个模型来制定和优化决策策略,以最大化累积奖励。本章将详细讲解基于模型的强化学习的知识。

15.1 基于模型的强化学习基础

基于模型的强化学习(Model-based RL)是一类强化学习方法,代理尝试学习环境的模型,然后利用这个模型来做出决策和优化策略。

扫码看视频

15.1.1 基于模型的强化学习简介

Model-based RL 是强化学习的一个分支,其核心思想是代理试图构建和使用一个模型来描述环境的动态特性,然后利用这个模型来制定和优化决策策略,以最大化累积奖励。

(1) 环境模型。在基于模型的强化学习中,代理首先尝试学习环境的模型。这个模型通常包括两个部分。即状态转移模型(Transition Model)和奖励模型(Reward Model)。

(2) 状态转移模型。它描述了在给定当前状态和采取某个动作的情况下,代理将以什么概率转移到下一个状态。这可以是一个确定性模型或概率性模型。

(3) 奖励模型。奖励模型用于预测代理在特定状态下采取特定动作所获得的奖励。

(4) 规划与决策。一旦代理拥有了环境模型,它可以使用这个模型来进行规划和决策。代理可以采用各种规划算法,如动态规划、蒙特卡洛树搜索(MCTS)或模型预测控制(MPC),来评估不同策略的预期性能,并选择最优策略以达到最大化累积奖励的目标。

(5) 策略改进。基于模型的强化学习方法通常会使用规划结果来改进其策略,使其在真实环境中能够更好地选择动作。这可以涉及探索与利用的权衡,以确保代理持续改进其性能。

(6) 执行动作。代理根据制定的策略和决策,执行动作并与真实环境进行交互。它观察环境的反馈,包括奖励信号和新的状态。

(7) 模型更新。在代理与真实环境交互时,它可以使用这些真实的经验数据来不断更新环境模型,以提高模型的准确性和可用性。

Model-based RL 通常被用于需要高效利用有限交互数据或者需要规划复杂策略的应用领域,如机器人控制、自动驾驶和资源管理等。尽管需要建模工作,但它可以在某些情况下在数据效率和性能上具有优势。

15.1.2 模型的种类与构建方法

在 Model-based RL 中,模型是代理用来模拟环境的关键组成部分。这个模型通常包括两个方面,即状态转移模型和奖励模型。下面是一些常见的模型类型和构建方法。

1. 状态转移模型

(1) 确定性模型。这种模型假定在给定状态和动作的情况下,下一个状态是确定的。它可以表示为一个函数:$s_{t+1} = f(s_t, a_t)$,其中 s_{t+1} 是下一个状态,s_t 是当前状态,a_t 是当前动作。确定性模型通常用于简化问题,但在某些情况下可能不够准确。

(2) 概率性模型。这种模型允许在给定状态和动作的情况下,存在不同的可能下一个

状态，并为每个可能状态分配概率。通常，概率性模型可以表示为条件概率分布。$P(s_{t+1} | s_t, a_t)$。概率性模型更适用于不确定性较高的环境。

(3) 神经网络模型。使用神经网络来建模状态转移函数是一种常见的方法。代理通过学习从状态和动作到下一个状态的映射，可以使用深度学习技术来逼近这个映射。

2. 奖励模型

(1) 确定性奖励模型。这种模型假定在给定状态和动作的情况下，奖励是确定的。它可以表示为函数：$r_t = R(s_t, a_t)$，其中 r_t 是奖励，s_t 是当前状态，a_t 是当前动作。

(2) 概率性奖励模型。与状态转移模型类似，奖励也可以具有不确定性，并表示为概率分布。

(3) 神经网络奖励模型。使用神经网络来建模奖励函数也是一种常见的方法。代理可以通过学习从状态和动作到奖励的映射来逼近奖励函数。

3. 构建方法

(1) 数据收集。代理可以通过与环境的实际交互来收集数据，然后使用这些数据来构建环境模型。这通常需要大量的探索，特别是在复杂环境中。

(2) 模型学习。代理可以使用已收集的数据来训练状态转移模型和奖励模型。这可以使用各种机器学习技术，如监督学习、逆强化学习或模型预测控制(MPC)来完成。

(3) 模型更新。代理可以在与真实环境的交互中不断更新模型，以提高模型的准确性。这可以通过使用增量学习或在线学习方法来实现。

总之，基于模型的强化学习涉及构建和使用模型来模拟环境，这些模型可以是确定性或概率性的，可以使用各种方法来构建，包括数据收集、模型学习和模型更新。选择何种模型类型和构建方法通常取决于具体的问题和环境特性。

15.1.3 基于模型的强化学习算法

基于模型的强化学习算法有多种，它们在模型的类型、使用方式和具体应用上有所不同。下面是一些常见的基于模型的强化学习算法。

(1) 模型预测控制(Model Predictive Control，MPC)。MPC 是一种基于模型的强化学习算法，它在每个时间步骤上使用环境模型来优化未来的一系列动作，然后执行第一个动作。这个过程不断迭代，以实现目标。

(2) 蒙特卡洛树搜索(Monte Carlo Tree Search，MCTS)。MCTS 是一种规划算法，常用于树搜索问题，如围棋和棋类游戏。它使用环境模型来模拟大量的游戏轨迹，以找到最优的动作序列。

(3) MBPO(Model-Based Policy Optimization)。MBPO 是一种基于模型的强化学习算法，它结合了模型学习和策略优化。MBPO 算法的主要思想是使用环境模型来规划和优化策略，以最大化累积奖励。它通过预测模型的不确定性来帮助代理在探索和利用之间取得平衡，以提高数据效率和性能。

(4) PlaNet。PlaNet 是一种基于模型的强化学习算法，其特点是使用不确定性感知的随机深度神经网络来建模环境动态。PlaNet 的目标是在模型中进行高质量的规划，以改进代理的策略。它也被设计为能够处理像视频这样的高维输入。

15.2 模型预测控制

模型预测控制(Model Predictive Control，MPC)是一种用于控制系统的先进控制方法。它是一种基于模型的控制策略，可以用于许多不同的应用，包括工业过程控制、自动驾驶、机器人控制以及强化学习中的一些方法。

扫码看视频

15.2.1 模型预测控制介绍

MPC 的核心思想是使用系统的动态模型来预测未来的系统行为，并根据这些预测来选择当前时刻的控制输入，以最大化或最小化某种性能指标。

1. 实现 MPC 的基本流程

(1) 建模。首先，需要建立被控制系统的数学模型，这个模型通常是一个描述系统动态行为的差分方程或状态空间表示。这个模型包括状态变量、控制输入和输出以及描述系统响应的方程。

(2) 预测。在每个时刻，MPC 使用系统模型来进行未来状态的预测。通过对当前状态应用模型的动态方程，可以预测系统在未来若干个时间步骤内的演化。

(3) 优化。MPC 使用一个性能指标(也称为成本函数)来衡量系统行为的好坏。根据预测的未来状态，MPC 通过求解一个优化问题来选择当前时刻的最佳控制输入，以最小化或最大化性能指标。这个优化问题通常是一个约束优化问题，其中包括对控制输入和状态变量的约束。

(4) 应用。选择的最佳控制输入被应用于系统，从而影响系统的行为。然后，系统进入下一个时刻，重复上述步骤。

(5) 迭代。MPC 是一种迭代控制方法。在每个时刻，它会更新当前控制输入并重新进行预测和优化。这允许系统在不断变化的条件下实现更好的控制。

2. MPC 的特点和优势

(1) 适用性广泛。MPC 可以应用于各种不同类型的系统，包括连续时间和离散时间系统，线性和非线性系统。

(2) 鲁棒性。MPC 具有鲁棒性，可以在面对系统不确定性和外部扰动时提供良好的控制性能。

(3) 多目标优化。MPC 可以轻松处理多个性能指标，使它适用于多目标控制问题。

(4) 软约束。MPC 可以灵活地处理约束条件，使它可以应对约束优化问题。

总之，模型预测控制是一种强大的控制策略，通过使用系统模型来预测未来行为并进行优化，它可以在许多实际控制问题中取得良好的性能。

15.2.2 模型预测控制实战

请看下面的实例，功能是使用 MPC 算法控制一个简单的连续系统，以使其达到目标状态。请注意，这只是一个基础例子，在实际应用中的问题可能更加复杂，涉及更详细的模型、成本函数和约束。

实例 15-1 使用 MPC 算法控制小车的移动(源码路径：daima\15\mpc.py)

实例文件 mpc.py 的具体实现代码如下：

```python
import numpy as np
import matplotlib.pyplot as plt

# 模拟物理模型
def simulate_car(x, u):
    # 物理模型: x' = x + u, 其中 x 是位置, u 是控制输入
    return x + u

# MPC 控制器
def mpc_control(initial_state, horizon, num_steps):
    # MPC 参数
    control_horizon = horizon                      # 控制的时间范围
    num_simulations = num_steps                    # 模拟的时间步数
    control_sequence = np.zeros(control_horizon)   # 初始化控制序列

    # MPC 主循环
    for t in range(num_simulations):
        # MPC 预测未来状态
        predicted_states = []
        current_state = initial_state
        for _ in range(control_horizon):
            # 预测未来状态, 这里简单地使用当前状态和控制输入
            control_input = control_sequence[_]
            predicted_state = simulate_car(current_state, control_input)
            predicted_states.append(predicted_state)
            current_state = predicted_state

        # 计算成本函数, 这里简单地使用最终状态与目标状态之间的距离作为成本
        final_state = predicted_states[-1]
        target_state = np.array([10.0])  # 设置目标状态
        cost = np.linalg.norm(final_state - target_state)

        # 优化控制序列, 这里简单地选择控制输入为随机值
        control_sequence = np.random.uniform(-1.0, 1.0, control_horizon)

        # 打印当前成本
        print(f"Step {t}: Cost = {cost}")

    return control_sequence

# 设置初始状态
initial_state = np.array([0.0])

# 运行 MPC 控制器
horizon = 10           # MPC 控制的时间范围
num_steps = 20         # 模拟的时间步数
control_sequence = mpc_control(initial_state, horizon, num_steps)
```

```
# 打印最终控制序列
print("Final Control Sequence:")
print(control_sequence)

# 可视化控制效果
states = [initial_state]
current_state = initial_state
for control_input in control_sequence:
    current_state = simulate_car(current_state, control_input)
    states.append(current_state)

# 可视化结果
plt.figure()
plt.plot(range(len(states)), states, label='State')
plt.xlabel('Time Step')
plt.ylabel('Position')
plt.title('MPC Control of Car Position')
plt.legend()
plt.show()
```

上面的代码演示了模型预测控制(MPC)算法的基本功能，主要用于控制一个简单的物理系统，使其达到特定的目标状态。上述代码的实现流程如下。

(1) 物理模型建模。首先定义了一个简单的物理模型，该模型描述了小车的位置随时间的变化。模型基于控制输入来模拟小车的运动。

(2) MPC 控制器。实现了 MPC 控制器，用于控制小车的运动。控制器的主要步骤包括以下几个。

① 预测未来状态。使用当前状态和控制输入，预测未来一系列状态。

② 计算成本。根据预测的最终状态与目标状态之间的距离，计算成本。

③ 优化控制序列。通过随机生成控制输入序列，尝试最小化成本，从而优化控制策略。

(3) 模拟运行。代码在模拟过程中，重复多个时间步骤，不断更新控制序列，并模拟小车的运动。

(4) 输出结果。代码打印了每个时间步骤的成本以及最终的控制序列。最终的控制序列包含根据 MPC 优化得出的一系列控制输入值。

(5) 可视化结果。最后，代码通过 Matplotlib 库可视化小车的位置随时间的变化，以展示 MPC 控制效果。

执行上述代码后会绘制一张可视化图，展示小车的位置随时间的变化，如图 15-1 所示。

其中，X 轴表示时间步骤，Y 轴表示小车的位置。图 15-1 将显示小车从初始位置出发，根据 MPC 控制策略逐渐接近目标位置的过程。因为控制输入是根据随机值生成的，所以每次执行都可能得到不同的轨迹。但是，图表的形状应该显示小车逐渐接近目标位置，直至最终达到或接近目标位置。

> **注意**
>
> 由于控制输入是随机生成的，因此每次运行代码都可能得到不同的控制序列和轨迹。

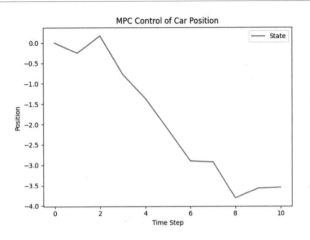

图 15-1 小车的位置变化

15.3 蒙特卡洛树搜索算法

蒙特卡洛树搜索(Monte Carlo Tree Search，MCTS)是一种用于决策制定的算法，特别适用于那些具有大量可能的状态和动作的复杂问题，如棋类游戏、围棋以及其他博弈论和决策问题。MCTS 结合了蒙特卡洛模拟和树搜索的思想，通过迭代地模拟游戏或决策过程来找到最优策略。

扫码看视频

15.3.1 MCTS 算法介绍

MCTS 算法的优点是在搜索树的不同部分进行了平衡的探索和利用，因此能够在未知状态空间中有效地找到最佳策略。它特别适用于那些状态空间庞大且难以建模的问题，因为它不需要对问题的具体特性有先验知识。因此，MCTS 算法已经成功应用于许多领域，包括围棋、象棋、扑克等棋盘游戏，以及自动驾驶、资源分配和决策制定等领域。

MCTS 算法的主要步骤如下。

(1) 选择(Selection)。从根节点(游戏初始状态)开始，通过一定策略选择子节点，直至达到一个未完全扩展的节点。通常使用"上界置信区间(Upper Confidence Bound，UCB)"来选择节点，以平衡探索和利用。

(2) 扩展(Expansion)。将未完全扩展的节点展开，生成一个或多个可能的子节点。这些子节点对应于在当前状态下可执行的不同动作。

(3) 模拟(Simulation)。从扩展后的子节点中随机选择一个，然后进行模拟(或模拟游戏)直至达到终止状态(游戏结束或达到时间限制)。在模拟过程中，通常使用随机策略来确定动作。

(4) 回传(Backpropagation)。根据模拟结果，更新从根节点到扩展节点路径上的统计信息，如访问次数和获胜次数。这些统计信息用于计算 UCB 值，以影响下一次选择。

(5) 重复(Repeat)。重复选择、扩展、模拟和回传步骤，直至达到预定的计算时间或模拟次数。

(6) 决策(Decision)。在搜索结束后，根据节点的统计信息和 UCB 值，选择最优的动作作为最终决策。

15.3.2 MCTS 算法实战

下面是一个简单的 Python 示例,演示了使用 MCTS 算法解决强化学习问题的过程。在本实例中将使用一个简单的棋盘游戏作为演示,其中玩家需要移动一个棋子以尽量接近目标位置。这里将用 MCTS 算法来决定每一步的最佳移动。

实例 15-2 使用 MCTS 算法寻找棋子的最佳位置(源码路径:daima\15\mct.py)

实例文件 mct.py 的具体实现代码如下:

```python
import random
import math

class State:
    def __init__(self, player_position, target_position):
        self.player_position = player_position
        self.target_position = target_position

    def is_terminal(self):
        return self.player_position == self.target_position

    def get_legal_actions(self):
        # 在这个示例中,合法动作是向上、向下、向左和向右移动
        actions = [(0, 1), (0, -1), (1, 0), (-1, 0)]
        legal_actions = []
        for action in actions:
            new_position = (self.player_position[0] + action[0], self.player_position[1] + action[1])
            if 0 <= new_position[0] < 5 and 0 <= new_position[1] < 5:  # 棋盘边界
                legal_actions.append(action)
        return legal_actions

    def apply_action(self, action):
        new_position = (self.player_position[0] + action[0], self.player_position[1] + action[1])
        return State(new_position, self.target_position)

class Node:
    def __init__(self, state, parent=None):
        self.state = state
        self.visits = 0
        self.value = 0
        self.children = []
        self.parent = parent  # 设置父节点属性

def ucb(node):
    if node.visits == 0:
        return float('inf')
    exploitation = node.value / node.visits
    exploration = math.sqrt(math.log(node.parent.visits) / node.visits)
    return exploitation + exploration

def mcts(initial_state, iterations):
    root = Node(initial_state)

    for _ in range(iterations):
        node = root
        while not node.state.is_terminal() and len(node.state.get_legal_actions()) == len(node.children):
            node = max(node.children, key=ucb)
```

```python
        if not node.state.is_terminal():
            untried_actions = [action for action in node.state.get_legal_actions() if action
                not in [child.state.player_position for child in node.children]]
            action = random.choice(untried_actions)
            new_state = node.state.apply_action(action)
            child = Node(new_state)
            node.children.append(child)
            child.parent = node
            node = child

        reward = simulate(node.state)
        backpropagate(node, reward)

    return max(root.children, key=lambda child: child.visits).state.player_position
def simulate(state):
    # 在这个示例中,模拟是随机移动,直到游戏结束
    while not state.is_terminal():
        legal_actions = state.get_legal_actions()
        action = random.choice(legal_actions)
        state = state.apply_action(action)
    return 1  # 游戏结束,返回奖励1

def backpropagate(node, reward):
    while node is not None:
        node.visits += 1
        node.value += reward
        node = node.parent

if __name__ == "__main__":
    initial_state = State(player_position=(0, 0), target_position=(4, 4))
    best_move = mcts(initial_state, iterations=1000)
    print("Best move:", best_move)
```

在上述代码中,定义了一个简单的 State 类来表示游戏状态,用类 Node 来表示搜索树中的节点。然后,使用 MCTS 算法在给定迭代次数内找到最佳动作,以便将棋子移动到目标位置。模拟函数 simulate()用于模拟游戏的随机移动,backpropagate()函数用于更新节点的访问次数和累积奖励。最终,打印输出找到的最佳动作。结果如下:

```
Best move: (1, 0)
```

> **注意**
>
> 由于 MCTS 算法的探索部分包括随机性,每次执行都可能得到不同的结果。MCTS 通过随机模拟和随机选择来构建搜索树,因此其结果在一定程度上是随机的。另外,这只是一个非常简化的示例,在实际应用中,可能需要用到更复杂的状态空间、动作空间和奖励函数等。然而,这个示例可以帮助你理解如何使用 MCTS 算法来解决强化学习问题。

15.4 MBPO 算法

MBPO(Model-Based Policy Optimization,基于模型的策略优化)是一种用于强化学习的算法,它结合了模型学习和策略优化的思想。该算法的目标是通过建立一个动态环境模型来提高策略的训练效率和性能。MBPO 算法的核心思想是在模型中学习并规划,以改善策略。

扫码看视频

15.4.1 MBPO 算法介绍

MBPO 算法用于解决连续动作空间中的强化学习问题，其中智能体必须学会在与环境互动的过程中学习一个最佳策略，以最大化累积奖励。这类问题通常具有高维状态空间和连续动作空间，难以直接进行策略优化。

1. 模型学习

MBPO 算法首先通过与环境交互来学习一个动力学模型。这个模型尝试建模环境的状态转移动态，即给定当前状态和动作，模型预测下一个状态的概率分布。通常，这个模型可以是神经网络或高斯过程等。

2. 模型使用

在模型训练之后，MBPO 算法会使用这个模型来进行模拟预测。具体来说，MBPO 算法使用模型来生成虚拟轨迹，而不是在真实环境中执行动作。这些虚拟轨迹可以用于策略改进。

3. 策略改进

MBPO 算法采用模型预测的虚拟轨迹来进行策略优化。它使用一种优化算法来改进当前策略，以便在模拟环境中获得更高的预期奖励。常见的策略优化算法包括 TRPO(Trust Region Policy Optimization)算法和 PPO(Proximal Policy Optimization)算法等。

4. 模拟环境的重要性抽样

MBPO 算法使用模拟环境生成的虚拟轨迹来进行策略改进。为了确保虚拟轨迹的质量，MBPO 算法通常使用重要性抽样来加权模拟环境和真实环境的经验数据。

5. 策略迭代

MBPO 算法通过交替进行模型学习和策略改进来进行策略迭代。在每个迭代中，它通过模拟环境生成虚拟经验，并使用优化算法来更新策略。这个过程不断重复，直至策略收敛或达到预定的停止条件。

MBPO 算法的优点包括能够有效地处理高维状态和连续动作空间，以及在学习过程中充分利用模型来进行策略改进。然而，它也面临一些挑战，如模型不准确性和策略收敛性的问题。因此，MBPO 算法是一个值得研究和改进的算法，主要用于解决复杂的强化学习问题。

15.4.2 MBPO 算法实战

请看下面的例子，演示了实现一个简化版本的 MBPO 算法的过程，用于强化学习问题。这个实例的目的是演示 MBPO 算法的核心思想，包括策略改进和动力学模型的训练。

实例 15-3　实现 MBPO 算法(源码路径：daima\15\mbpo.py)

实例文件 mbpo.py 的具体实现代码如下：

```
import numpy as np
import matplotlib.pyplot as plt
```

```python
# 模拟环境(虚拟环境)
class VirtualEnvironment:
    def __init__(self):
        self.state_dim = 2
        self.action_dim = 1
        self.time_step = 0
        self.max_time_steps = 100

    def reset(self):
        self.time_step = 0
        return np.random.rand(self.state_dim)

    def step(self, action):
        self.time_step += 1
        done = (self.time_step >= self.max_time_steps)
        next_state = np.random.rand(self.state_dim)
        reward = -np.sum((next_state - action) ** 2)  # 负欧几里得距离作为奖励
        return next_state, reward, done

# 模型初始化
class DynamicsModel:
    def __init__(self, state_dim, action_dim):
        self.state_dim = state_dim
        self.action_dim = action_dim
        # 创建一个简化的模型参数，这里只是用来演示，实际应用需要更复杂的模型
        self.weights = np.random.randn(state_dim + action_dim, state_dim)

    def train(self, states, actions, next_states):
        # 这里是一个简化的模型训练步骤，使用线性回归
        X = np.hstack((states, actions))
        self.weights = np.linalg.lstsq(X, next_states, rcond=None)[0]

    def predict(self, state, action):
        # 这里用简化的线性模型代替真实模型
        input_data = np.concatenate((state, action), axis=None)
        next_state = np.dot(input_data, self.weights)
        return next_state

# 策略初始化
class RandomPolicy:
    def __init__(self, action_dim):
        self.action_dim = action_dim

    def select_action(self, state):
        return np.random.randn(self.action_dim)

# MBPO 主循环
def mbpo_algorithm(env, dynamics_model, policy, num_iterations, num_samples):
    rewards = []
    for iteration in range(num_iterations):
        # 采样数据
        states, actions, next_states, episode_rewards = [], [], [], []
        for _ in range(num_samples):
            state = env.reset()
            episode_states, episode_actions, episode_next_states, episode_reward = [], [], [], 0
            for _ in range(env.max_time_steps):
                action = policy.select_action(state)
                next_state, reward, done = env.step(action)
                episode_states.append(state)
                episode_actions.append(action)
                episode_next_states.append(next_state)
                episode_reward += reward
                state = next_state
                if done:
                    break
```

```python
            states.extend(episode_states)
            actions.extend(episode_actions)
            next_states.extend(episode_next_states)
            episode_rewards.append(episode_reward)

        # 使用数据训练动力学模型
        dynamics_model.train(states, actions, next_states)

        # 使用模型进行策略改进
        for _ in range(num_samples):
            state = env.reset()
            episode_reward = 0
            for _ in range(env.max_time_steps):
                action = policy.select_action(state)
                next_state = dynamics_model.predict(state, action)
                # 这里可以使用不同的策略改进方法,如模型预测控制(MPC)
                # 通常需要使用优化算法来选择最优动作
                state = next_state
                episode_reward += reward
                if done:
                    break
            episode_rewards.append(episode_reward)

        # 计算平均奖励
        avg_reward = np.mean(episode_rewards)
        rewards.append(avg_reward)

        print(f"Iteration {iteration + 1}, Average Reward: {avg_reward}")

    return rewards

# 创建虚拟环境、模型和策略
env = VirtualEnvironment()
dynamics_model = DynamicsModel(env.state_dim, env.action_dim)
policy = RandomPolicy(env.action_dim)

# 运行MBPO算法并记录奖励
num_iterations = 10
num_samples = 50
reward_history = mbpo_algorithm(env, dynamics_model, policy, num_iterations, num_samples)

# 可视化奖励历史
plt.plot(range(num_iterations), reward_history)
plt.xlabel('Iteration')
plt.ylabel('Average Reward')
plt.title('MBPO Training')
plt.show()
```

上述代码的实现流程如下。

(1) 创建一个虚拟环境 VirtualEnvironment 类,该环境包括随机生成的二维状态空间和一维动作空间。虚拟环境模拟了一个强化学习任务。

(2) 定义一个动力学模型 DynamicsModel,用于近似环境的动力学。这个模型是一个简化的线性模型,用于预测给定状态和动作下一个状态。

(3) 创建一个随机策略 RandomPolicy,该策略在每个时间步中随机选择动作。

(4) 实现 MBPO 算法的主循环(mbpo_algorithm),该循环包括以下步骤。

① 采样数据。在虚拟环境中运行策略,采集多个回合的状态、动作、下一个状态和奖励。

② 使用采样数据训练动力学模型。通过简单的线性回归,模型将状态和动作映射到下一个状态。

③ 使用动力学模型进行策略改进。根据模型预测，使用策略改进方法(如模型预测控制)选择最优动作。

④ 计算平均奖励。计算每次迭代后所有采样回合的平均奖励。

(5) 运行 MBPO 算法指定数量的迭代，每次迭代都会记录平均奖励。

(6) 通过 Matplotlib 库绘制可视化图，以便观察算法的性能改进趋势。

执行后会绘制 MBPO 算法的奖励曲线图，如图 15-2 所示。其中 x 轴表示迭代次数(Iterations)，y 轴表示每次迭代后的平均奖励(Average Reward)。该图显示了 MBPO 算法的训练进展，可以观察到平均奖励是否随着迭代次数逐渐增加或收敛。

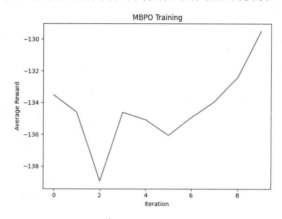

图 15-2　MBPO 算法的奖励曲线图

图 15-2 将显示 MBPO 算法在每次迭代后，通过策略改进和动力学模型训练是否能够改进其性能。希望随着迭代次数的增加，平均奖励会逐渐增加，这表明算法在学习和改进策略方面取得了进展。如果平均奖励随着迭代次数的增加而下降，那么表示算法可能存在问题或需要进一步调整。如果平均奖励在一定次数后趋于稳定，那么表示算法已经收敛到一个局部最优策略。

15.5　PlaNet 算法

PlaNet(Planning Network，规划网络)是一种强化学习算法，旨在解决模型化强化学习问题。该算法由 DeepMind 于 2019 年提出，并通过联合学习环境动力学模型和价值函数来实现高效的规划和控制。PlaNet 的主要目标是在模型不完美情况下实现高性能的强化学习，以便在真实世界的复杂任务中应用。

扫码看视频

15.5.1　PlaNet 算法介绍

PlaNet 算法是由 DeepMind 提出的一种模型化强化学习(Model-Based Reinforcement Learning，MBRL)方法，其核心概念如下。

(1) 模型学习。PlaNet 算法的核心思想是学习一个模型，该模型可以预测环境中状态的转移和即时奖励。这个模型是一个神经网络，接受当前状态和动作作为输入，并预测下一个状态和奖励。模型的训练是通过与真实环境进行交互来完成的。

(2) 规划和探索。一旦模型被训练好，PlaNet 算法使用这个模型来进行规划和控制。它使用规划算法(如随机采样、C51 或模型预测控制(MPC))生成多步骤的轨迹，并评估这些轨迹的价值。这些价值估计用于训练策略。

(3) 内部模型世界。PlaNet 算法引入了一个概念，即"内部模型世界"，这是一个与真实环境分开的虚拟环境。在内部模型世界中，智能体可以进行规划和探索，而不必与真实环境进行交互，这有助于提高算法的效率和安全性。

(4) 探索策略。为了增加探索性，PlaNet 算法使用了一种称为"Intrinsic Curiosity Module(ICM)"的方法。ICM 鼓励智能体在未知或具有不确定性状态中执行动作，以便更好地探索环境。

(5) 高效性能。PlaNet 算法的设计旨在实现高效的规划和控制，以便在有限的计算资源下进行学习。它可以在计算资源受限的情况下进行训练，从而具有实际应用的潜力。

PlaNet 算法的目标是在模型不完美的情况下实现高性能的强化学习，以便在真实世界的复杂任务中应用。它已经在多个任务上取得了良好的性能，并且对于需要在模型不完美情况下工作的实际应用非常有前景。然而，需要注意的是，PlaNet 算法仍然是一个活跃的研究领域，可能存在改进和扩展的空间。

15.5.2 PlaNet 算法实战

PlaNet 算法的完整实现相对复杂，需要大量的代码和计算资源。在下面的内容中，将为大家提供一个简化的例子，以展示 PlaNet 算法的核心思想。在这个例子中，将考虑一个虚拟环境，其中智能体需要学习如何通过两个动作来控制一个随机移动的状态。这里将使用一个简单的神经网络代表环境的动力学模型，并使用模型预测控制(MPC)来规划和控制智能体的行为。

实例 15-4 使用 PlaNet 算法训练智能体(源码路径：daima\15\pla.py)

实例文件 pla.py 的具体实现代码如下：

```python
import numpy as np
import matplotlib.pyplot as plt

# 定义虚拟环境
class VirtualEnvironment:
    def __init__(self):
        self.state_dim = 1
        self.action_dim = 1
        self.max_steps = 100
        self.current_step = 0
        self.state = np.random.rand(self.state_dim)

    def reset(self):
        self.current_step = 0
        self.state = np.random.rand(self.state_dim)
        return self.state

    def step(self, action):
        self.current_step += 1
        done = (self.current_step >= self.max_steps)
        # 状态随机移动
        self.state += 0.1 * np.random.randn(self.state_dim)
```

```python
            reward = -np.sum((self.state - action) ** 2)  # 负欧氏距离作为奖励
            return self.state, reward, done

# 定义动力学模型
class DynamicsModel:
    def __init__(self, state_dim, action_dim):
        self.state_dim = state_dim
        self.action_dim = action_dim
        # 创建一个简化的模型参数，这里只是用来演示，实际应用需要更复杂的模型
        self.weights = np.random.randn(state_dim + action_dim, state_dim)

    def predict(self, state, action):
        # 这里用简化的线性模型代替真实模型
        input_data = np.concatenate((state, action), axis=None)
        next_state = np.dot(input_data, self.weights)
        return next_state

# 定义 PlaNet 算法
def planet_algorithm(env, dynamics_model, num_iterations, num_samples):
    rewards = []
    for iteration in range(num_iterations):
        # 采样数据
        states, actions, next_states, rewards = [], [], [], []
        for _ in range(num_samples):
            state = env.reset()
            episode_states, episode_actions, episode_next_states, episode_rewards = [], [], [], []
            for _ in range(env.max_steps):
                action = np.random.randn(env.action_dim)
                next_state, reward, done = env.step(action)
                episode_states.append(state)
                episode_actions.append(action)
                episode_next_states.append(next_state)
                episode_rewards.append(reward)
                state = next_state
                if done:
                    break
            states.extend(episode_states)
            actions.extend(episode_actions)
            next_states.extend(episode_next_states)
            rewards.extend(episode_rewards)

        # 使用数据训练动力学模型(这里简化为直接使用真实数据)
        # dynamics_model.train(states, actions, next_states)

        # 使用模型进行规划和控制
        for _ in range(num_samples):
            state = env.reset()
            episode_reward = 0
            for _ in range(env.max_steps):
                # 使用模型预测下一个状态
                action = np.random.randn(env.action_dim)  # 这里简化为随机动作
                next_state = dynamics_model.predict(state, action)
                state = next_state
                episode_reward += reward
                if done:
                    break
            rewards.append(episode_reward)

        # 计算平均奖励
        avg_reward = np.mean(rewards)
        rewards.append(avg_reward)

        print(f"Iteration {iteration + 1}, Average Reward: {avg_reward}")

    return rewards
```

```python
# 创建虚拟环境和模型
env = VirtualEnvironment()
dynamics_model = DynamicsModel(env.state_dim, env.action_dim)

# 运行PlaNet算法并记录奖励
num_iterations = 10
num_samples = 50
reward_history = []  # 用于存储每次迭代的平均奖励

for iteration in range(num_iterations):
    # 采样数据
    states, actions, next_states, episode_rewards = [], [], [], []
    for _ in range(num_samples):
        state = env.reset()
        episode_states, episode_actions, episode_next_states, episode_reward = [], [], [], 0
        for _ in range(env.max_steps):
            action = np.random.randn(env.action_dim)
            next_state, reward, done = env.step(action)
            episode_states.append(state)
            episode_actions.append(action)
            episode_next_states.append(next_state)
            episode_reward += reward
            state = next_state
            if done:
                break
        states.extend(episode_states)
        actions.extend(episode_actions)
        next_states.extend(episode_next_states)
        episode_rewards.append(episode_reward)

    # 使用数据训练动力学模型(这里简化为直接使用真实数据)
    # dynamics_model.train(states, actions, next_states)

    # 使用模型进行规划和控制
    for _ in range(num_samples):
        state = env.reset()
        episode_reward = 0
        for _ in range(env.max_steps):
            # 使用模型预测下一个状态
            action = np.random.randn(env.action_dim)  # 这里简化为随机动作
            next_state = dynamics_model.predict(state, action)
            state = next_state
            episode_reward += reward
            if done:
                break
        episode_rewards.append(episode_reward)

    # 计算平均奖励
    avg_reward = np.mean(episode_rewards)
    reward_history.append(avg_reward)

    print(f"Iteration {iteration + 1}, Average Reward: {avg_reward}")

# 可视化奖励历史
plt.plot(range(num_iterations), reward_history)
plt.xlabel('Iteration')
plt.ylabel('Average Reward')
plt.title('PlaNet Algorithm Training')
plt.show()
```

上述代码展示了 PlaNet 算法的核心思想，包括模型化学习、规划和控制。具体实现流程如下。

（1）创建虚拟环境。定义一个简单的虚拟环境，包括状态空间和动作空间。环境模拟了一个随机移动的状态，并返回状态、奖励和是否完成的信息。

(2) 创建动力学模型。定义了一个动力学模型，这是一个神经网络，用于近似环境的动态变化。模型接收当前状态和动作，并预测下一个状态。

(3) 运行 PlaNet 算法。指定了迭代次数(num_iterations)和每次迭代中采样的样本数量(num_samples)，每次迭代会执行下面的步骤。

① 采样数据。在虚拟环境中运行策略，采集多个回合的状态、动作、下一个状态和奖励。

② 使用数据训练动力学模型(在示例中未展示完整的训练步骤)。

③ 使用模型进行规划和控制。使用模型预测下一个状态，生成多步骤的轨迹，并评估这些轨迹的价值。

④ 计算每次迭代后所有采样回合的平均奖励。

(4) 可视化奖励历史。使用 Matplotlib 库绘制奖励历史图，显示每次迭代的平均奖励随迭代次数的变化。

执行以上代码后将绘制一个名为"PlaNet Algorithm Training"的曲线图，如图 15-3 所示。该图显示了迭代次数(x 轴)与每次迭代的平均奖励(y 轴)之间的关系。

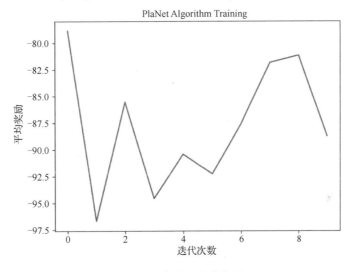

图 15-3　奖励历史曲线图

具体来说，图中的 x 轴表示迭代次数，从 1 到 10(根据 num_iterations 的设置)，y 轴表示每次迭代后采样的多个回合的平均奖励值。每个点代表一个迭代的平均奖励。可以观察到随着迭代次数的增加，平均奖励是否逐渐增加、收敛或波动，从而评估算法的性能改进趋势。该图有助于了解 PlaNet 算法在这个简化环境中的训练进展，以及算法是否能够提高控制策略的性能。请注意，由于这是一个简化的示例，所以图中的结果可能不具有实际应用中的可比性。

第 16 章

多智能体强化学习实战：Predator-Prey 游戏

Predator-Prey 是一个模拟生态系统中的基本概念，通常用于描述自然界中捕食者(predator)和被捕食者(prey)之间的相互作用。这个概念不仅存在于生物学中，还可以用于创建仿真环境或游戏。本章将介绍在 Predator-Prey 生态系统中使用多智能体强化学习技术的过程，并详细讲解项目的实现技巧。

16.1　Predator-Prey 游戏介绍

扫码看视频

Predator-Prey 被翻译为"捕食者-被捕食者"，在生物学中，捕食者是指食肉动物，它们捕食其他动物，也就是被捕食者。这种相互作用在生态系统中起着重要作用，影响着各种生物种群的数量和分布。

在计算机科学和人工智能领域，人们经常使用 Predator-Prey 这个概念来创建仿真环境或游戏，以研究智能体之间的相互作用、策略和学习算法。这些仿真可以用于测试和开发不同类型的智能体，包括机器学习模型、强化学习代理和游戏 AI。

16.2　背　景　介　绍

扫码看视频

多智能体强化学习是人工智能领域的一个重要研究方向，旨在让多个智能体(机器学习代理)通过交互学习，以实现更高级别的任务。在本项目中，将探讨多智能体强化学习在 Predator-Prey(捕食者-被捕食者)环境中的应用。

1．项目目标

本项目旨在使用多智能体强化学习方法，通过创建模拟的 Predator-Prey 环境，研究和试验智能体之间的协作和竞争策略。将建立一组食肉动物(捕食者)和猎物(被捕食者)，并让它们在虚拟环境中相互作用。

2．主要组成部分

(1) 捕食者代理(Predator Agents)。使用深度强化学习技术来训练捕食者智能体，使其能够有效地捕捉猎物。

(2) 猎物代理(Prey Agents)。创建猎物智能体，它们需要逃避捕食者的追捕。

(3) 环境仿真器(Environment Simulator)。设计和构建一个模拟的 Predator-Prey 环境，以模拟真实世界中的相互作用。

(4) 强化学习算法(Reinforcement Learning Algorithms)。采用强化学习方法，如深度确定性策略梯度(DDPG)，来训练智能体并优化其策略。

(5) 试验和评估(Experiments and Evaluation)。进行一系列试验，评估不同策略和算法的性能，并研究协作和竞争对智能体之间学习的影响。

(6) 预期成果。通过这个项目，希望深入了解多智能体强化学习在复杂环境中的应用，以及在 Predator-Prey 环境中智能体之间的协作和竞争策略。这些研究成果有望对生态学、人工智能和协作机器学习领域产生积极影响，并为多智能体系统的开发提供有用的见解。

本项目将结合生态学和人工智能的概念，为多智能体强化学习领域的研究和应用提供一个有趣的示例。

16.3 功能模块介绍

本项目的功能强大，可以将其划分为以下几个模块。

1. 环境模块

PredatorPreyEnv 类：定义了 Predator-Prey 模拟环境，包括环境初始化、状态转移和奖励计算等功能。

2. 项目配置和参数模块

项目参数和超参数的配置，如动作空间大小、学习率、训练周期数等。

3. 模型模块

(1) Actor 类：定义了捕食者智能体的策略网络，包括卷积神经网络和通信模块。
(2) Critic 类：定义了捕食者智能体的评论家网络，用于估计动作的价值。
(3) DDPGAgent 类：实例化了捕食者智能体的模型、优化器和回放缓冲区，并定义了与环境交互、训练和模型更新的方法。
(4) RandomAgent 类：定义了随机动作策略的预测者智能体。

4. 训练模块

(1) TRAINING 部分：包含了整个项目的训练过程，包括环境初始化、训练循环、模型更新和性能评估。
(2) 强化学习算法的训练和更新。

5. 可视化和数据分析模块

使用 Matplotlib 和其他数据分析工具对训练结果进行可视化，并绘制学习曲线、损失曲线等。

6. 模型保存和加载模块

load_model 方法和 save_model 方法：用于加载和保存智能体的模型参数和优化器状态。

7. 辅助模块

(1) ReplayBuffer 类：定义了回放缓冲区，用于存储和采样训练数据。
(2) Transition 类：定义了状态转移数据结构，包括状态、动作、奖励等。

上述每个模块都承担特定的责任，使项目具有组织性和可维护性。这些模块共同协作，实现了多智能体强化学习在 Predator-Prey 环境中的训练和评估。

16.4 环境准备

在开始编写程序代码之前需要完成环境准备工作，主要包括安装依赖库、导入模块和配置环境等工作。在完成这些工作后，就可以开始编写和执行项目的代码，利用所导入的库和模块来实现项目的功能。环境准备是项目开发的重要一步，它确保你的代码能够在特定的环境中顺利运行。

扫码看视频

16.4.1 安装 OpenAI gymnasium

本项目需要使用 OpenAI 的强化学习环境实现，从 2021 年开始，OpenAI 的强化学习环境的接口从 gym 变成了 gymnasium。本项目使用的是 OpenAI 的最新版的强化学习环境，在使用之前需要通过以下命令进行安装：

```
pip install gymnasium
```

OpenAI gymnasium 是一个用于强化学习研究和开发的 Python 库，提供了一系列标准化的强化学习环境，让开发者能够轻松地创建、测试和比较不同强化学习算法。这个库的目标是为强化学习领域提供一个公共的基准测试平台，以帮助研究人员和开发者共同探索强化学习算法的性能和效果。

OpenAI gymnasium 提供了各种各样的环境，包括经典的强化学习问题如 CartPole、MountainCar 和 Atari 游戏等。它还支持用户自定义环境的创建，以适应各种不同的强化学习任务。通过使用 OpenAI gymnasium，研究人员和开发者可以轻松地测试和比较不同的强化学习算法，以便进一步推进强化学习领域的研究和应用。

16.4.2 导入库

导入本项目所需要的多个 Python 库和模块，并设置使用 GPU(如果可用)设备。具体实现代码如下：

```python
from collections import namedtuple, deque
import random
import gymnasium as gym
from gymnasium import spaces
import pygame
import numpy as np
import pandas as pd
import time  # for sleep
from itertools import count
import matplotlib
import matplotlib.pyplot as plt
import numpy as np
import torch
import torch.nn as nn
import torch.nn.functional as F
import torch.optim as optim
device = torch.device("cuda" if torch.cuda.is_available() else "cpu")
```

在上述代码中，device 的功能是根据可用的 CUDA(GPU)设备来选择在 GPU 上还是 CPU 上运行 PyTorch 代码。

16.5 捕食者-猎物 (Predator-Prey) 的环境

创建一个名为 PredatorPreyEnv 的自定义强化学习环境类，用于模拟实现"捕食者-猎物"(Predator-Prey)的环境。这是一个捕食者游戏的模拟环境，其中有捕食者和猎物，但只有一个捕食者需要捕食猎物，而所有的参与者都会

扫码看视频

获得奖励。对环境 PredatorPreyEnv 的具体说明如下：

(1) Predator Prey(捕食者-猎物)。这个环境中包括两种类型的角色：一种是捕食者(Predator)；另一种是猎物(Prey)。捕食者的目标是捕获猎物，而猎物的目标是躲避捕食者。

(2) Only One Predator needs to eat(只需一个捕食者吃到猎物)。在这个环境中，只要有一个捕食者成功捕食到猎物，所有的捕食者都会获得奖励。这意味着所有的捕食者共享奖励，无论哪一个捕食者实际上都可以吃到了猎物。

环境 PredatorPreyEnv 通常用于研究协作策略和共享奖励的情况，捕食者必须合作以确保至少有一个成功捕获到猎物，以便让所有的捕食者都能获得奖励。本节将详细讲解这个环境的实现过程。

16.5.1 定义自定义强化学习环境类

定义了一个名为 PredatorPreyEnv 的自定义强化学习环境类，用于模拟捕食者-猎物的情境。具体实现代码如下：

```
PredatorPreyEnv(gym.Env):
    metadata = {'render.modes': ['human', 'rgb_array'],
                'render-fps': 4}

    def __init__(self,
                 render_mode=None,
                 size:int=10,
                 vision:int=5,
                 predator:int =3,
                 prey:int =1,
                 error_reward:float=-2,
                 success_reward:float=10,
                 living_reward:float=-1,
                 img_mode:bool=False,
                 episode_length:int=100,
                 history_length:int=4,
                 communication_bits:int=0,
                 cooperate:float=1):
        self.size = size
        self.vision = vision
        self.window_size = 500
        self.render_mode = render_mode
        self.predator_num = predator
        self.prey_num = prey
        self.active_predator = [True for i in range(self.predator_num)]
        self.active_prey = [True for i in range(self.prey_num)]
        self.error_reward = error_reward
        self.success_reward = success_reward
        self.living_reward = living_reward
        self.episode_length = episode_length
        self.img_mode = img_mode
        self.steps = 0
        self.window = None
        self.clock = None
        self.cooperate = cooperate
        self.render_scale = 1
        self.observation_space = spaces.Dict({
            'predator': spaces.Sequence(spaces.Box(0, size-1, shape=(2,), dtype=np.int32)),
            'prey': spaces.Box(0, size-1, shape=(2,), dtype=np.int32),
        })
        total_actions = 5
```

```python
        self.action_space_predator = spaces.MultiDiscrete([total_actions]*predator)
        self.action_space_prey = spaces.MultiDiscrete([total_actions]*prey)
        self.single_action_space = spaces.Discrete(total_actions)
        self.action_to_direction = {
            0: np.array([0, 1]),
            1: np.array([1, 0]),
            2: np.array([0, -1]),
            3: np.array([-1, 0]),
            4: np.array([0, 0])
        }
        self.frame_history = deque(maxlen=4)
        self.history_length = history_length
        self.communication_bits = communication_bits
        if self.communication_bits>0:
            self.pred_communication = np.zeros((self.predator_num))
            self.prey_communication = np.zeros((self.prey_num))
```

上述代码的实现流程如下。

(1) 定义了一个自定义强化学习环境类 PredatorPreyEnv，该类继承自 gym.Env。

(2) 允许通过参数来配置环境的各种属性，包括环境大小、视觉范围、捕食者和猎物数量、奖励函数等。

(3) 定义了观察空间和动作空间，以规定代理程序的感知和行动范围。

(4) 实现了环境的初始化、状态重置、动作执行和渲染等核心方法。

(5) 可以在图形界面或以 RGB 数组的形式进行渲染。

初始化方法__init__定义了环境的初始化逻辑，包括环境的参数设置、观察空间和动作空间的定义等。具体实现说明代码如下。

(1) 定义初始化环境的各种属性和参数，包括环境大小、视觉范围、捕食者和猎物数量、奖励函数等。

(2) 定义了观察空间和动作空间，观察空间是一个包含捕食者和猎物位置信息的字典，动作空间是分别为捕食者和猎物定义的多离散动作空间。

(3) 初始化环境的状态，包括捕食者和猎物的随机位置、时间步数等。

(4) 设置渲染相关的属性，如渲染模式、窗口大小等。

16.5.2 定义自定义强化学习环境类

分别定义两个方法，即_get_obs 和_get_np_arr_obs，用于获取环境的观察信息(observation)。方法_get_obs 和_get_np_arr_obs 的具体说明如下。

(1) 方法_get_obs。功能是根据环境的 img_mode 属性决定返回的观察信息的格式。如果 img_mode 为 True，则调用_get_np_arr_obs 方法以图像数组的形式返回观察信息；如果 img_mode 为 False，则以字典的形式返回观察信息，包括捕食者和猎物的位置信息。

(2) 方法_get_np_arr_obs。功能是如果 img_mode 为 True，则调用此方法获取以图像数组的形式表示的观察信息。该方法会遍历捕食者和猎物，分别调用_render_predator_frame 和_render_prey_frame 方法获取它们的图像状态。该方法返回一个字典，包括 predator 和 prey 两个键，对应的值是捕食者和猎物的图像状态列表。

上述方法的目的是获取环境的观察信息，这些信息可以用于代理程序感知环境的当前状态。根据 img_mode 的设置，可以选择返回图像状态或位置信息，以适应不同类型的强化学习代理程序。在_get_np_arr_obs 方法中，捕食者和猎物的状态是通过调用_render_predator_ frame 和 _render_prey_frame 方法生成的图像帧来表示的。

16.5.3 环境重置

定义 reset 方法，用于重置环境状态，开始新的回合。在 reset 方法中，随机生成捕食者和猎物的初始位置。将时间步数(steps)重置为 0，同时将所有捕食者和猎物标记为"活跃"状态。如果渲染模式为 human，则调用 _render_frame 方法渲染初始状态。最后调用 _save_frame_history 方法保存当前帧的状态历史，返回观察信息和附加信息的元组。具体实现代码如下：

```python
def reset(self, *, seed: int=1, options=None):
    self._predator_location = np.random.randint(0, self.size, size=(self.predator_num, 2))
    self._prey_location = np.random.randint(0, self.size, size=(self.prey_num, 2))
    self.steps = 0
    self.active_predator = [True for i in range(self.predator_num)]
    self.active_prey = [True for i in range(self.prey_num)]
    if self.render_mode == 'human':
        self._render_frame()
    self._save_frame_history()
    return self._get_frame_history(self.history_length), self._get_info()
```

16.5.4 计算捕食者和猎物的奖励

定义方法_get_reward 和方法_get_prey_reward，分别用于计算捕食者和猎物的奖励，这些奖励将在每个时间步之后返回给代理程序，以便进行强化学习训练。具体实现代码如下：

```python
def _get_reward(self):
    # 如果任何捕食者捕到猎物，将获得成功奖励，否则将获得生存奖励
    rewards = [self.living_reward for i in range(self.predator_num)]
    for i in range(self.predator_num):
        for j in range(self.prey_num):
            if self.active_predator[i]:
                if np.all(self._predator_location[i]==self._prey_location[j]):
                    rewards = [self.cooperate*self.success_reward for i in range(self.predator_num)]
                    rewards[i] = self.success_reward
                    #print("EATEN")
                    return rewards
    return rewards

def _get_prey_reward(self):
    #如果任何捕食者捕到猎物，将获得成功奖励，否则将获得生存奖励
    rewards = [self.success_reward for i in range(self.prey_num)]
    for i in range(self.prey_num):
        if self._prey_location[i] in self._predator_location:
            rewards[i] = 0
    return rewards
```

对上述代码的具体说明如下。

(1) _get_reward 方法。用于计算捕食者的奖励。如果任何一个捕食者捕到猎物，将获得成功奖励 self.success_reward，否则将获得生存奖励 self.living_reward。返回一个奖励列表，其中每个元素对应一个捕食者的奖励。

(2) _get_prey_reward 方法。用于计算猎物的奖励。如果任何一个猎物被捕食者捕

获，其奖励将为 0(被吃掉)，否则将获得成功奖励 self.success_reward。返回一个奖励列表，其中每个元素对应一个猎物的奖励。

16.5.5 判断回合是否结束

定义方法_is_done，用于判断当前回合是否结束。返回一个布尔值，表示回合是否结束。如果当前时间步数达到设定的回合长度(self.episode_length)或者所有猎物都被捕食者捕获，回合将被标记为结束。具体实现代码如下：

```python
def _is_done(self):
    # if all prey are gone or episode length is reached, done
    if self.steps >= self.episode_length:
        return True
    if np.sum(self.active_prey) == 0:
        return True
    return False
```

16.5.6 检查动作的合法性

分别定义方法_is_valid_predator 和方法_is_valid_prey，用于检查动作的合法性。具体实现代码如下：

```python
def _is_valid_predator(self, location, index):
    # 检查位置是否有效
    if location[0] < 0 or location[0] >= self.size or location[1] < 0 or location[1] >= self.size:
        return False
    if location in np.delete(self._predator_location, index, axis=0):
        return False
    return True

def _is_valid_prey(self, location, index):
    # 检查位置是否对第i个索引的猎物有效
    if location[0] < 0 or location[0] >= self.size or location[1] < 0 or location[1] >= self.size:
        return False
    if location in np.delete(self._prey_location, index, axis=0):
        return False
    return True
```

对上述代码的具体说明如下。

(1) 方法_is_valid_predator：用于检查捕食者的新位置是否有效。返回一个布尔值，表示新位置的有效性。检查捕食者是否移动到了环境边界之外或与其他捕食者重叠。

(2) 方法_is_valid_prey：用于检查猎物的新位置是否有效。返回一个布尔值，表示新位置的有效性。检查猎物是否移动到环境边界之外或与其他猎物重叠。

16.5.7 记录和获取状态历史

分别定义方法_save_frame_history 和方法_get_frame_history，用于记录和获取状态历史，以供代理程序使用。具体实现代码如下：

```
def _save_frame_history(self):
    self.frame_history.append(self._get_obs())

def _get_frame_history(self, history=4):
    if len(self.frame_history) < history:
        return None
    return list(self.frame_history)[-history:]
```

对上述代码的具体说明如下。

(1) 方法_save_frame_history：用于保存当前帧的状态历史，将当前观察信息添加到状态历史列表中。

(2) 方法_get_frame_history：用于获取状态历史。如果状态历史的长度小于指定的历史长度(history)，则返回 None；否则返回最近的若干个状态历史，用于构建观察信息。

16.5.8 实现 step 方法

定义了环境类 PredatorPreyEnv 中的 step 方法，该方法用于执行动作并进行环境交互。step 方法是环境中最重要的方法之一，实现了环境与代理程序之间的互动，允许代理程序执行动作并获取观察、奖励和回合状态。对 step 方法的具体说明如下。

(1) step 方法接受 4 个参数，即 action_predator、action_prey、predator_communication 和 prey_communication。其中：action_predator 是一个包含每个捕食者动作的列表，action_prey 是一个包含每个猎物动作的列表，predator_communication 是一个包含捕食者通信信息的列表(可选，根据 communication_bits 是否大于 0 决定是否使用)，prey_communication 是一个包含猎物通信信息的列表(可选，根据 communication_bits 是否大于 0 决定是否使用)。

(2) step 方法首先检查当前回合是否已结束(通过调用_is_done 方法)，如果回合结束，则抛出运行时错误。

(3) step 方法递增当前时间步数 self.steps，表示环境中经过的时间步数。

(4) step 方法迭代每个捕食者和猎物，并根据其动作进行移动。

① 对于每个活动的捕食者，根据其动作更新其位置，但在以下情况下动作不会生效。

a. 如果动作导致两个捕食者重叠在一起。

b. 如果动作导致捕食者与猎物重叠在一起。

c. 如果动作导致捕食者移动到边界或墙上。

② 对于每个活动的猎物，根据其动作更新其位置，但在以下情况下动作不会生效：如果动作导致猎物移动到边界或墙上。

(5) Step 方法检查是否有捕食者捕获了猎物，并根据情况给予奖励。

① 如果捕食者的位置与猎物的位置完全重叠，捕食者将捕获猎物，猎物将被标记为不活跃(active_prey[j] = False)。

② 使用_get_reward 方法计算捕食者的奖励，并使用 _get_prey_reward 方法计算猎物的奖励。

(6) 如果通信比特数大于 0，方法还会保存捕食者和猎物的通信信息(如果提供)。

(7) step 方法检查回合是否已结束，构建并返回观测、奖励、结束标志和信息。

(8) 如果渲染模式为 human，则在每个时间步上调用 _render_frame 方法以可视化环境。

(9) step 方法保存当前状态历史并返回状态历史以供代理程序使用。

16.5.9 生成视图帧

定义_render_predator_frame 方法，用于生成以捕食者为中心的视图帧，以便监视捕食者和猎物的行为和交互。视图帧中的颜色和通道编码方式用于表示不同类型的对象和信息。方法_render_predator_frame 的实现流程如下。

(1) _render_predator_frame 方法接受一个可选的参数 predator_id，该参数表示要在视图帧中以中心位置显示的捕食者 ID。如果 predator_id 为 None，则函数立即返回。

(2) 创建一个大小为(4, self.vision, self.vision)的三维 NumPy 数组 frame，其中第一个维度代表通道(通常对应于不同的对象或信息)，第二个和第三个维度代表视图帧的宽度和高度。

(3) 将中心位置的像素设置为 self.active_predator[predator_id]，表示捕食者的位置，并将其标记为绿色。

(4) 计算视图帧中的捕食者和猎物的位置范围，以确定哪些捕食者和猎物在视图帧中可见。

(5) 对于每个捕食者和猎物，检查其位置是否在视图帧的可见范围内，如果是，则将其添加到视图帧中。在添加时，不同的对象使用不同的通道表示。

(6) 如果通信比特数大于 0，则还将通信信息添加到相应的通信通道。

(7) 处理边界情况，如果捕食者靠近视图帧的边界，将在视图帧外部添加白色像素以表示边界。

(8) 返回生成的视图帧 frame，其中包含捕食者、猎物和通信信息的可视化信息。

16.5.10 渲染环境的视图

定义方法_render_prey_frame 和方法_render_frame，用于渲染环境的视图。这两个方法的目的是提供环境的可视化，以便监视捕食者、猎物和它们之间的交互。视图的颜色和图像表示方式用于区分不同类型的对象，并可根据需要进行自定义。

1. 方法_render_prey_frame 的实现流程

(1) _render_prey_frame 方法接受一个可选的参数 prey_id，该参数表示要在视图帧中以中心位置显示的猎物 ID。如果 prey_id 为 None，则函数立即返回。

(2) 创建一个大小为(3, self.vision, self.vision)的三维 NumPy 数组 frame，其中第一个维度代表通道(通常对应于不同的对象或信息)，第二个和第三个维度代表视图帧的宽度和高度。

(3) 将中心位置的像素设置为 self.render_scale，表示猎物的位置，并将其标记为红色。

(4) 计算视图帧中猎物的位置范围，以确定哪些捕食者和猎物在视图帧中可见。

(5) 对于每个捕食者和猎物，检查其位置是否在视图帧的可见范围内，如果是，则将其添加到视图帧中。在添加时，不同的对象使用不同的通道表示。

(6) 处理边界情况，如果猎物靠近视图帧的边界，将在视图帧外部添加白色像素以表示边界。

(7) 返回生成的视图帧 frame，其中包含捕食者、猎物和通信信息的可视化信息。

2. 方法 _render_frame 的实现流程

(1) _render_frame 方法用于渲染整个环境的视图，适用于逐帧的可视化。
(2) 如果窗口和时钟尚未创建，并且渲染模式为 human，则初始化 Pygame 窗口和时钟。
(3) 创建一个 Pygame 表面 canvas，并用白色填充整个表面。
(4) 根据环境的大小和视图的比例计算像素的大小。
(5) 绘制网格线，以在视图中创建网格。
(6) 绘制每个活动猎物作为红色矩形。
(7) 绘制每个活动捕食者作为蓝色圆圈。
(8) 如果渲染模式为 human，则将 canvas 显示在窗口上，并更新 Pygame 显示。
(9) 如果渲染模式不是 human，则将 canvas 转换为 NumPy 数组并返回。

16.6 第二个环境

创建一个名为 PredatorPreyEnv2 的自定义强化学习环境类，用于模拟实现捕食者-猎物(Predator-Prey)的环境。这是一个多智能体环境，其中捕食者追逐猎物，而猎物尽量躲避被捕食。与传统的 Predator-Prey 环境不同，这个版本中的猎物不会永久消失，并且捕食者只能在一次行动中捕食猎物。这个环境常用于研究协作、竞争和策略选择等问题。

扫码看视频

1. 对环境 PredatorPreyEnv2 的具体说明

(1) Predator-Prey(捕食者-猎物)。这个环境中包括两种类型的角色：一种是捕食者(Predator)；另一种是猎物(Prey)。捕食者的目标是捕获猎物，而猎物的目标是躲避捕食者。

(2) Immortal Prey(不死猎物)。在这个环境中，猎物是"不死的"，意味着它们不会因为被捕食而消失。通常，在传统的 Predator-Prey 环境中，猎物被捕食后会被移除，但在这个版本中，猎物不会被永久消失，它们可以一次又一次地被捕食。

(3) One time eat(一次性捕食)。这意味着捕食者只能在一次行动中捕食到猎物，之后猎物不会再次被同一个捕食者捕食。这一规则增强了游戏的挑战性，因为捕食者需要选择最佳的时机和策略来捕食猎物。

2. 环境类 PredatorPreyEnv2 的具体实现流程

(1) 导入必要的 Python 库和模块，包括 Gym、NumPy、Pygame 等。具体实现代码如下。

```
import gymnasium as gym
from gymnasium import spaces
import pygame
import numpy as np
```

```python
from collections import deque
```

(2) 定义自定义 Gym 环境的类，该类继承自 gym.Env，这是一个 Gym 环境的基类。具体实现代码如下：

```python
class PredatorPreyEnv2(gym.Env):
    metadata = {'render.modes': ['human', 'rgb_array'],
                'render-fps': 4}
```

(3) 实现 PredatorPreyEnv2 类的构造函数，用于初始化环境的各种属性和参数。其中包括环境的大小、视野、捕食者和猎物数量、奖励设置等。构造函数还设置了观察空间和动作空间的规格。具体实现代码如下：

```python
    def __init__(self,
                 render_mode=None,
                 size:int=10,
                 vision:int=5,
                 predator:int =3,
                 prey:int =1,
                 error_reward:float=-2,
                 success_reward:float=10,
                 living_reward:float=-1,
                 img_mode:bool=False,
                 episode_length:int=100,
                 history_length:int=4,
                 communication_bits:int=0,
                 cooperate:float=1):
        self.size = size
        self.vision = vision
        self.window_size = 500
        self.render_mode = render_mode
        self.predator_num = predator
        self.prey_num = prey
        self.active_predator = [True for i in range(self.predator_num)]
        self.active_prey = [True for i in range(self.prey_num)]
        self.error_reward = error_reward
        self.success_reward = success_reward
        self.living_reward = living_reward
        self.episode_length = episode_length
        self.img_mode = img_mode
        self.steps = 0
        self.window = None
        self.clock = None
        self.cooperate = cooperate
        self.render_scale = 1
        self.observation_space = spaces.Dict({
            'predator': spaces.Sequence(spaces.Box(0, size-1, shape=(2,), dtype=np.int32)),
            'prey': spaces.Box(0, size-1, shape=(2,), dtype=np.int32),
        })
        total_actions = 5
        self.action_space_predator = spaces.MultiDiscrete([total_actions]*predator)
        self.action_space_prey = spaces.MultiDiscrete([total_actions]*prey)
        self.single_action_space = spaces.Discrete(total_actions)
        self._action_to_direction = {
            0: np.array([0, 1]),
            1: np.array([1, 0]),
            2: np.array([0, -1]),
            3: np.array([-1, 0]),
            4: np.array([0, 0])
        }
```

```
        self.frame_history = deque(maxlen=4)
        self.history_length = history_length
        self.communication_bits = communication_bits
        if self.communication_bits>0:
            self.pred_communication = np.zeros((self.predator_num))
            self.prey_communication = np.zeros((self.prey_num))
```

(4) 分别实现方法_get_obs(self)和方法_get_np_arr_obs(self)，这两个方法用于获取当前环境的观察值(状态)。第一个方法返回包含捕食者和猎物位置的字典；第二个方法返回包含捕食者和猎物位置的 NumPy 数组。具体实现代码如下：

```
    def _get_obs(self):
        if self.img_mode:
            return self._get_np_arr_obs()
        return {
            'predator': self._predator_location,
            'prey': self._prey_location
        }

    def _get_np_arr_obs(self):
        predator_states = []
        prey_states = []
        for i in range(len(self._predator_location)):
            state = self._render_predator_frame(predator_id=i)
            predator_states.append(state)
        for i in range(len(self._prey_location)):
            state = self._render_prey_frame(prey_id=i)
            prey_states.append(state)
        return {
            "predator":predator_states,
            "prey":prey_states
        }
```

(5) 定义方法_get_info(self)，用于获取环境的其他信息，通常为空字典。具体实现代码如下：

```
    def _get_info(self):
        return {}
```

(6) 定义方法 reset(self, *, seed: int=1, options=None)，用于重置环境的状态，通常在每个新的回合开始时调用。它随机初始化捕食者和猎物的位置，并返回初始观察值。具体实现代码如下：

```
    def reset(self, *, seed: int=1, options=None):
        self._predator_location = np.random.randint(0, self.size, size=(self.predator_num, 2))
        self._prey_location = np.random.randint(0, self.size, size=(self.prey_num, 2))
        self.steps = 0
        self.active_predator = [True for i in range(self.predator_num)]
        self.active_prey = [True for i in range(self.prey_num)]
        if self.render_mode == 'human':
            self._render_frame()
        self._save_frame_history()
        return self._get_frame_history(self.history_length), self._get_info()
```

(7) 定义方法 get_reward(self) 和方法_get_prey_reward(self)，这两个方法用于计算捕食者和猎物的奖励。前者计算捕食者的奖励，如果捕食者成功捕获猎物，会获得正奖励，否则获得负奖励。后者计算猎物的奖励，如果猎物被捕获，奖励为 0，否则为正奖励。具体实现代码如下：

```
    def _get_reward(self):
```

```python
        # if any predator reaches prey, success. else, living reward
        rewards = [self.living_reward for i in range(self.predator_num)]
        for i in range(self.predator_num):
            for j in range(self.prey_num):
                if self.active_predator[i]:
                    if np.all(self._predator_location[i]==self._prey_location[j]):
                        rewards = [self.cooperate*self.success_reward for i in
                            range(self.predator_num)]
                        rewards[i] = self.success_reward
                        #print("EATEN")
                        return rewards
        return rewards

    def _get_prey_reward(self):
        # if any predator reaches prey, success. else, living reward
        rewards = [self.success_reward for i in range(self.prey_num)]
        for i in range(self.prey_num):
            if self._prey_location[i] in self._predator_location:
                rewards[i] = 0
        return rewards
```

(8) 定义方法_is_done(self)，用于判断当前回合是否结束。如果捕食者全部死亡、达到最大步数或者所有猎物被捕获，则回合结束。具体实现代码如下：

```python
    def _is_done(self):
        # if all prey are gone or episode length is reached, done
        if self.steps >= self.episode_length:
            return True
        if np.sum(self.active_predator)==0:
            return True
        return False
        if np.sum(self.active_prey) == 0:
            return True
        return False
```

(9) 分别定义方法_is_valid_predator(self, location, index) 和方法_is_valid_prey(self, location, index)。这两个方法用于检查捕食者和猎物的移动是否有效、是否超出边界或重叠。具体实现代码如下：

```python
    def _is_valid_predator(self, location, index):
        # check if location is valid
        if location[0] < 0 or location[0] >= self.size or location[1] < 0 or location[1] >=
            self.size:
            return False
        if location in np.delete(self._predator_location, index, axis=0):
            return False
        return True

    def _is_valid_prey(self, location, index):
        # check if location is valid for prey of i'th index
        if location[0] < 0 or location[0] >= self.size or location[1] < 0 or location[1] >=
            self.size:
            return False
        if location in np.delete(self._prey_location, index, axis=0):
            return False
        return True
```

(10) 定义方法 render(self)，用于渲染环境，并返回渲染结果。根据不同的渲染模式，可能返回 RGB 数组或者在 Pygame 窗口中显示。具体实现代码如下：

```python
    def render(self):
        if self.render_mode =='rgb_array':
            return self._render_frame()
```

(11) 分别定义方法 save_frame_history(self) 和方法 _get_frame_history(self, history=4)，这两个方法用于保存和获取环境的历史帧，通常用于可视化和回放。具体实现代码如下：

```
def _save_frame_history(self):
    self.frame_history.append(self._get_obs())

def _get_frame_history(self, history=4):
    if len(self.frame_history) < history:
        return None
    return list(self.frame_history)[-history:]
```

(12) 定义方法 step()，用于模拟智能体与环境之间的交互过程的一步，接收捕食者和猎物的动作，更新环境状态，并返回新的观察值、奖励、是否结束及其他信息。方法 step() 的实现流程如下。

① 接收智能体的动作。step()方法接收智能体的动作作为输入参数。这些动作决定了智能体在当前时间步骤要采取的行动。

② 更新环境状态。根据智能体的动作，step()方法会更新环境的内部状态，包括智能体的位置、奖励分配等。这个更新可能包括移动智能体、改变环境状态等。

③ 计算奖励。step()方法会根据当前的环境状态和智能体的动作计算奖励。奖励表示智能体在执行该动作后的表现好坏，通常是一个数值。

④ 判断回合是否结束。step()方法还会检查当前回合是否结束，可能的结束条件包括达到最大步数、任务成功完成或失败等。

⑤ 返回结果。step()方法会返回一个包含以下信息的元组，即新的观察值(环境状态)、奖励、是否结束、其他信息。这些信息通常被用于智能体的学习和决策。

总之，step()方法是智能体与环境互动的核心，它模拟了一个时间步骤中的所有操作，允许智能体与环境进行连续的交互，以便智能体能够学习并改进其策略以达到某个目标。

(13) 分别定义方法_render_predator_frame(self, predator_id:int=0) 和方法_render_prey_frame(self, prey_id:int=1)。这两个方法用于渲染捕食者和猎物的图像帧，根据传入的捕食者或猎物 ID，在图像中绘制相应的位置信息。

(14) 定义方法_render_frame(self)，用于渲染整个环境的图像帧，包括网格、捕食者和猎物的位置。

(15) 定义方法 close(self)，用于关闭渲染窗口，释放资源。具体实现代码如下：

```
def close(self):
    if self.window is not None:
        pygame.quit()
        self.window = None
        self.clock = None
```

16.7 随机智能体

随机智能体(Random Agent)是指在环境中执行动作时，其动作选择是完全随机的，不基于任何学习或决策策略。这种类型的智能体没有对环境或任务的理解，也不采用任何算法来优化其行为。它仅仅是从可用的动作中随机选择一个，而不考虑当前环境状态或任何长期目标。

扫码看视频

16.7.1 应用场景

随机智能体通常用于以下情况。

(1) 基准测试。将随机智能体用作性能基准，以评估其他更复杂的智能体或算法在解决特定任务或环境时的性能。通过与随机智能体的性能比较，可以衡量其他智能体是否真正具有学习和决策的能力。

(2) 探索环境。在某些情况下，可以使用随机智能体来探索环境的可行空间，以了解环境的性质或收集数据，供后续学习智能体使用。这对于初步了解环境或解决尚未被其他智能体探索的问题很有用。

(3) 随机性试验。在某些研究或仿真中，引入随机性是必要的，以模拟现实中的不确定性或随机事件。随机智能体可以用于模拟这种不确定性，以评估系统或算法的鲁棒性。

需要注意的是，随机智能体通常不是为了解决具体问题而设计的，因为它们的行为是毫无逻辑或目标的。相反，它们主要用于评估、探索和模拟目的。

16.7.2 实现随机智能体

定义一个名为 RandomAgent 的类，它表示一个随机智能体，该智能体在每个时间步骤都随机选择动作，没有基于学习的决策过程。具体实现代码如下：

```
class RandomAgent():
    def __init__(self,
                 input_size,
                 output_size,
                 linear=True,
                 lr=0.001,
                 gamma=0.99,
                 replay_size=10000,
                 batch_size=4,
                 fix_pos = False):
        self.input_size = input_size
        self.output_size = output_size
        self.fix_pos = fix_pos
    def act(self, state):
        return np.random.randint(self.output_size)

    def calc_loss(self, batch):
        pass

    def update_model(self):
        pass

    def update_target_model(self):
        pass

    def select_action(self, state, epsilon=0.1):
        if self.fix_pos:
            return 4, 0
        return np.random.randint(self.output_size), 0
```

对上述代码的具体说明如下：

(1) __init__(self, input_size, output_size, linear=True, lr=0.001, gamma=0.99, replay_size=10000, batch_size=4, fix_pos=False)：初始化方法，用于创建 RandomAgent 的实例。它接

受以下参数。

① input_size：表示输入状态的维度或特征数量。
② output_size：表示智能体可以选择的动作数量。
③ linear：一个布尔值，表示是否使用线性模型。默认为 True。
④ lr：学习率，用于更新模型参数的优化算法。默认为 0.001。
⑤ gamma：折扣因子，表示未来奖励的重要性。默认为 0.99。
⑥ replay_size：回放缓冲区的大小，用于存储历史经验以进行经验回放。默认为 10000。
⑦ batch_size：每次从回放缓冲区中选择的批次大小。默认为 4。
⑧ fix_pos：一个布尔值，表示是否固定智能体的位置。默认为 False。

(2) act(self, state)：根据当前状态选择一个动作的方法。在这个随机智能体中，它只是返回一个随机选择的动作，动作范围从 0 到 output_size-1。

(3) calc_loss(self, batch)：计算损失的方法。由于这是一个随机智能体，它并没有执行基于学习的决策，因此该方法在这里没有实际用途，可以留空。

(4) update_model(self)：更新模型参数的方法。同样，由于这是一个随机智能体，它不执行模型更新，因此该方法也可以留空。

(5) update_target_model(self)：更新目标模型参数的方法。与前面两个方法一样，由于这是一个随机智能体，也不需要更新目标模型，该方法可以留空。

(6) select_action(self, state, epsilon=0.1)：选择动作的方法，类似于 act 方法。根据当前状态和一个 epsilon 参数(默认为 0.1)，它可能返回随机选择的动作或固定的动作，具体取决于 fix_pos 参数。如果 fix_pos 为 True，则返回动作 4, 0；否则，返回随机选择的动作。

总之，RandomAgent 类表示一个随机智能体，它不执行基于学习的决策，而是在每个时间步骤中随机选择动作。这对于测试环境或与其他智能体进行对比很有用。

16.8 DDPG 算法的实现

实现 DDPG(Deep Deterministic Policy Gradient)算法的代理类(DDPGAgent)以及相关的工具类。DDPG 是一种用于连续动作空间的深度强化学习算法，其中包括一个 Actor 网络和一个 Critic 网络，同时还有经验回放缓冲区(ReplayBuffer)等组件。在本节的内容中，将详细讲解本项目实现 DDPG 算法的代理类(DDPGAgent)以及相关的工具类的过程。实现一个基本的 DDPG 代理类，用于在连续动作空间中训练智能体。在训练过程中，智能体会不断地与环境交互，更新 Actor 网络和 Critic 网络网络的参数，以学习最优策略。模型参数可以保存和加载，以便在需要时继续训练或测试。

扫码看视频

16.8.1 信息存储

首先定义命名元组 Transition，用于表示经验回放缓冲区中的一条经验，包括状态(state)、动作(action)、通信(communication)、奖励(reward)、下一个状态(next_state)和完成标志(done)等信息。然后定义经验回放缓冲区类 ReplayBuffer，用于存储和采样代理与环境之间的交互经验。具体实现代码如下：

```python
Transition = namedtuple('Transition', ('state', 'action', 'communication', 'reward',
'next_state', 'done'))

class ReplayBuffer:
    def __init__(self, buffer_size):
        self.buffer_size = buffer_size
        self.memory = deque(maxlen=buffer_size)

    def push(self, state=0, action=0, communication=None, reward=0, next_state=0, done=0):
        self.memory.append(Transition(state, action, communication, reward, next_state, done))

    def sample(self, batch_size):
        transitions = random.sample(self.memory, batch_size)
        batch = Transition(*zip(*transitions))
        state_batch = torch.stack(batch.state)
        action_batch = torch.stack(batch.action)
        communication_batch = torch.stack(batch.communication)
        reward_batch = torch.stack(batch.reward)
        next_state_batch = torch.stack(batch.next_state)
        done_batch = torch.stack(batch.done).unsqueeze(1)
        return state_batch, action_batch, communication_batch, reward_batch, next_state_batch,
done_batch

    def __len__(self):
        return len(self.memory)
```

16.8.2 实现 Actor 模型

定义神经网络模型类 Actor，用于实现强化学习中的 Actor 模型。这个 Actor 模型接受状态(state)作为输入，然后输出动作(action)，并且还包括一些用于通信(communication)的额外层。具体实现代码如下：

```python
class Actor(nn.Module):
    def __init__(self, state_size, action_size, communication_size=0):
        super().__init__()
        self.communincation_size = communication_size
        self.conv1 = nn.Conv2d(state_size[0], 16, kernel_size=2)
        self.bn1 = nn.BatchNorm2d(16)
        self.conv2 = nn.Conv2d(16, 32, kernel_size=2)
        self.bn2 = nn.BatchNorm2d(32)
        self.conv3 = nn.Conv2d(32, 32, kernel_size=2)
        self.bn3 = nn.BatchNorm2d(32)
        self.fc1 = nn.Linear(512, 256)
        self.fc2 = nn.Linear(256, 128)
        self.fc3 = nn.Linear(128, 64)
        self.fc4 = nn.Linear(64, 32)
        self.fc5 = nn.Linear(32, action_size)

        self.commfc1 = nn.Linear(512, 256)
        self.commfc2 = nn.Linear(256, 128)
        self.commfc3 = nn.Linear(128, 64)
        self.commfc4 = nn.Linear(64, 32)
        self.commfc5 = nn.Linear(32, 1)
    def forward(self, state):
        x = torch.relu(self.bn1(self.conv1(state)))
        x = torch.relu(self.bn2(self.conv2(x)))
        x = torch.relu(self.bn3(self.conv3(x)))
        x = x.view(x.size(0), -1)
```

```python
        x_comm = torch.relu(self.commfc1(x))
        x_comm = torch.relu(self.commfc2(x_comm))
        x_comm = torch.relu(self.commfc3(x_comm))
        x_comm = torch.relu(self.commfc4(x_comm))
        x_comm = torch.relu(self.commfc5(x_comm))
        x_comm = self.communincation_size*torch.sigmoid(x_comm)

        x = torch.relu(self.fc1(x))
        x = torch.relu(self.fc2(x))
        x = torch.relu(self.fc3(x))
        x = torch.relu(self.fc4(x))
        x = torch.relu(self.fc5(x))
        x = torch.softmax(x, dim=-1)

        return x, x_comm
```

对上述代码的具体说明如下。

(1) 输入参数 state_size 表示输入状态的大小，action_size 表示输出动作的大小，communication_size 表示通信层的大小(默认为 0)。

(2) 模型的结构包括卷积层(Conv2d)、批归一化层(BatchNorm2d)和全连接层(Linear)。

(3) 模型 Actor 有以下两个分支。

① 第一个分支(用于计算动作)包括卷积层、批归一化层和全连接层，最后的输出是 softmax 激活函数，用于生成动作概率分布。

② 第二个分支(用于通信)也包括全连接层，但最后的输出是一个大小为 1 的值，通过 sigmoid 激活函数进行处理。

(4) forward()方法定义了前向传播过程。首先，输入状态经过卷积和批归一化层，然后通过全连接层进行变换。其中，第一个分支用于计算动作概率分布，第二个分支用于生成通信信号。

总起来说，这个模型的目的是根据输入状态生成动作概率分布，并且可以选择是否进行通信。通信部分可以用于多智能体强化学习中的信息传递和协作。模型结构中的卷积层和全连接层用于从原始状态中提取特征，并将其映射到动作概率和通信信号的空间。

16.8.3 实现 Critic 模型

定义神经网络模型类 Critic，用于实现强化学习中的 Critic 模型。Critic 模型的主要任务是估算状态-动作对的 Q 值(或者价值)，以评估每个动作的优劣。具体实现代码如下：

```python
class Critic(nn.Module):
    def __init__(self, state_size, action_size, num_agents, communication_size=0):
        super().__init__()
        self.conv1 = nn.Conv2d(state_size[0]*num_agents, 64, kernel_size=2)
        self.bn1 = nn.BatchNorm2d(64)
        self.conv2 = nn.Conv2d(64, 128, kernel_size=2)
        self.bn2 = nn.BatchNorm2d(128)
        self.conv3 = nn.Conv2d(128, 64, kernel_size=2)
        self.bn3 = nn.BatchNorm2d(64)
        self.conv4 = nn.Conv2d(64, 32, kernel_size=2)
        self.bn4 = nn.BatchNorm2d(32)
        # fc1 has size equal to resulting flattened conv layer
        self.fc0 = nn.Linear(num_agents+num_agents, 64)
        self.fc1 = nn.Linear(64, 128)
        self.fc2 = nn.Linear(416, 256)
```

```
        self.fc3 = nn.Linear(256, 128)
        self.fc4 = nn.Linear(128, 1)

    def forward(self, state, action, communication=None):
        x = torch.relu(self.bn1(self.conv1(state)))
        x = torch.relu(self.bn2(self.conv2(x)))
        x = torch.relu(self.bn3(self.conv3(x)))
        x = torch.relu(self.bn4(self.conv4(x)))
        # print(x.shape)
        x = x.view(x.size(0), -1)
        y = torch.cat([action, communication], dim=-1)
        y = torch.relu(self.fc0(y))
        y = torch.relu(self.fc1(y))
        x = torch.cat([x, y], dim=-1)
        x = torch.relu(self.fc2(x))
        x = torch.relu(self.fc3(x))
        x = torch.relu(self.fc4(x))
        # x = torch.softmax(x, dim=-1)
        return x
```

对上述代码的具体说明如下。

(1) 输入参数 state_size 表示输入状态的大小，action_size 表示动作的大小，num_agents 表示智能体的数量，communication_size 表示通信层的大小(默认为 0)。

(2) 模型 Critic 的结构包括卷积层(Conv2d)、批归一化层(BatchNorm2d)和全连接层(Linear)。

(3) 模型 Critic 有以下两个分支。

① 第一个分支用于处理状态信息。它包括卷积层和批归一化层，用于从状态中提取特征。

② 第二个分支用于处理动作和通信信息。它首先将动作和通信信号连接在一起，然后通过全连接层进行处理。

(4) forward()方法定义了前向传播过程。首先，输入的状态经过卷积和批归一化层，然后通过全连接层进行变换。动作和通信信息被连接到第一个分支的输出上。最终，通过全连接层生成 Q 值的估计值。

总起来说，这个 Critic 模型的目的是根据输入状态、动作和通信信号，估算状态-动作对的 Q 值。这个 Q 值可以用于评估智能体的动作选择和价值估计，在强化学习算法中起着重要的作用。模型结构中的卷积层和全连接层用于从状态、动作和通信信息中提取和组合特征。

16.8.4 实现 DDPG 智能体

定义 DDPGAgent 类，用于实现一个深度确定性策略梯度(DDPG)智能体。DDPG 是一种用于连续动作空间的强化学习算法，它结合了策略梯度方法和 DQN。类 DDPGAgent 包括 Actor 模型和 Critic 模型，以及用于训练和更新模型的方法。模型的更新使用了软更新目标网络的技术，以提高训练的稳定性和效率。具体实现代码如下：

```
class DDPGAgent:
    def __init__(self,
                 state_size:tuple=(12, 5, 5),
                 action_size:int=5,
                 buffer_size:int=1000,
                 batch_size:int=4,
                 gamma:float=0.99,
```

```python
                 tau:float=0.01,
                 actor_lr:float=0.001,
                 critic_lr:float=0.003,
                 num_agents:int=4,
                 communication_bits:int=0,
                 idd:int=0):
        self.state_size = state_size
        self.action_size = action_size
        self.batch_size = batch_size
        self.gamma = gamma
        self.tau = tau
        self.num_agents = num_agents
        self.idd = idd
        self.communication_bits = communication_bits
        self.actor_model = Actor(state_size=state_size,
                        action_size=action_size,
                        communication_size=communication_bits).to(device)
        self.critic_model = Critic(state_size,
                        action_size,
                        num_agents,
                        communication_size=communication_bits).to(device)
        self.target_actor_model = Actor(state_size=state_size,
                        action_size=action_size,
                        communication_size=communication_bits).to(device)
        self.target_critic_model = Critic(state_size ,
                        action_size,
                        num_agents,
                        communication_size=communication_bits).to(device)
        self.actor_optimizer = optim.Adam(self.actor_model.parameters(), lr=actor_lr)
        self.critic_optimizer = optim.Adam(self.critic_model.parameters(), lr=critic_lr)
        self.replay_buffer = ReplayBuffer(buffer_size)

    def act(self, state, noise_scale=0.0):
        with torch.no_grad():
            action, msg = self.actor_model(state)
            action += noise_scale * torch.randn_like(action)
            action = torch.clamp(action, 0, 1)
            # print(msg, "TRUE MSG")
            # msg += noise_scale*torch.randn_like(msg)
        return action.squeeze(0), msg

    def select_action(self, state, noise_scale=0.0):
        action, msg = self.act(state, noise_scale)
        choice = torch.argmax(action)
        return action.cpu().detach().numpy(), choice.cpu().detach().item(),
            msg.cpu().detach().item()

    def update_model(self):
        if len(self.replay_buffer) < self.batch_size:
            return
        state_batch, action_batch,communication_batch, reward_batch, next_state_batch,
            done_batch = self.replay_buffer.sample(self.batch_size)
        # 计算目标Q值
        target_next_actions = []
        target_next_communication = []
        state_shape = state_batch.shape
        next_state_shape = next_state_batch.shape
        for i in range(self.num_agents):
            start_index = int(state_shape[1]*(i)/self.num_agents)
            end_index = int(state_shape[1]*(i+1)/self.num_agents)
            action, msg = self.target_actor_model(next_state_batch[:,start_index:end_index, :, :])
            target_next_actions.append(action)
            target_next_communication.append(msg)
        target_next_actions = torch.stack(target_next_actions, dim=1)
        target_next_actions = torch.argmax(target_next_actions, dim=2)
        target_next_communication = torch.stack(target_next_communication, dim=1).squeeze(2)
```

```python
            target_q_values = self.target_critic_model(next_state_batch, target_next_actions,
                target_next_communication)
            target_q_values = reward_batch[:, self.idd].unsqueeze(1) + (1 - done_batch) *
                self.gamma * target_q_values
        # 更新critic模型
        q_values = self.critic_model(state_batch, action_batch, communication_batch)
        critic_loss = nn.functional.mse_loss(q_values, target_q_values.detach())
        self.critic_optimizer.zero_grad()
        critic_loss.backward()
        self.critic_optimizer.step()
        # 更新actor模型
        actions = []
        communications = []
        for i in range(self.num_agents):
            start_index = int(state_shape[1]*(i)/self.num_agents)
            end_index = int(state_shape[1]*(i+1)/self.num_agents)
            action, msg = self.actor_model(state_batch[:,start_index:end_index, :, :])
            actions.append(action)
            communications.append(msg)
        actions = torch.stack(actions, dim=1)
        actions = torch.argmax(actions, dim=2)
        communications = torch.stack(communications, dim=1).squeeze(2)
        # print(actions.shape, "ACTIONS")
        # print(communications.shape, "COMMUNICATIONS")
        actor_loss = -self.critic_model(state_batch, actions, communications).mean()
        self.actor_optimizer.zero_grad()
        actor_loss.backward()
        self.actor_optimizer.step()
        # print(critic_loss.item(), actor_loss.item())
        return critic_loss.item()

    def update_target_model(self):
        for target_param, param in zip(self.target_actor_model.parameters(),
            self.actor_model.parameters()):
            target_param.data.copy_(self.tau * param.data + (1 - self.tau) * target_param.data)
        for target_param, param in zip(self.target_critic_model.parameters(),
            self.critic_model.parameters()):
            target_param.data.copy_(self.tau * param.data + (1 - self.tau) * target_param.data)

    def calc_loss(self):
        state_batch, action_batch, reward_batch, next_state_batch, done_batch =
            self.replay_buffer.sample(self.batch_size)
        # 计算目标Q值
        target_next_actions = self.target_actor_model(next_state_batch)
        target_next_actions += 0.1 * torch.randn_like(target_next_actions)
        target_next_actions = torch.clamp(target_next_actions, 0, 1)
        target_q_values = self.target_critic_model(next_state_batch, target_next_actions)
        target_q_values = reward_batch + (1 - done_batch) * self.gamma * target_q_values
        # 计算critic损失
        q_values = self.critic_model(state_batch, action_batch)
        critic_loss = nn.functional.mse_loss(q_values, target_q_values.detach())
        # 计算actor损失
        actions = self.actor_model(state_batch)
        actor_loss = -self.critic_model(state_batch, actions).mean()
        return critic_loss.item(), actor_loss.item()

    def save_model(self, actor_file, critic_file):
        torch.save(self.actor_model.state_dict(), actor_file)
        torch.save(self.critic_model.state_dict(), critic_file)

    def load_model(self, actor_file, critic_file):
        self.actor_model.load_state_dict(torch.load(actor_file))
        self.critic_model.load_state_dict(torch.load(critic_file))
        self.target_actor_model.load_state_dict(torch.load(actor_file))
        self.target_critic_model.load_state_dict(torch.load(critic_file))
        print("SUCCESSFULLY LOADED MODEL")
    def load_optim(self, actor_file, critic_file):
```

```
self.actor_optimizer.load_state_dict(torch.load(actor_file))
self.critic_optimizer.load_state_dict(torch.load(critic_file))
print("SUCCESSFULLY LOADED OPTIMIZER")
```

对上述代码的具体说明如下。

(1) __init__ 方法。初始化 DDPGAgent 的参数和模型，各个参数的具体说明如下。

① state_size 和 action_size：分别表示状态空间的维度和动作空间的维度。
② buffer_size：表示回放缓冲区的大小，用于存储过去的经验。
③ batch_size：表示每次训练时从缓冲区中采样的批次大小。
④ gamma：表示折扣因子，用于计算未来奖励的折扣值。
⑤ tau：用于软更新目标网络的参数。
⑥ actor_lr 和 critic_lr：分别表示 Actor 和 Critic 模型的学习率。
⑦ num_agents：表示智能体的数量。
⑧ communication_bits：表示通信信息的维度(默认为 0)。
⑨ idd 表示智能体的唯一标识符。

(2) 模型初始化。在初始化方法中，创建了 actor_model 模型和 critic_model 模型，以及目标 Actor 模型和目标 Critic 模型(target_actor_model 和 target_critic_model)。这些模型都被部署到指定的设备(device)上。

(3) act 方法。用于根据给定的状态选择动作。它接受一个状态作为输入，并使用演员模型来生成动作。可选参数 noise_scale 用于添加探索性噪声到动作中。

(4) select_action 方法。类似于 act 方法，但它还返回动作的选择结果、选择的动作索引以及通信信息。

(5) update_model 方法。用于更新 Actor 模型和 Critic 模型的权重。这是 DDPG 算法的核心部分，它通过最小化 Critic 损失来更新 Actor 模型，并且通过最小化 Actor 损失来更新 Critic 模型。

(6) update_target_model 方法。用于软更新目标 Actor 和目标 Critic 模型的权重，以稳定训练过程。

(7) calc_loss 方法。计算 Critic 模型和 Actor 模型的损失。这些损失在训练过程中用于监督和更新模型。

(8) save_model 方法和 load_model 方法。用于保存和加载模型的权重参数以及优化器的状态。

(9) load_optim 方法。用于加载优化器的状态。

16.9 训练模型

接下来开始实现强化学习代理的训练过程，该代理使用了深度确定性策略梯度(DDPG)算法来解决多智能体协作的问题。在本项目中需要训练多个智能体，其中捕食者智能体使用 DDPG 算法进行训练，而猎物智能体则随机选择动作。训练目标是使捕食者智能体学会在环境中捕获猎物，并获得最大的累积奖励。训练过程中监测并记录了不同指标的变化，以便进一步分析和改进训练算法。

扫码看视频

16.9.1 环境初始化

通过创建 PredatorPreyEnv 环境来模拟智能体的训练场景,其中包括多个捕食者 (Predator)和猎物(Prey),以及其他参数如视野、历史记录长度等。具体实现代码如下:

```
device = torch.device("cuda" if torch.cuda.is_available() else "cpu")

is_ipython = 'inline' in matplotlib.get_backend()
if is_ipython:
    from IPython import display
plt.ion()

TAU = 0.001
EPS_START = 0.9
EPS_END = 0.05
EPS_DECAY = 500
ACTOR_LR = 1e-4
CRITIC_LR = 1e-2
GAMMA = 0.99
NUM_EPISODES = 1000
NUM_PRED = 5
NUM_PREY = 1
BATCH_SIZE = 8
VISION = 7 # do not change
SIZE = 13
LOAD = False
HISTORY = 4 #do not change
COMMUNICATION_BIT = 10
env = PredatorPreyEnv(  # Use PredatorPreyEnv2 for immortal prey
    render_mode='none',
    size=SIZE,
    predator=NUM_PRED,
    prey=NUM_PREY,
    episode_length=100,
    img_mode=True,
    vision=VISION,
    history_length=HISTORY,
    communication_bits=COMMUNICATION_BIT,
    success_reward=10,
    living_reward=-0.5,
    error_reward=0,
    cooperate=1
)
state, _ = env.reset()
n_actions = env.single_action_space.n
n_observations = 4 # considering single agent observation space
episode_durations = []
steps_done = 0

losses = []
steps = []
rewards = []
```

16.9.2 创建智能体

分别创建捕食者智能体和猎物智能体,使用类 DDPGAgent 创建多个捕食者智能体 (predators)和多个随机猎物智能体(preys)。具体实现代码如下:

```
predators = [DDPGAgent((HISTORY*4,VISION,VISION),
                n_actions,
                num_agents=NUM_PRED,
```

```
                    idd=i,
                    gamma=GAMMA,
                    tau=TAU,
                    actor_lr=ACTOR_LR,
                    critic_lr=CRITIC_LR,
                    communication_bits=COMMUNICATION_BIT,
                    batch_size=BATCH_SIZE,
                    buffer_size=int(1e6),
                    ) for i in range(NUM_PRED)]
preys = [RandomAgent(VISION*VISION*3,
             n_actions,
             fix_pos=False) for i in range(NUM_PREY)]
```

在上述代码中，RandomAgent 是一个随机智能体，它在每个时间步骤随机选择动作而不依赖于环境状态或学习算法。在上述代码中，RandomAgent 用作猎物(Prey)的智能体，其目的是模拟没有学习能力的实体，它会随机采取行动。

16.9.3 训练循环

通过循环迭代多个训练周期(NUM_EPISODES)，每个周期通过以下步骤进行训练。

（1）选择动作。捕食者智能体根据当前状态选择动作，猎物智能体随机选择动作。

（2）执行动作。将捕食者和猎物的动作应用于环境，并获得下一个状态、奖励和是否完成的信息。

（3）存储经验。将每个智能体的经验存储在经验回放缓冲区中，以供后续训练使用。

（4）更新模型。对捕食者智能体进行模型更新，包括 Actor 模型和 Critic 模型的更新。

（5）逐步更新。根据当前训练步数逐步降低探索率(epsilon)。

（6）监测和记录。监测并记录损失、奖励和训练时长等信息，以便后续分析和可视化。

具体实现代码如下：

```
fin_losses = []
episode_durations = []
fin_rewards = []
MAV_loss_window = 5
MAV_episode_duration_window = 5
MAV_rewards_window = 5
epsilon_predator = EPS_START
epsilon_prey = EPS_START
#装入模型
if LOAD:
    for i in range(NUM_PRED):
        predators[i].load_model(f"./models2/actor_model_{i}.dict",
f"./models2/critic_model{i}.dict")
        predators[i].load_optim(f"./models2/actor_optimizer_{i}.dict",
f"./models2/critic_optimizer_{i}.dict")

for i_episode in range(NUM_EPISODES):
    # 初始化环境及其状态
    state, info = env.reset()
    # print(state)
    losses = []
    episode_reward = 0
    for i_step in count():
        # 选择并执行一个动作
        predator_actions = []
        prey_actions = []
        pred_communication = [0 for _ in range(NUM_PRED)]
```

```python
            prey_communication = [0 for _ in range(NUM_PREY)]
            if state is None:
                pred_actions = [0 for _ in range(NUM_PRED)]
                prey_actions = [0 for _ in range(NUM_PREY)]
                next_state, reward, done, info = env.step(pred_actions,
                                    prey_actions,
                                    pred_communication=pred_communication,
                                    prey_communication=prey_communication)
                steps_done+=1
                # 移动到下一个状态
                state = next_state
                # if done or i == env.episode_length-1:
                if done:
                    episode_durations.append(i_step + 1)
                    break
                continue

            #选择动作
            for i in range(NUM_PRED):
                state_i = [torch.tensor(s["predator"][i], dtype=torch.float32, device=device) for
                    s in state]
                state_i = torch.cat(state_i, dim=0).unsqueeze(0)  # 12, 5, 5
                # print(state_i.shape, "AFTER")
                # state_i = torch.tensor(state_i, dtype=torch.float32, device=device).unsqueeze(0)
                action_i, action_choice, msg_i = predators[i].select_action(state_i,
                    epsilon_predator)
                predator_actions.append(action_choice)
                pred_communication[i] = msg_i
                # print(state_i[:4, :, :], "STATE")
                # exit()
                # print(msg_i, "RECIEVED_MSG")
            for i in range(NUM_PREY):
                state_i = [torch.tensor(s["prey"][i], dtype=torch.float32, device=device) for s in state]
                action_i, _ = preys[i].select_action(state_i, epsilon_prey)
                prey_actions.append(action_i)

            # print(pred_communication, "pred_communication")
            #TAKE ACTION IN ENVIRONMENT
            next_state, reward, done, info = env.step(predator_actions,
                                prey_actions,
                                pred_communication=pred_communication)
            episode_reward += sum(reward["predator"])/len(reward["predator"])*GAMMA**i_step
            # 将转换存储在内存中
            total_state = []
            total_next_state = []
            reward_total = torch.tensor(reward["predator"], dtype=torch.float32, device=device)
            action_total = torch.tensor(predator_actions, dtype=torch.float32, device=device)
            pred_msg_total = torch.tensor(pred_communication, dtype=torch.float32, device=device)
            done_total = torch.tensor(done, dtype=torch.float32, device=device)

            for i in range(NUM_PRED):
                state_i = [torch.tensor(s["predator"][i], dtype=torch.float32, device=device) for
                    s in state]
                state_i = torch.cat(state_i, dim=0)

                next_state_i = [torch.tensor(s["predator"][i], dtype=torch.float32, device=device)
                    for s in next_state]
                next_state_i = torch.cat(next_state_i, dim=0)
                total_state.append(state_i)
                total_next_state.append(next_state_i)
            total_state = torch.cat(total_state, dim=0)
            total_next_state = torch.cat(total_next_state, dim=0)

            for i in range(NUM_PRED):
                predators[i].replay_buffer.push(total_state, action_total, pred_msg_total,
                    reward_total, total_next_state, done_total)
```

```python
# 修改 the Actor-Critic 网络
for i in range(NUM_PRED):
    loss = predators[i].update_model()
    if loss is not None:
        losses.append(loss)
    predators[i].update_target_model()
for i in range(NUM_PREY):
    preys[i].update_model()
    preys[i].update_target_model()

#decay epsilon
epsilon_predator = EPS_END + (EPS_START - EPS_END) * \
    np.exp(-1. * steps_done / EPS_DECAY)
epsilon_prey = EPS_END + (EPS_START - EPS_END) * \
    np.exp(-1. * steps_done / EPS_DECAY)
steps_done+=1

state = next_state
if done:
    episode_durations.append(i_step + 1)
    break
LOSS = sum(losses)/(len(losses)+1)
if i_episode>3:
    fin_losses.append(LOSS)
    fin_rewards.append(episode_reward)
print(f"Episode {i_episode} finished after {i_step+1} steps with Loss {LOSS:.3f}, REWARD {episode_reward:.3f}", end='\r')
```

16.9.4 保存模型

每隔一定的时间，将训练后得到的模型权重文件和优化器状态文件保存到指定的目录中。具体实现代码如下：

```python
if (i_episode) % 10 == 0:
    for i in range(NUM_PRED):
        torch.save(predators[i].actor_model.state_dict(), f"./models2/actor_model_{i}.dict")
        torch.save(predators[i].critic_model.state_dict(), f"./models2/critic_model{i}.dict")
        torch.save(predators[i].actor_optimizer.state_dict(), f"./models2/actor_optimizer_{i}.dict")
        torch.save(predators[i].critic_optimizer.state_dict(), f"./models2/critic_optimizer_{i}.dict")
```

16.9.5 训练结果可视化

使用库 Matplotlib 绘制训练过程中的损失、奖励和训练时长的变化曲线，具体实现代码如下：

```python
fig, ax = plt.subplots(nrows=1, ncols=3, figsize=(16, 4))
ax[0].plot(pd.Series(episode_durations, dtype=float).rolling
    (window=MAV_episode_duration_window).mean(), label="Variation")
ax[0].plot(pd.Series(episode_durations, dtype=float).rolling
    (window=MAV_episode_duration_window * 3).mean(), label="Trend")
ax[0].set_xlabel('Episode')
ax[0].set_ylabel('Duration')
ax[0].set_title('EPISODE DURATIONS')
```

```
ax[1].plot(pd.Series(fin_losses, dtype=float).rolling(window=MAV_loss_window).mean(),
    label="Variation")
ax[1].plot(pd.Series(fin_losses, dtype=float).rolling(window=MAV_loss_window * 3).mean(),
    label="Trend")
ax[1].set_xlabel('Episode')
ax[1].set_ylabel('Loss')
ax[1].set_title('LOSS')
ax[2].plot(pd.Series(fin_rewards, dtype=float).rolling
    (window=MAV_rewards_window).mean(), label="Variation")
ax[2].plot(pd.Series(fin_rewards, dtype=float).rolling(window=MAV_rewards_window * 3).mean(),
    label="Trend")
ax[2].set_xlabel('Episode')
ax[2].set_ylabel('Reward')
ax[2].set_title('AVG REWARD')
fig.subplots_adjust(wspace=0.4)
[plot.legend() for plot in ax.flat]
plt.savefig('figure.png', dpi=400)
plt.show()
```

执行后会显示多幅训练过程的可视化图，图 16-1 仅是其中的两幅可视化图。

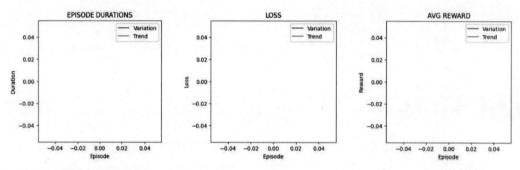

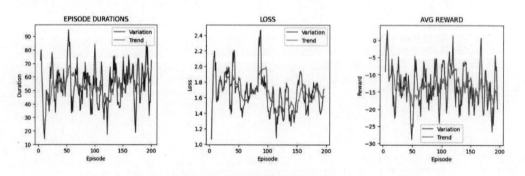

图 16-1　训练过程的可视化图

第 17 章

自动驾驶系统

本章将实现一个完整的自动驾驶系统仿真与训练平台,使用户能够模拟不同驾驶场景、训练自动驾驶智能体,并评估这些智能体的性能。本章内容对于研究自动驾驶算法、开发自动驾驶系统以及测试各种自动驾驶方案都具有重要意义。

17.1 自动驾驶背景介绍

随着计算能力的提高和深度学习技术的发展，自动驾驶技术已经取得了显著的进展。这项技术使用传感器和人工智能来使车辆能够感知周围环境并做出决策，以自主驾驶。自动驾驶技术已经成为当代科技领域中的一个热门话题，它对于未来交通系统和出行方式具有巨大的潜力，能够提高交通安全、减少拥堵、改善能源效率，并增强出行的便利性。在人类的日常生活中，自动驾驶技术的优势和特点。

扫码看视频

（1）技术进步。自动驾驶技术的发展受益于计算能力的提高、传感器技术的创新和深度学习方法的成熟。这些技术的进步使车辆能够更好地感知和理解周围环境。

（2）安全性与可靠性。自动驾驶技术的推动力之一是提高道路交通的安全性。自动驾驶系统可以减少事故和交通违规。

（3）拥堵问题。城市拥堵一直是交通问题的重要方面。自动驾驶技术可以提高交通流畅性，减少拥堵，并减少交通排放。

（4）可访问性。对于老年人、残疾人和其他交通弱势群体，自动驾驶技术可以提供更多的出行选择，增加社会的可访问性。

（5）出行体验。自动驾驶技术可以提供轻松、舒适和高效的出行体验。人们可以在车辆自动驾驶的同时，进行工作、娱乐或休息。

（6）城市规划。自动驾驶技术将对城市规划和交通基础设施产生深远影响，它可以改变道路设计、停车需求和出行模式。

17.2 项目介绍

本项目旨在提供一个完整的自动驾驶系统仿真与训练平台，使用户能够模拟不同驾驶场景、训练自动驾驶智能体以及评估其性能。这对于研究自动驾驶算法、开发自动驾驶系统以及测试各种自动驾驶方案都具有重要意义。

扫码看视频

17.2.1 功能介绍

本项目是一个自动驾驶系统的模拟与训练框架，其主要功能概括如下。

（1）模拟自动驾驶环境。项目使用 Carla 仿真器，提供了一个高度可配置的自动驾驶环境，包括不同路线、天气条件、摄像头设置等，以模拟真实世界的道路驾驶情境。

（2）数据收集与生成。项目提供了：数据收集脚本(collect_expert_data.py)，用于在仿真环境中收集驾驶数据；数据生成脚本(generate_autoencoder_data.py)，用于生成训练自动编码器所需的数据。

（3）特征提取模型训练。使用深度学习模型(Autoencoder、AutoencoderSEM 或 VAE)训练用于提取车辆摄像头图像的特征，这些特征可用于后续的驾驶智能体训练。

（4）驾驶智能体训练。提供了 DDPG 智能体训练框架，用于训练自动驾驶智能体，该智能体能够根据环境状态选择动作以控制车辆。

(5) 智能体性能测试。提供了测试脚本(test_agent.py)用于评估已经训练好的自动驾驶智能体的性能，包括回报、成功率等。

(6) 超参数配置和设置灵活性。项目中使用配置文件(configuration.py)来配置各种超参数和设置，从而实现了对训练和测试过程的高度灵活性。

(7) 可扩展性。框架具有可扩展性，可以在不同的仿真环境和场景下进行训练和测试，以适应多种自动驾驶任务。

17.2.2 模块结构

本项目的功能强大，可以将其划分为图 17-1 所示的模块。

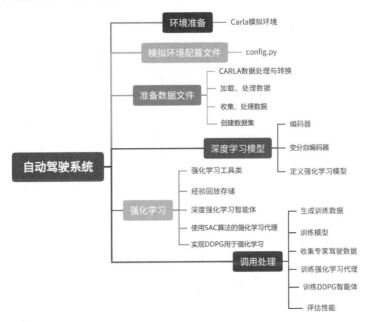

图 17-1 模块结构

17.3 环境准备

在开始编写程序代码之前需要完成环境准备工作，这是项目开发的重要一步，它确保你的代码能够在特定的环境中顺利运行。

扫码看视频

1. 安装依赖项

确保在系统中安装项目所需的所有依赖项，包括 Python、PyTorch、Carla 等。本项目需要的具体依赖项可以查看 requirements.txt 文件，然后使用 pip 或 conda 安装所需的软件包。

2. 准备 Carla 模拟环境

Carla(Car Learning to Act)是一种用于自动驾驶系统开发和仿真测试的强大开源仿真平台，以 MIT 许可证发布，允许开发人员免费使用、修改和分发。Carla 模拟环境的主要特点如下。

（1）逼真的仿真环境。Carla 提供了一个高度逼真的城市环境，其中包括多种道路、车辆、行人、交通标志和灯光条件。这使开发人员可以在仿真环境中测试自动驾驶算法，而不必在现实世界中进行昂贵和潜在危险的试验。

（2）传感器模拟。Carla 支持多种传感器，包括激光雷达、摄像头、毫米波雷达和 GPS，可以在仿真中生成传感器数据。这对于自动驾驶系统的感知和决策组件的开发至关重要。

（3）高度可定制性。Carla 允许用户配置仿真环境，包括车辆、道路、交通流和气象条件。这种可定制性使研究人员能够模拟各种交通和天气情况，以测试自动驾驶系统的鲁棒性。

（4）强化学习和机器学习。Carla 支持强化学习和机器学习试验，开发人员可以使用 Carla 中的数据来训练和测试自动驾驶算法，这对于自动驾驶系统的智能决策部分非常有帮助。

（5）多平台支持。Carla 可以在 Linux、Windows 和 MacOS 等多个操作系统上运行，提供了跨平台的灵活性。

17.4 配置文件

编写 configuration/config.py 文件，用于存储程序的各种参数和设置信息，包括自动驾驶的模拟环境的各种参数。整个项目将根据这些配置信息和自定义的自动驾驶算法进行模型训练和测试，开发者可以根据不同的应用和需求，自行修改这些设置，以便可以更好地适应自己的项目。代码如下：

扫码看视频

```
# Environment(环境设置)
WORLD_PORT = 2000              # 模拟器端口
WORLD_HOST = 'localhost'       # 模拟器主机地址
TICK = 0.05                    # 模拟器的时间步长
TRAIN_MAP = 'Town01'           # 训练时使用的地图
TEST_MAP = 'Town02'            # 测试时使用的地图

# Camera(摄像头设置)
CAM_HEIGHT = 256               # 摄像头图像的高度
CAM_WIDTH = 256                # 摄像头图像的宽度
CAM_FOV = 120                  # 摄像头的视场角
CAM_POS_X = 2.1                # 摄像头的位置坐标X
CAM_POS_Y = 0.0                # 摄像头的位置坐标Y
CAM_POS_Z = 1.0                # 摄像头的位置坐标Z
CAM_PITCH = 10.0               # 摄像头的俯仰角
CAM_YAW = 0.0                  # 摄像头的偏航角
CAM_ROLL = 0.0                 # 摄像头的翻滚角

# Ego Vehicle(自主驾驶车辆设置)
EGO_BP = 'vehicle.tesla.model3'   # 自主驾驶车辆的蓝图名称

# Exo Vehicles(外部车辆设置)
EXO_BP = ['vehicle.tesla.model3', 'vehicle.ford.mustang', 'vehicle.dodge.charger_2020',
'vehicle.bmw.grandtourer']   # 外部车辆的蓝图名称列表

# Weather(天气设置)
```

```
TRAIN_WEATHER = ['ClearNoon', 'ClearSunset', 'WetNoon', 'HardRainNoon']  # 训练时使用的天气条件
TEST_WEATHER = ['CloudyNoon', 'SoftRainSunset']                          # 测试时使用的天气条件

# Autoencoder(自动编码器设置)
AE_DATASET_FILE = '../autoencoderData/dataset.pkl'       # 自动编码器使用的数据集文件路径
AE_VAL_SIZE = 0.2                   # 验证集大小
AE_IMG_SIZE = 'default'             # 图像大小
AE_NORM_INPUT = True                # 是否对输入进行归一化
AE_EMB_SIZE = 256                   # 嵌入大小
AE_BATCH_SIZE = 32                  # 批处理大小
AE_EPOCHS = 200                     # 训练回合
AE_LR = 1e-3                        # 学习率
AE_DIRPATH = '../AEModel'           # 自动编码器模型保存路径
AE_SPLIT = None                     # 数据拆分
AE_PRETRAINED = '../autoencodersEntrenados/0/model.ckpt'  # 预训练模型文件路径
AE_MODEL = 'AutoencoderSEM'         # 自动编码器模型类型
AE_LOW_SEM = True                   # 是否使用低级语义特征
AE_USE_IMG_AS_OUTPUT = False        # 是否将图像用作输出
AE_ADDITIONAL_DATA = True           # 是否使用额外数据

# Expert data(专家数据设置)
EXPERT_DATA_FOLDER = '../datosExperto/withExoVehicles'   # 专家数据文件夹路径

# Agent Training(代理训练设置)
AGENT_FOLDER = '../agents/ddpgColDeductiveRoute2'        # 代理模型文件夹路径
TRAIN_EPISODES = 340                # 训练的轮次
ROUTE_ID = 2                        # 路线 ID
USE_EXO_VEHICLES = True             # 是否使用外部车辆

# DDPG Training(DDPG 训练设置)
DDPG_USE_EXPERT_DATA = True         # 是否使用专家数据
DDPG_EXPERT_DATA_FILE = '../datosExperto/withExoVehicles/Route_2.pkl'  # 专家数据文件路径
DDPG_PRETRAIN_STEPS = 500           # 预训练步数
DDPG_USE_ENV_MODEL = True           # 是否使用环境模型
DDPG_ENV_STEPS = 10                 # 环境步数
DDPG_BATCH_SIZE = 64                # 批处理大小
DDPG_NB_UPDATES = 5                 # 更新次数
DDPG_NOISE_SIGMA = 0.2              # 噪声标准差
DDPG_SCH_STEPS = 5                  # 计划步数

# SAC Training(SAC 训练设置)
SAC_BATCH_SIZE = 64                 # 批处理大小
SAC_NB_UPDATES = 50                 # 更新次数
SAC_ALPHA = 0.2                     # SAC 算法中的 α 参数
SAC_SCH_STEPS = 100                 # 计划步数
```

对上述代码的具体说明如下。

1. 环境设置

(1) WORLD_PORT 和 WORLD_HOST：CARLA 模拟器的端口和主机地址。

(2) TICK：模拟器的时间步长。

(3) TRAIN_MAP 和 TEST_MAP：训练和测试时使用的地图。

2. 摄像头设置

(1) CAM_HEIGHT 和 CAM_WIDTH：摄像头图像的高度和宽度。

(2) CAM_FOV：摄像头的视场角。

(3) CAM_POS_X、CAM_POS_Y 和 CAM_POS_Z：摄像头的位置坐标。

(4) CAM_PITCH、CAM_YAW 和 CAM_ROLL：摄像头的姿态。

3. 自主驾驶车辆设置

EGO_BP：自主驾驶车辆的蓝图名称。

4. 外部车辆设置

EXO_BP：外部车辆的蓝图名称列表。

5. 天气设置

TRAIN_WEATHER 和 TEST_WEATHER：训练和测试时使用的天气条件。

6. 自动编码器设置

(1) AE_DATASET_FILE：自动编码器使用的数据集文件路径。

(2) AE_VAL_SIZE：验证集大小。

(3) AE_IMG_SIZE：图像大小。

(4) AE_NORM_INPUT：是否对输入进行归一化。

(5) AE_EMB_SIZE：嵌入大小。

(6) AE_BATCH_SIZE：批处理大小。

(7) AE_EPOCHS：训练回合数。

(8) AE_LR：学习率。

(9) AE_DIRPATH：自动编码器模型保存路径。

(10) AE_SPLIT：数据拆分。

(11) AE_PRETRAINED：预训练模型文件路径。

(12) AE_MODEL：自动编码器模型类型。

(13) AE_LOW_SEM：是否使用低级语义特征。

(14) AE_USE_IMG_AS_OUTPUT：是否将图像用作输出。

(15) AE_ADDITIONAL_DATA：是否使用额外数据。

7. 专家数据设置

EXPERT_DATA_FOLDER：专家数据文件夹路径。

8. 代理训练设置

(1) AGENT_FOLDER：代理模型文件夹路径。

(2) TRAIN_EPISODES：训练的轮次。

(3) ROUTE_ID：路线 ID。

(4) USE_EXO_VEHICLES：是否使用外部车辆。

9. DDPG 训练设置

(1) DDPG_USE_EXPERT_DATA：是否使用专家数据。

(2) DDPG_EXPERT_DATA_FILE：专家数据文件路径。

(3) DDPG_PRETRAIN_STEPS：预训练步数。

(4) DDPG_USE_ENV_MODEL：是否使用环境模型。
(5) DDPG_ENV_STEPS：环境步数。
(6) DDPG_BATCH_SIZE：批处理大小。
(7) DDPG_NB_UPDATES：更新次数。
(8) DDPG_NOISE_SIGMA：噪声标准差。
(9) DDPG_SCH_STEPS：计划步数。

10. SAC 训练设置

(1) SAC_BATCH_SIZE：批处理大小。
(2) SAC_NB_UPDATES：更新次数。
(3) SAC_ALPHA：SAC 算法中的 α 参数。
(4) SAC_SCH_STEPS：计划步数。

17.5 准备数据文件

在 data 目录中实现了多个程序文件，主要用于处理、收集和创建用于机器学习和模型训练的数据。这些程序文件旨在支持 Carla 仿真环境中数据的采集、整理、转换和存储，以便进行自动驾驶相关任务的数据预处理和模型训练。这些功能对于开发和测试自动驾驶算法和模型非常有用。

扫码看视频

17.5.1 Carla 数据处理与转换

编写文件 data/utils.py，功能是提供了处理 Carla 模拟器中图像和数据的方法。例如，将图像从 Carla 原始格式转换为 numpy 数组，执行语义分割标签的映射，计算车辆距离车道中心的距离等。这些函数用于处理和转换与自动驾驶和模拟有关的数据。具体实现代码如下：

```python
import math
import numpy

def to_bgra_array(image):
    """将CARLA原始图像转换为BGRA numpy数组。"""
    array = numpy.frombuffer(image.raw_data, dtype=numpy.dtype("uint8"))
    array = numpy.reshape(array, (image.height, image.width, 4))
    return array

def to_rgb_array(image):
    """将CARLA原始图像转换为RGB numpy数组。"""
    array = to_bgra_array(image)
    # 将BGRA转换为RGB。
    array = array[:, :, :3]
    array = array[:, :, ::-1]
    return array

def labels_to_array(image):
    """将包含CARLA语义分割标签的图像转换为包含每个像素的标签的2D数组。"""
    return to_bgra_array(image)[:, :, 2]

def labels_to_cityscapes_palette(image):
    """将包含CARLA语义分割标签的图像转换为Cityscapes调色板。"""
```

```python
    classes = {
        0: [0, 0, 0],             # 无
        1: [70, 70, 70],          # 建筑物
        2: [190, 153, 153],       # 围栏
        3: [72, 0, 90],           # 其他
        4: [220, 20, 60],         # 行人
        5: [153, 153, 153],       # 杆子
        6: [157, 234, 50],        # 路线
        7: [128, 64, 128],        # 道路
        8: [244, 35, 232],        # 人行道
        9: [107, 142, 35],        # 植被
        10: [0, 0, 255],          # 车辆
        11: [102, 102, 156],      # 墙
        12: [220, 220, 0]         # 交通标志
    }
    array = labels_to_array(image)
    result = numpy.zeros((array.shape[0], array.shape[1], 3))
    for key, value in classes.items():
        result[numpy.where(array == key)] = value
    return result

def depth_to_array(image):
    """将包含CARLA编码深度图的图像转换为每个像素深度值归一化在[0.0, 1.0]之间的2D数组。"""
    array = to_bgra_array(image)
    array = array.astype(numpy.float32)
    # 应用(R + G * 256 + B * 256 * 256) / (256 * 256 * 256 - 1)。
    normalized_depth = numpy.dot(array[:, :, :3], [65536.0, 256.0, 1.0])
    normalized_depth /= 16777215.0  # (256.0 * 256.0 * 256.0 - 1.0)
    return normalized_depth.astype(numpy.float32)

def depth_to_logarithmic_grayscale(normalized_depth):
    """将包含CARLA编码深度图的图像转换为对数灰度图像数组
    使用 "max_depth" 用于排除远处的点
    """
    # 转换为对数深度
    logdepth = numpy.ones(normalized_depth.shape) + \
        (numpy.log(normalized_depth) / 5.70378)
    logdepth = numpy.clip(logdepth, 0.0, 1.0)
    logdepth *= 255.0
    # 扩展为3个颜色通道
    return logdepth.astype(numpy.uint8)

def distance_from_center(previous_wp, current_wp, car_loc):
    """计算车辆距离车道中心的距离

    Args:
        previous_wp: 上一个路标
        current_wp: 当前路标
        car_loc: 车辆位置
    """
    prev_x = previous_wp.transform.location.x
    prev_y = previous_wp.transform.location.y

    curr_x = current_wp.transform.location.x
    curr_y = current_wp.transform.location.y

    car_x = car_loc.x
    car_y = car_loc.y

    a = curr_y - prev_y
    b = -(curr_x - prev_x)
    c = (curr_x - prev_x) * prev_y - (curr_y - prev_y) * prev_x

    d = abs(a * car_x + b * car_y + c) / (a ** 2 + b ** 2 + 1e-6) ** 0.5
```

```python
        return d
def low_resolution_semantics(image):
    """将 CARLA 语义图像(29 个类别)转换为低分辨率语义分割图像(14 个类别)。
    警告:图像将被覆盖。"""
    mapping = {0: 0,  # 无
               1: 1,   # 道路
               2: 2,   # 人行道
               3: 3,   # 建筑物
               4: 4,   # 墙
               5: 5,   # 围栏
               6: 6,   # 杆子
               7: 7,   # 交通灯
               8: 7,   # 交通标志
               9: 8,   # 植被
               10: 9,  # 地形 -> 其他
               11: 10, # 天空(已添加)
               12: 11, # 行人
               13: 11, # 骑手 -> 行人
               14: 12, # 车辆 -> 车辆
               15: 12, # 卡车 -> 车辆
               16: 12, # 公共汽车 -> 车辆
               17: 12, # 列车 -> 车辆
               18: 12, # 摩托车 -> 车辆
               19: 12, # 自行车 -> 车辆
               20: 9,  # 静态 -> 其他
               21: 9,  # 动态 -> 其他
               22: 9,  # 其他 -> 其他
               23: 9,  # 水 -> 其他
               24: 13, # 道路线
               25: 9,  # 地面 -> 其他
               26: 9,  # 桥 -> 其他
               27: 9,  # 铁路 -> 其他
               28: 9   # 护栏 -> 其他
               }

    for i in range(8, 29):
        image[image == i] = mapping[i]

def dist_to_roadline(carla_map, vehicle):
    curr_loc = vehicle.get_transform().location
    yaw = vehicle.get_transform().rotation.yaw
    waypoint = carla_map.get_waypoint(curr_loc)
    waypoint_yaw = waypoint.transform.rotation.yaw
    yaw_diff = yaw - waypoint_yaw
    yaw_diff_rad = yaw_diff / 180 * math.pi

    bb = vehicle.bounding_box
    corners = bb.get_world_vertices(vehicle.get_transform())
    dis_to_left, dis_to_right = 100, 100
    for corner in corners:
        if corner.z < 1:
            waypt = carla_map.get_waypoint(corner)
            waypt_transform = waypt.transform
            waypoint_vec_x = waypt_transform.location.x - corner.x
            waypoint_vec_y = waypt_transform.location.y - corner.y
            dis_to_waypt = math.sqrt(waypoint_vec_x ** 2 + waypoint_vec_y ** 2)
            waypoint_vec_angle = math.atan2(waypoint_vec_y, waypoint_vec_x) * 180 / math.pi
            angle_diff = waypoint_vec_angle - waypt_transform.rotation.yaw
            if (angle_diff > 0 and angle_diff < 180) or (angle_diff > -360 and angle_diff < -180):
                dis_to_left = min(dis_to_left, waypoint.lane_width / 2 - dis_to_waypt)
                dis_to_right = min(dis_to_right, waypoint.lane_width / 2 + dis_to_waypt)
```

```
        else:
            dis_to_left = min(dis_to_left, waypoint.lane_width / 2 + dis_to_waypt)
            dis_to_right = min(dis_to_right, waypoint.lane_width / 2 - dis_to_waypt)

    return dis_to_left, dis_to_right, math.sin(yaw_diff_rad), math.cos(yaw_diff_rad)
```

对上述代码的具体说明如下。

(1) to_bgra_array(image)。将 Carla 原始图像转换为 BGRA numpy 数组。

(2) to_rgb_array(image)。将 Carla 原始图像转换为 RGB numpy 数组。

(3) labels_to_array(image)。将包含 Carla 语义分割标签的图像转换为包含每个像素的标签的 2D 数组。

(4) labels_to_cityscapes_palette(image)。将包含 Carla 语义分割标签的图像转换为 Cityscapes 调色板。

(5) depth_to_array(image)。将包含 Carla 编码深度图的图像转换为每个像素深度值归一化在[0.0, 1.0]之间的 2D 数组。

(6) depth_to_logarithmic_grayscale(normalized_depth)。将包含 Carla 编码深度图的图像转换为对数灰度图像数组。

(7) distance_from_center(previous_wp, current_wp, car_loc)。计算车辆距离车道中心的距离。

(8) low_resolution_semantics(image)。将 Carla 语义图像(29 个类别)转换为低分辨率语义分割图像(14 个类别)。

(9) dist_to_roadline(carla_map, vehicle)。计算车辆距离车道线的距离。

上述函数用于处理 Carla 模拟器中的图像数据、语义分割数据、深度数据以及计算车辆与道路中心或道路线之间的距离等操作。它们提供了用于数据处理和转换的工具。

17.5.2 加载、处理数据

编写文件 data/dataset.py，定义一个名为 AutoencoderDataset 的类，这是一个自定义的 PyTorch 数据集，用于加载和处理与自动编码器训练相关的数据。具体实现代码如下：

```
class AutoencoderDataset(Dataset):
    def __init__(self, data, resize=None, normalize=True, low_sem=True,
            use_img_as_output=False, normalize_output=False):
        self.images = []
        self.semantics = []
        self.data = []
        self.junctions = []

        i = 0
        for _, rgb, depth_image, semantic_image, additional, junction in data:
            if i%200==0:
                print("Loading data: ", i)
            image = torch.cat((read_image(rgb), read_image(depth_image)), dim=0)
            semantic = read_image(semantic_image)
            if resize:
                image = transforms.Resize(resize)(image)
                semantic = transforms.Resize(resize, transforms.InterpolationMode.NEAREST)(semantic)
            if low_sem:
                low_resolution_semantics(semantic)
            semantic = semantic.squeeze()
            data = torch.FloatTensor(additional)
            self.images.append(image)
```

```python
            self.semantics.append(semantic)
            self.data.append(data)
            self.junctions.append(junction)
            i += 1

    self.normalize = normalize
    self.use_img_as_output = use_img_as_output
    self.normalize_output = normalize_output
    self.low_sem = low_sem

def __len__(self):
    return len(self.images)

def __getitem__(self, idx):
    image = self.images[idx].to(torch.float32)
    if self.use_img_as_output:
        output = torch.clone(image)
        if self.normalize_output:
            output /= 255.0
    else:
        output = self.semantics[idx].to(torch.long)
        if self.normalize_output:
            output = output.to(torch.float32)
            output = output / 13. if self.low_sem else output / 28.
    data = self.data[idx]
    junction = torch.FloatTensor([self.junctions[idx]])

    if self.normalize:
        image /= 255.0

    return image, output, data, junction
```

对上述代码的具体说明如下。

(1) __init__()函数：用于初始化数据集对象，各个参数的具体说明如下。

① data：包含数据的列表，每个数据包括 RGB 图像、深度图像、语义分割图像、附加数据和交叉口信息。

② resize：整数，用于指定是否调整图像大小。

③ normalize：布尔值，指示是否对图像进行归一化。

④ low_sem：布尔值，指示是否将语义分割图像转换为低分辨率。

⑤ use_img_as_output：布尔值，指示是否将图像用作输出，而不是语义分割图像。

⑥ normalize_output：布尔值，指示是否对输出进行归一化。

(2) __len__(self)函数：用于返回数据集中的样本数量。

(3) __getitem__(self, idx)函数：根据给定的索引 idx 返回数据集中的一个样本。样本包括图像、输出、附加数据和交叉口信息。根据参数设置，它可能会对图像和输出进行归一化和处理。

由此可见，AutoencoderDataset 类主要功能是加载和处理用于自动编码器训练的数据集，包括 RGB 图像、深度图像、语义分割图像以及与之相关的其他信息。

17.5.3 收集、处理数据

编写 data/collect_data.py 文件，功能是收集自动驾驶训练数据的脚本。通过在 Carla 模拟器中生成车辆和传感器来模拟真实道路情况，然后捕获传感器数据(如 RGB 图像、深度图像、语义分割图像、障碍物距离等)并保存这些数据。具体实现流程如下。

(1) 在 Observation 类中创建 __init__ 函数，功能是创建一个 Observation 对象，用于保存观测数据。然后分别初始化 RGB、深度、语义分割图像以及障碍物距离等信息。具体实现代码如下：

```
class Observation:
    def __init__(self, save_path, save_np=False):
        self.rgb = None
        self.depth = None
        self.semantic = None
        self.obstacle_dist = (0, 25) #(Frame detected, distance)
        self.save_path = save_path
        self.save_np = save_np
```

(2) 定义 save_data 函数，用于保存收集到的传感器数据，包括 RGB 图像、深度图像、语义分割图像，并根据保存方式(图片或 Numpy 数组)将数据保存到指定路径。具体实现代码如下：

```
def save_data(self, frame):
    if not self.save_np:
        cv2.imwrite(self.save_path + '/camera/%08d.png' % frame, cv2.cvtColor(self.rgb,
            cv2.COLOR_RGB2BGR))
        cv2.imwrite(self.save_path + '/depth/%08d.png' % frame, self.depth)
        cv2.imwrite(self.save_path + '/semantic/%08d.png' % frame, self.semantic)
    else:
        np.save(self.save_path + '/camera/%08d' % frame, self.rgb)
        np.save(self.save_path + '/depth/%08d' % frame, self.depth)
        np.save(self.save_path + '/semantic/%08d' % frame, self.semantic)
```

(3) 定义 camera_callback 函数，用于处理摄像头传感器的回调函数，将传感器数据转换为 RGB 图像并保存在 Observation 对象中。具体实现代码如下：

```
def camera_callback(img, obs):
    if img.raw_data is not None:
        array = to_rgb_array(img)
        obs.rgb = array
```

(4) 定义 depth_callback 函数，用于处理深度传感器的回调函数，将传感器数据转换为对数灰度深度图像并保存在 Observation 对象中。具体实现代码如下：

```
def depth_callback(img, obs):
    if img.raw_data is not None:
        array = depth_to_logarithmic_grayscale(depth_to_array(img))
        obs.depth = array
```

(5) 定义 semantic_callback 函数，用于处理语义分割传感器的回调函数，将传感器数据转换为语义分割图像并保存在 Observation 对象中。具体实现代码如下：

```
def semantic_callback(img, obs):
    if img.raw_data is not None:
        array = labels_to_array(img)
        obs.semantic = array
```

(6) 定义 obstacle_callback 函数，用于处理障碍物传感器的回调函数，记录障碍物的距离和触发帧数。具体实现代码如下：

```
def obstacle_callback(event, obs):
    frame = event.frame
    if 'vehicle' in event.other_actor.type_id:
        obs.obstacle_dist = (frame, event.distance)
    else:
        obs.obstacle_dist = (frame, 25.)
```

(7) 定义 get_spectator_transform 函数，功能是根据车辆的位置和方向计算观察者 (spectator) 的位置和方向，用于在模拟中观察自动驾驶车辆。具体实现代码如下：

```
def get_spectator_transform(vehicle_transform, d=7):
    vehicle_transform.location.z += 3
    vehicle_transform.location.x += -d*math.cos(math.radians(vehicle_transform.rotation.yaw))
    vehicle_transform.location.y += -d*math.sin(math.radians(vehicle_transform.rotation.yaw))
    vehicle_transform.rotation.pitch += -20
    return vehicle_transform
```

(8) 定义 setup_sensors 函数，功能是初始化各种传感器，包括摄像头、深度传感器、语义分割传感器和障碍物传感器，并将它们附加到自动驾驶车辆上。具体实现代码如下：

```
def setup_sensors(ego_vehicle, blueprint_library, obs, world):
    sensors = []
    #Create sensors
    camera_bp = blueprint_library.find('sensor.camera.rgb')
    camera_bp.set_attribute('image_size_x', str(CAM_WIDTH))
    camera_bp.set_attribute('image_size_y', str(CAM_HEIGHT))
    camera_bp.set_attribute('fov', str(CAM_FOV))
    camera_bp.set_attribute('sensor_tick', str(TICK))
    camera_transform = carla.Transform(carla.Location(x=CAM_POS_X, y=CAM_POS_Y , z=CAM_POS_Z),
                        carla.Rotation(pitch=CAM_PITCH, yaw=CAM_YAW, roll=CAM_ROLL))
    camera = world.spawn_actor(camera_bp, camera_transform, attach_to=ego_vehicle)
    camera.listen(lambda data: camera_callback(data, obs))
    sensors.append(camera)

    depth_bp = blueprint_library.find('sensor.camera.depth')
    depth_bp.set_attribute('image_size_x', str(CAM_WIDTH))
    depth_bp.set_attribute('image_size_y', str(CAM_HEIGHT))
    depth_bp.set_attribute('fov', str(CAM_FOV))
    depth_bp.set_attribute('sensor_tick', str(TICK))
    depth_transform = carla.Transform(carla.Location(x=CAM_POS_X, y=CAM_POS_Y , z=CAM_POS_Z),
                        carla.Rotation(pitch=CAM_PITCH, yaw=CAM_YAW, roll=CAM_ROLL))
    depth = world.spawn_actor(depth_bp, depth_transform, attach_to=ego_vehicle)
    depth.listen(lambda data: depth_callback(data, obs))
    sensors.append(depth)

    semantic_bp = blueprint_library.find('sensor.camera.semantic_segmentation')
    semantic_bp.set_attribute('image_size_x', str(CAM_WIDTH))
    semantic_bp.set_attribute('image_size_y', str(CAM_HEIGHT))
    semantic_bp.set_attribute('fov', str(CAM_FOV))
    semantic_bp.set_attribute('sensor_tick', str(TICK))
    semantic_transform = carla.Transform(carla.Location(x=CAM_POS_X, y=CAM_POS_Y , z=CAM_POS_Z),
                        carla.Rotation(pitch=CAM_PITCH, yaw=CAM_YAW, roll=CAM_ROLL))
    semantic = world.spawn_actor(semantic_bp, semantic_transform, attach_to=ego_vehicle)
    semantic.listen(lambda data: semantic_callback(data, obs))
    sensors.append(semantic)

    obstacle_bp = blueprint_library.find('sensor.other.obstacle')
    obstacle_bp.set_attribute('only_dynamics', 'False')
    obstacle_bp.set_attribute('distance', '20')
    obstacle_bp.set_attribute('sensor_tick', str(TICK))
    obstacle_transform = carla.Transform()
    obstacle = world.spawn_actor(obstacle_bp, obstacle_transform, attach_to=ego_vehicle)
    obstacle.listen(lambda data: obstacle_callback(data, obs))
    sensors.append(obstacle)
    return sensors
```

(9) 定义 main 函数，这是主要的执行函数，用于创建 Carla 客户端、加载 Carla 世界、生成车辆和传感器、模拟车辆运行、收集传感器数据以及保存数据。main 函数的核心功能是在 Carla 模拟环境中模拟自动驾驶车辆的行驶，实时收集传感器数据，并将数据保存到指定的目录中。整个过程是一个连续的模拟任务,通过多个回合的执行,每个回合都包含自动驾驶车辆的行驶和数据收集。具体实现代码如下:

```python
def main(args):
    #Create output directory
    os.makedirs(args.out_folder, exist_ok=True)
    camera_path = os.path.join(args.out_folder, 'camera')
    depth_path = os.path.join(args.out_folder, 'depth')
    semantic_path = os.path.join(args.out_folder, 'semantic')
    os.makedirs(camera_path, exist_ok=True)
    os.makedirs(depth_path, exist_ok=True)
    os.makedirs(semantic_path, exist_ok=True)

    weather = getattr(carla.WeatherParameters, args.weather, carla.WeatherParameters.ClearNoon)
    tfm_port = args.world_port + 1

    sensors = []
    vehicles = []
    ego_vehicle = None
    original_settings = None
    if os.path.exists(f"{args.out_folder}/info.pkl"):
        with open(f"{args.out_folder}/info.pkl", 'rb') as f:
            info = pickle.load(f)
    else:
        info = {}
    try:
        #连接客户端到服务器
        client = carla.Client(args.host, args.world_port)
        client.set_timeout(60.0)

        #Load world
        world = client.load_world(args.map)
        original_settings = world.get_settings()
        world.set_weather(weather)
        settings = world.get_settings()
        settings.synchronous_mode = True
        settings.fixed_delta_seconds = TICK
        world.apply_settings(settings)
        blueprint_library = world.get_blueprint_library()
        spawn_points = world.get_map().get_spawn_points()
        carla_map = world.get_map()
        spectator = world.get_spectator()

        #设置流量管理器
        traffic_manager = client.get_trafficmanager(tfm_port)
        traffic_manager.set_synchronous_mode(True)
        traffic_manager.set_hybrid_physics_mode(False)

        #车辆蓝图
        vehicle_bp = blueprint_library.find(EGO_BP)

        #路径
        routes = [73, 14, 61, 241, 1, 167, 71, 233, 176, 39]
        spawns = [[147, 190, 146, 192, 240, 143, 195, 196, 197, 17, 14, 110, 111, 117, 201,
                   203, 115, 13, 58],
                  [11, 115, 95, 13, 10, 96, 58, 60, 114, 61, 232, 238, 8],
                  [114, 113, 235, 230, 238, 112, 201, 207, 102, 204, 117],
                  [88, 226, 228, 229, 231, 102, 239, 101, 114, 238, 76, 104],
                  [75, 105, 99, 106, 77, 200, 168, 107, 3, 139, 167, 18],
                  [92, 105, 200, 222, 77, 106, 1, 134, 99, 107],
                  [221, 220, 223, 68, 97, 224, 119],
                  [82, 78, 42, 40, 38, 48, 126, 174, 152, 90],
                  [152, 163, 63, 130, 234, 236, 65],
                  [79, 37, 90, 36, 34, 29, 31]]
```

```python
for episode in range(args.begin, args.nb_passes*len(routes)):
    print("Episode %d" % episode)
    route_id = episode % len(routes)
    ego_vehicle = world.try_spawn_actor(vehicle_bp, spawn_points[routes[route_id]])
    traffic_manager.set_desired_speed(ego_vehicle, 35.)
    traffic_manager.ignore_lights_percentage(ego_vehicle, 100.)
    traffic_manager.random_left_lanechange_percentage(ego_vehicle, 0)
    traffic_manager.random_right_lanechange_percentage(ego_vehicle, 0)
    traffic_manager.auto_lane_change(ego_vehicle, False)
    traffic_manager.distance_to_leading_vehicle(ego_vehicle, 1.0)
    ego_vehicle.set_autopilot(True, tfm_port)

    for spawn_id in spawns[route_id]:
        if np.random.uniform(0., 1.0) < 0.7:
            bp = blueprint_library.find(random.choice(EXO_BP))
            vehicle = world.try_spawn_actor(bp, spawn_points[spawn_id])
            if vehicle is not None:
                traffic_manager.set_desired_speed(vehicle, 20.)
                traffic_manager.ignore_lights_percentage(vehicle, 25.)
                vehicle.set_autopilot(True, tfm_port)
                vehicles.append(vehicle)

    obs = Observation(args.out_folder, args.np)
    sensors = setup_sensors(ego_vehicle, blueprint_library, obs, world)

    for _ in range(10):
        world.tick()

    noise_steps = 0
    for i in range(args.nb_frames):
        control = ego_vehicle.get_control()
        if i % 28 == 0:
            noise_steps = 0

        if noise_steps <= 7:
            control.steer += np.random.normal(0.0, 0.05)
            noise_steps += 1
        ego_vehicle.apply_control(control)

        w_frame = world.tick()

        spectator.set_transform(get_spectator_transform(ego_vehicle.get_transform()))

        car_loc = ego_vehicle.get_location()
        current_wp = carla_map.get_waypoint(car_loc)

        distance_center = distance_from_center(current_wp, current_wp.next(0.001)[0], car_loc)
        d_left, d_right, _, _ = dist_to_roadline(carla_map, ego_vehicle)
        d_roadline = min(d_left, d_right)

        ego_yaw = ego_vehicle.get_transform().rotation.yaw
        wp_yaw = current_wp.transform.rotation.yaw

        if ego_yaw < 0:
            ego_yaw += 360
        if wp_yaw < 0:
            wp_yaw += 360
        yaw_diff = abs(ego_yaw - wp_yaw)
        if yaw_diff > 180:
            yaw_diff = 360 - yaw_diff

        speed = ego_vehicle.get_velocity()
        speed = math.sqrt(speed.x**2 + speed.y**2 + speed.z**2)

        obstacle_dist = obs.obstacle_dist[1] if abs(obs.obstacle_dist[0]-w_frame) < 2 else 25.

        if i%args.freq_save == 0:
```

```
                    info[w_frame] = [obstacle_dist, distance_center, yaw_diff, d_roadline,
                                    current_wp.is_junction, speed]
                    obs.save_data(w_frame)
                    with open(f"{args.out_folder}/info.pkl", 'wb') as f:
                        pickle.dump(info, f)

            for sensor in sensors:
                sensor.stop()
                if sensor.is_alive:
                    sensor.destroy()
            for vehicle in vehicles:
                if vehicle.is_alive:
                    vehicle.set_autopilot(False, tfm_port)
                    vehicle.destroy()
            if ego_vehicle is not None:
                ego_vehicle.set_autopilot(False, tfm_port)
                ego_vehicle.destroy()
            sensors = []
            ego_vehicle = None
            vehicles = []

    finally:
        for sensor in sensors:
            sensor.stop()
            sensor.destroy()

        if ego_vehicle is not None:
            ego_vehicle.set_autopilot(False, tfm_port)
            ego_vehicle.destroy()
        for vehicle in vehicles:
            if vehicle.is_alive:
                vehicle.set_autopilot(False, tfm_port)
                vehicle.destroy()

        if original_settings is not None:
            world.apply_settings(original_settings)
```

17.5.4 创建数据集

编写 data/create_dataset.py 文件,功能是将不同文件夹中的数据整理成一个数据集文件。这个文件通常是在数据收集和数据预处理后使用的,它可以处理多个文件夹中的数据,包括相机图像、深度图像、语义分割图像及附加信息,并将它们保存到一个统一的数据集文件中。具体实现代码如下:

```
import os
import pickle
from argparse import ArgumentParser

if __name__=='__main__':
    parser = ArgumentParser()
    parser.add_argument('--out_file', type=str, default='dataset.pkl', help='output file name')
    parser.add_argument('--folders', type=str, nargs='+', help='folders to be processed',
                        required=True)
    parser.add_argument('--idxs', type=int, nargs='+', default=None,
                help='folders class index (separate different weather conditions)')
    parser.add_argument('-np', action='store_true', help='Camera images saved as .npy')

    args = parser.parse_args()

    if args.idxs is None:
        args.idxs = list(range(len(args.folders)))
    else:
```

```
        assert len(args.folders) == len(args.idxs), 'Number of folders and idxs must be the same'
    if not args.out_file.endswith('.pkl'):
        args.out_file += '.pkl'

    final_data = []
    for idx, folder in zip(args.idxs, args.folders):
        if not os.path.exists(folder):
            raise ValueError(f'Folder {folder} does not exist')

        print(f'Processing {folder}...')

        folder = os.path.abspath(folder)
        camera = os.path.join(folder, 'camera')
        depth = os.path.join(folder, 'depth')
        semantic = os.path.join(folder, 'semantic')

        with open(os.path.join(folder, 'info.pkl'), 'rb') as f:
            data = pickle.load(f)

        for frame, d in data.items():
            image = os.path.join(camera, f'{frame:08d}.png') if not args.np else os.path.join(
                camera, f'{frame:08d}.npy')
            depth_image = os.path.join(depth, f'{frame:08d}.png') if not args.np else os.path.join(
                depth, f'{frame:08d}.npy')
            semantic_image = os.path.join(semantic, f'{frame:08d}.png') if not args.np else \
                os.path.join(semantic, f'{frame:08d}.npy')
            additional = d[:3]
            junction = d[4]
            final_data.append((idx, image, depth_image, semantic_image, additional, junction))

    with open(args.out_file, 'wb') as f:
        pickle.dump(final_data, f)
```

上述代码的主要目的是将来自不同文件夹的数据整合到一个数据集文件中，以便后续的训练或分析。可以通过命令行参数指定要处理的文件夹列表、类别索引和输出文件名。

17.6 深度学习模型

在 models 目录中实现了多个程序文件，主要功能是定义了深度学习模型，包括自动编码器、变分自编码器(VAE)以及与强化学习相关的模型。这些模型用于处理感知数据、学习潜在表示、生成图像或执行强化学习任务。

扫码看视频

17.6.1 编码器

在本项目中，编码器(Encoder)的作用是将输入数据(通常是图像)转换为低维度的嵌入向量。编码器的主要功能是提取输入数据的特征，并将这些特征编码成紧凑的表示形式，以便在低维空间中表示输入数据。具体来说，编码器的作用包括以下几个。

(1) 特征提取。编码器通过一系列卷积和池化层来提取输入数据的有用特征。这些特征可以捕获输入数据的局部和全局结构信息。

(2) 降维。编码器将高维输入数据(如图像)映射到低维的嵌入向量空间。这个低维表示通常具有比原始数据更紧凑的表示形式，有助于减少数据的存储和计算复杂性。

(3) 特征学习。编码器的编码过程可以被视为一种特征学习过程，其中模型学习用于表示输入数据，进行后续的任务，如重构、分类或语义分割。

(4) 信息压缩。编码器通过将输入数据编码为嵌入向量,实现信息的压缩。这有助于减少存储需求,并提供一种有效的方式来表示输入数据的重要信息。

编写文件 models/autoencoder.py,功能是分别定义了一个深度自动编码器(Autoencoder)和一个用于语义分割的自动编码器(AutoencoderSEM)模型。文件 models/autoencoder.py 的具体实现流程如下。

(1) 创建类 ConvBlock 和 DeConvBlock,用于实现自动编码器中使用的卷积块和反卷积块的定义,用于构建编码器和解码器的层。其中类 ConvBlock 包括卷积层、批归一化和 ReLU 激活函数。类 DeConvBlock 包括反卷积层、批归一化和 ReLU 激活函数。具体实现代码如下:

```python
class ConvBlock(nn.Module):
    def __init__(self, in_channels, out_channels, kernel_size=3, stride=1, padding=1):
        super().__init__()
        self.conv = nn.Sequential(nn.Conv2d(in_channels, out_channels,
                                  kernel_size, stride, padding),
                                  nn.BatchNorm2d(out_channels),
                                  nn.ReLU(inplace=True))
    def forward(self, x):
        return self.conv(x)

class DeConvBlock(nn.Module):
    def __init__(self, in_channels, out_channels, kernel_size=3, stride=1, padding=1,
                 output_padding=0):
        super().__init__()
        self.deconv = nn.Sequential(nn.ConvTranspose2d(in_channels, out_channels,
                                    kernel_size, stride, padding,
                                    output_padding),
                                    nn.BatchNorm2d(out_channels),
                                    nn.ReLU(inplace=True))
    def forward(self, x):
        return self.deconv(x)
```

(2) 创建模型编码类 Encoder,用于将输入数据编码为低维嵌入向量的编码器模型。输入数据包括大小为(256, 256)的图像和其他信息,包括多个卷积层(conv1~conv5)以提取图像的特征。最后,通过全连接层(fc)将特征映射到指定维度(emb_size)的嵌入向量。具体实现代码如下:

```python
class Encoder(nn.Module):
    def __init__(self, input_size=(256, 256), emb_size=256):
        super().__init__()
        self.conv1 = ConvBlock(4, 32, kernel_size=5, stride=2, padding=2)
        self.conv2 = ConvBlock(32, 64, kernel_size=5, stride=2, padding=2)
        self.conv3 = ConvBlock(64, 128, kernel_size=3, stride=2, padding=1)
        self.conv4 = ConvBlock(128, 256, kernel_size=3, stride=2, padding=1)
        self.conv5 = ConvBlock(256, 64, kernel_size=3, stride=2, padding=1)

        self.y_final = input_size[0] // (2 ** 5)
        self.x_final = input_size[1] // (2 ** 5)

        self.fc = nn.Linear(64*self.x_final*self.y_final, emb_size)

    def forward(self, x):
        x = self.conv1(x)
        x = self.conv2(x)
        x = self.conv3(x)
        x = self.conv4(x)
        x = self.conv5(x)

        x = torch.flatten(x, start_dim=1)
```

```
        x = self.fc(x)
        x = nn.functional.normalize(x, dim=1)
        return x
```

(3) 创建模型解码类 Decoder，用于将编码的嵌入向量解码为与输入数据相同大小图像的解码器模型。包括：全连接层(fc)，用于从嵌入向量生成中间表示；后续的反卷积层(deconv1~deconv5)，用于生成图像；最后的卷积层(convfinal)，用于生成最终的图像。如果使用额外的数据(additional data)，还包括用于生成该数据的全连接层(fc_data 和 fc_junction)。具体实现代码如下：

```
class Decoder(nn.Module):
    def __init__(self, input_size=(256, 256), emb_size=256, out_ch=29,
                 use_additional_data=True):
        super().__init__()
        self.y_inicial = input_size[0] // (2 ** 5)
        self.x_inicial = input_size[1] // (2 ** 5)

        self.fc = nn.Linear(emb_size, 64*self.x_inicial*self.y_inicial)

        self.deconv1 = DeConvBlock(64, 256, kernel_size=5, stride=2, padding=2,
                                   output_padding=1)
        self.deconv2 = DeConvBlock(256, 128, kernel_size=5, stride=2, padding=2,
                                   output_padding=1)
        self.deconv3 = DeConvBlock(128, 64, kernel_size=5, stride=2, padding=2,
                                   output_padding=1)
        self.deconv4 = DeConvBlock(64, 32, kernel_size=5, stride=2, padding=2,
                                   output_padding=1)
        self.deconv5 = DeConvBlock(32, 16, kernel_size=6, stride=2, padding=2,
                                   output_padding=0)
        self.convfinal = nn.Conv2d(16, out_ch, kernel_size=3, stride=1, padding=1)

        self.use_additional_data = use_additional_data
        if self.use_additional_data:
            self.fc_data = nn.Linear(emb_size, 3)
            self.fc_junction = nn.Linear(emb_size, 1)

    def forward(self, emb):
        x = self.fc(emb)
        x = x.view(-1, 64, self.y_inicial, self.x_inicial)
        x = self.deconv1(x)
        x = self.deconv2(x)
        x = self.deconv3(x)
        x = self.deconv4(x)
        x = self.deconv5(x)
        x = self.convfinal(x)
        if self.use_additional_data:
            data = self.fc_data(emb)
            junction = self.fc_junction(emb)
            return x, data, junction
        else:
            return x, None, None
```

(4) 创建模型类 Autoencoder，这是一个完整的自动编码器，包括编码器和解码器。可用于训练并重构输入数据，使用 AdamW 优化器和学习率调度器。具体实现代码如下：

```
class Autoencoder(pl.LightningModule):
    def __init__(self, input_size=(256, 256), emb_size=256, out_ch=1, lr=1e-3, weights=(0.8,
       0.1, 0.1), use_additional_data=True):
        super().__init__()
        self.save_hyperparameters()
        self.encoder = Encoder(input_size, emb_size)
        self.decoder = Decoder(input_size, emb_size, out_ch, use_additional_data)
        self.lr = lr
        self.weights = weights
```

```python
        self.use_additional_data = use_additional_data

    def encode(self, x):
        return self.encoder(x)

    def decode(self, emb):
        x, data, junction = self.decoder(emb)
        x = torch.sigmoid(x).squeeze()
        return x, data, junction

    def forward(self, x):
        x = self.encode(x)
        x, data, junction = self.decode(x)
        return x, data, junction

    def configure_optimizers(self):
        optimizer = torch.optim.AdamW(self.parameters(), lr=self.lr, weight_decay=0.05)
        scheduler = torch.optim.lr_scheduler.ReduceLROnPlateau(optimizer, mode="min",
            factor=0.2, patience=20, min_lr=5e-5)
        return {"optimizer": optimizer, "lr_scheduler": scheduler, "monitor": "val_loss"}

    def training_step(self, batch, batch_idx):
        x, sem, data, junction = batch

        sem_hat, data_hat, junction_hat = self(x)
        loss_sem = nn.functional.mse_loss(sem_hat, sem)
        if self.use_additional_data:
            loss_data = nn.functional.mse_loss(data_hat, data)
            loss_junction = nn.functional.binary_cross_entropy_with_logits(junction_hat,
                junction)
            loss = self.weights[0]*loss_sem + self.weights[1]*loss_data +
                self.weights[2]*loss_junction
        else:
            loss = loss_sem
        self.log('train_loss', loss, on_step=True, on_epoch=True, prog_bar=True, logger=True)
        return loss

    def validation_step(self, batch, batch_idx):
        x, sem, data, junction = batch

        sem_hat, data_hat, junction_hat = self(x)
        loss_sem = nn.functional.mse_loss(sem_hat, sem)
        if self.use_additional_data:
            loss_data = nn.functional.mse_loss(data_hat, data)
            loss_junction = nn.functional.binary_cross_entropy_with_logits(junction_hat,
                junction)
            loss = self.weights[0]*loss_sem + self.weights[1]*loss_data +
                self.weights[2]*loss_junction
        else:
            loss = loss_sem
        self.log('val_loss', loss, on_step=False, on_epoch=True, prog_bar=True, logger=True)
        return loss
```

（5）创建模型类 AutoencoderSEM，这是用于实现语义分割的自动编码器，也包括编码器和解码器。AutoencoderSEM 类用于训练并执行语义分割，使用交叉熵损失来处理语义分割任务。具体实现代码如下：

```python
class AutoencoderSEM(pl.LightningModule):
    def __init__(self, input_size=(256, 256), emb_size=256, num_classes=29, lr=1e-3,
            weights=(0.8, 0.1, 0.1), use_additional_data=True):
        super().__init__()
        self.save_hyperparameters()
        self.encoder = Encoder(input_size, emb_size)
        self.decoder = Decoder(input_size, emb_size, num_classes, use_additional_data)
        self.lr = lr
        self.weights = weights
```

```python
        self.use_additional_data = use_additional_data

    def encode(self, x):
        return self.encoder(x)

    def decode(self, emb):
        x, data, junction = self.decoder(emb)
        return x, data, junction

    def forward(self, x):
        x = self.encode(x)
        x, data, junction = self.decode(x)
        return x, data, junction

    def configure_optimizers(self):
        optimizer = torch.optim.AdamW(self.parameters(), lr=self.lr, weight_decay=0.05)
        scheduler = torch.optim.lr_scheduler.ReduceLROnPlateau(optimizer, mode="min",
            factor=0.2, patience=20, min_lr=5e-5)
        return {"optimizer": optimizer, "lr_scheduler": scheduler, "monitor": "val_loss"}

    def training_step(self, batch, batch_idx):
        x, sem, data, junction = batch

        sem_hat, data_hat, junction_hat = self(x)
        loss_sem = nn.functional.cross_entropy(sem_hat, sem)
        if self.use_additional_data:
            loss_data = nn.functional.mse_loss(data_hat, data)
            loss_junction = nn.functional.binary_cross_entropy_with_logits(junction_hat,
                junction)
            loss = self.weights[0]*loss_sem + self.weights[1]*loss_data +
                self.weights[2]*loss_junction
        else:
            loss = loss_sem
        self.log('train_loss', loss, on_step=True, on_epoch=True, prog_bar=True, logger=True)
        return loss

    def validation_step(self, batch, batch_idx):
        x, sem, data, junction = batch

        sem_hat, data_hat, junction_hat = self(x)
        loss_sem = nn.functional.cross_entropy(sem_hat, sem)
        if self.use_additional_data:
            loss_data = nn.functional.mse_loss(data_hat, data)
            loss_junction = nn.functional.binary_cross_entropy_with_logits(junction_hat, junction)
            loss = self.weights[0]*loss_sem + self.weights[1]*loss_data +
                self.weights[2]*loss_junction
        else:
            loss = loss_sem
        self.log('val_loss', loss, on_step=False, on_epoch=True, prog_bar=True, logger=True)
        return loss
```

在整个项目中，编码器用于实现以下两种不同的任务。

① 在 Autoencoder 模型中，编码器用于将输入图像编码成嵌入向量，然后解码器将嵌入向量还原为重构的图像。这个过程用于特征学习和重建任务。

② 在 AutoencoderSEM 模型中，编码器用于将输入图像编码成嵌入向量，然后用于执行语义分割任务。编码器学习如何从输入图像中提取有关物体和场景的语义信息，以便进行像素级别的标记。

总之，编码器在该项目中起到了关键的作用，它能够将输入数据转换为有用的低维嵌入向量，为后续的任务提供了有力支持。

17.6.2 变分自编码器

编写文件 models/vae.py，功能是定义一个变分自编码器(Variational AutoEncoder，VAE)模型。VAE 是一种生成模型，用于学习数据的潜在表示和生成新的数据样本。VAE 通过编码器和解码器的结合实现了自动编码和生成的功能，是一种强大的生成模型。对文件 models/vae.py 的具体说明如下。

(1) ConvBlock 类和 DeConvBlock 类。这些类定义了卷积块和反卷积块，用于构建编码器和解码器的层。它们包括卷积、反卷积、批归一化和激活函数等操作。

(2) EncoderVAE 类。编码器类，用于将输入数据编码成潜在向量。它包括一系列卷积层，将输入图像逐渐降维到潜在空间的低维表示，并通过全连接层输出均值和方差参数，以便进行潜在空间的采样。

(3) DecoderVae 类。解码器类，用于从潜在向量重构输入数据。它包括一系列反卷积层，将潜在向量映射回输入图像的形状，并输出重构的图像。

(4) VAE 类。VAE 模型的主类，包括编码器、解码器、均值和方差的全连接层。它定义了 VAE 的前向传播过程，包括编码、采样和解码步骤。

(5) encode 方法。用于对输入数据进行编码，返回潜在向量 z 和生成的均值和方差。

(6) decode 方法。用于从潜在向量 z 生成重构的图像。

(7) configure_optimizers 方法。配置优化器和学习率调度器。

(8) training_step 和 validation_step 方法。定义了训练和验证的每个步骤，包括重构损失和 KL 散度损失的计算，以及总体损失的计算。

17.6.3 定义强化学习模型

编写文件 models/agent_parts.py，功能是定义了在深度强化学习(Deep Reinforcement Learning)中使用的神经网络模型，包括 Actor、Critic、TwinCritic 和 Environment 模型。这些模型通常用于实现强化学习算法，如深度确定性策略梯度(DDPG)算法等。具体实现代码如下：

```
import torch
from torch import nn
import torch.nn.functional as F

class Actor(nn.Module):
    def __init__(self, emb_size=256):
        super().__init__()
        self.fc1 = nn.Linear(emb_size+2, 256)
        self.fc2 = nn.Linear(256, 256)

        self.fc3_left = nn.Linear(256, 256)
        self.out_left = nn.Linear(256, 2)

        self.fc3_right = nn.Linear(256, 256)
        self.out_right = nn.Linear(256, 2)

        self.fc3_straight = nn.Linear(256, 256)
        self.out_straight = nn.Linear(256, 2)

    def forward(self, emb, command, action):
```

```python
        x = torch.cat((emb, action), dim=1)
        x = F.relu(self.fc1(x))
        x = F.relu(self.fc2(x))

        x_left = F.relu(self.fc3_left(x))
        x_left = self.out_left(x_left)

        x_straight = F.relu(self.fc3_straight(x))
        x_straight = self.out_straight(x_straight)

        x_right = F.relu(self.fc3_right(x))
        x_right = self.out_right(x_right)

        x = torch.stack((x_left, x_straight, x_right), dim=0)

        x = torch.gather(x, 0, command.expand((-1,2)).view(1,-1,2)).squeeze(0)

        x = torch.tanh(x)

        return x

class Critic(nn.Module):
    def __init__(self, emb_size=256):
        super().__init__()
        self.fc1 = nn.Linear(emb_size+2, 256)
        self.fc2 = nn.Linear(256, 256)

        self.fc3_left = nn.Linear(256, 256)
        self.out_left = nn.Linear(256, 1)

        self.fc3_right = nn.Linear(256, 256)
        self.out_right = nn.Linear(256, 1)

        self.fc3_straight = nn.Linear(256, 256)
        self.out_straight = nn.Linear(256, 1)

    def forward(self, emb, command, action):
        x = torch.cat((emb, action), dim=1)
        x = F.relu(self.fc1(x))
        x = F.relu(self.fc2(x))

        x_left = F.relu(self.fc3_left(x))
        x_left = self.out_left(x_left)

        x_straight = F.relu(self.fc3_straight(x))
        x_straight = self.out_straight(x_straight)

        x_right = F.relu(self.fc3_right(x))
        x_right = self.out_right(x_right)

        x = torch.stack((x_left, x_straight, x_right), dim=0)

        x = torch.gather(x, 0, command.view(1,-1,1)).squeeze(0)

        return x

class TwinCritic(nn.Module):
    def __init__(self, emb_size=256):
        super().__init__()
        self.critic1 = Critic(emb_size)
        self.critic2 = Critic(emb_size)

    def forward(self, emb, command, action):
        return self.critic1(emb, command, action), self.critic2(emb, command, action)

class Environment(nn.Module):
    def __init__(self, emb_size=256):
```

```python
        super().__init__()
        self.fc1_transition = nn.Linear(2, 128)
        self.fc2_transition = nn.Linear(128+emb_size, 512)
        self.out_transition = nn.Linear(512, emb_size)

        self.fc1_reward = nn.Linear(2, 128)
        self.fc2_reward = nn.Linear(128+emb_size*2, 512)
        self.fc3_reward = nn.Linear(512, 256)
        self.out_reward = nn.Linear(256, 1)

    def forward(self, emb, action):
        o = self.transition_model(emb, action)
        r = self.reward_model(emb, action, o)

        return o, r

    def transition_model(self, emb, action):
        o = F.relu(self.fc1_transition(action))
        o = torch.cat((o, emb), dim=1)
        o = F.relu(self.fc2_transition(o))
        o = self.out_transition(o)
        return o

    def reward_model(self, emb, action, next_emb):
        r = F.relu(self.fc1_reward(action))
        r = torch.cat((r, emb, next_emb), dim=1)
        r = F.relu(self.fc2_reward(r))
        r = F.relu(self.fc3_reward(r))
        r = self.out_reward(r)
        return r
```

对上述代码的具体说明如下：

(1) Actor 模型。

① 用于表示策略的神经网络模型。

② 输入包括状态(emb)、命令(command)和动作(action)。

③ 包括多个全连接层(fc1、fc2、fc3_left、fc3_straight、fc3_right)以及输出层(out_left、out_straight、out_right)。

④ 通过前向传播计算并输出 3 个动作，即左转、直行和右转。

⑤ 使用 ReLU 激活函数，并将输出通过 Tanh 激活函数进行约束。

(2) Critic 模型。

① 用于评估状态-动作对的价值的神经网络模型。

② 输入包括状态(emb)、命令(command)和动作(action)。

③ 包括多个全连接层(fc1、fc2、fc3_left、fc3_straight、fc3_right)以及输出层(out_left、out_straight、out_right)。

④ 通过前向传播计算并输出 3 个动作的价值。

(3) TwinCritic 模型。

① 由两个 Critic 模型组成，用于评估状态-动作对的价值。

② 使用两个独立的 Critic 模型来提高训练的稳定性。

(4) Environment 模型。

① 用于表示环境动态和奖励的神经网络模型。

② 包括状态转移模型和奖励模型。

③ 状态转移模型用于预测下一个状态(emb)。

④ 奖励模型用于预测奖励信号(reward)。

⑤ 包括多个全连接层及输出层。

上述模型在强化学习任务中通常用于构建智能体的策略(Actor)、评估状态-动作对的价值(Critic 和 TwinCritic)，以及模拟环境动态和奖励(Environment)。它们是深度强化学习中的关键组成部分，用于实现各种强化学习算法。

17.7 强化学习

在 reinforcement 目录中实现了多个程序文件，主要功能是定义一系列强化学习算法的实现，涵盖了不同类型的动作空间(连续和离散)和算法(DDPG、SAC、PPO、DQN 等)。这些算法适用于各种强化学习任务，从而使研究人员和开发者能够在不同的场景中进行强化学习的试验和应用。

扫码看视频

17.7.1 强化学习工具类的实现

编写 reinforcement/utils.py 文件，其功能是提供一些在强化学习中常用的工具类和函数，这些工具类和函数通常在强化学习算法中用于控制智能体的行为和训练过程。具体实现代码如下：

```python
import numpy as np
import torch
class OUNoise:
    def __init__(self, mu, sigma=0.4, theta=.6, dt=0.05, x0=None, noise_decay=0.0):
        self.theta = theta
        self.mu = mu
        self.sigma = sigma
        self.dt = dt
        self.x0 = x0
        self.noise_decay = noise_decay*sigma
        self.reset()

    def __call__(self):
        x = self.x_prev + self.theta * (self.mu - self.x_prev) * self.dt + self.sigma * \
            np.sqrt(self.dt) * np.random.normal(size=self.mu.shape)
        self.x_prev = x
        return x

    def reset(self):
        self.x_prev = self.x0 if self.x0 is not None else np.zeros_like(self.mu)
        self.sigma = max(self.sigma-self.noise_decay, 0.01)

    def __repr__(self):
        return 'OrnsteinUhlenbeckActionNoise(mu={}, sigma={})'.format(self.mu, self.sigma)

class StepLR(torch.optim.lr_scheduler._LRScheduler):
    def __init__(self, optimizer, step_size, gamma=0.9, last_epoch=-1, min_lr=1e-6,
verbose=False):
        self.step_size = step_size
        self.gamma = gamma
        self.min_lr = min_lr
        super().__init__(optimizer, last_epoch, verbose)

    def get_lr(self):
```

```
            if (self.last_epoch == 0) or (self.last_epoch % self.step_size != 0):
                return [group['lr'] for group in self.optimizer.param_groups]
            return [max(self.min_lr, group['lr'] * self.gamma)
                    for group in self.optimizer.param_groups]
```

对上述代码的具体说明如下。

(1) OUNoise 类。实现 Ornstein-Uhlenbeck 过程，用于为智能体的动作添加随机噪声。它模拟在控制问题中的噪声，有助于让智能体在探索环境时保持一定的随机性，以更好地学习策略。

(2) StepLR 类。这是一个自定义的学习率调度器，用于在训练期间逐步减小学习率。它基于给定的步长(step_size)和衰减因子(gamma)，在每个步长时将学习率乘以衰减因子，以逐渐降低学习率。此外，还有一个可选的最小学习率(min_lr)，以确保学习率不会降到过低。

17.7.2 经验回放存储的实现

编写文件 reinforcement/buffer.py，功能是定义一个名为 ReplayBuffer 的类，用于存储经验回放(Experience Replay)的元组，以提高智能体的训练效率和稳定性。经验回放是强化学习中常用的技术，用于存储智能体与环境交互的经验，以便后续的训练。具体实现代码如下：

```python
import numpy as np

class ReplayBuffer(object):
    """缓冲区用于存储经验回放的元组"""

    def __init__(self, max_size=20000):
        """
        Args:
            max_size (int): 存储元组的最大数量
        """

        self.storage = []           # 存储经验元组的列表
        self.max_size = max_size    # 缓冲区的最大容量
        self.ptr = 0                # 指针，用于追踪最新的元组位置

    def add(self, data):
        """添加经验元组到缓冲区
        (状态，动作，奖励，下一个状态，完成标志)

        Args:
            data (tuple): 经验回放元组
        """

        if len(self.storage) == self.max_size:
            self.storage[int(self.ptr)] = data  # 如果缓冲区已满，覆盖旧的元组数据
            self.ptr = (self.ptr + 1) % self.max_size
        else:
            self.storage.append(data)  # 否则，直接添加新的元组数据

    def __len__(self):
        """返回当前缓冲区的大小

        Returns:
            int: 当前缓冲区的大小
        """
```

```
            return len(self.storage)

    def sample(self, batch_size):
        """从缓冲区中随机抽样一批指定大小的经验元组

        Args:
            batch_size (int): 抽样的批量大小
        Returns:
            tuple: 状态、动作、奖励、下一个状态、完成标志
        """
        ind = np.random.choice(len(self.storage), size=batch_size, replace=False)  # 随机抽样索引
        states, actions, next_states, rewards, dones = [], [], [], [], []

        for i in ind:
            s, a, r, s_, d = self.storage[i]  # 获取抽样的经验元组
            states.append(np.array(s, copy=False, dtype=np.float32))
            actions.append(np.array(a, copy=False, dtype=np.float32))
            next_states.append(np.array(s_, copy=False, dtype=np.float32))
            rewards.append(np.array(r, copy=False, dtype=np.float32))
            dones.append(np.array(d, copy=False, dtype=np.float32))

        return np.array(states), np.array(actions), np.array(rewards).reshape(-1, 1),
np.array(next_states), np.array(dones).reshape(-1, 1)
```

对上述代码的具体说明如下。

(1) __init__(self, max_size=20000)。初始化方法，用于创建一个经验回放缓冲区。可以指定最大的存储容量 max_size，默认为 20000。

(2) add(self, data)。将经验元组数据添加到缓冲区中。经验元组通常包括 (state, action, reward, next_state, done)，表示智能体在环境中的一次交互经验。如果缓冲区已满，则新的数据会覆盖旧的数据，以实现循环使用。

(3) __len__(self)。返回当前缓冲区中存储的经验元组数量。

(4) sample(self, batch_size)。从缓冲区中随机抽样指定数量的经验元组，以用于训练。这些抽样的数据通常用于训练强化学习智能体的神经网络模型。抽样的数据以 states、actions、rewards、next_states、dones 的形式返回，分别表示状态、动作、奖励、下一个状态和完成标志。

17.7.3 深度强化学习智能体的实现

编写文件 reinforcement/agent.py，功能是实现一个深度强化学习智能体，它具有 Actor-Critic 架构，使用 TD3 (Twin Delayed Deep Deterministic Policy Gradients)算法进行训练。它包括 Actor 模型、Critic 模型、环境模型以及相关的训练和更新方法。文件 reinforcement/agent.py 的具体实现流程如下。

(1) 编写 OUNoise 类，功能是实现 Ornstein-Uhlenbeck 过程(这是一种随机过程，通常用于模拟具有持续随机性的物理系统中的噪声。这个过程最初用于描述气体分子在液体中的扩散行为，但后来也被广泛用于金融、控制系统和深度强化学习等领域)，用于生成动作的噪声，以帮助探索性行为。在 OUNoise 类中包含以下函数。

① __init__(self, size, mu=0., theta=0.6, sigma=0.2)：初始化噪声生成器的参数。

② reset(self)：重置内部状态(噪声)为均值(mu)。

③ sample(self)：更新内部状态并返回噪声样本。

类 OUNoise 的具体实现代码如下：

```
class OUNoise:
    def __init__(self, size, mu=0., theta=0.6, sigma=0.2):
        """# 初始化智能体参数和模型"""
        self.mu = mu * np.ones(size)
        self.theta = theta
        self.sigma = sigma
        self.reset()

    def reset(self):
        """Reset the internal state (= noise) to mean (mu)."""
        self.state = copy.copy(self.mu)

    def sample(self):
        x = self.state
        dx = self.theta * (self.mu - x) + self.sigma * np.array([np.random.randn() for i in range(len(x))])
        self.state = x + dx
        return self.state
```

(2) 编写 StepLR 类，功能是自定义实现学习率调度器，用于调整优化器的学习率。类 StepLR 包括以下函数。

① __init__()：初始化学习率调度器的参数。

② get_lr(self)：获取每个参数组的学习率。

StepLR 类的具体实现代码如下：

```
class StepLR(torch.optim.lr_scheduler._LRScheduler):
    def __init__(self, optimizer, step_size, gamma=0.9, last_epoch=-1, min_lr=1e-6, verbose=False):
        self.step_size = step_size
        self.gamma = gamma
        self.min_lr = min_lr
        super().__init__(optimizer, last_epoch, verbose)

    def get_lr(self):
        if (self.last_epoch == 0) or (self.last_epoch % self.step_size != 0):
            return [group['lr'] for group in self.optimizer.param_groups]
        return [max(self.min_lr, group['lr'] * self.gamma)
                for group in self.optimizer.param_groups]
```

(3) 定义 TD3ColDeductiveAgent 类，主要包括以下函数。

① __init__(self, ...)：初始化智能体的参数和模型。

② select_action(self, obs, prev_action, eval=False)：选择动作，可以包括动作噪声。

③ reset_noise(self)：重置动作噪声。

④ store_transition(self, p_act, obs, act, rew, next_obs, done)：存储经验元组。

⑤ update_step(self, it, is_pretraining)：更新智能体模型。

⑥ _compute_bc_loss(self, obs, act, p_act)：计算行为克隆损失。

⑦ _compute_critic_loss(self, obs, act, rew, next_obs, done)：计算 Critic 损失。

⑧ _compute_actor_loss(self, obs, p_act)：计算 Actor 损失。

⑨ _compute_env_loss(self, obs, p_act)：计算环境损失。

⑩ _update_env_model(self, obs, act, rew, next_obs)：更新环境模型。

⑪ change_opt_lr(self, actor_lr, critic_lr)：更改优化器的学习率。

⑫ load_exp_buffer(self, data)：加载经验缓冲区。
⑬ save(self, save_path)：保存智能体模型。

在本项目中，TD3ColDeductiveAgent 是一个强化学习代理，用于实现 TD3 算法的变种。类 TD3ColDeductiveAgent 的功能如下。

① 初始化网络和优化器：在初始化过程中，创建了两个神经网络(actor 和 critic)，以及它们对应的目标网络(actor_target 和 critic_target)。还初始化了用于训练这些网络的优化器，包括 actor_optimizer、critic_optimizer 和 env_model_optimizer。

② 动作选择：通过 select_action 方法，根据当前状态和前一个动作选择下一个动作。在训练期间，还可以添加噪声以促进探索。

③ 经验存储：代理使用 expert_buffer 和 actor_buffer 存储经验元组。expert_buffer 存储来自专家策略的经验，而 actor_buffer 存储来自代理策略的经验。

④ 训练：使用 update_step 方法来执行训练步骤。根据不同的模式(预训练或正式训练)，它可以执行不同的损失函数计算和梯度更新。

⑤ 损失函数：包括 actor 损失、critic 损失和环境模型(env_model)损失。这些损失函数在训练过程中根据不同的权重和参数进行组合。

⑥ 环境模型更新：代理根据当前状态、动作、奖励和下一个状态更新环境模型。

⑦ 学习率更改：可以通过 change_opt_lr 方法更改 Actor 网络和 Critic 网络的学习率。

⑧ 经验缓冲加载：可以使用 load_exp_buffer 方法加载专家策略的经验缓冲。

⑨ 保存模型：可以使用 save 方法保存整个代理模型，包括网络和优化器状态。

总之，TD3ColDeductiveAgent 是一个用于训练和评估深度强化学习策略的通用代理类，它实现了包括 Actor-Critic 学习、经验回放、噪声添加等功能，适用于多种环境和任务。

17.7.4 使用 SAC 算法的强化学习代理的实现

编写 reinforcement/sac_agent.py 文件，其功能是创建一个名为 SACAgent 的类，它实现了一个使用 SAC(Soft Actor-Critic)算法的强化学习代理，用于解决连续动作空间的强化学习问题。文件 reinforcement/sac_agent.py 的具体实现流程如下。

(1) 定义 init_weight 函数，用于初始化神经网络的权重。根据传入的初始化器类型(默认为 "he normal")，它可以使用不同的初始化策略，如 Xavier 均匀初始化("xavier uniform")或 He 正态初始化("he normal")。具体实现代码如下：

```
def init_weight(layer, initializer="he normal"):
    if initializer == "xavier uniform":
        nn.init.xavier_uniform_(layer.weight)
    elif initializer == "he normal":
        nn.init.kaiming_normal_(layer.weight)
```

(2) 定义 ValueNetwork 类，表示值网络，用于估计状态的值函数。值网络包括多个线性层，用于处理输入状态并进行输出值的估计。具体实现代码如下：

```
class ValueNetwork(nn.Module):
    def __init__(self, obs_dim):
        super(ValueNetwork, self).__init__()
```

```python
        self.fc1 = nn.Linear(obs_dim, 64)
        init_weight(self.fc1)

        self.fc2 = nn.Linear(64, 64)
        init_weight(self.fc2)

        self.out_left = nn.Linear(64, 1)
        self.out_straight = nn.Linear(64, 1)
        self.out_right = nn.Linear(64, 1)
        init_weight(self.out_left, "xavier uniform")
        init_weight(self.out_straight, "xavier uniform")
        init_weight(self.out_right, "xavier uniform")

    def forward(self, x, command):
        x = self.fc1(x)
        x = torch.relu(x)
        x = self.fc2(x)
        x = torch.relu(x)

        out_left = self.out_left(x)
        out_straight = self.out_straight(x)
        out_right = self.out_right(x)

        x = torch.stack((out_left, out_straight, out_right), dim=0)
        x = torch.gather(x, 0, command.view(1,-1,1)).view(-1, 1)

        return x
```

(3) 定义 QvalueNetwork 类，这是一个用于估计 Q 值的神经网络，它将状态、动作和命令作为输入，并输出对应的 Q 值。这个网络通常用于 DQN 等强化学习算法中，用于估计在给定状态下采取某个动作的 Q 值。具体实现代码如下：

```python
class QvalueNetwork(nn.Module):
    def __init__(self, obs_dim, nb_actions=2):
        super(QvalueNetwork, self).__init__()

        self.fc1 = nn.Linear(obs_dim+nb_actions, 64)
        init_weight(self.fc1)

        self.fc2 = nn.Linear(64, 64)
        init_weight(self.fc2)

        self.out_left = nn.Linear(64, 1)
        self.out_straight = nn.Linear(64, 1)
        self.out_right = nn.Linear(64, 1)
        init_weight(self.out_left, "xavier uniform")
        init_weight(self.out_straight, "xavier uniform")
        init_weight(self.out_right, "xavier uniform")

    def forward(self, x, command, a):
        x = torch.cat([x, a], dim=1)
        x = self.fc1(x)
        x = torch.relu(x)
        x = self.fc2(x)
        x = torch.relu(x)

        out_left = self.out_left(x)
        out_straight = self.out_straight(x)
        out_right = self.out_right(x)

        x = torch.stack((out_left, out_straight, out_right), dim=0)
        x = torch.gather(x, 0, command.view(1,-1,1)).view(-1, 1)

        return x
```

对上述代码的具体说明如下。

① __init__ 函数：初始化 QvalueNetwork 类的实例。它接受两个参数，即 obs_dim，表示状态空间的维度；nb_actions，表示动作空间的维度(默认为 2，通常是左、直行和右 3 个动作)。在这个函数中，初始化了神经网络的各个层，包括两个全连接层，用于处理状态和动作的输入，并为每个动作维度创建了输出层。

② forward 函数：前向传播函数，用于计算 Q 值。它接受输入状态 x、命令 command 和动作 a，并使用神经网络的全连接层和输出层计算 Q 值。首先，将输入状态 x 和动作 a 连接起来，形成一个可扩展的输入向量。然后，通过两个全连接层进行前向传播，其中包括激活函数 ReLU。最后，根据动作命令 command 选择相应的 Q 值输出，并将其返回。

③ init_weight 函数：用于初始化神经网络层的权重。根据参数 initializer 的不同取值，可以使用不同的初始化方法来初始化权重。通常使用的方法有 Xavier 初始化和 He 初始化。

(4) 定义一个用于生成策略的神经网络类 PolicyNetwork，这个神经网络的主要功能是生成动作，同时也可以计算生成动作的概率密度函数，这在确定策略梯度时非常有用。这里使用的是正态分布作为动作的分布模型，均值和标准差是通过神经网络输出的。神经网络的输出层包括 3 个动作维度的均值和标准差，因此可以同时生成左、直行和右 3 个动作的均值和标准差。其中 __init__ 函数用于初始化 PolicyNetwork 类的实例，它接受两个参数：obs_dim 表示状态空间的维度；nb_actions 表示动作空间的维度(默认为 2，通常是左、直行和右 3 个动作)。在这个函数中，初始化了神经网络的各个层，包括两个全连接层用于处理状态输入，并且为每个动作维度创建了均值(mu)和标准差(log_std)的输出层。具体实现代码如下：

```
class PolicyNetwork(nn.Module):
    def __init__(self, obs_dim, nb_actions=2):
        super(PolicyNetwork, self).__init__()

        self.fc1 = nn.Linear(obs_dim, 64)
        init_weight(self.fc1)
        self.fc2 = nn.Linear(64, 64)
        init_weight(self.fc1)

        self.mu_left = nn.Linear(64, nb_actions)
        self.mu_straight = nn.Linear(64, nb_actions)
        self.mu_right = nn.Linear(64, nb_actions)

        init_weight(self.mu_left, "xavier uniform")
        init_weight(self.mu_straight, "xavier uniform")
        init_weight(self.mu_right, "xavier uniform")

        self.log_std_left = nn.Linear(64, nb_actions)
        self.log_std_straight = nn.Linear(64, nb_actions)
        self.log_std_right = nn.Linear(64, nb_actions)

        init_weight(self.log_std_left, "xavier uniform")
        init_weight(self.log_std_straight, "xavier uniform")
        init_weight(self.log_std_right, "xavier uniform")

        self.nb_actions = nb_actions
```

(5) 定义前向传播函数 forward，用于根据输入状态 x 和命令 command 生成动作的均值(mu)和标准差(std)。这个函数接受输入状态 x 和命令 command，然后通过神经网络的全连接层和输出层计算出均值和标准差。最后，它返回生成的均值和标准差。具体实现代码如下：

```python
def forward(self, x, command):
    x = self.fc1(x)
    x = torch.relu(x)
    x = self.fc2(x)
    x = torch.relu(x)
    mu_left = self.mu_left(x)
    mu_straight = self.mu_straight(x)
    mu_right = self.mu_right(x)

    mu = torch.stack((mu_left, mu_straight, mu_right), dim=0)
    mu = torch.gather(mu, 0, command.expand((-1,self.nb_actions)).view(1,-1,
                  self.nb_actions)).view(-1,self.nb_actions)

    log_std_left = self.log_std_left(x)
    log_std_straight = self.log_std_straight(x)
    log_std_right = self.log_std_right(x)

    log_std = torch.stack((log_std_left, log_std_straight, log_std_right), dim=0)
    log_std = torch.gather(log_std, 0, command.expand((-1,self.nb_actions)).view(1,-1,
                  self.nb_actions)).view(-1,self.nb_actions)

    std = log_std.clamp(min=-20, max=2).exp()

    return mu, std
```

(6) 定义 sample_or_likelihood 函数，用于根据当前策略生成动作或计算动作的概率密度函数(PDF)。它接受输入状态 states 和命令 command，并使用神经网络生成动作的均值和标准差。然后，它从该分布中采样一个动作，并计算采样动作的对数概率(log_prob)。最后，它返回采样的动作和对数概率。具体实现代码如下：

```python
def sample_or_likelihood(self, states, command):
    mu, std = self(states, command)
    dist = torch.distributions.Normal(mu, std)

    u = dist.rsample()
    action = torch.tanh(u)
    log_prob = dist.log_prob(value=u)

    log_prob -= torch.log(1 - action ** 2 + 1e-6)
    log_prob = log_prob.sum(-1, keepdim=True)

    return action, log_prob
```

(7) 定义 SACAgent 类，用于实现 SAC 算法的强化学习代理，它包括训练过程中的重要组件，如值网络、Q 值网络、策略网络以及经验回放缓冲区等。代理可以根据给定的状态选择动作，然后执行训练过程，以不断改进其策略并学习到更好的值函数估计。其中函数 __init__ 用于初始化 SACAgent 类的实例，包含以下参数。

① obs_dim：状态空间的维度。
② nb_actions：动作空间的维度。
③ device：设备选择，可以是 'cpu' 或 'cuda'。
④ lr：学习率。
⑤ alpha：SAC 算法中的温度参数。

⑥ batch_size:训练时的批次大小。
⑦ gamma:折扣因子。
⑧ tau:软更新目标网络的参数。
⑨ buffer_size:经验回放缓冲区的大小。
⑩ action_clip:动作值的裁剪范围。
⑪ collision_percentage:从经验回放缓冲区中选择用于碰撞经验的百分比。
⑫ sch_gamma:学习率衰减的因子。
⑬ sch_steps:学习率衰减的步数。
⑭ reward_scale:奖励缩放因子。

SACAgent 类的具体实现代码如下:

```python
class SACAgent:
    def __init__(self, obs_dim=260, nb_actions=2, device='cpu', lr=1e-3, alpha=0.2,
                 batch_size=64, gamma=0.99, tau=0.005, buffer_size=10000, action_clip=(-1,1),
                 collision_percentage=0.2, sch_gamma = 0.9, sch_steps=500, reward_scale=1.0):

        self.device = device

        self.policy_network = PolicyNetwork(obs_dim, nb_actions).to(self.device)
        self.q_value_network1 = QvalueNetwork(obs_dim, nb_actions).to(self.device)
        self.q_value_network2 = QvalueNetwork(obs_dim, nb_actions).to(self.device)
        self.value_network = ValueNetwork(obs_dim).to(self.device)
        self.value_target_network = ValueNetwork(obs_dim).to(self.device)

        self.hard_update()

        self.value_opt = torch.optim.Adam(self.value_network.parameters(), lr=lr)
        self.q_value1_opt = torch.optim.Adam(self.q_value_network1.parameters(), lr=lr)
        self.q_value2_opt = torch.optim.Adam(self.q_value_network2.parameters(), lr=lr)
        self.policy_opt = torch.optim.Adam(self.policy_network.parameters(), lr=lr)

        self.sch_value = StepLR(self.value_opt, sch_steps, gamma=sch_gamma)
        self.sch_q1 = StepLR(self.q_value1_opt, sch_steps, gamma=sch_gamma)
        self.sch_q2 = StepLR(self.q_value2_opt, sch_steps, gamma=sch_gamma)
        self.sch_policy = StepLR(self.policy_opt, sch_steps, gamma=sch_gamma)

        self.gamma = gamma
        self.tau = tau
        self.alpha = alpha
        self.action_clip = action_clip
        self.reward_scale = reward_scale

        self.collision_percentage = collision_percentage
        self.batch_size = batch_size
        self.buffer = ReplayBuffer(buffer_size)
        self.buffer_collision = ReplayBuffer(buffer_size)

        #Training variables
        self.tr_step = 0
        self.tr_steps_vec = []
        self.avg_reward_vec = []
        self.std_reward_vec = []
        self.success_rate_vec = []
        self.episode_nb = 0
```

(8) 定义以下 5 个函数。

① hard_update 函数:将目标值网络的参数硬更新为当前值网络的参数。

② soft_update 函数：将目标值网络的参数软更新为当前值网络的参数，使用了参数 tau 控制更新速度。

③ reset_noise 函数：用于重置噪声。

④ store_transition 函数：将经验元组 (obs, action, reward, next_obs, done) 存储到经验回放缓冲区中。

⑤ store_transition_collision 函数：将碰撞经验元组存储到经验回放缓冲区中。

具体实现代码如下：

```
def hard_update(self):
    self.value_target_network.load_state_dict(self.value_network.state_dict())

def soft_update(self):
    for param, target_param in zip(self.value_network.parameters(),
self.value_target_network.parameters()):
        target_param.data.copy_(self.tau * param.data + (1 - self.tau) * target_param.data)

def reset_noise(self):
    pass

def store_transition(self, obs, action, reward, next_obs, done, info=None):
    self.buffer.add((obs, action, reward, next_obs, done))

def store_transition_collision(self, obs, action, reward, next_obs, done, info=None):
    self.buffer_collision.add((obs, action, reward, next_obs, done))
```

(9) 定义 select_action 函数，根据当前的状态选择动作，返回选择的动作。此函数接受状态作为输入，可以选择是否添加噪声。具体实现代码如下：

```
def select_action(self, obs, noise=True):
    obs = torch.from_numpy(obs).to(self.device).unsqueeze(0)
    comm = obs[:, -1:].long()
    obs = obs[:, :-1]

    with torch.no_grad():
        if noise:
            action, _ = self.policy_network.sample_or_likelihood(obs, comm)
        else:
            action, _ = self.policy_network(obs, comm)
    action = action.cpu().data.numpy().flatten()

    return np.clip(action, *self.action_clip)
```

(10) 定义 get_batch 函数，从经验回放缓冲区中获取批次数据，包括状态、动作、奖励、下一个状态和完成标志。具体实现代码如下：

```
def get_batch(self):
    col_batch_size = int(self.collision_percentage*self.batch_size)
    if col_batch_size < len(self.buffer_collision):
        batch_size = self.batch_size - col_batch_size
        states_col, actions_col, rewards_col, next_states_col, dones_col = self.buffer_collision.sample(col_batch_size)
        states, actions, rewards, next_states, dones = self.buffer.sample(batch_size)
        states = np.concatenate((states_col, states))
        actions = np.concatenate((actions_col, actions))
        rewards = np.concatenate((rewards_col, rewards))
        next_states = np.concatenate((next_states_col, next_states))
        dones = np.concatenate((dones_col, dones))
    else:
        states, actions, rewards, next_states, dones = self.buffer.sample(self.batch_size)

    return states, actions, rewards, next_states, dones
```

(11) 定义 update 函数，执行代理的训练过程，包括更新值网络、Q 值网络、策略网络和目标值网络，以及相应的优化过程。

(12) 定义 save 函数，功能是将代理的模型参数保存到文件中；定义 save_actor 函数，功能是仅保存策略网络的模型参数；定义 load_actor 函数，功能是加载策略网络的模型参数。具体实现代码如下：

```python
def save(self, save_path):
    with open(save_path, 'wb') as f:
        pickle.dump(self, f)

def save_actor(self, save_path):
    torch.save(self.policy_network.state_dict(), save_path)

def load_actor(self, load_path):
    self.policy_network.load_state_dict(torch.load(load_path))
```

17.7.5 实现 DDPG 用于强化学习

编写文件 reinforcement/ddpg_agent.py，功能是实现深度确定性策略梯度算法(DDPG)，用于强化学习。其中核心类 DDPGAgent 包含了一个 DDPG 强化学习代理的完整实现，包括 Actor 和 Critic 神经网络，经验回放缓冲区，更新逻辑，环境模型等组件。它可以用于训练和评估强化学习智能体在连续动作空间环境中的性能。文件 reinforcement/ddpg_agent.py 的具体实现流程如下。

(1) 编写 Actor 类，用于构建策略网络，即确定性策略，其功能是将环境的状态映射到一个动作。Actor 类包含以下两个函数。

① 初始化(__init__ 函数)：在初始化过程中，它接受状态空间维度 obs_dim 和动作空间维度 nb_actions 作为参数，然后创建了一个神经网络，包括两个隐藏层和 3 个输出层。隐藏层使用线性层(nn.Linear)和层归一化 (nn.LayerNorm)进行搭建。

② 前向传播(forward 函数)：前向传播函数接受环境状态 x 和命令 command 作为输入。然后，状态通过两个隐藏层，每个隐藏层都经过 ReLU 激活函数，然后输出到 3 个输出层。这 3 个输出层对应 3 个可能的动作，即左转、直行和右转。这个函数返回一个动作张量，通过命令选择其中一个动作。

Critic 类的具体实现代码如下：

```python
class Actor(nn.Module):
    def __init__(self, obs_dim, nb_actions=2):
        super(Actor, self).__init__()

        self.fc1 = nn.Linear(obs_dim, 64)
        self.norm1 = nn.LayerNorm(64)
        self.fc2 = nn.Linear(64, 64)
        self.norm2 = nn.LayerNorm(64)

        self.out_left = nn.Linear(64, nb_actions)
        self.out_straight = nn.Linear(64, nb_actions)
        self.out_right = nn.Linear(64, nb_actions)

        self.out_left.weight.data.normal_(0, 1e-4)
        self.out_straight.weight.data.normal_(0, 1e-4)
        self.out_right.weight.data.normal_(0, 1e-4)
```

```
        self.nb_actions = nb_actions

    def forward(self, x, command):
        x = self.norm1(self.fc1(x))
        x = torch.relu(x)
        x = self.norm2(self.fc2(x))
        x = torch.relu(x)
        out_left = self.out_left(x)
        out_straight = self.out_straight(x)
        out_right = self.out_right(x)

        x = torch.stack((out_left, out_straight, out_right), dim=0)
        x = torch.gather(x, 0, command.expand((-1,self.nb_actions)).view(1,-1,
                          self.nb_actions)).view(-1,self.nb_actions)

        x = torch.tanh(x)

        return x
```

(2) 编写 Critic 类用于构建值函数网络，其功能是评估给定状态和动作的值。类 Critic 包含以下两个函数。

① 初始化(__init__ 函数)：在初始化过程中，它接受状态空间维度 obs_dim 和动作空间维度 nb_actions 作为参数，然后创建了一个神经网络，包括两个隐藏层和 3 个输出层。输出层的每个单元都对应于一个动作。

② 前向传播(forward 函数)：前向传播函数接受环境状态 x、命令 command 和动作 a 作为输入。首先，状态和动作被连接在一起，然后通过两个隐藏层，每个隐藏层都有 ReLU 激活函数。最后，输出到 3 个输出层，其中每个输出层对应于一个动作。这个函数返回一个值函数估计值。

Critic 类的具体实现代码如下：

```
class Critic(nn.Module):
    def __init__(self, obs_dim, nb_actions=2):
        super(Critic, self).__init__()

        self.fc1 = nn.Linear(obs_dim+nb_actions, 64)
        self.norm1 = nn.LayerNorm(64)
        self.fc2 = nn.Linear(64, 64)
        self.norm2 = nn.LayerNorm(64)

        self.out_left = nn.Linear(64, 1)
        self.out_straight = nn.Linear(64, 1)
        self.out_right = nn.Linear(64, 1)

    def forward(self, x, command, a):
        x = torch.cat([x,a], 1)
        x = self.norm1(self.fc1(x))
        x = torch.relu(x)
        x = self.norm2(self.fc2(x))
        x = torch.relu(x)

        out_left = self.out_left(x)
        out_straight = self.out_straight(x)
        out_right = self.out_right(x)

        x = torch.stack((out_left, out_straight, out_right), dim=0)
        x = torch.gather(x, 0, command.view(1,-1,1)).view(-1, 1)

        return x
```

(3) 编写环境模型类 Environment，它包括两个部分，即状态转移模型和奖励模型。

其功能是根据当前状态和动作来模拟状态的转移并估计奖励。类 Environment 包含以下函数。

① 初始化(__init__ 函数)：在初始化过程中，它接受一个嵌入大小 emb_size 和动作空间维度 nb_actions 作为参数。然后，它创建了两个神经网络，一个用于状态转移模型，另一个用于奖励模型。这两个神经网络都包括多个线性层。

② 前向传播(forward 函数)：前向传播函数接受当前状态的嵌入 emb 和动作 action 作为输入。首先，动作经过一个线性层和 ReLU 激活函数，然后与状态嵌入连接在一起。接下来，通过两个线性层和 ReLU 激活函数，最后输出状态转移的估计值。奖励模型类似，但是估计奖励而不是状态转移。

Environment 类的具体实现代码如下：

```python
class Environment(nn.Module):
    def __init__(self, emb_size=260, nb_actions=2):
        super().__init__()
        self.fc1_transition = nn.Linear(nb_actions, 128)
        self.fc2_transition = nn.Linear(128+emb_size, 512)
        self.out_transition = nn.Linear(512, emb_size)

        self.fc1_reward = nn.Linear(nb_actions, 128)
        self.fc2_reward = nn.Linear(128+emb_size*2, 512)
        self.fc3_reward = nn.Linear(512, 256)
        self.out_reward = nn.Linear(256, 1)

    def forward(self, emb, action):
        o = self.transition_model(emb, action)
        r = self.reward_model(emb, action, o)

        return o, r

    def transition_model(self, emb, action):
        o = F.relu(self.fc1_transition(action))
        o = torch.cat((o, emb), dim=1)
        o = F.relu(self.fc2_transition(o))
        o = self.out_transition(o)
        return o

    def reward_model(self, emb, action, next_emb):
        r = F.relu(self.fc1_reward(action))
        r = torch.cat((r, emb, next_emb), dim=1)
        r = F.relu(self.fc2_reward(r))
        r = F.relu(self.fc3_reward(r))
        r = self.out_reward(r)
        return r
```

(4) 编写 DDPGAgent 类，这是整个强化学习代理的主体，使用了 DDPG 算法。类 DDPGAgent 将 Actor 网络和 Critic 网络组合在一起，并包含了训练和控制逻辑。类 DDPGAgent 包含以下函数。

① 初始化(__init__ 函数)：在初始化过程中，它接受大量的超参数，包括学习率、回放缓冲区大小、折扣因子、软更新参数等。它还初始化了 Actor 和 Critic 神经网络、优化器、噪声等。

② 硬更新和软更新(hard_update 和 soft_update 函数)：这些函数用于更新 Actor 和 Critic 网络的目标网络。硬更新是将目标网络的权重复制为当前网络的权重，而软更新是通过混合当前网络和目标网络的权重来更新目标网络。

③ 重置噪声(reset_noise 函数)：这个函数用于重置噪声，以便在动作选择中添加一

些探索。

④ 存储经验(store_transition 和 store_transition_collision 函数)：这些函数用于将经验元组存储在经验回放缓冲区中。

⑤ 选择动作(select_action 函数)：这个函数根据当前状态选择动作，可选地添加噪声以促进探索。

⑥ 更新 Critic 和 Actor(update 函数)：这个函数执行了代理的训练过程，包括 Critic 和 Actor 的更新。Critic 网络的更新采用均方误差损失，而 Actor 网络的更新采用策略梯度方法。此外，还考虑了行为克隆和环境模型的损失。

⑦ 其他功能：此外，该类还包含一些其他功能，如预训练过程、获取批次数据、保存和加载模型等。

17.8 调用处理

本节将调用前面的功能类和函数分别实现数据采集、自编码器训练、专家数据收集、强化学习训练、DDPG 智能体训练和性能测试等功能。

扫码看视频

17.8.1 生成训练数据

编写 collect_data_autoencoder.py 文件，功能是收集与自动编码器训练相关的数据，在模拟环境中生成并记录与自动编码器训练相关的各种数据，以便后续用于深度学习模型的训练和研究。它收集的数据主要包括以下几种

(1) 模拟器数据。程序通过与模拟器的交互来获取以下类型的数据。

① 视觉数据：可以是相机捕获的图像或图像帧。

② 传感器数据：包括车辆上安装的各种传感器(例如激光雷达、GPS、IMU 等)产生的数据。

③ 路径和行为数据：记录了车辆在模拟环境中的运动轨迹、速度、转向等信息。

(2) 数据多样性。通过设置不同的路线(route)和通行次数(passes)，以及在不同天气条件下模拟数据，从而收集多样性的数据。这有助于训练自动编码器模型更好地理解各种环境和驾驶情况。

(3) 数据格式：根据命令行参数-np 的设置，数据可以以图像或 NumPy 数组的形式保存，这取决于用户的选择。这样，用户可以根据需要选择合适的数据格式。

collect_data_autoencoder.py 文件的具体实现代码如下：

```
from argparse import ArgumentParser

from data.collect_data import main
from configuration.config import *

if __name__=='__main__':
    argparser = ArgumentParser()
    argparser.add_argument('--world-port', type=int, default=WORLD_PORT)
    argparser.add_argument('--host', type=str, default=WORLD_HOST)
    argparser.add_argument('--map', type=str, default=TRAIN_MAP, help="Load the map before starting the simulation")
    argparser.add_argument('--weather', type=str, default='ClearNoon',
```

```
                        choices=['ClearNoon', 'ClearSunset', 'CloudyNoon', 'CloudySunset',
                                 'WetNoon', 'WetSunset', 'MidRainyNoon', 'MidRainSunset',
                                 'WetCloudyNoon', 'WetCloudySunset', 'HardRainNoon',
                                 'HardRainSunset', 'SoftRainNoon', 'SoftRainSunset'],
                        help='Weather preset')
argparser.add_argument('--out_folder', type=str, default='./sensor_data', help="Output folder")
argparser.add_argument('--nb_frames', type=int, default=300, help="Number of frames to
                        record per route")
argparser.add_argument('--nb_passes', type=int, default=7, help="Number of passes per route")
argparser.add_argument('--freq_save', type=int, default=5, help="Frequency of saving
                        data (in steps)")
argparser.add_argument('-np', action='store_true', help='Save data as numpy arrays
                        instead of images')
argparser.add_argument('--begin', type=int, default=0, help='Begin at this episode (for
                        resuming)')

args = argparser.parse_args()
main(args)
```

对上述代码的具体说明如下。

(1) 命令行参数解析。使用 argparse 模块创建了一个命令行参数解析器 argparser，并添加了一系列命令行参数，这些参数用于配置数据收集的不同方面。这些参数包括：

① --world-port：模拟器的端口号，默认为 WORLD_PORT。
② --host：主机地址，默认为 WORLD_HOST。
③ --map：要加载的地图，默认为 TRAIN_MAP。
④ --weather：模拟器的天气预设，默认为 ClearNoon，可选值在列表中。
⑤ --out_folder：数据输出文件夹的路径，默认为./sensor_data。
⑥ --nb_frames：每个路线(route)记录的帧数，默认为 300。
⑦ --nb_passes：每个路线的通行次数，默认为 7。
⑧ --freq_save：保存数据的频率(以步数为单位)，默认为 5。
⑨ -np：一个标志，如果存在则表示将数据保存为 NumPy 数组，而不是图像。
⑩ --begin：开始的路线编号(episode)，用于恢复数据收集，默认为 0。

(2) 解析命令行参数。通过 argparser.parse_args()方法解析命令行参数，并将结果存储在 args 变量中。

(3) 调用数据收集函数。调用 main(args)函数，将解析后的命令行参数 args 传递给该函数。这个函数位于 data.collect_data 模块中，负责启动模拟器并收集与自动编码器训练相关的数据。

17.8.2 训练模型

编写 train_autoencoder.py 文件，功能是训练一个自编码器(Autoencoder 或 AutoencoderSEM)，用于将 Carla 仿真环境中的图像数据编码为特征表示。自编码器是一个用于降维和特征提取的无监督学习模型，它的目标是重建输入数据，同时学习到有用的表示。这个文件包含自编码器模型的训练逻辑以及数据集的准备和处理。具体实现代码如下：

```
def main(args):
    os.makedirs(args.dirpath, exist_ok=True)

    img_size = [int(x) for x in args.img_size.split('x')] if args.img_size != 'default' else None
```

```python
    if args.split:
        with open(args.split, 'rb') as f:
            split = pickle.load(f)
        train = split['train']
        val = split['val']

    else:
        with open(args.file, 'rb') as f:
            data = pickle.load(f)

        stratify = [d[0] for d in data]

        # 按文件夹(不同天气条件)分层拆分数据
        train, val = train_test_split(data, test_size=args.val_size, random_state=42,
                                      shuffle=True, stratify=stratify)

        #保存拆分
        with open(args.dirpath + '/split.pkl', 'wb') as f:
            pickle.dump({'train': train, 'val': val}, f)


    normalize_output = False if args.model == 'AutoencoderSEM' else True
    train_dataset = AutoencoderDataset(train[:100], img_size, args.norm_input, args.low_sem,
                                       args.use_img_out, normalize_output)
    val_dataset = AutoencoderDataset(val[:100], img_size, args.norm_input, args.low_sem,
                                     args.use_img_out, normalize_output)

    train_loader = DataLoader(train_dataset, batch_size=args.batch_size, shuffle=True)
    val_loader = DataLoader(val_dataset, batch_size=args.batch_size*2, shuffle=False)

    img_size = tuple(train_dataset[0][0].shape[1:]) if img_size is None else img_size
    num_classes = 14 if args.low_sem else 29

    if args.model == 'Autoencoder':
        model = Autoencoder(input_size=img_size, emb_size=args.emb_size, lr=args.lr,
                            weights=(0.8, 0.1, 0.1), use_additional_data=args.additional_data,
                            out_ch=4 if args.use_img_out else 1)
    elif args.model == 'AutoencoderSEM':
        model = AutoencoderSEM(input_size=img_size, emb_size=args.emb_size, lr=args.lr,
                               weights=(0.8, 0.1, 0.1), use_additional_data=args.additional_data,
                               num_classes=num_classes)
    elif args.model == 'VAE':
        model = VAE(input_size=img_size, emb_size=args.emb_size, lr=args.lr,
                    out_ch=4 if args.use_img_out else 1)
    else:
        raise ValueError('Model not found')

    trainer = pl.Trainer(callbacks=[pl.callbacks.ModelCheckpoint(dirpath=args.dirpath,
                            monitor='val_loss', save_top_k=1),
                            pl.callbacks.LearningRateMonitor(logging_interval='epoch'),
                            pl.callbacks.ModelCheckpoint(dirpath=args.dirpath,
                                filename="{epoch}")],
                         accelerator=args.device,
                         max_epochs=args.epochs,
                         default_root_dir=args.dirpath)
    trainer.fit(model, train_loader, val_loader, ckpt_path=args.pretrained)


if __name__ == '__main__':
    parser = ArgumentParser()
    parser.add_argument('--file', type=str, default=AE_DATASET_FILE, help='dataset file')
    parser.add_argument('--val_size', type=float, default=AE_VAL_SIZE, help='validation size')
    parser.add_argument('--img_size', type=str, default=AE_IMG_SIZE, help='image size')

    parser.add_argument('--norm_input', type=bool, default=AE_NORM_INPUT, help='Normalize
        input image')
    parser.add_argument('--emb_size', type=int, default=AE_EMB_SIZE, help='embedding size')
```

```
parser.add_argument('--batch_size', type=int, default=AE_BATCH_SIZE, help='batch size')
parser.add_argument('--epochs', type=int, default=AE_EPOCHS, help='number of epochs')
parser.add_argument('--lr', type=float, default=AE_LR, help='learning rate')
parser.add_argument('--device', type=str, default='auto', help='device', choices=['auto',
                    'gpu', 'cpu'])
parser.add_argument('--dirpath', type=str, default=AE_DIRPATH, help='directory path to
                    save the model')
parser.add_argument('--low_sem', type=bool, default=AE_LOW_SEM, help='Use low resolution
                    semantic segmentation (14 classes)')
parser.add_argument('--use_img_out', type=bool, default=AE_USE_IMG_AS_OUTPUT, help='Use
                    image as output (not used if model is VAE)')
parser.add_argument('--model', type=str, default=AE_MODEL, help='model',
                    choices=['Autoencoder', 'AutoencoderSEM', 'VAE'])
parser.add_argument('--additional_data', type=bool, default=AE_ADDITIONAL_DATA,
                    help='Use additional data (not used if model is VAE)')
parser.add_argument('--pretrained', type=str, default=AE_PRETRAINED, help='pretrained model')
parser.add_argument('--split', type=str, default=AE_SPLIT, help='split file')
args = parser.parse_args()

main(args)
```

对上述代码的具体说明如下：

（1）定义 main 函数。它接受命令行参数作为输入，包括数据集文件、模型参数、训练超参数等。在函数内部，首先根据命令行参数创建输出目录，并根据数据集进行数据分割。接着，创建训练和验证数据集，并构建对应的数据加载器。然后，根据命令行参数选择合适的自动编码器模型(Autoencoder 或 VAE)。最后，使用 PyTorch Lightning 库中的 Trainer 来训练所选模型。

（2）解析命令行参数。使用 ArgumentParser 解析命令行参数，这些参数包括数据集文件、图像尺寸、模型超参数、设备选择、训练周期等。

（3）调用 main 函数。在 if __name__=='__main__':部分，会解析命令行参数并调用 main 函数来执行训练任务。

17.8.3 收集 Carla 环境中的专家驾驶数据

编写 collect_expert_data.py 文件，功能是在 Carla 仿真环境中收集专家数据。专家数据通常是由有经验的人类驾驶员在仿真环境中执行驾驶任务期间记录的，用于训练和评估自动驾驶代理的性能。具体实现代码如下：

```
if __name__ == '__main__':
    argparser = ArgumentParser()
    argparser.add_argument('--world-port', type=int, default=config.WORLD_PORT)
    argparser.add_argument('--host', type=str, default=config.WORLD_HOST)
    argparser.add_argument('--weather', type=str, default='ClearNoon',
                    choices=['ClearNoon', 'ClearSunset', 'CloudyNoon', 'CloudySunset',
                             'WetNoon', 'WetSunset', 'MidRainyNoon', 'MidRainSunset',
                             'WetCloudyNoon', 'WetCloudySunset', 'HardRainNoon',
                             'HardRainSunset', 'SoftRainNoon', 'SoftRainSunset'],
                    help='Weather preset')
    argparser.add_argument('--cam_height', type=int, default=config.CAM_HEIGHT, help="Camera height")
    argparser.add_argument('--cam_width', type=int, default=config.CAM_WIDTH, help="Camera width")
    argparser.add_argument('--fov', type=int, default=config.CAM_FOV, help="Camera field of view")
    argparser.add_argument('--nb_episodes', type=int, default=90, help="Number of episodes to run")
    argparser.add_argument('--tick', type=float, default=config.TICK, help="Sensor tick length")
```

```python
argparser.add_argument('--out_folder', type=str, default=config.EXPERT_DATA_FOLDER,
                       help="Output folder")
argparser.add_argument('--model', type=str, default=config.AE_MODEL, help='model',
                       choices=['Autoencoder', 'AutoencoderSEM', 'VAE'])
argparser.add_argument('--autoencoder_model', type=str, help="Autoencoder model path",
                       default=config.AE_PRETRAINED)
argparser.add_argument('--from_ep', type=int, default=0, help="Start episode number
                       (for resuming)")
argparser.add_argument('-no_exo_vehicles', help="Use exo vehicles", action='store_false')

args = argparser.parse_args()

if args.model=='AutoencoderSEM':
    autoencoder = AutoencoderSEM.load_from_checkpoint(args.autoencoder_model)
elif args.model=='VAE':
    autoencoder = VAE.load_from_checkpoint(args.autoencoder_model)
elif args.model=='Autoencoder':
    autoencoder = Autoencoder.load_from_checkpoint(args.autoencoder_model)
else:
    raise ValueError(f"Unknown model {args.model}")

autoencoder.freeze()
autoencoder.eval()

out_folder = os.path.join(args.out_folder, args.weather)

os.makedirs(out_folder, exist_ok=True)

env = CarlaEnv(autoencoder, args.world_port, args.host, config.TRAIN_MAP, args.weather,
        args.cam_height, args.cam_width, args.fov, args.tick, 1000,
        exo_vehicles=args.no_exo_vehicles)

spawn_points = env.map.get_spawn_points()
possible_routes = Route.get_possibilities(config.TRAIN_MAP)
routes = [[possible_routes[0]().end.location],
    [possible_routes[1]().end.location],
    [possible_routes[2]().end.location]]

for i in range(len(routes)):
    os.makedirs(os.path.join(out_folder, f'Route_{i}'), exist_ok=True)

try:

    for episode in range(args.from_ep, args.nb_episodes):
        print("Episode {}".format(episode))

        route_id = episode % len(routes)

        route = routes[route_id]

        obs = env.reset(route_id)

        env.traffic_manager.ignore_lights_percentage(env.ego_vehicle, 100)
        env.traffic_manager.random_left_lanechange_percentage(env.ego_vehicle, 0)
        env.traffic_manager.random_right_lanechange_percentage(env.ego_vehicle, 0)
        env.traffic_manager.auto_lane_change(env.ego_vehicle, False)
        env.traffic_manager.set_desired_speed(env.ego_vehicle, 35.)
        env.traffic_manager.distance_to_leading_vehicle(env.ego_vehicle, 4.0)

        env.traffic_manager.set_path(env.ego_vehicle, route)

        env.ego_vehicle.set_autopilot(True)

        done = False
```

```
            data = []
            while not done:
                control = env.ego_vehicle.get_control()
                action = [control.steer, 0.0]
                if control.throttle > control.brake:
                    action[1] = control.throttle
                else:
                    action[1] = -control.brake
                obs_t1, reward, done, info = env.step(action)

                if info["speed"] < 1e-6 and action[1] <= 0.0: #Avoid getting stuck when learning
                    action[1] = -0.05

                data.append([obs, action, reward, obs_t1, done, info])

                obs = obs_t1

            out_file = os.path.join(out_folder, f"Route_{route_id}", f"{episode}.pkl")
            with open(out_file, 'wb') as f:
                pickle.dump(data, f)
            print(f"End of episode {episode} - {len(data)} steps")
finally:
    env.reset_settings()
```

上述代码的具体实现流程如下。

(1) 解析命令行参数。使用 ArgumentParser 解析命令行参数，这些参数包括世界端口、主机地址、天气条件、摄像头参数、仿真参数、输出文件夹、模型类型等。

(2) 加载预训练的自编码器模型。根据命令行参数指定的模型类型(Autoencoder、AutoencoderSEM 或 VAE)，加载对应的自编码器模型。

(3) 创建输出文件夹。根据命令行参数指定的天气条件，创建输出文件夹，用于存储专家数据。

(4) 初始化 Carla 环境。

① 创建 Carla 环境实例，配置仿真环境的参数，如地图、天气、摄像头参数、tick 长度、最大帧数等。

② 设置交通管理器的参数，如忽略红绿灯、随机变道等。

③ 设置车辆的自动驾驶模式并指定路线。

(5) 收集专家数据。

① 在循环中，依次执行多个回合仿真，每个回合对应一个驾驶任务。

② 在每个回合中，记录车辆的观察数据、动作、奖励、下一个观察数据、完成状态和其他信息。

③ 将数据保存到对应的输出文件中。

(6) 结束仿真环境。在程序运行结束时，重置仿真环境的设置，确保环境状态的清理。

总之，上述代码用于在 Carla 仿真环境中运行多个回合仿真，用于记录车辆的观察数据和驾驶行为，然后将这些数据保存到指定的输出文件夹中，以便用于后续的自动驾驶代理训练和评估工作。上述代码是数据收集的关键步骤，以便训练具有驾驶经验的自动驾驶代理。

17.8.4 训练自动驾驶的强化学习代理

编写文件 train_agent.py，功能是训练一个强化学习代理，使其能够在 Carla 仿真环境中执行自动驾驶任务。这个代理通过与环境互动学习驾驶策略，以最大化累积奖励，并且可以在不同的天气条件下执行任务。这个文件包含强化学习的训练逻辑，包括预训练和训练阶段以及代理的评估逻辑。

文件 train_agent.py 的具体实现流程如下。

（1）编写训练代理的主函数 train_agent，在预训练(pretraining)阶段，代理根据参数 nb_pretraining_steps 进行一定数量的训练，以学习驾驶技能。训练过程中会记录代理的状态。在训练(training)阶段，代理将进行一定数量的训练，同时定期评估其性能。训练过程中，代理根据当前状态选择动作，并与环境进行交互，接受奖励并更新自身的策略。在训练过程中会记录代理的状态、奖励等信息，并保存代理的模型。代理会定期进行评估，以评估其性能。评估结果包括平均奖励、奖励标准差、成功率等。

（2）编写函数 test_agent，用于评估代理在 Carla 环境中的性能。代理使用当前策略在环境中执行动作，并评估其性能。评估过程中会记录每一回合的奖励、成功率等信息。具体实现代码如下：

```python
def test_agent(env, encoder, weather_list, agent, route_id):
    ep_rewards = []
    success_rate = 0
    avg_steps = 0

    nb_episodes = 3*len(weather_list)

    for episode in range(nb_episodes):
        weather = weather_list[episode%len(weather_list)]

        env.set_weather(weather)
        obs = env.reset(route_id)
        obs[0] = torch.from_numpy(obs[0]).float().unsqueeze(0)
        obs[0] = torch.permute(obs[0], (0, 3, 1, 2))
        obs[0] = encoder(obs[0]).numpy()

        done = False
        episode_reward = 0
        nb_steps = 0
        prev_act = [0.,0.]

        while not done:
            act = agent.select_action(obs, prev_act, eval=True)
            obs_t1, reward, done, _ = env.step(act)

            obs_t1[0] = torch.from_numpy(obs_t1[0]).float().unsqueeze(0)
            obs_t1[0] = torch.permute(obs_t1[0], (0, 3, 1, 2))
            obs_t1[0] = encoder(obs_t1[0]).numpy()

            obs = obs_t1

            episode_reward += reward
            nb_steps += 1

            prev_act = act

            if done:
                if reward > 450:
```

```
                success_rate += 1
            avg_steps += nb_steps
            ep_rewards.append(episode_reward)
            print('Evaluation episode %3d | Steps: %4d | Reward: %4d | Success: %r' %
                  (episode + 1, nb_steps, episode_reward, reward>450))
    ep_rewards = np.array(ep_rewards)
    avg_reward = np.average(ep_rewards)
    std_reward = np.std(ep_rewards)
    success_rate /= nb_episodes
    avg_steps /= nb_episodes
    print('Average Reward: %.2f, Reward Deviation: %.2f | Average Steps: %.2f, Success Rate:
        %.2f' % (avg_reward, std_reward, avg_steps, success_rate))
    return avg_reward, std_reward, success_rate
```

(3) 编写主程序解析命令行参数,包括 Carla 环境设置、模型路径、训练参数等,具体实现流程如下。

① 首先加载已训练的自编码器模型(Autoencoder 或 AutoencoderSEM),用于提取观测数据的特征。

② 初始化 Carla 环境,设置仿真环境的各种参数,包括车辆数量、摄像头参数等。

③ 如果已经存在保存的代理模型,可以加载以继续训练。

④ 训练代理,其中包括预训练和训练阶段,代理将与环境交互并学习驾驶技能。

⑤ 保存最终训练完成的代理模型和相关数据。

具体实现代码如下:

```
if __name__ == '__main__':
    argparser = ArgumentParser()
    argparser.add_argument('--world-port', type=int, default=2000)
    argparser.add_argument('--host', type=str, default='localhost')
    argparser.add_argument('--cam_height', type=int, default=256, help="Camera height")
    argparser.add_argument('--cam_width', type=int, default=256, help="Camera width")
    argparser.add_argument('--fov', type=int, default=100, help="Camera field of view")
    argparser.add_argument('--nb_vehicles', type=int, default=40, help="Number of vehicles
        in the simulation")
    argparser.add_argument('--tick', type=float, default=0.05, help="Sensor tick length")

    argparser.add_argument('-sem', action='store_true', help="Use semantic segmentation")
    argparser.add_argument('--autoencoder_model', type=str, help="Autoencoder model path",
                           required=True)

    argparser.add_argument('--device', type=str, default='cuda', help="Device to use for
                           training", choices=['cuda', 'cpu'])
    argparser.add_argument('--pre_steps', type=int, default=2000, help="Number of steps of
                           pretraining")
    argparser.add_argument('--steps', type=int, default=1000000, help="Number of steps of
                           training")
    argparser.add_argument('--save_folder', type=str, default='./agent', help="Path to save
                           the agent and data")
    argparser.add_argument('--exp_data', type=str, default='exp_data.pkl', help="Path of the
                           expert data")
    argparser.add_argument('--freq_eval', type=int, default=10000, help="Frequency of
                           evaluation")
    argparser.add_argument('--route_id', type=int, default=0, help="Route id to use for
                           training")

    args = argparser.parse_args()

    if not os.path.exists(args.exp_data):
        raise Exception('Expert data not found')
    if not os.path.exists(args.autoencoder_model):
```

```python
        raise Exception('Autoencoder model not found')

    os.makedirs(args.save_folder, exist_ok=True)
    save_agent_path = os.path.join(args.save_folder, 'agent.pkl')

    if args.sem:
        autoencoder = AutoencoderSEM.load_from_checkpoint(args.autoencoder_model)
    else:
        autoencoder = Autoencoder.load_from_checkpoint(args.autoencoder_model)

    autoencoder.freeze()
    encoder = autoencoder.encoder
    encoder.eval()

    env = CarlaEnv(args.world_port, args.host, 'Town01', 'ClearNoon',
            args.cam_height, args.cam_width, args.fov, args.nb_vehicles, args.tick,
            nb_frames_max=1000)

    num_routes = len(Route.get_possibilities('Town01'))
    weather_list = ['ClearNoon', 'WetNoon', 'HardRainNoon', 'ClearSunset']

    if os.path.exists(save_agent_path):
        with open(save_agent_path, 'rb') as f:
            agent = pickle.load(f)
    else:
        agent = TD3ColDeductiveAgent(obs_size=256, device=args.device, actor_lr=1e-3,
                critic_lr=1e-3, pol_freq_update=2, policy_noise=0.2, noise_clip=0.5, act_noise=0.1,
                gamma=0.99, tau=0.005, l2_reg=1e-5, env_steps=10, env_w=0.2, lambda_bc=0.1,
                lambda_a=0.9, lambda_q=1.0,
                    exp_buff_size=20000, actor_buffer_size=20000, exp_prop=0.25, batch_size=64,
                    scheduler_step_size=350, scheduler_gamma=0.9)

        with open(args.exp_data, 'rb') as f:
            exp_data = pickle.load(f)

        agent.load_exp_buffer(exp_data)

    train_agent(env, encoder, weather_list, agent, args.pre_steps, args.steps,
        args.save_folder, args.freq_eval, args.route_id)
```

> **注意**
>
> 文件 train_agent.py 用于训练自动驾驶代理,而文件 train_autoencoder.py 用于训练图像特征提取模型(自编码器),这两个文件分别服务于不同的自动驾驶任务和研究方向。

17.8.5 训练 DDPG 智能体执行自动驾驶任务

编写 train_ddpg_agent.py 文件,功能是训练一个 DDPG 智能体,以便在 Carla 仿真环境中执行自动驾驶任务。它通过不断与环境互动,优化策略网络和值网络,以便智能体可以更好地执行驾驶任务。文件 train_ddpg_agent.py 的实现流程如下。

(1) 使用命令行参数配置 Carla 仿真环境,包括主机、相机设置、天气条件、训练周期等。

(2) 加载预训练的 Autoencoder 模型,用于图像特征提取。

(3) 创建 Carla 仿真环境,设置路线、天气等参数。

(4) 初始化 DDPG 智能体,设置训练超参数、经验缓冲区等。

(5) 开始训练智能体,循环执行以下步骤。

① 在环境中执行智能体选择的动作,收集观察、动作、奖励等数据。

② 更新智能体的经验缓冲区。
③ 周期性地进行 DDPG 算法的更新，以优化策略网络和值网络。
④ 定期评估智能体的性能，计算平均奖励、成功率等指标。
⑤ 保存训练进度和智能体模型。

(6) 在训练过程结束后，保存最终的 DDPG 智能体模型和训练数据。

17.8.6 评估自动驾驶模型的性能

编写 test_agent.py 文件，功能是测试一个已经训练好的自动驾驶智能体的性能，以便了解它在给定路线和环境条件下的表现。可以通过命令行参数指定要测试的路线、智能体模型文件和其他配置信息。与本节前面提到的训练脚本相比，这个脚本的目标是测试已经训练好的智能体，而不是训练新的智能体模型。

test_agent.py 文件的主要目的是评估智能体的性能，以便了解它在给定路线和环境条件下的表现。可以通过命令行参数指定要测试的路线、智能体模型文件和其他配置信息。test_agent.py 文件的具体实现流程如下。

(1) 从命令行参数中获取配置信息，包括 Carla 仿真环境的设置、要使用的模型(Autoencoder、AutoencoderSEM 或 VAE)、测试路线(route_id)、智能体的模型文件(agent_model)等。

(2) 加载预训练的图像特征提取模型(Autoencoder、AutoencoderSEM 或 VAE)。

(3) 根据命令行参数设置 Carla 仿真环境，包括世界端口、主机、摄像头参数、天气、tick 等。

(4) 加载已经训练好的自动驾驶智能体模型，该模型包含智能体的策略网络等参数。

(5) 在指定的路线上运行智能体，测试其性能。智能体在测试过程中根据其策略选择动作，并根据 Carla 仿真环境的反馈进行交互。

(6) 在每个测试的回合中，记录回报(reward)、步数(steps)以及是否成功等信息。

(7) 输出测试结果，包括平均回报、回报标准差、平均步数和成功率等。

(8) 最后，将仿真环境的设置恢复为默认值。

> **注意**
> 与之前提到的训练脚本相比，这个脚本的目标是测试已经训练好的智能体模型，而不是训练新的智能体模型。

17.9 调 试 运 行

(1) 首先运行 collect_data_autoencoder.py 文件，在运行时需要使用命令行参数来自定义数据收集的各个方面，如地图、天气、数据输出等，这些数据可以用于训练自动编码器等深度学习模型。例如，通过运行下面的命令，可以在模拟环境中生成与 ClearNoon 天气条件下的自动编码器训练相关的数据，并将生成的数据保存到指定的输出文件夹中：

扫码看视频

```
python collect_data_autoencoder.py --out_folder ..\autoencoderData\ClearNoon --weather
```

```
ClearNoon
```

(2) 通过上述命令获得数据后，接下来通过以下命令创建包含完整数据的文件：

```
python data/create_dataset.py --
folder ..\autoencoderData\ClearNoon ..\autoencoderData\HardRainNoon ..\autoencoderData\WetN
oon ..\autoencoderData\ClearSunset --out_file ..\autoencoderData\ClearNoon\dataset.csv
```

(3) 运行 train_autoencoder.py 文件来训练自动编码器，实现特征提取和降维功能。通过运行以下命令将使用创建的数据集进行训练：

```
python train_autoencoder.py
```

上述命令使用配置文件加载训练参数。请注意，由于数据加载机制的方式，这可能会占用大量内存，建议至少拥有 16GB 的内存。

(4) 运行 collect_expert_data.py 文件，功能是在 Carla 仿真环境中收集专家的驾驶数据。运行命令如下：

```
python collect_expert_data.py --weather ClearNoon
```

(5) 开始训练强化学习代理，如果要训练 DDPG 代理，请运行文件 train_ddpg_agent.py。如果要训练强化学习代理，请运行文件 train_agent.py。如果要训练 SAC 代理，请运行 train_sac_agent.py 文件。在这 3 种情况下，必须保持模拟器处于打开状态，先前必须已经训练过自动编码器，并且必须具有专家数据集(如果使用)。

(6) 最后一步是运行 test_agent.py 文件，功能是测试已经训练的强化学习代理的性能。这个文件有多个运行参数，具体命令格式如下：

```
python test_agent.py --route_id <id> --agent_model <model> --type <type>
```

在上述命令中，route_id 指定要使用的 3 条路线(从 0 到 2)；agent_model 指定要使用的代理模型(训练文件)；type 指定是否在训练或测试环境中进行评估。如果希望环境中有额外的车辆，还可以使用-exo_vehicles 参数。

(7) 在 videos 目录中保存了使用 Carla 模拟器实现的强化学习对应的模拟自动驾驶的视频文件，如 DDPG 模式下的一个视频文件如图 17-2 所示。

图 17-2　生成的自动驾驶的视频